"十二五"普通高等教育本科国家级规划教材

普通高等教育土建学科专业"十二五"规划教材

北京市高等教育精品教材立项项目

高校土木工程专业指导委员会规划推荐教材

（经典精品系列教材）

高层建筑结构设计

（第二版）

钱稼茹　赵作周　叶列平　编著

U0317991

中国建筑工业出版社

图书在版编目（CIP）数据

高层建筑结构设计/钱稼茹等编著. —2 版. —北京：
中国建筑工业出版社，2012.7

"十二五"普通高等教育本科国家级规划教材. 普通高
等教育土建学科专业"十二五"规划教材. 北京市高等教
育精品教材立项项目. 高校土木工程专业指导委员会规划
推荐教材（经典精品系列教材）

ISBN 978-7-112-14527-0

Ⅰ.①高… Ⅱ.①钱… Ⅲ.①高层建筑-结构设计
Ⅳ.①TU973

中国版本图书馆 CIP 数据核字（2012）第 166820 号

"十二五"普通高等教育本科国家级规划教材
普通高等教育土建学科专业"十二五"规划教材
北京市高等教育精品教材立项项目
高校土木工程专业指导委员会规划推荐教材
（经典精品系列教材）
高层建筑结构设计
（第二版）

钱稼茹　赵作周　叶列平　编著

*

中国建筑工业出版社出版、发行（北京西郊百万庄）
各地新华书店、建筑书店经销
北京红光制版公司制版
北京中科印刷有限公司印刷

*

开本：787×960 毫米　1/16　印张：25¼　字数：485 千字
2012 年 8 月第二版　　2017 年 7 月第二十九次印刷
定价：**45.00 元**
ISBN 978-7-112-14527-0
（22601）

本书是在第一版基础上，根据新颁布的《高层建筑混凝土结构技术规程》JGJ 3－2010 以及《建筑抗震设计规范》GB 50011－2010等，对全书内容进行修订。本书主要内容包括：概述，结构体系，高层建筑结构荷载，设计要求，框架、剪力墙、框架-剪力墙结构的近似计算方法，钢筋混凝土框架构件设计，钢筋混凝土剪力墙设计，结构程序计算及简体结构设计要点，民用建筑钢结构设计，高层建筑混合结构设计简介，消能减震结构设计简介等。

　　本书除可作高校土木工程专业教材外，还适合建筑结构专业工程技术人员及其他人员自学使用。

　　责任编辑：王　跃　吉万旺
　　责任设计：李志立
　　责任校对：王誉欣　关　健

出 版 说 明

  1998 年教育部颁布普通高等学校本科专业目录，将原建筑工程、交通土建工程等多个专业合并为土木工程专业。为适应大土木的教学需要，高等学校土木工程学科专业指导委员会编制出版了《高等学校土木工程专业本科教育培养目标和培养方案及课程教学大纲》，并组织我国土木工程专业教育领域的优秀专家编写了《高校土木工程专业指导委员会规划推荐教材》。该系列教材 2002 年起陆续出版，共 40 余册，十余年来多次修订，在土木工程专业教学中起到了积极的指导作用。

  本系列教材从宽口径、大土木的概念出发，根据教育部有关高等教育土木工程专业课程设置的教学要求编写，经过多年的建设和发展，逐步形成了自己的特色。本系列教材投入使用之后，学生、教师以及教育和行业行政主管部门对教材给予了很高评价。本系列教材曾被教育部评为面向 21 世纪课程教材，其中大多数曾被评为普通高等教育"十一五"国家级规划教材和普通高等教育土建学科专业"十五"、"十一五"、"十二五"规划教材，并有 11 种入选教育部普通高等教育精品教材。2012 年，本系列教材全部入选第一批"十二五"普通高等教育本科国家级规划教材。

  2011 年，高等学校土木工程学科专业指导委员会根据国家教育行政主管部门的要求以及新时期我国土木工程专业教学现状，编制了《高等学校土木工程本科指导性专业规范》。在此基础上，高等学校土木工程学科专业指导委员会及时规划出版了高等学校土木工程本科指导性专业规范配套教材。为区分两套教材，特在原系列教材丛书名《高校土木工程专业指导委员会规划推荐教材》后加上经典精品系列教材。各位主编将根据教育部《关于印发第一批"十二五"普通高等教育本科国家级规划教材书目的通知》要求，及时对教材进行修订完善，补充反映土木工程学科及行业发展的最新知识和技术内容，与时俱进。

高等学校土木工程学科专业指导委员会

中国建筑工业出版社

2013 年 2 月

第 二 版 前 言

本教材是在 2003 年中国工业出版社出版的"高层建筑结构设计"基础上编著的。近 10 年来，高层建筑在全国各大中小城市遍地开花，复杂高层建筑层出不穷，建筑高度突破 600m，主结构高度接近 600m。当前，我国是全球在建高层建筑（仅写字楼和酒店）最多的国家，其总量与美国现有高层建筑相当。高层建筑的高速发展成为我国经济高速发展的重要支柱之一，同时，也极大地推动了我国高层建筑结构设计、施工及科研水平的提高。2010 年及以后，我国有关建筑结构设计的规范、规程陆续颁布实施，新标准吸收了工程实践、科学研究的成果以及地震震害的经验教训，增加了大量新内容。

本教材保留了原教材的特点，除了按现行国家标准编写外，调整了以下几方面的内容：（1）比较系统地介绍了高层建筑的发展历史以及当前我国高层建筑的特点；（2）扩充了结构体系的内容；（3）将与各类结构（钢结构，钢筋混凝土结构，混合结构）有关的设计要求，集中在第 4 章介绍；（4）增加了程序计算的内容；（5）扩充了民用建筑钢结构设计、高层建筑混合结构设计的内容；（6）增加了消能减震结构设计实例。

本教材共 11 章，其中，第 1、2、4、6、7、9 章及 10.3 为钱稼茹编写，第 3、5、8 章为赵作周编写，10.1、10.2、10.4 及第 11 章为叶列平编写，由钱稼茹统稿。感谢中国建筑科学研究院建研建筑设计研究院孙建超教授级高工，为本教材 8.4、8.5 做了大量计算工作；感谢清华大学潘鹏副教授，为本教材第 11 章提供了算例。

本书可作为高等学校本科生的教材，也可作为建筑结构工程技术人员及有关人员的参考书。

编者对列入本教材参考文献的作者，以及没有列入参考文献但本教材采用了其成果的作者，表示感谢。

限于水平，本教材难免有不足，欢迎读者指正。

编者

于清华园　2012 年 7 月

第 一 版 前 言

  1999～2002 年，我国建筑结构的有关规范及规程完成了新一轮的修改，内容有较多更新。近年来，我国高层建筑设计及施工技术又有很大发展，高强混凝土技术已经成熟，钢筋混凝土结构仍然是高层建筑结构的主体，而高层建筑钢结构及混合结构也得到了较多应用；高层建筑的高度突破 400m，高层建筑的体型和功能更加多样化，结构的复杂程度增加。凡此种种，编写新的高层建筑结构教材的任务势在必行。

  这本教材是在 1992 年出版的"多层及高层建筑结构设计"（地震出版社）基础上修订的，原教材受到了广大师生的欢迎。本教材保留了原教材的重视概念、理论与实际相结合的风格，各章都有例题及思考题，内容适合于高等教育本科教学的要求。同时，增加和加强了下列各部分内容：（1）加强了结构体系介绍；（2）通过计算对比，阐述了空间结构及复杂结构设计的一些重要概念，例如框架-核心筒、框筒、伸臂、转换层等；（3）增加了程序计算部分的比重，减弱了手算方法公式的推导，但保留了手算方法及通过手算方法阐述结构受力变形规律和概念的内容；（4）以钢筋混凝土高层建筑结构为主，增加了钢结构及混合结构方案和设计基本方法的介绍，包括钢构件、钢骨混凝土构件及钢管混凝土构件的基本设计方法；（5）对消能减震结构做了简介。

  本书是全国高等学校土木工程专业指导委员会的规划推荐教材，本书也适合建筑结构专业工程技术人员及其他人员自学。在学习本书时，读者应具备结构力学及钢筋混凝土基本构件的知识。

  本书共分 11 章，其中 1、3、4、5、8 章由方鄂华教授编写，2、6、7、9 章及 10.3 节由钱稼茹教授编写，10.1、10.2、10.4 节及 11 章由叶列平教授编写。感谢中国建筑科学研究院建筑设计研究院的孙建超工程师，他在第 8 章的许多计算对比内容中做了大量计算工作。

  如有不当之处，欢迎读者指教。

编者

于清华园　2003 年 7 月

目　　录

第1章 概 述

房屋建筑是随着人类活动的需要和社会生产的发展而发展起来的。根据层数和高度，房屋建筑可以分为低层建筑、多层建筑、高层建筑和超高层建筑。习惯上，1～3层为低层建筑，10层及10层以上的住宅建筑、高度超过24m的公共建筑为高层建筑，层数介于低层和高层之间的为多层建筑，高度超过100m的建筑也可称为超高层建筑。本教材介绍高层建筑（包括超高层建筑）结构设计，但结构设计原理和设计方法，同样适用于低层和多层建筑。

1.1 国外的高层建筑

国外最古老的高层建筑是埃及金字塔，最高的一座达463英尺即141m，直到4500年后即1880年，德国建成哥特式的科隆大教堂，金字塔的高度才被突破。

1.1.1 现代高层建筑的形成期

现代高层建筑是商业化、城市化和工业化的产物，而现代高层建筑的发展离不开新材料、新结构和新技术的发展，一定程度上反映了一个国家以及一个地区的社会和经济发展水平。

现代高层建筑的历史始于18世纪末的工业革命。18世纪后半叶，英、法的冶金工业成功地生产出熟铁。1789年的法国大革命，使法国建筑的发展甚至工业革命受阻，而英国则继续向前发展，生产出铸铁，并将其用于工业建筑和商业建筑。19世纪40年代，铁被官方认可、进入官方称为"建筑"（architecture）的领域。1848年，伦敦西郊国立植物园的温室完全用熟铁建造。英法最早建造铁框架房屋建筑，但停留在低层建筑。

现代高层建筑起源于美国，其中心是纽约和芝加哥。19世纪后半叶，纽约成为美国东岸的主要商业中心，芝加哥有水上运输和铁路运输的便利。很自然，纽约、芝加哥成为商业轴心，商贾云集，对办公、仓库、旅馆的需求，促成了现代高层建筑的出现。1856年，Elisha Graves Otis的第一部商用电梯安装在纽约曼哈顿的一幢5层商场；1859年，第一部Tuft电梯安装在百老汇的第五大道旅馆，成为发展高层旅馆的起点。电梯为建造高层建筑创造了条件。19世纪60年代后期和70年代初，一批在欧洲受过良好教育的建筑师和工程师回到美国，将静力分析的方法、材料技术、用概念和系统解决问题的方法以及铁结构建造房屋的原理和方法等带到芝加哥。1871年，芝加哥的一场大火几乎将城市全部烧毁，大火推动了新建筑结构体系的开发，大火还说明，不燃的铁不能保证房屋建筑抗火。其结果，促进了建筑幕墙的开发。上述种种因素，使美国成为现代高层建筑的发源地。

芝加哥的 William Jenney 设计了1885年建成的家庭保险大楼（Home Insurance Building）（图1-1），家庭保险大楼达到了11层，被认为是第一幢高层建筑。家庭保险大楼采用熟铁梁－铸铁柱框架结构，局部有幕墙。Jenney 的另一个贡献是设计建造芝加哥的曼哈顿大楼（图1-2），1890年竣工。这是世界上第一幢16层的住宅建筑。

图1-1　家庭保险大楼　　　　　图1-2　曼哈顿大楼

随着冶金工业的发展，钢柱逐渐代替了铸铁柱，芝加哥的 Raliance 大楼是一幢最早的全钢框架结构（图1-3），15层，1895年建成。这一时期的代表性建筑还有纽约的 Gillender 大楼（图1-4），1897年竣工，20层。

图1-3　Raliance 大楼　　　　　图1-4　Gillender 大楼

1.1.2　现代高层建筑的发展期

20世纪的前60年，是国外高层建筑的发展期，其中心是美国，主要是钢结构，钢筋混凝土结构不多。

1900年前后，纽约建成了当时世界上最高的建筑，36层钢结构Park Row大楼。1904年，纽约Darlington Building接近完工时突然倒塌，从此，禁止建筑结构使用铸铁。1908年，纽约建成Singer大楼（图1-5），47层，187m高，是世界上第一幢比埃及金字塔高的现代高层建筑。1918年，纽约建成Woolworth大楼，60层，242m高，是当时世界上最高的建筑。

1931年，纽约帝国大厦（Empire State Building）建成（图1-6），102层，381m高，钢框架结构，梁柱用铆钉连接，外包炉碴混凝土，使结构的实际刚度为钢结构刚度的4.8倍，对抗风有利。在当时建造这样高的建筑，不能不说是一个奇迹。帝国大厦保持世界最高建筑的记录达40年之久，是高层建筑发展史上的一个里程碑。

图1-5　Singer大楼　　　　图1-6　帝国大厦

1.1.3　现代高层建筑的繁荣期

20世纪60年代至90年代初，是国外高层建筑发展的繁荣期。这一时期的主要特点为：发明筒体结构并用于工程，使建筑的高度更高，且在经济上可行；高强混凝土用于高层建筑；由钢筋混凝土构件和钢构件，发展为钢-混凝土组合构件，包括钢管混凝土柱；消能减震装置开始用于高层建筑；美国仍然是高层建筑发展的中心，日本、加拿大、东南亚国家、澳大利亚的高层建筑发展迅速。

1. 美国的高层建筑

（1）发明筒体结构

20世纪60年代初，美国城市化进程加快，城市人口剧增，地价暴涨，迫使建筑向高空发展；同时，由于造价增加的速度快于高度增加的速度，房地产商要求降低造价。社会要求高层建筑在结构体系方面有所突破，更有效地利用建筑材料，从而使建筑更高，同时降低造价。

美国杰出的营造大师，Skidmore Owings and Merrill 设计公司的原结构总工程师 Fazlur R. Khan 博士发明了筒体结构这种新的高层建筑结构体系，包括框筒、桁架筒、筒中筒和束筒结构。他进行了大量的计算分析，研究筒体结构的可行性，提出了筒体结构的设计方法。

第一幢高层建筑钢结构框筒是在"9·11"事件中塌毁的纽约世界贸易中心大厦双塔（图1-7），110层，高417m，平面尺寸为63.5m×63.5m，柱距1.02m，

图1-7 世界贸易中心大厦双塔

梁高1.32m，标准层的层高为3.66m。每幢大楼安装了1万个黏弹性阻尼器，减小风振的影响。世贸中心大厦1973年建成，用钢量仅186kg/m²，其高度超过帝国大厦，成为当时世界上最高的建筑。

最著名的、也是第一幢钢桁架筒结构，是 Fazlur R. Khan 设计的芝加哥汉考克（John Hancock）中心大厦（图1-8）。

对高层建筑发展特别是对休斯敦高层建筑的发展起到里程碑作用的是休斯敦第一贝壳广场大厦（One Shell Plaza）（图1-9），50层，217.6m高，筒中筒结构，外框筒的柱距1.8m，内筒由墙组成，1969年建成。休斯敦的土质很差，基岩很深，经常遭到飓风袭击，一度认为不可能建造50层高的建筑。One Shell Plaza 采用轻骨

图1-8 汉考克中心大厦

料混凝土，减轻结构重量，第一贝壳广场大厦至今仍然是世界上是最高的轻骨料混凝土建筑。

第一个束筒结构是芝加哥的西尔斯（Sears）大厦（图 1-10），110 层，443m，1973 年竣工，用钢量 161kg/m²，1998 年前一直是世界最高的建筑，至今仍然是世界最高的钢结构建筑。

图 1-9　第一贝壳广场大厦　　　　图 1-10　西尔斯大厦

筒体结构是高层建筑发展史上的里程碑，它能充分发挥建筑材料的作用，它的创新是多方面的，它使现代高层建筑在技术上、经济上可行，也使高层建筑的发展出现了繁荣期。

（2）发明组合结构

现代高层建筑发展史上的另一个里程碑式的创新是钢和混凝土两者结合在一起的组合结构。组合结构几乎结合了钢结构和混凝土结构的所有优势，避免了两种结构的主要短处。

最早的组合结构是休斯敦的 20 层 Control Data 大楼：首先施工钢框架，然后在钢梁、钢柱外浇筑混凝土。

（3）应用高强混凝土

高强混凝土是近 60 年来建筑材料方面最重要的发明创造。高强混凝土用于高层建筑有许多优点：减小柱的截面，增大可用空间；降低层高；减轻结构自重，降低基础造价等。

1967 年，芝加哥建成世界最早的高强混凝土高层建筑。Lake Paint Tower，

70层，197m高，底层混凝土强度等级相当于C65。1971年，芝加哥建成水塔广场大厦（Water Tower Plaza），79层，262m高，25层以下柱的混凝土强度等级相当于C75，是当时世界上最高的钢筋混凝土建筑。1990年，芝加哥建成311 South Wacker Drive大楼，70层，294.5m高，底部楼层柱的混凝土强度等级相当于C95，成为当时世界上最高的钢筋混凝土建筑。

（4）采用钢管混凝土柱

高强混凝土具有强度高、弹性模量大等优点，其主要缺点是脆，即单轴受压时达到峰值应变后的变形能力小。高强混凝土用于地震区时，需要解决"脆"的问题。最好的解决方法就是将高强混凝土填充在圆形钢管内，成为钢管混凝土柱。

20世纪80年代末期，美国西雅图建造了7幢钢管混凝土高层建筑，其主要特点是：竖向构件为钢管混凝土柱，水平构件为钢梁-压型钢板、现浇混凝土楼板；管内填充高强混凝土，减小柱的截面尺寸，同时利用其高弹性模量增大抗侧刚度，混凝土圆柱体抗压强度最高达133MPa，采用泵送技术。全部水平力由大直径钢管混凝土柱、跨越数层的大斜撑和钢梁组成的支撑框架结构承担，同时设置小直径钢管混凝土柱承担竖向荷载。

20世纪90年代中期及以后，美国新建的高层建筑已经不多，高层建筑的发展主要是在环太平洋东岸。

2. 日本的高层建筑

日本是一个多地震的国家，不但地震发生频繁，而且经常发生强烈地震。1963年前，日本建筑法规规定，建筑物的最大高度为31m。以东京大学武滕清教授为代表的日本学者经过多年的研究，在建筑结构的抗震设计理论和方法方面取得了重大突破。1964年，日本取消了建筑高度的限制，高层建筑走上了快速发展的道路。

1965年，日本东京建成第一幢钢结构高层建筑：新大谷饭店，22层，78m高。1968年建成霞关大厦，36层，147m高。进入20世纪70年代，日本的高层建筑更多、高度更高，大都采用钢框筒-预制混凝土墙板结构。墙板的种类包括：带竖缝墙、带横缝墙和内藏钢板支撑混凝土墙等。代表性的建筑有：东京新宿三井大厦，55层，212m高，1974年建成；东京阳光大厦（图1-11），60层，226m高，1978年建成；新宿住友大厦，52层，200m高，1974年建成；新宿中心大厦，54层，216m高，1979年建成。这些建筑的平面都是矩形，结构布置对称规则。1993年建成的横滨地标大厦（图1-12），73层，296.3m高，钢结构巨型框架。

日本的高层建筑主要是钢结构。20世纪80年代，开始建造30层左右的钢筋混凝土结构，进入21世纪，钢筋混凝土高层建筑的数量增多，至2007年，日本全国约有600栋钢筋混凝土高层建筑。日本的钢筋混凝土高层建筑主要采用内外筒都是密柱框架的筒中筒结构或框架结构，其中许多建筑采用隔震或消能减震。除了现浇，日本的很多钢筋混凝土高层建筑采用预制梁、柱的装配整体式结构，高度最大的达到58层、196m。

图 1-11　东京阳光大厦　　　　　　图 1-12　横滨地标大厦

3. 亚洲其他国家的高层建筑

东南亚的新加坡、泰国和马来西亚等国家的高层建筑也迅速发展。早期的高层建筑有：新加坡的国库大厦，1986年建成，52层，234.7m高（图1-13），其核心为圆形钢筋混凝土筒，直径48.4m，钢梁从核心筒壁向外悬挑，悬挑长度达11.6m，成为支承楼面的梁。马来亚银行大厦，1988年建成，50层，243.5m高，钢筋混凝土结构。泰国曼谷的拜约基大厦Ⅱ，1997年建成，85层，304m高。

1998年，马来西亚吉隆坡建成了当时世界最高的建筑：石油双塔（Petronat Twin Tower，图1-14），88层，建筑高度452m，钢筋混凝土框架-核心筒结构，采用高强混凝土，自下而上混凝强度从80MPa变化至40MPa，采用钢梁、压型钢板和现浇混凝土组合楼盖。

目前世界上最高的建筑是阿拉伯联合酋长国迪拜的哈力法塔（图1-15），也称迪拜大厦、比斯迪拜塔，160层，建筑高度828m，2004年9月21日动工，2010年1月4日竣工启用。

图 1-13　新加坡国库大厦

图1-14 吉隆坡石油双塔　　　　图1-15 哈力法塔

1.2 我国的高层建筑

我国古代高层建筑主要是宝塔和楼阁，诸如应县木塔、黄鹤楼、滕王阁等，一般为砖结构、木结构或砖木结构。有些宝塔、楼阁经受了数百年的风吹雨打，甚至经受了战乱、地震，至今仍保持完好。

1.2.1 港、台的高层建筑

香港地区的高层建筑起步早、发展快，至今仍不断有新的高层建筑出现。

20世纪70年代和80年代初，香港建成了一批高层建筑，包括50层的华润中心、64层的和合中心等。

香港汇丰银行大楼（图1-16），1985年建成，43层，175m高，矩形平面，钢结构悬挂体系，每层都有很大的开敞空间。悬挂体系由8根格构柱和5层纵、横向水平桁架组成。每根格构柱由4根圆钢管柱和连接钢管柱之间的变截面梁组成。一道水平桁架悬挂4～7层楼盖。汇丰银行大楼从拆除旧楼开始到新楼建成，前后4年，造价达50亿港元。汇丰银行大楼是一幢非常独特的建筑，经方案竞赛，建筑设计为英国建筑师，其设计理念是要能适应21世纪发展的需要。在香港市民投票选出的20世纪香港十大工程中，汇丰银行大楼为其中之一。

香港中国银行大楼（图1-17），1989年建成，70层，315m高，屋顶天线的顶端高度为368m。采用巨型支撑框架结构。部分斜杆外露，整幢大楼宛如光彩夺目的蓝宝石。

香港中环广场大厦，1993年建成，75层，屋顶标高301m，屋顶天线顶端高度为374m，切角的三角形平面，钢筋混凝土筒中筒结构，4层以下外框的柱距加大，在第5层沿周边设置钢筋混凝土转换梁。建成时是世界上最高的钢筋混凝土建筑。

香港国际金融中心二期大楼（图1-18），88层，屋顶标高420m，是目前香港最高的建筑。采用巨柱-核心筒结构，在建筑平面的每边各有两根钢骨混凝土巨柱，沿高度设置了3道水平伸臂桁架，与钢筋混凝土核心筒连接。

图 1-16　香港汇丰 　　　图 1-17　香港 　　　　图 1-18　香港国际金融
银行大楼 　　　　　　中国银行大楼 　　　　　　中心二期大楼

台湾最有名的两幢高层建筑是 TC 大楼和 101 大楼。高雄市 TC 大楼（图1-19），1997 年建成，85 层，348m 高，采用钢结构巨型框架。在 78 层楼面的两个对角，各安装了一个 TMD，每个 TMD 的质量为 100t，TMD 使结构的等效阻尼比从 2% 左右提高到 8% 左右。

台北国际金融中心大楼（101 大楼）（图1-20），2004 年建成，101 层，屋顶

图 1-19　高雄市 TC 大楼 　　　图 1-20　台北国际金融中心大楼

天线顶端高508m，是当时世界上最高的建筑。在建筑平面的周边，每侧设置2根巨型方钢管柱和若干小型方钢管柱，巨柱伸至90层，最大截面尺寸达2.4m×3m；核心结构采用16根方钢管柱；周边巨柱与核心筒结构之间采用水平伸臂桁架连接；62层以下钢管柱内填充混凝土。为了满足风荷载作用下的舒适度要求，在87～92层之间安装了一个TMD，其质量达670t。

1.2.2　内地的高层建筑

我国内地高层建筑的发展大致经历了三个时期：20世纪50年代前、50年代～70年代、80年代及以后。

1. 20世纪50年代前的高层建筑

20世纪50年代前，我国的高层建筑很少。第一幢超过10层的高层建筑是1929年建成的上海沙逊大厦（和平饭店），13层，总高77m。1934年建成的上海国际饭店，22层，83.8m高，是当时远东最高的建筑；1934年还建成了上海百老汇大厦（上海大厦），21层，76.6m高。北京的高层建筑有老北京饭店、京奉铁路正阳门车站大厦。天津在1922年建成海河饭店，13层，约60m高；1923年建成人民大楼，12层，约50m高；这两幢建筑都是钢筋混凝土框架结构。

2. 20世纪50～70年代的高层建筑

20世纪50年代和60年代，我国的高层建筑发展缓慢，高层建筑的数量不多。1959年，北京建成十大建筑，其中有3幢为高层建筑，北京民族饭店最高，也是我国20世纪50年代最高的建筑，12层，47.4m高，钢筋混凝土框架结构。20世纪60年代最高的建筑是1968年建成的广州宾馆，27层，87.6m高，钢筋混凝土框架-剪力墙结构。进入20世纪70年代，高层建筑有了初步发展。20世纪70年代我国最高的建筑是1976年建成的广州白云宾馆（图1-21），33层，114.1m高。1974年建成的北京饭店东楼（图1-22），19层，87.15m高，至1985年前，一直是我国最高的建筑；1976～1978年兴建的北京前三门住宅工程，成为我国高层建筑快速发展的起点。

图1-21　广州白云宾馆　　　　　　　　　图1-22　北京饭店东楼

3. 20 世纪 80 年代及以后的高层建筑

进入 20 世纪 80 年代，我国的高层建筑进入了高速发展期。20 世纪 80 年代和 90 年代初，是我国高层建筑发展的第一个高峰期，高层建筑的竣工面积、建筑高度、结构体系、建筑材料都有新的突破。这一时期高层建筑发展的主要特点有：（1）高层建筑的数量迅速增加，其主体是高层住宅建筑；（2）高层建筑主要集中在北京、上海、广州、深圳等沿海大城市；（3）建筑高度突破 200m；（4）大体量的高层建筑越来越多；（5）开始采用高强混凝土；（6）以钢筋混凝土结构为主，出现了钢结构、钢-混凝土混合结构高层建筑以及采用钢骨（型钢）混凝土构件和钢管混凝土构件的高层建筑。

1985 年，深圳国贸中心大厦（图 1-23）建成，50 层，158.7m 高，是我国当时最高的建筑。1987 年，广州国际大厦（图 1-24）建成，63 层，钢筋混凝土结构，高度首次达到 200m。20 世纪 80 年代后期至 90 年代初，我国建成了第一批 11 幢钢结构和钢-钢筋混凝土混合结构高层建筑，例如，长富宫中心，26 层，94m 高，我国最高的钢框架结构；京广中心（图 1-25），57 层，208m 高，钢框架-预制带缝混凝土墙板结构，是我国当时最高的建筑。

图 1-23　深圳国贸中心大厦　　　图 1-24　广州国际大厦　　　图 1-25　北京京广中心

1966 年，我国成功地将钢管混凝土用于北京地铁车站工程，但用于高层建筑始于 20 世纪 80 年代末。1990 年，泉州邮电大厦建成，15 层，63.5m 高，钢管直径 800mm，管内混凝土强度等级为 C30。

20 世纪 90 年代，我国的高层建筑进入了第二个发展高峰期。第二个发展高峰期具有广、快、长的特点。广，是指高层建筑在全国遍地开花，除了北京、上海、广州等沿海大城市的高层建筑继续高速发展外，全国各大、中、小城市都在兴建高层住宅、高层办公楼和高层酒店等各类高层建筑。快，是指高层建筑的发展速度之快，在全世界是史无前例的，1994 年前，我国内地主体结构已建成的高度在前100名建筑，到1998年底的排名榜上已所剩无几。长，是指发展高峰期延续的时间长，至今高层建筑快速发展势头还没有减慢的趋势。

当前，我国的高层建筑有以下主要特点：

(1) 高度越来越高

高度，往往是建筑是否有名、能否成为标志性建筑的主要因素之一。争高度第一，是高层建筑无休止的主题。

我国内地主结构高度排名前10位的高层建筑包括：深圳平安金融中心，建筑最大高度660m，主结构高度597m；天津高银117大厦，主结构高度597m；上海中心大厦，建筑最大高度632m，主结构高度575m；天津周大福滨海中心，主结构高度530m；北京中国尊，建筑最大高度528m，主结构高度524m；广州珠江新城东塔，建筑最大高度530m，主结构高度518m；上海环球金融中心，主结构高度492m；珠江新城西塔，主结构高度432m；上海金茂大厦，主结构高度420m；苏州工业园271地块，建筑最大高度450m，主结构高度415m；武汉中心塔楼，建筑最大高度438m，主结构高度395m。上述建筑中，中国尊的抗震设防烈度为8度，其他建筑的抗震设防烈度为7度（0.1g或0.15g）或6度。图1-26所示为上海中心大厦等上海的3幢高层建筑的效果图。

图1-26 上海3幢高层
建筑效果图

(2) 超限、复杂高层建筑越来越多

所谓超限高层建筑，是指高度超过规范规定的最大适用高度的建筑，及/或不规则项较多的建筑。复杂高层建筑包括连体建筑、带转换层建筑、带加强层建筑、错层建筑、竖向体型收进建筑、有悬挑的建筑等，这些建筑往往是超限建筑。近年来，超限、复杂高层建筑越来越多。

对于超限高层建筑的抗震能力和抗震设计方法，国外的研究很少，我国有一些研究，但还不充分。独特、多变的建筑外形使城市的街景丰富多彩，但如何保证超限高层建筑的抗震安全，达到安全和经济的统一，成为对结构工程设计的挑战。

为了保证超限高层建筑的抗震安全，主要采取了下列措施

①抗震设防专项审查

根据建设部第111号部长令《超限高层建筑工程抗震设防管理规定》和其他文件，对超限高层建筑进行抗震设防专项审查，完善结构抗震设计。

②结构抗震性能设计

对于超限高层建筑，需进行抗震性能化设计，设定适宜的结构抗震性能目

标，并采取措施，使结构满足预期的性能目标。采取的措施包括提高关键构件的承载能力，设置消能构件等。

③提高关键构件的弹塑性变形能力

关键构件构件采用钢-混凝土组合构件，提高其弹塑性变形能力。

④结构弹塑性分析

对超限高层建筑结构，除了进行弹性计算分析外，还进行弹塑性时程分析或静力弹塑性分析，发现结构的薄弱部分或薄弱构件，揭示结构构件屈服、出现塑性铰的过程，检验是否达到抗震性能目标，有针对性地采取加强措施。

⑤结构、构件试验

对于超限高层建筑，往往需要进行结构和构件试验。整体结构试验一般是模型振动台试验，新型结构构件、连接节点一般为拟静力试验。通过试验，获得设计依据，明确薄弱部位，根据构件的破坏过程和破坏形态等，调整或加强抗震构造措施。

（3）推广应用高强混凝土和高强钢筋

在高层建筑发展的第一个高峰期，高强混凝土的应用并不普遍，混凝土的强度等级也不高。在第二个高峰期，高强混凝土技术逐渐成熟。在一些大城市，已经普遍使用C60混凝土。沈阳采用钢管混凝土叠合柱的高层建筑，其叠合柱的钢管内，浇筑了C100的混凝土。广州西塔（广州国际金融中心）项目中使用C100泵送高性能混凝土，最大泵送高度达432m，深圳京基大厦项目中使用C120泵送高性能混凝土，最大泵送高度达420m。

400MPa和500MPa级高强热轧带肋钢筋已经成为纵向受力的主导钢筋，335MPa级热轧带肋钢筋的应用受到限制并将逐步被淘汰。

高层建筑使用高强混凝土和高强钢筋，对于可持续发展具有十分重要的意义。

（4）钢-混凝土组合构件发展迅速

为了满足超限、复杂高层建筑抗震设计的需要，钢筋混凝土竖向抗侧力构件越来越普遍地被钢-混凝土组合构件所代替。钢-混凝土组合构件是指钢板、型钢（也称为钢骨）或钢管（方钢管、圆钢管等）与钢筋混凝土（或混凝土）组成的并共同工作的结构构件。包括圆钢管混凝土柱、方钢管混凝土柱、钢管混凝土叠合柱、型钢混凝土柱（也称钢骨混凝土柱）、型钢混凝土剪力墙（也称钢骨混凝土剪力墙）、钢桁架混凝土剪力墙、钢板混凝土剪力墙等。与钢筋混凝土构件相比，组合构件的重量轻，不但有效减小了柱的截面尺寸或墙的截面厚度，而且极大地改善了构件的抗震性能，提高了构件的抗震能力；与钢构件相比，组合构件的刚度大，不需要附加防火材料（钢管混凝土柱可采用钢丝网水泥砂浆抹灰防火）。

（5）广泛采用框架-核心筒结构

我国高度超过 200m 的高层建筑，大都采用框架-核心筒结构。框架-核心筒结构在周边框架与平面中心的核心筒之间，有很大的无柱空间，可以灵活分割，满足需要大开间用户的需要，同时，可以提供良好的景观视野。

以周边框架梁、柱的截面尺寸分，框架-核心筒结构主要有两种形式：普通框架-核心筒结构和巨型框架（巨型支撑框架）-核心筒结构，前者主要用于建筑高度不超过 400m 的建筑，后者主要用于 400m 及以上的建筑。为了使周边框架起到增大结构刚度和抗倾覆力矩的作用，框架-核心筒结构大都设置加强层，在周边框架柱与核心筒之间设置伸臂桁架，有的还设置水平加强带。

深圳地王大厦（图 1-27），81 层，高 325m，钢框架-混凝土核心筒结构，其周边为钢梁-方钢管柱框架，4 道钢伸臂桁架，为增大刚度，58 层以下方钢管柱内填充 C45 混凝土，设计中不考虑混凝土的作用。深圳赛格广场大厦（图 1-28），钢梁-钢管混凝土柱框架-核心筒结构，屋顶高 292m，屋顶钢桅杆顶达 345.8m，是目前世界上最高的钢管混凝土高层建筑。周边框架由 16 根钢管混凝土柱和钢梁组成，核心筒的四边共有 28 根钢管混凝土柱，柱间用钢梁连接，并设置 200mm 厚的混凝土筒体，筒内还布置了钢筋混凝土墙。在 19、34、49 层和 63 层，各设置一层高的钢伸臂桁架，同一层设置周边环带桁架，形成加强层。上海金茂大厦，88 层，高 420m，每边设置 2 根钢骨混凝土巨柱，其截面尺寸自下向上为 1.5m×5.0m～1.0m×3.5m，设置了 3 道 2 层高的钢伸臂桁架，建成时是我国内地最高的建筑。北京国贸三期中央大厦（图 1-29），高 330m，为目前 8 度抗震设防已建成的最高建筑，周边框架 1～5 层为巨型支撑框架，6～63 层为钢梁-钢骨混凝土柱框架，64 层以上为钢框架；钢筋混凝土核心筒的墙体内，43 层以下设置钢骨；5～7 层、39～41 层、63～65 层设置了 3 道钢伸臂桁架。

图 1-27   深圳地王大厦   图 1-28   深圳赛格广场大厦

图 1-29 北京国贸三期

目前，我国是世界上新建高层建筑最多的国家，建筑业是我国的主要支柱产业之一。我国建设规模之大，是世界上前所未有的。在未来的 20～30 年内，我国高层建筑的发展还不会止步。新材料、新结构、新技术、新的设计理念和新的设计思想将层出不穷，使我国的建筑工程技术走在世界的前列。

1.3 高层建筑结构设计的特点

不同高度的建筑结构都要抵抗由恒荷载和活荷载产生的竖向荷载以及由风与/或地震作用产生的水平荷载（也称侧向力、侧力），同时，需要抵抗由于室内外温差以及地基不均匀沉降等产生的内力。结构设计的目标是保证房屋建筑在可能承受的荷载作用下的安全。因此，就结构设计的原理和方法而言，不同高度房屋建筑的结构设计没有本质区别。虽然设计原理相同，但是，高层、超高层建筑结构设计需要解决的主要问题不同于低层、多层建筑。一般情况下，低层、多层建筑的结构设计主要解决抵抗竖向荷载的作用，随着建筑高度的增加，风、地震产生的水平荷载成为结构设计的主要控制因素。对于高层建筑，抵抗水平荷载成为结构设计需要解决的主要问题。

将房屋建筑视为固定在地面上的竖向悬臂结构，沿高度截面尺寸相同、密度相同，沿高度作用均布竖向荷载和均布水平荷载。图 1-30 是悬臂结构截面内

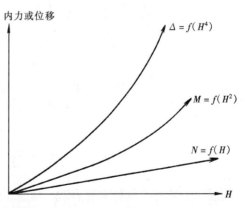

图 1-30 结构内力、水平位移与高度关系

力（轴力 N，弯矩 M）、水平位移（Δ）与高度的关系。可以看出，轴向力 N 与高度的一次方成正比，弯矩 M 与高度平方成正比，水平位移 Δ 与高度的四次方成正比。图1-31为钢结构建筑的层数与楼层单位面积用钢量关系曲线，由图1-31可见，竖向荷载作用下，用钢量的增加与结构层数的增加几乎为线性关系，但在水平力作用下，用钢量的增加速度比结构层数的增加速度快。

显然，随着建筑高度增加，水平荷载对结构的影响比竖向荷载对结构的影响增大。高层建筑结构设计，主要是抗水平力设计。

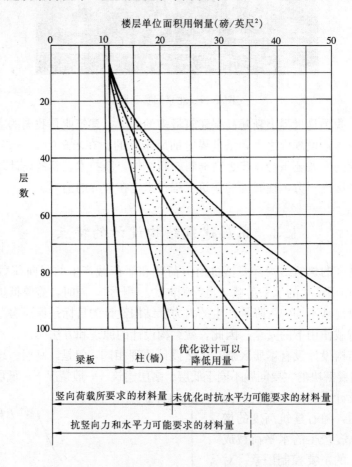

图1-31　层数与楼层单位面积用钢量关系曲线
摘自《结构概念和体系》（第二版）[13]

1.4 结 构 材 料

高层建筑结构的材料主要为钢、钢筋和混凝土。

按采用的材料，高层建筑的结构构件可分为钢构件、钢筋混凝土构件及组合构件，组合构件是指型钢（也称为钢骨）、钢板或钢管与混凝土组合的构件。

按采用的材料，高层建筑结构的类型可分为钢结构、钢筋混凝土结构、混合结构（当结构中有组合构件时，也称为钢与混凝土组合结构，简称组合结构）。混合结构包括由全部构件为组合构件的结构，钢构件与钢筋混凝土构件组成的结构，钢构件与组合构件组成的结构，钢筋混凝土构件与组合构件组成的结构等。钢构件、钢筋混凝土构件和组合构件的组合方式很多，所构成的结构类型也很多，工程中使用最多的是筒体结构，包括框架-核心筒混合结构和筒中筒混合结构，即：周边钢框架或型钢混凝土框架、钢管混凝土框架与钢筋混凝土核心筒组成的框架-核心筒结构，以及周边钢框筒或型钢混凝土、钢管混凝土框筒与钢筋混凝土内筒组成的筒中筒结构。核心筒及内筒的剪力墙中，可以设置型钢、钢管或钢板，成为组合构件。为减少柱的截面尺寸或增大柱的延性而在混凝土柱中设置型钢，而框架梁为混凝土梁的结构，仍按钢筋混凝土结构考虑，不按混合结构设计；结构中局部构件（如框支梁柱）采用组合构件，也不是混合结构。

与钢结构和钢筋混凝土结构比，混合结构有显著的优势：造价比钢结构低，抗侧刚度比钢结构大；施工速度比钢筋混凝土结构快，抗震性能优于钢筋混凝土结构；其建筑高度可以比钢结构、钢筋混凝土结构更高。

钢作为建筑材料有许多优点：强度高，自重轻，延性好，变形能力大。钢结构的钢构件在工厂制作、现场拼装，施工速度快。钢结构的缺点是价格高，钢构件需要用防火材料保护，结构的侧向刚度小。

承受竖向荷载和风荷载的高层建筑钢结构及混合结构所用的钢材应保证抗拉强度，抗拉强度决定了构件及结构的安全储备。抗震设计的高层建筑钢结构及混合结构所用的钢材，除了保证抗拉强度外，还要符合下列要求：钢材的拉伸性能有明显的屈服台阶，屈服强度波动范围不宜过大；屈服强度实测值与抗拉强度实测值的比值不大于 0.85，以保证实现强柱弱梁；伸长率不小于 20%，以保证构件具有足够大的塑性变形能力；应有良好的焊接性和合格的冲击韧性，避免地震动力荷载作用下发生脆性破坏。

钢结构及混合结构的钢材宜采用 Q235 等级 B、C、D 的碳素结构钢及 Q345 等级 B、C、D、E 的低合金高强度结构钢。

钢筋和混凝土是应用最广泛的高层建筑结构材料。钢筋和混凝土都是地方材料，价格低；钢筋混凝土可浇筑成任何形状，不需要防火，构件刚度大。钢筋混凝土构件的缺点是强度低、截面大、占用空间大、自重大，不利于基础，抗震性能不如钢构件。

按自重，混凝土分为普通混凝土（重度大于 $20kN/m^3$）和轻混凝土（重度不大于 $18kN/m^3$）；按强度，混凝土分为普通混凝土（不大于 C50）和高强混凝土（大于 C50）。高强混凝土有许多优点：高强——柱、墙截面尺寸小，早强——加快施工进度，密实——耐久性好，高弹性模量、徐变小——压缩变形小。

其缺点是极限变形能力小，脆，容易开裂，耐火性能不如普通混凝土。

抗震设计的高层建筑钢筋混凝土结构及构件采用的钢筋，纵向受力钢筋采用不低于 HRB400 级的热轧钢筋，也可采用 HRB335 级热轧钢筋；箍筋采用不低于 HRB335 级的热轧钢筋，也可选用 HPB300 级热轧钢筋。钢筋的屈服强度实测值与屈服强度标准值的比值不应大于 1.3，以保证实现强柱弱梁等抗震设计概念；钢筋在最大拉力下的总伸长率实测值不应小于 9%，以保证构件有足够大的弹塑性变形能力。抗震等级为一、二、三级的框架和斜撑构件（含楼梯段），其纵向受力钢筋的抗拉强度实测值与屈服强度实测值的比值不应小于 1.25，以保证构件有足够大的承载力安全储备。

混凝土的强度等级，框支梁、框支柱及抗震等级为一级的框架梁、柱、节点核心区，不应低于 C30；构造柱、芯柱、圈梁及其他各类构件，不应低于 C20；剪力墙不宜超过 C60，其他构件，9 度时不宜超过 C60，8 度时不宜超过 C70。

第2章 结 构 体 系

高层建筑的结构体系是指承担由自重和活载产生的竖向荷载、抵抗由风产生的水平荷载及由地震产生的水平（及竖向）作用的骨架。结构体系由水平构件和竖向构件组成，有的结构体系中还有斜向构件，即支撑。水平构件包括梁、连梁和楼板，梁和楼板组成楼（屋）盖体系；竖向构件包括柱和墙肢。作用在楼板上的竖向荷载传至梁，再传至柱、墙、支撑，最后传至基础和地基。作用在房屋建筑上的水平荷载也是通过水平构件传至竖向构件，最后传至基础和地基。高层建筑的结构体系包括框架结构、框架-剪力墙结构、框架-支撑（延性墙板）结构、剪力墙结构、筒体结构、巨型结构等。不同结构体系的受力性能各有特点，其最大的适用高度各不相同。随着建筑高度的不断发展，高层建筑结构体系也在不断发展、创新，在积累工程经验和科研成果的基础上，逐渐形成更加高效的抗侧力结构体系。

2.1 框 架 结 构

由梁、柱组成的结构单元称为框架；全部竖向荷载和水平荷载由框架承担的结构体系，称为框架结构。框架梁、柱可以分别采用钢、钢筋混凝土和型钢（钢骨）混凝土，框架柱还可以采用圆钢管混凝土或方钢管混凝土。

框架结构的柱距，可以是4～6m的小柱距，也可以是7～10m的大柱距，采用钢梁—混凝土组合楼盖时，柱距可以大一些。框架结构的建筑平面布置灵活，可以用隔断墙分隔空间，以适应不同使用功能的需求。框架结构主要适用于办公楼、教室、商场等房屋建筑。框架结构构件类型少，设计、计算、施工都比较简单，我国早期的高层建筑很多采用框架结构，例如：北京的民族饭店、民航大楼、清华大学主楼等，这些建筑的高度都不大，在10～15层之间。

通过合理设计，无论是钢框架结构还是钢筋混凝土框架结构，都可以成为耗能能力大、变形能力大的延性框架。美国加利福尼亚州旧金山湾区于1984年建成的加州太平洋公园公寓（Pacific Park Plaza），现浇钢筋混凝土框架结构，地上31层，高94.6m，平面为三叉形（图2-1）。通过采取措施，设计成为延性框架。1989年10月17日Loma Prieta地震中，经受了强烈地震的作用。震后经仔细检查，没有发现肉眼可见裂缝。证明了钢筋混凝土框架结构可以成为抗震能力强、抗震性能好的高层建筑结构。延性框架结构的抗震设计概念比较早地应用到了我国的高层建筑结构设计中。典型的工程实例是北京长城饭店（图2-2），是

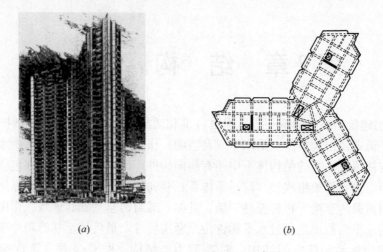

图 2-1 加州太平洋公园公寓
(a) 效果图；(b) 标准层平面图

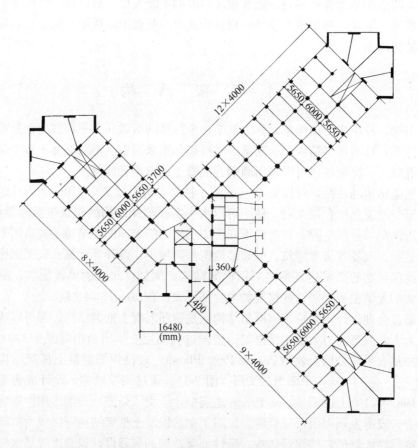

图 2-2 北京长城饭店标准层平面图

我国8度抗震设防最高的现浇钢筋混凝土框架结构，地上18层，局部22层，总高82.85m；采用轻钢龙骨石膏板作隔断墙，自重轻，小震作用下一般不会破坏；外墙为玻璃幕墙。由于钢材的强度高、变形能力大，钢框架结构比较容易设计成为延性结构。我国高烈度地震区最高的钢框架结构是北京的长富宫（图2-3），26层，94m，底部2层采用钢骨混凝土框架结构，以增大结构抗侧刚度。

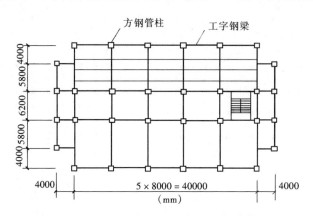

图 2-3 长富宫标准层平面图

框架只能在自身平面内抵抗水平力，必须在两个正交的主轴方向设置框架，以抵抗各自方向的水平力。抗震框架结构的梁柱不允许铰接，必须采用梁端能传递弯矩的刚接，以使结构具有良好的整体性和比较大的刚度。地震震害表明，单跨框架结构的抗震能力差，地震中破坏、倒塌的比较多。甲、乙类建筑以及高度大于24m的丙类建筑，不应采用单跨框架结构；高度不大于24m的丙类建筑，不宜采用单跨框架结构。框架结构中只要有一个主轴方向均为单跨，就可认为是单跨框架结构；某个主轴方向有局部单跨框架，不能视为单跨框架结构。

框架结构可以采用横向承重，或者纵向承重，或者纵横双向承重，主要取决于楼板布置。

沿建筑高度，柱网尺寸和梁截面尺寸一般不变。在建筑比较高的情况下，柱的截面尺寸沿高度减小。当柱截面尺寸变化时，轴线位置尽可能保持不变。柱网布置要尽可能对称，减少偏心造成的扭转。图2-4为一些框架结构的平面布置图。

框架在水平力作用下的变形如图2-5所示。其水平位移（也称侧向位移）主要由两部分组成：梁和柱的弯曲变形产生的水平位移以及柱的轴向变形产生的水平位移。前者的位移曲线呈剪切型，自下而上层间位移减小；后者的位移曲线呈弯曲型，自下而上层间位移增大。前者是主要的，框架在水平力作用下的水平位移曲线以剪切型为主。钢筋混凝土框架梁-柱节点核心区的剪切变形、钢框架梁-

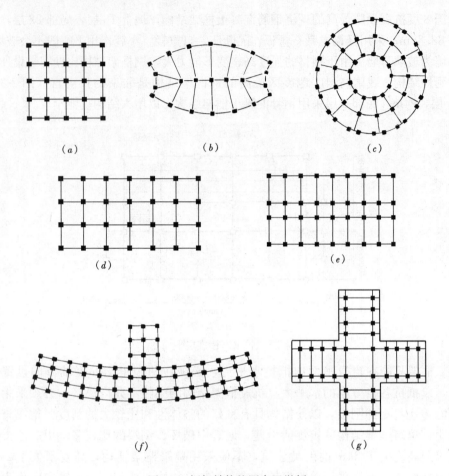

图 2-4　框架结构柱网布置举例

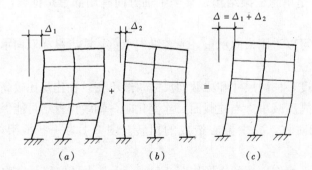

图 2-5　框架在水平力作用下的水平位移曲线

柱节点域的剪切变形对框架的水平位移也有贡献,但弹性阶段其剪切变形不大,对侧移曲线的影响很小。

梁、柱都是线型构件,截面惯性矩小,框架结构的侧向刚度相对较小。用于比较高的建筑时，需要截面尺寸大的梁柱才能满足弹性侧向刚度的要求，减小了有效使用空间。因此，框架结构不宜用于高的房屋建筑。为了增大框架结构的侧向刚度，可以设置少量的剪力墙，或者设置少量的钢支撑，成为少墙框架结构或少支撑框架结构。小震时，剪力墙或支撑提供侧向刚度，使结构的水平位移不超过限值，并分担一定的地震剪力；大震时，剪力墙或支撑首先破坏，起到保护框架的作用。

框架结构的非承重墙宜采用轻质材料，减轻对结构抗震的不利影响。砌体墙，如混凝土小型空心砌块砌体墙、空心砖砌体墙及加气混凝土块砌体墙等，对结构抗震有诸多不利。砌体墙的自重大、刚度大，增大了结构重量和结构刚度，从而增大结构的地震作用；砌体墙的强度低，地震中容易破坏、倒塌。抗震框架结构采用砌体墙作为非承重墙时，应特别注意墙体布置，避免、减少其对框架结构的不利影响。墙体的平面布置尽可能对称，减小墙体不对称布置造成的扭转；沿建筑高度，墙体尽可能连续布置，避免形成上、下层刚度和承载力变化过大，特别要避免首层布置很少墙体，二层及以上布置很多墙体，使首层成为薄弱层；避免与柱相邻的墙体在层高范围内不到顶，使柱成为短柱。砌体墙与框架柱之间，留一条 30mm 左右宽的缝，缝内填充软的材料，可以减小填充墙对结构刚度的增大作用；同时，填充墙设置拉结筋、水平系梁等，与框架柱可靠拉结，避免地震中墙体倒塌。

不应采用部分由框架承重、部分由砌体墙承重的混合承重形式；框架结构中的楼、电梯间及局部出屋顶的电梯机房、楼梯间、水箱间等，应采用框架承重，不应采用砌体墙承重。因为框架和砌体墙的受力性能不同，框架的侧向刚度小、变形能力大，而砌体墙的侧向刚度大、变形能力小，地震中两者变形不协调，容易造成震害。

地震发生时，楼梯是逃生通道。钢筋混凝土框架结构宜采用现浇楼梯。现浇楼梯构件与主体框架成为整体，增大了框架结构的刚度，这对于框架结构的抗震是有利的。但楼梯构件的刚度大，地震中吸收比较大的地震剪力，如果楼梯构件没有抗震设计，地震中可能先于框架破坏，不能起到逃生通道的作用；此外，如果楼梯在建筑平面内的布置造成增大结构偏心，地震中结构的扭转反应将加重结构的破坏，甚至引起结构倒塌。因此，抗震钢筋混凝土框架结构设计时，应计入楼梯构件对地震作用及其效应的影响，并对楼梯构件进行抗震承载力验算，避免地震发生时，楼梯首先破坏；楼梯在建筑平面内的布置应尽可能减少对结构造成的偏心。钢筋混凝土框架结构也可以采用预制楼梯，楼梯构件的一端为固定，另一端为可滑动支座，避免或减小楼梯构件对主体框架的影响。采用可滑动楼梯构件时，可滑动端应有足够长的搭接长度，避免地震中楼梯构件滑落。

2.2 剪 力 墙 结 构

用钢筋混凝土剪力墙承受竖向荷载和抵抗水平力的结构称为剪力墙结构。抗震结构中，剪力墙也称为抗震墙，剪力墙结构也称为抗震墙结构。剪力墙结构的开间一般为 3～8m，适用于住宅、旅馆等建筑。设计合理的钢筋混凝土剪力墙结构的整体性好，侧向刚度大，承载力高，弹塑性变形能力大，具有良好的抗震性能。在历次地震中，剪力墙结构的震害比框架结构轻得多，由于承载力不足或变形能力不足而倒塌的剪力墙结构极少。剪力墙结构的适用高度大，多层建筑、高层建筑都可采用。在剪力墙内配置竖向钢骨、钢斜撑、钢管、钢板等，成为钢-混凝土组合剪力墙，可以有效改善剪力墙的抗震性能，提高剪力墙的抗震能力。剪力墙结构的不足是平面布置不如框架结构灵活，结构自重大。钢筋混凝土剪力墙结构在我国应用十分广泛，特别是高层住宅建筑，一般采用钢筋混凝土剪力墙结构。图 2-6 是一些剪力墙结构的平面布置。

在水平力作用下，剪力墙结构的水平位移曲线呈弯曲型，即层间位移由下至

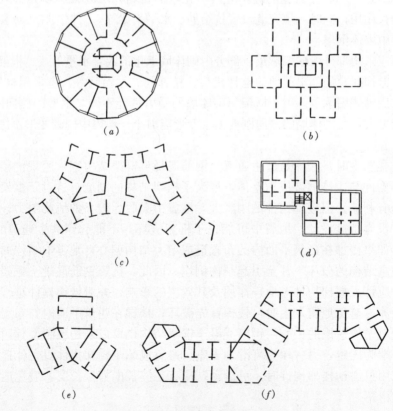

(a)   (b)

(c)   (d)

(e)   (f)

图 2-6 剪力墙结构的平面布置举例

上逐渐增大（图2-7）。

　　剪力墙以平面内受力为主，在建筑结构中，剪力墙要在结构平面的主轴方向双向布置，分别抵抗各自方向的水平力。墙端与计算方向垂直的剪力墙，可以作为计算方向剪力墙的翼缘参与抵抗水平力，不但增大计算方向剪力墙的刚度、正截面受弯承载力，而且增大其弹塑性变形能力。因此，剪力墙的两端（不包括洞口两侧）尽可能与另一方向的墙连接，成为有翼缘的墙。抗震设计的剪力墙结构，通过合理布置剪力墙，力求使两个方向的侧向刚度接近。

　　剪力墙宜贯通房屋全高，沿高度方向连续布置，避免刚度突变。剪力墙经常需要开洞作为门窗，洞口宜上下对齐，成列布置，形成具有规则洞口的联肢剪力墙，避免出现洞口不规则布置的错洞墙（图2-8）。当墙肢的长度很长、其高宽比（墙的总高度与墙的长度之比）不大于3时，可以在墙上开设洞口，洞口上设置跨高比大、受弯承载力小的连梁，地震中这些连梁首先破坏，将长墙分成较短的墙段。墙段的高宽比不宜小于3，水平力作用下以弯曲变形为主，为避免发生剪切破坏，应设计成抗震性能好的延性剪力墙。在楼、电梯间，两个方向的墙相互连接成井筒，以增大结构的抗扭能力。

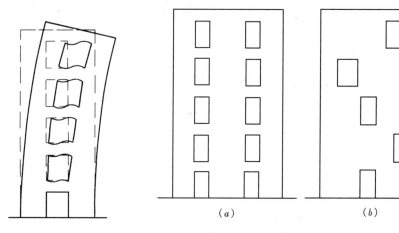

(a)　　　　　　(b)

图2-7　剪力墙的　　　　　　图2-8　剪力墙洞口布置
　水平位移曲线　　　　(a) 规则洞口的联肢剪力墙；(b) 不规则的错洞墙

　　为了使底层或底部若干层有较大的空间，底层或底部若干层的剪力墙不落地，支承在框架转换层及转换层以下的框架上，成为框支剪力墙。图2-9为框支剪力墙的立面图。由剪力墙转换为框架，结构的侧向刚度变小，楼层受剪承载力也变小，形成软弱层和薄弱层，在地震作用下，转换层及以下结构的层间变形大，框架柱破坏严重，有可能引起局部倒塌甚至整体倒塌。因此，地震区不允许采用底层或底部若干层全部为框架的框支剪力墙结构。

　　地震区可以采用部分剪力墙落地、部分剪力墙由转换层以下框架支承的部分框支剪力墙结构。抗震设计的部分框支剪力墙结构底部大空间的层数不宜过多。转换层及以下的落地剪力墙的两端（不包括洞口两侧）应有端柱，或与另一方向的剪力墙相连，以增大落地剪力墙的整体稳定和侧向刚度；将落地的纵、横向剪力墙围成井筒，增大转换层及以下结构的抗扭刚度。落地剪力墙的数量不能过少；转换层及转换层以下结构的侧向刚度与转换层以上结构的侧向刚度比不应过小（本章 2.9 节介绍）；落地剪力墙底部承担的地震倾覆力矩，不应小于结构总地震倾覆力矩的 50%。由于有一定数量的落地剪力墙，通过采取其他措施，可以避免部分框支剪力墙结构的转换层及以下结构成为软弱层或薄弱层。图 2-10 为底部大空间剪力墙结构的典型平面。

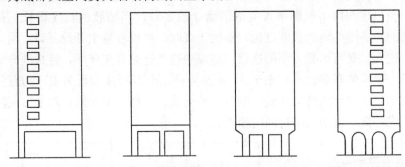

图 2-9 框支剪力墙的立面图

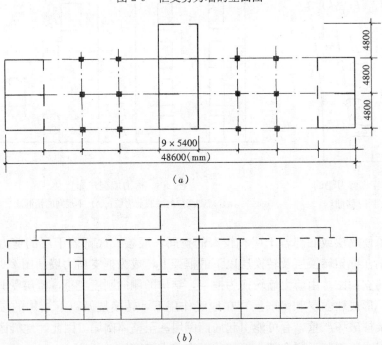

（a）

（b）

图 2-10 底部大空间剪力墙结构的典型平面

（a）首层平面；（b）标准层平面

近年来，一种称为短肢剪力墙的墙体在住宅建筑中被采用。短肢剪力墙是指墙截面厚度不大于300mm、一道联肢剪力墙的各墙肢截面长度与厚度之比的最大值大于4但不大于8的剪力墙。短肢墙沿建筑高度可能有较多楼层的墙肢会出现反弯点，受力性能不如普通剪力墙，又承担较大轴力和剪力。因此，抗震设计的高层建筑不应全部采用短肢墙，应设置一定数量的普通剪力墙或井筒，形成短肢剪力墙与井筒（或普通剪力墙）共同抵抗水平作用的剪力墙结构。短肢墙较多的剪力墙结构，短肢墙承担的底部地震倾覆力矩不宜大于结构底部地震总倾覆力矩的50%，房屋的最大适用高度比普通剪力墙结构低，短肢墙的抗震设计要求比普通剪力墙高。

2.3 框架-剪力墙结构

框架和剪力墙共同承受竖向荷载和水平力，就成为框架-剪力墙结构。框架-剪力墙结构的剪力墙布置比较灵活，剪力墙的端部可以有框架柱，也可以没有框架柱，剪力墙也可以围成井筒。剪力墙有端柱时，墙体在楼盖位置宜设置暗梁。图2-11和图2-12分别为18层的北京饭店和26层的上海宾馆的平面图，这两幢建筑是典型的框架-剪力墙结构。

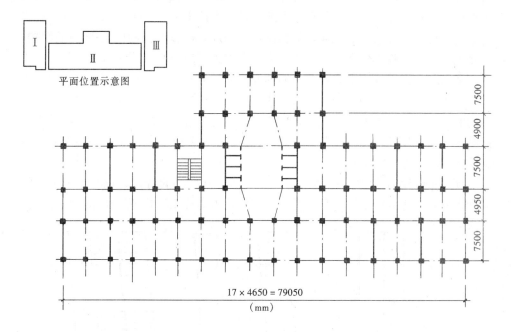

图 2-11 北京饭店平面布置图

框架-剪力墙结构是一种双重抗侧力结构。按计算，剪力墙的刚度大，承担大部分地震层剪力；框架的刚度小，承担小部分地震层剪力。在罕遇地震作用

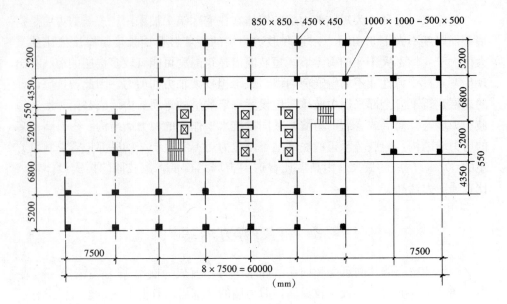

图 2-12　上海宾馆平面布置图

下，剪力墙的连梁往往首先屈服，使剪力墙的刚度降低，由剪力墙抵抗的一部分层剪力转移到框架。如果框架具有足够大的承载力和延性，则双重抗侧力结构的优势可以得到充分发挥，避免在罕遇地震作用下严重破坏甚至倒塌。否则，连梁屈服后，框架有可能严重破坏，甚至倒塌。因此，抗震设计的框架-剪力墙结构，多遇地震作用下各层框架设计采用的地震层剪力不应过小（第 4 章 4.2 节）。

在水平力作用下，框架和剪力墙的变形曲线分别呈剪切型和弯曲型，由于楼板的作用，框架和墙的侧向位移必须协调。在结构的底部，框架的侧移减小；在结构的上部，剪力墙的侧移减小，侧移曲线的形状呈弯剪型（图 2-13），层间位移沿建筑高度比较均匀，改善了框架结构及剪力墙结构的抗震性能，也有利于减少小震作用下非结构构件的破坏。

框架-剪力墙结构既有框架结构布置灵活、延性好的特点，也有剪力墙结构刚度大、承载力大的特点，是一种比较好的抗侧力体系，广泛应用于高层建筑。

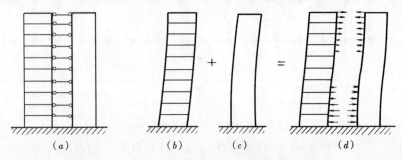

图 2-13　框架-剪力墙结构在水平力作用下协同工作

　　框架和剪力墙都主要在其自身平面内抵抗水平力。抗震设计时，框架-剪力墙结构应设计成双向抗侧力体系，结构的两个主轴方向都要布置框架和剪力墙。

　　框架-剪力墙结构布置的关键是剪力墙的数量和位置。剪力墙的数量多，有利于增大结构的刚度、减小结构的水平位移，但过多地布置剪力墙不但对使用造成困难，而且也没有必要。通常，剪力墙的数量以使结构的层间位移角不超过规范规定的限值为宜。剪力墙的数量也不能过少。在规定的水平力作用下，底层剪力墙部分分担的倾覆力矩应大于结构总倾覆力矩的 50%，否则，该结构为少墙框架结构，其适用高度等不同于框架-剪力墙结构。

　　剪力墙的布置可以灵活，但要尽可能符合下列要求：

　　（1）抗震设计时，剪力墙的布置宜使结构各主轴方向的侧向刚度接近。

　　（2）对称布置，或使结构平面上刚度均匀，减小在水平力作用下结构的扭转效应。

　　（3）沿建筑物的全高布置，侧向刚度沿高度连续均匀，避免突变，剪力墙开洞时，洞口上下对齐。

　　（4）在建筑物的周边附近、楼梯间、电梯间、平面形状变化及竖向荷载较大的部位均匀布置剪力墙。

　　（5）平面形状凹凸较大时，宜在凸出部分的端部附近布置剪力墙。

　　（6）两个方向的剪力墙尽可能组成 L 形、T 形、工形和井筒等形式，使一个方向的墙成为另一方向墙的翼墙，增大抗侧、抗扭刚度。

　　（7）剪力墙的间距不宜过大。若剪力墙间距过大，在水平力作用下，两道墙之间的楼板可能在其自身平面内产生弯曲变形，过大的变形对框架柱产生不利影响。因此，要限制剪力墙的间距，不要超过表 2-1 所列的值。当剪力墙之间的楼板有较大开洞时，开洞对楼盖平面刚度有所削弱，墙的间距还要适当减小。对于剪力墙间距超过表 2-1 所列值的框架-剪力墙结构，结构计算时应计入楼盖变形的影响。

　　（8）房屋较长时，刚度较大的纵向剪力墙不宜布置在房屋的端开间，以避免由于端部剪力墙的约束作用造成楼盖梁板开裂。

剪力墙间距（m）（取较小值）　　　　　　　　　　　　表 2-1

楼、屋盖类型	非抗震设计	设防烈度		
		6 度、7 度	8 度	9 度
现浇	5.0B, 60	4.0B, 50	3.0B, 40	2.0B, 30
装配整体式	3.5B, 50	3.0B, 40	2.0B, 30	—

　　注：1. B 为剪力墙之间的楼盖宽度，单位为"m"；

　　　　2. 现浇层厚度大于 60mm 的叠合楼板可以作为现浇板考虑。

2.4　板柱-剪力墙结构

板柱结构是指钢筋混凝土无梁楼盖和柱组成的结构。板柱结构施工方便，楼板高度小，可以减小层高，能提供大的使用空间，灵活布置隔断墙等。但板柱连接节点的抗震性能差，不如梁柱连接节点；地震作用产生的柱端不平衡弯矩由板柱连接节点传递，在柱周边板内产生较大的附加剪力，加上竖向荷载的剪力，有可能使楼板产生冲切破坏。板柱结构在地震中严重破坏、倒塌的震害说明，板柱结构的刚度小、抗震性能差，不能作为抗震设计的高层建筑的结构体系。

在板柱结构中设置剪力墙，或将楼、电梯间做成钢筋混凝土井筒，即成为板柱-剪力墙结构。板柱-剪力墙结构可以用于设防烈度不超过 8 度的高层建筑。板柱-剪力墙结构房屋的周边应采用有梁框架，楼、电梯洞口周边宜设置边框梁，其剪力墙的布置要求与框架-剪力墙结构中剪力墙的布置要求相同。为了使板柱-剪力墙结构具有足够大的抗震能力，房屋高度大于 12m 时，剪力墙承担结构的全部地震作用，各层板柱和框架承担不少于本层地震剪力的 20%。

2.5　钢框架-支撑（延性墙板）结构

在钢框架中设置钢支撑斜杆，即为支撑框架；由钢框架和支撑框架共同承担竖向荷载和水平荷载的结构，称为钢框架-支撑结构。

支撑斜杆改变了框架在水平力作用下的受力性能。支撑框架如同竖向桁架，在水平力作用下所有杆件承受轴力，支撑框架的侧移主要由杆件的轴向拉伸及压缩变形引起，其侧移曲线的形状，类似于剪力墙的侧移曲线，呈弯曲型，即层间位移角由下而上逐层增大。与杆件的弯曲刚度相比，杆件的轴向刚度大得多，因此，支撑框架的侧向刚度比框架大得多。

与框架-剪力墙结构类似，在楼盖的作用下，框架和支撑框架在水平力作用下的侧移协调，即在楼板处两者侧移相同，使结构的整体侧移曲线呈弯剪型。在框架-支撑结构中，框架的刚度小，承担的水平剪力小；支撑框架的刚度大，承担的水平剪力大。与框架-剪力墙结构相同，框架-支撑结构为双重抗侧力体系。

钢结构支撑框架的主要形式有三类：中心支撑框架、偏心支撑框架和屈曲约束支撑框架。中心支撑框架的支撑斜杆的轴线交汇于框架梁柱轴线的交点，其基本形式有单斜杆支撑、人字形支撑、V 形支撑、K 形支撑和交叉支撑（图 2-14）。采用单斜杆支撑时，必须在其他跨内布置反向的单斜杆支撑，以避免两个方向的刚度不同、侧移一边倒。在强地震作用下，受压的钢支撑斜杆容易发生屈曲，使结构的侧向刚度降低；反向荷载作用下受压屈曲的支撑斜杆不能完全拉直，而另一方向的斜杆又可能受压屈曲；地震反复作用使支撑斜杆多次压屈，致使支撑框架的刚度和承载力降低、侧移增大。因此，中心支撑框架更适宜于抗风结构。抗震结构不采用 K 形支撑，因为 K 形支撑斜杆的尖点与柱相交，受拉杆屈服和受压杆屈曲使柱产生较大的侧向变形，可能引起柱的压屈甚至整个结构倒塌。

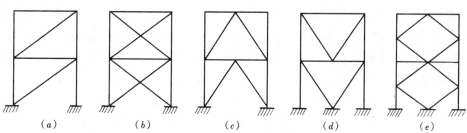

图 2-14 典型中心支撑框架立面
(a) 单斜杆支撑；(b) 十字交叉支撑；(c) 人字形支撑；
(d) V 形支撑；(e) K 形支撑

偏心支撑框架的特点是支撑与框架的连接位置偏离梁柱节点，每根支撑斜杆至少有一端与框架梁连接，在支撑与梁交点和柱之间或同一跨内另一支撑与梁交点之间形成一段称为消能梁段的短梁。偏心支撑框架的基本形式有单斜杆、人字形和 V 形等（图 2-15）。偏心支撑框架的侧向刚度小于中心支撑框架，消能梁段越短，其侧向刚度与中心支撑框架越接近。经过合理设计的偏心支撑框架，在大震作用下，消能梁段腹板剪切屈服，通过腹板塑性变形耗散地震能量；支撑斜杆保持弹性，不会出现受拉屈服和受压屈曲的现象；偏心支撑框架的柱和消能梁段以外的梁，也保持弹性。研究表明，消能梁段的腹板剪切屈服，具有塑性变形大、屈服后承载力继续提高、滞回耗能稳定等特点。偏心支撑框架的抗震性能优于中心支撑框架。

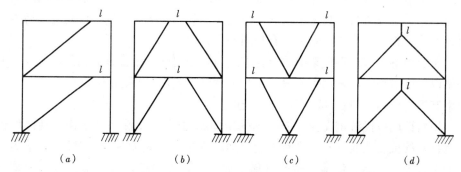

图 2-15 典型偏心支撑框架立面
l—消能梁段

屈曲约束支撑框架是指在钢框架内设置屈曲约束支撑的框架。屈曲约束支撑也是一种承受轴力的钢支撑，但其组成、受力性能不同于普通钢支撑。屈曲约束支撑主要由三部分组成（图 2-16）：核心单元、约束单元和两者之间的无粘结层。核心单元即为核心钢支撑，提供轴压承载力和变形能力，其截面形状有一字形、十字形及工字形等，采用延性好的中等屈服强度钢或低屈服强度钢制成，从中部到两端依次为工作段、过渡段和连接段。约束单元可为钢管、钢管内填砂浆或混凝土、钢筋混凝土，外包在核心单元周围，其功能为约束核心钢支撑发生屈曲。无粘结层采用橡胶等材料，地震作用下核心钢支撑的工作段发生微幅屈曲、受压膨胀时，无粘结层起到减小或消除核心钢支撑与约束单元之间的摩擦力，保证核心钢支撑自由伸长、缩短。

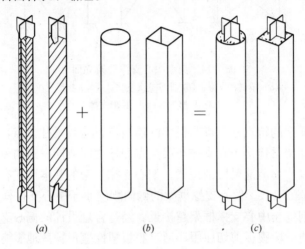

图 2-16 屈曲约束支撑的典型构成
(a) 核心单元；(b) 约束单元；(c) 支撑构件

中心支撑受拉屈服、受压屈曲，受压屈曲的承载力低于受拉屈服的承载力，受压屈曲后承载力迅速下降，变形能力和耗能能力比受拉屈服差很多。屈曲约束支撑避免了受压屈曲，其受压承载力与受拉承载力相同，受压变形能力和耗能能力也与受拉相同，受压、受拉具有相同的受力性能。

屈曲约束支撑在钢框架中的布置方式与中心支撑的布置方式相同，形成竖向桁架以抵抗水平力，采用单斜杆、V 字形和人字形，不采用 K 形、X 形。屈曲约束支撑与柱的夹角在 $35°\sim55°$ 之间较好。

用延性墙板代替钢支撑、嵌入钢框架即成为框架-延性墙板结构。延性墙板具有良好的抗震性能。其类型有钢板剪力墙（不设加劲肋和设加劲肋）、带竖缝钢筋混凝土剪力墙、带横缝钢筋混凝土剪力墙、无粘结内藏钢支撑（或内藏钢板）剪力墙（发展成为屈曲约束支撑）和带缝钢板剪力墙等。框架-延性墙板结构的主要特点为：墙板预制，现场用焊接和/或螺栓与框架梁连接，镶嵌在框架内，施工现场没有湿作业；与现浇剪力墙比，墙板的侧向刚度较小，与钢框架的侧向刚度更加匹配；墙板不承担竖向荷载，仅承担侧向力引起的层剪力。

1965 年，日本东京大学武滕清教授发明了带竖缝钢筋混凝土剪力墙（图 2-17），进行了大量的试验研究和理论分析。竖缝改变了高宽比小的墙板的受力性能和破坏形态，在水平力作用下，破坏形态为具有延性的弯曲破坏。虽然开缝使墙板的刚度和承载力降低，但增大了延性和耗能能力，使之更适合

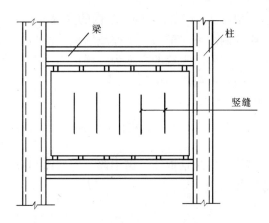

图 2-17 带竖缝钢筋混凝土剪力墙

于抗震钢结构。带竖缝混凝土剪力墙已经用于日本的多栋高层、超高层建筑，如，32 层的东京国际通信中心，55 层的东京新宿三井大厦，60 层的东京阳光大厦等。图 2-18 为北京京广中心主楼结构的平面图和剖面图。京广中心主楼高 208m，地下 3 层，地上 51 层，平面呈扇形，沿位于平面中心的服务竖井的周边布置钢支撑和带竖缝混凝土剪力墙，6 层及以下为钢支撑，7 层及以上采用嵌入钢框架内的带竖缝混凝土剪力墙。

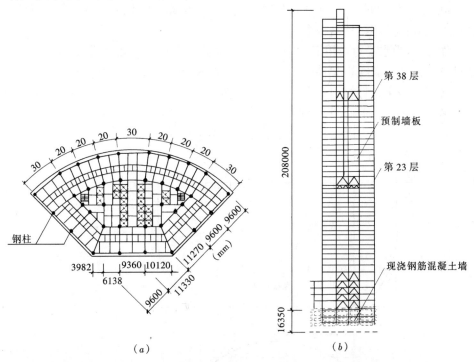

图 2-18 北京京广中心主楼结构平面图和剖面图

(a) 平面图；(b) 剖面图

框架-支撑（延性墙板）结构的支撑或墙板，经常布置在楼电梯周边的框架内，必须两个方向都布置支撑或墙板，使两个方向的刚度接近。通常，墙板的宽度为一个柱距，支撑的高度为一层，当柱距比较大时，可以设置跨层支撑，即支撑斜杆跨越两层或两层以上。

2.6 筒 体 结 构

筒体结构包括框筒、筒中筒、桁架筒和束筒结构，后来还出现了多筒和多重筒等筒体结构。

2.6.1 框 筒 结 构

框筒是由布置在建筑物周边的柱距小、梁截面高的密柱深梁框架组成。形式上框筒由四榀框架围成，但其受力特点不同于框架。框架是平面结构，只有与水平力方向一致的框架才抵抗层剪力及倾覆力矩。框筒是空间结构，一个方向作用水平力时，沿建筑周边布置的四榀框架都参与抵抗水平力，即层剪力由平行于水平力作用方向的腹板框架抵抗，倾覆力矩由腹板框架及垂直于水平力作用方向的翼缘框架共同抵抗。框筒结构的四榀框架位于建筑物周边，形成抗侧、抗扭刚度及承载力都很大的外筒，使建筑材料的性能得到更充分的利用。因此，框筒结构的适用高度比框架结构高得多。

图 2-19 为水平力作用下的倾覆力矩在框筒柱中产生的轴力分布图。倾覆力矩使框筒的一侧翼缘框架柱受拉、另一侧翼缘框架柱受压，而腹板框架柱有拉有压。翼缘框架中各柱轴力分布并不均匀，角柱的轴力大于平均值，中部柱的轴力

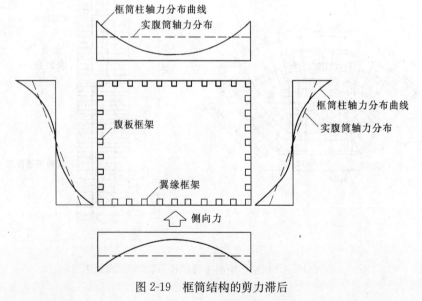

图 2-19 框筒结构的剪力滞后

小于平均值；腹板框架各柱的轴力也不是线性分布。这种现象称为剪力滞后。剪力滞后越严重，框筒的空间作用越小。可以采取措施减小框筒结构的剪力滞后，例如：柱距不超过 4.5m，以 1.5～3m 较好；截面高度大的梁，梁的净跨与其高度之比为 3～4；尽可能采用正方形、圆形或多边形平面，矩形平面两个方向的长度不大于 2；角柱截面可以为中柱截面的 1.5 倍左右。

水平力作用下，框筒结构腹板框架的侧移曲线呈剪切型，而翼缘框架主要抵抗倾覆力矩，其侧移曲线呈弯曲型。两者协调，框筒结构的侧移曲线以剪切型为主。

框筒可以是钢结构、钢筋混凝土结构或者混合结构。第一栋框筒结构是 Fazlur R. Khan 设计的芝加哥 Dewitt-Chestnut 公寓大厦，43 层，钢筋混凝土结构，1965 年竣工。本书第 1 章介绍的纽约世界贸易中心大厦为钢结构框筒，设置在平面核心的 47 根钢柱仅承受竖向荷载（图 2-20）。每 32 层设置一道 7m 高的钢板圈梁，以减小剪力滞后。

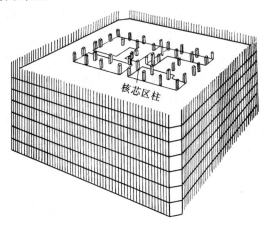

图 2-20　纽约世界贸易中心塔楼结构

2.6.2　桁架筒结构

用稀柱、浅梁和巨型支撑斜杆组成桁架，布置在建筑物的周边，就形成了桁架筒结构。

桁架筒结构主要是钢结构。钢桁架筒结构的柱距大，支撑斜杆跨越建筑的一个面的边长，沿竖向跨越数个楼层，形成巨型桁架，4 片桁架围成桁架筒，两个相邻立面的支撑斜杆相交在角柱上，保证了从一个立面到另一个立面支撑的传力路径连续，形成整体悬臂结构。水平力通过支撑斜杆的轴力传至柱和基础。钢桁架筒结构的刚度大，比框筒结构更能充分利用建筑材料，适用于更高的建筑。

图 2-21 为 1970 年建成的芝加哥汉考克大厦的立面图，立面为上小下大的矩

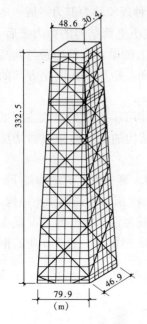

图 2-21 芝加哥汉考克
大厦立面图

形截锥形，底面的平面尺寸为 79.9m×46.9m，顶面的平面尺寸为 48.6m×30.4m，100 层，332m 高，底层最大柱距达 13.2m，立面上巨大的 X 形支撑特别引人注目。平面中部的柱只承受竖向荷载。用钢量仅为 146kg/m²，相当于 40 层钢框架结构的用钢量。

桁架筒结构也可以是钢筋混凝土结构。位于芝加哥的 Onterie Center 大厦，59 层，174m 高，外框筒柱距 1.68m，通过将窗户用混凝土板填实，在建筑立面形成斜杆，成为桁架筒，其造价比框架结构降低 20%左右。

2.6.3 筒中筒结构

用框筒作为外筒，将楼电梯间、管道竖井等服务设施集中在建筑平面的中心形成内筒，就成为筒中筒结构。采用钢筋混凝土结构时，一般外筒采用框筒，内筒为剪力墙围成的井筒；采用钢结构时，外筒用框筒，内筒一般采用钢支撑框架形成井筒。

图 2-22 为 1989 年建成的北京中国国际贸易大厦一期工程的结构平面图和剖面

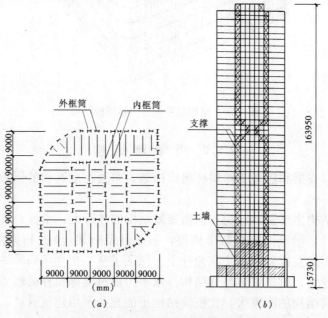

图 2-22 北京国贸大厦一期结构平面图和剖面图
(a) 平面图；(b) 剖面图

图。国贸大厦一期高 153m，39 层，钢结构筒中筒，1～3 层为钢骨混凝土结构。在内筒 4 个面两端的柱列内，沿高度设置中心支撑；在 20 层和 38 层，内、外筒周边各设置一道高 5.4m 的钢桁架，以减小剪力滞后，增大整体侧向刚度。

筒中筒结构也是双重抗侧力体系，在水平力作用下，内外筒协同工作，其侧移曲线类似于框架-剪力墙结构，呈弯剪型。外框筒的平面尺寸大，有利于抵抗水平力产生的倾覆力矩和扭矩；内筒采用钢筋混凝土墙或支撑框架，具有比较大的抵抗水平剪力的能力。筒中筒结构的适用高度比框筒更高。在水平力作用下，外框筒也有剪力滞后现象。

筒中筒结构的平面外形可以为圆形、正多边形、椭圆形或矩形等。内筒居中，内外筒之间的间距一般为 10～12m，不设柱，若跨度过大，可以在内外筒之间设柱以减小水平构件的跨度。内筒的边长（直径）一般为外框筒边长（直径）的 1/2 左右，为高度的 1/15～1/12，内筒要贯通建筑全高。

2.6.4 束 筒 结 构

两个或者两个以上框筒排列在一起，即为束筒结构。束筒结构中的每一个框筒，可以是方形、矩形或者三角形等；多个框筒可以组成不同的平面形状；其中任一个筒可以根据需要在任何高度中止。图 2-23 为不同平面形状的束筒结构平面图。

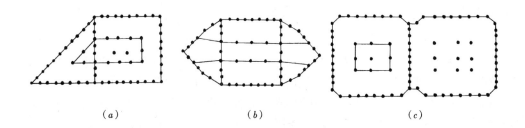

(a) (b) (c)

图 2-23　不同平面形状的束筒结构平面图

最有名的束筒结构是芝加哥的西尔斯大厦，110 层，443m，世界上最高的钢结构建筑。底层平面尺寸为 68.6m×68.6m；50 层以下为 9 个框筒组成的束筒，51～66 层是 7 个框筒，67～91 层为 5 个框筒，91 层以上 2 个框筒，在第 35 层、66 层和第 90 层，沿周边框架各设一层楼高的桁架（图 2-24a），对整体结构起到箍的作用，提高侧向刚度和抗竖向变形的能力。束筒结构缓解了剪力滞后，柱的轴力分布比较均匀（图 2-24b）。

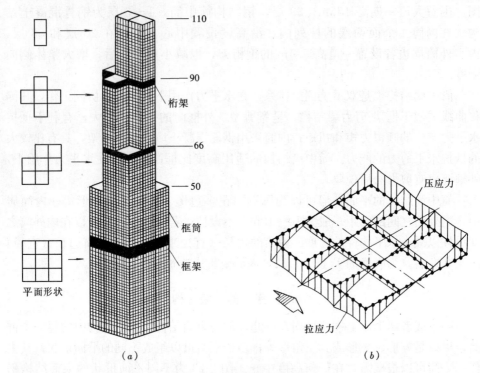

图 2-24　芝加哥西尔斯大厦

(a) 结构立面与平面；(b) 侧向力作用下柱的轴力分布

2.7　框架-核心筒结构

筒中筒结构的外框筒为密柱深梁，影响对外视线，景观较差，建筑外形比较单调。加大外框筒的柱距，减小梁的高度，周边形成稀柱框架，在平面中心设置内筒，形成框架-核心筒结构。框架-核心筒结构的周边框架与核心筒之间一般为 10～12m，使用空间大且灵活，广泛用于写字楼、多功能建筑。

图 2-25 所示为深圳地王大厦结构平面图和剖面图，图 2-26 所示为深圳赛格广场大厦结构平面图。

框架-核心筒结构的周边框架为平面框架，没有框筒的空间作用，类似于框架-剪力墙结构。核心筒除了四周的剪力墙外，内部还有楼、电梯间的分隔墙，核心筒的刚度和承载力都较大，成为抗侧力的主体，框架承受的水平剪力较小。框架与核心筒之间的楼盖采用梁板体系比较好，可以加强框架与核心筒的共同工作。

当建筑高度较大时，为了增大结构的侧向刚度，同时增大结构抗倾覆力矩的能力，在核心筒和框架柱之间设置水平伸臂构件。伸臂构件使与其相连的一侧框架柱受压、另一侧框架柱受拉，对核心筒形成反弯，减小结构的侧移和减小伸臂构件所在楼层以下核心筒各截面的弯矩（图 2-27）。设置水平伸臂构件的楼层，

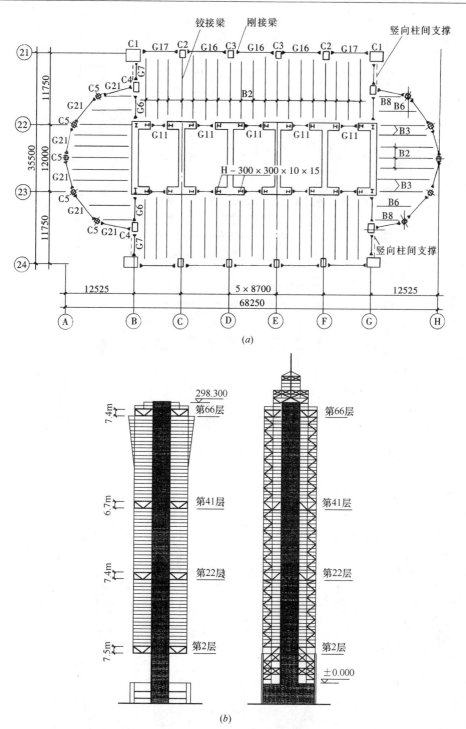

图 2-25 深圳地王大厦结构平面图及剖面图

(a) 结构平面图; (b) 结构剖面图

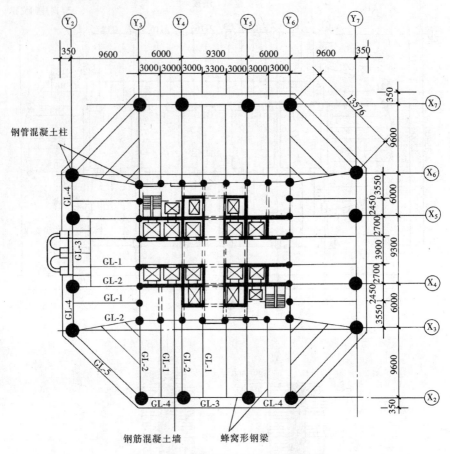

钢管混凝土柱

GL-4

GL-3

GL-1

GL-2

GL-1

GL-2

GL-4

GL-2　GL-1　GL-2　GL-1

GL-5

GL-4　GL-3　GL-4

钢筋混凝土墙　　　蜂窝形钢梁

图 2-26　深圳赛格广场大厦结构平面图

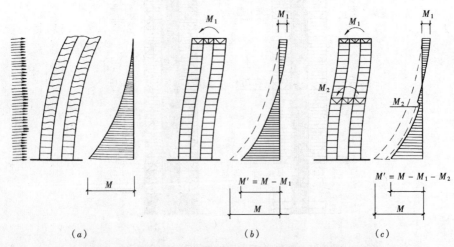

(a)　　　　　　　　　(b)　　　　　　　　　(c)

图 2-27　框架-核心筒结构的位移曲线和核心筒的倾覆力矩

(a) 无加强层；(b) 仅顶层为加强层；(c) 顶层和中间某一层为加强层

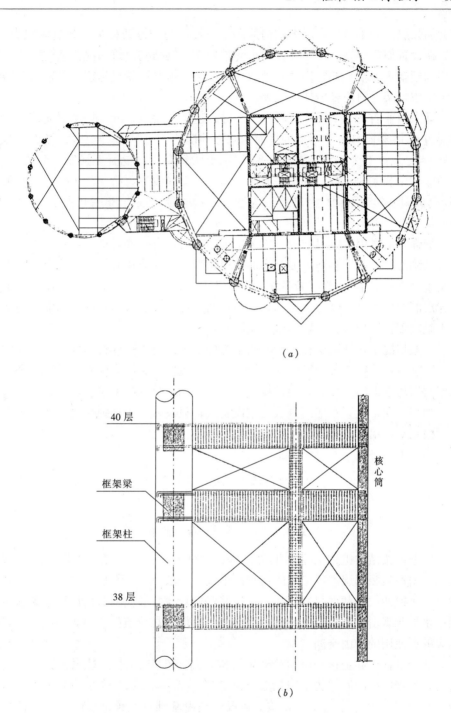

(a)

(b)

图 2-28 石油双塔

(a) 第 38 层结构平面图；(b) 水平伸臂构件立面图

称为加强层。为了进一步增大结构的刚度，使周边的框架柱都参与抗倾覆力矩，可以在设置伸臂构件的楼层设置周边环带构件。钢结构建筑和混合结构建筑可以采用钢桁架作为水平伸臂构件和周边环带构件，钢筋混凝土建筑可以采用钢筋混凝土空腹桁架、斜腹杆桁架、梁等。

马来西亚吉隆坡的石油双塔，88 层，建筑高度 452m，框架-核心筒结构。其周边为 16 根圆柱和梁组成的平面为圆形的框架，钢梁-混凝土组合楼盖。周边框架 84 层及以下为钢筋混凝土，84 层以上为钢结构。混凝土强度最高为 C80。第 60、73、82、85 层和 88 层平面尺寸减小、立面收进，第 60、73 和 82 层采用 3 层高的斜柱实现平面尺寸转换。为增大结构刚度，在第 38～40 层设置水平伸臂构件（图 2-28）。

加强层最早用于抗风结构。用于抗震结构时，有一些对抗震不利的影响：加强层的刚度、楼层地震剪力突变，加强层附近可能形成薄弱层，加强层上、下难以实现"强柱弱梁"。为了减小加强层的不利影响，可以多设几个加强层，每个加强层的刚度不宜过大，以达到满足结构的弹性刚度要求为目标。加强层的数量也不是越多作用越大，一般不多于 4 层。

一般情况下，加强层在平面的两个方向都要设置水平伸臂构件；核心筒的转角、T 字节点处要布置伸臂构件，伸臂构件贯通核心筒，形成井字形；水平伸臂构件与周边框架的连接，采用铰接或半刚接。加强层的高度位置对其作用也有影响，加强层通常设置在建筑避难层或设备层；只设置一个加强层时，通常不在顶层，而在 0.6 倍建筑高度附近。

2.8 巨 型 结 构

2.8.1 巨 型 框 架 结 构

巨型框架结构也称为主次框架结构，主框架为巨型框架，次框架为普通框架。巨型框架相邻层的巨梁之间设置次框架，一般为 4～10 层，次框架支承在巨梁上，次框架梁柱截面尺寸较小，仅承受竖向荷载，竖向荷载由巨型框架传至基础；水平荷载由巨型框架承担。巨型框架一般设置在建筑的周边，中间无柱，提供大的可使用的自由空间。

北京电视中心主楼为巨型钢框架结构，高 236.4m，其巨柱由 4 榀竖向桁架组成，连接巨柱的巨梁为空间桁架。图 2-29 为日本东京市政厅大厦 1 号塔楼的结构平面图和剖面图，243.4m 高，8 根巨柱由基础直达顶部，巨柱由 4 四榀钢桁架组成，平面尺寸为 6.4m×6.4m；巨梁为一层高的空间桁架。横向设置了 6 道巨梁，形成 4 榀 6 层巨型框架；纵向巨梁分别设置在第 9、33、44 层和 48 层，与巨柱组成纵向的 4 层巨型框架。由于采用了巨型框架结构，每个楼层有 19.2m

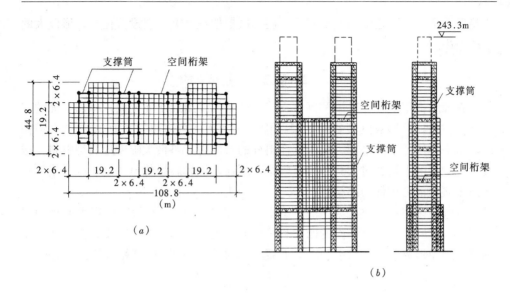

图 2-29　日本东京市政厅大厦 1 号塔楼结构平面和剖面图

(a) 平面图；(b) 剖面图

×108.8m 的无柱空间。

　　钢筋混凝土巨型框架结构的巨柱可采用由剪力墙围成的井筒，巨柱之间的跨度大、巨梁为截面尺寸很大的巨梁或桁架组成巨梁。图 2-30 为深圳亚洲大酒店钢筋混凝土巨型框架结构的平面图和剖面图。位于三个翼端部的筒（楼电梯间）和位于平面中心的剪力墙作为四根巨柱，每隔六层用一层高的 4 根大梁和楼板组

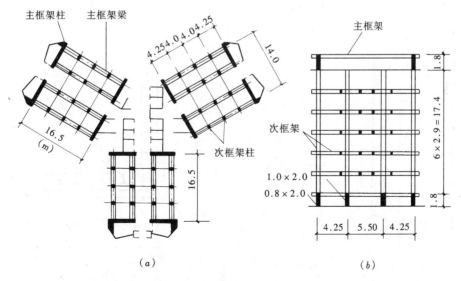

图 2-30　深圳亚洲大酒店结构平面和剖面图

(a) 平面图；(b) 剖面图

成箱形大梁。巨梁之间的次框架为5层，次框架顶上有一层没有柱子，形成大的空旷面积。

2.8.2 巨型空间桁架结构

整幢结构用巨柱、巨梁和巨型支撑等巨型杆件组成空间桁架，相邻立面的支撑交汇在角柱，形成巨型空间桁架结构。空间桁架可以抵抗任何方向的水平作用，水平作用产生的层剪力成为支撑斜杆的轴向力，可最大限度地利用材料；楼板和围护墙的重量通过次构件传至巨梁，再通过柱和斜撑传至基础。巨型桁架是既高效又经济的抗侧力结构。

香港中国银行大厦是典型的巨型空间桁架结构（图2-31）。中银大厦地面以上70层，高315m。沿平面的四边和对角布置支撑（图2-31a），支撑为矩形截面钢管，内填混凝土防止管壁压曲，并提高承载力。从25层开始，增加一根中心

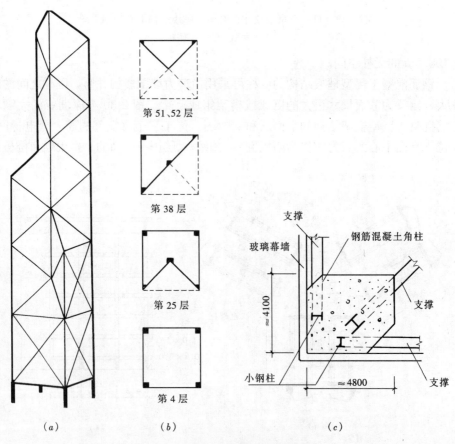

图 2-31 香港中银大厦结构体系图

(a) 立体图；(b) 楼层平面图；(c) 配有钢骨的钢筋混凝土柱平面图

柱一直到顶。也是从 25 层开始，从平面上看，切去 1/4；38 层以上，又切去 1/4；51 层、52 层以上，又切去 1/4（图 2-31b）。在平面的四角设置钢筋混凝土柱，最大的截面尺寸约为 4.8m×4.1m；柱内设置 3 根 H 型钢，分别与 3 个方向的钢支撑连接（图 2-31c）。每隔 12 层设置一层高的水平桁架作为巨梁，支撑斜杆跨越 12 个楼层的高度，8 片巨型桁架组成了巨型空间桁架结构。

2.8.3 巨型框架（支撑框架）-核心筒-伸臂桁架结构

建筑高度达 500m 甚至更高时，巨型框架结构或巨型空间桁架结构已不再适用，必须采用刚度更大、更经济合理的结构体系。巨型框架（支撑框架）-核心筒-伸臂桁架结构是我国目前抗震设防房屋建筑可以达到最高的结构体系。

深圳平安金融中心大厦（图 2-32），塔楼地上 118 层，塔尖高 660m，主结构高 597m。平安金融中心大厦的结构体系采用了型钢混凝土巨柱-巨型钢斜撑-钢板混凝土剪力墙核心筒-钢带状桁架-钢伸臂巨型结构。沿塔楼全高设置了 4 道两层高的伸臂桁架和 7 道带状桁架，其中 4 道带状桁架设置在有伸臂桁架的楼层，伸臂桁架与内埋于核心筒角部的钢管柱相连，伸臂桁架的弦杆贯穿核心筒，同时在墙的两侧设置 X 斜撑。

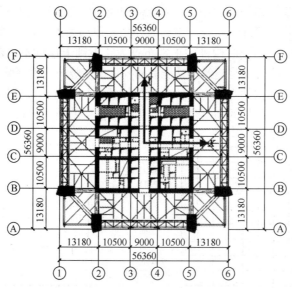

图 2-32 深圳平安金融中心大厦结构平面图

上海中心大厦，地上 120 层，塔尖高度 632m，结构高度 574.6m，抗侧力结构体系为"巨型空间框架-核心筒-伸臂桁架"（图 2-33）。结构竖向分为八个区段，每个区段顶部两层为加强层，设置伸臂桁架和箱形环状桁架。巨型框架由八根巨型柱、四根角柱及八道两层高的箱形环状桁架组成。核心筒为一个边长约 30m 的方形且底部加强区内埋设钢骨的钢筋混凝土筒体，核心筒底部翼墙厚

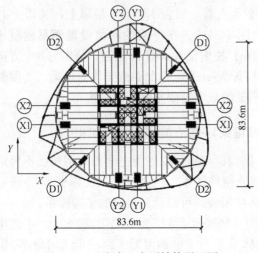

图 2-33　上海中心大厦结构平面图

1.2m，并随高度逐渐减小至0.5m，腹墙厚度由底部的0.9m逐渐减薄至顶部的0.5m；从第五区段开始，核心筒四角被削掉，逐渐变化为十字形，直至顶部。伸臂桁架为六道两层高钢桁架，均布置在建筑机电层。

　　巨型框架（支撑框架）-核心筒-伸臂桁架结构属于双重抗侧力结构体系，其巨型框架（巨型支撑框架）必须分担一定量的地震层剪力，其巨柱和巨型支撑成为结构抗震的关键构件。

2.9　带转换层的结构

　　现代高层建筑的多功能、综合用途与结构竖向构件的正常布置之间产生矛盾，建筑的使用功能往往底部为商业、中部为办公、顶部为公寓，要求底部为大空间，上部为小空间，而结构竖向构件的正常布置为从下到上连续不间断，或底部间距小，上部间距大。为了满足建筑多功能的需要，部分竖向构件（墙，柱）不能直接落地，需要通过转换构件将其内力转移至相邻的落地构件。设置转换构件的楼层，称为转换层；设置转换层的高层建筑，即为带转换层的结构(图 2-34)。

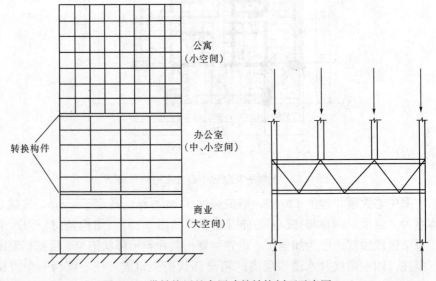

图 2-34　带转换层的高层建筑结构剖面示意图

高层建筑竖向结构构件的转换有两种形式：上部剪力墙转换为底部框架，其转换层称为托墙转换层；上部框筒（或周边框架）框架转换为底部稀柱框架（或巨型框架），其转换层称为托柱转换层。托墙转换层用于剪力墙结构，将其中不能落地的剪力墙通过转换构件支承在框架上，形成框支剪力墙。托柱转换层用于框筒结构、筒中筒结构及框架-核心筒结构，将外框筒（或周边框架）中不能落地的柱通过转换构件支承在稀柱框架（或巨型框架）上。图 2-35 为框筒结构转换层形式示例。

转换构件可采用梁、桁架、空腹桁架、箱形结构、斜撑等，统称为转换梁、转换桁架等。非抗震设计和 6 度抗震设计时可采用厚板作为转换构件，7、8 度抗震设计时地下室的转换构件也可采用厚板，其他情况下不能用厚板转换。

广州中信大厦，80 层，结构高 322m，钢筋混凝土框架-核心筒结构。底部 1～4 层的周边仅在 4 角有 L 形截面的大型角柱，角柱边长 7.75m，肢厚 2.5m；第 5 层为转换层，转换梁截面尺寸为 2.5m×7.5m。角柱与转换梁组成巨型框架，承托上部 75 层周边框架。图 2-36 为中信大厦转换层结构平面图、转换层以上结构平面图以及结构剖面图。

对于钢筋混凝土剪力墙结构，不允许全部剪力墙为托墙转换的框支剪力墙，必须有部分剪力墙从基础到屋顶连续、贯通，形成部分框支剪力墙结构。地面以上设置转换层的位置不宜过高。

为了避免转换层成为薄弱层或软弱层，转换层的侧向刚度与其相邻上一层的侧向刚度相比，不宜过小。当转换层设置在第 1、2 层时，转换层与其相邻上一层的结构等效剪切刚度比 γ_{e1} 尽可能接近 1，非抗震设计时 γ_{e1} 不应小于 0.4，抗震设计时 γ_{e1} 不应小于 0.5。γ_{e1} 可按下列公式计算：

$$\gamma_{e1} = \frac{G_1 A_1}{G_2 A_2} \times \frac{h_2}{h_1} \tag{2-1a}$$

$$A_i = A_{w,i} + \sum_j C_{i,j} A_{ci,j} \quad (i = 1, 2) \tag{2-1b}$$

$$C_{i,j} = 2.5 \left(\frac{h_{ci,j}}{h_i} \right)^2 \quad (i = 1, 2) \tag{2-1c}$$

式中　G_1、G_2——分别为转换层和转换层以上一层的混凝土剪变模量；

　　　A_1、A_2——分别为转换层和转换层以上一层的折算抗剪截面面积，可按式（2-1b）计算；

　　　$A_{w,i}$——第 i 层（$i=1$ 为转换层，$i=2$ 为转换层以上一层，以下同）全部剪力墙在计算方向的有效截面面积（不包括翼缘面积）；

　　　$A_{ci,j}$——第 i 层第 j 根柱的截面面积；

　　　h_i——第 i 层的层高；

　　　$h_{ci,j}$——第 i 层第 j 根柱沿计算方向的截面高度；

　　　$C_{i,j}$——第 i 层第 j 根柱截面面积折算系数，当计算值大于 1 时取 1。

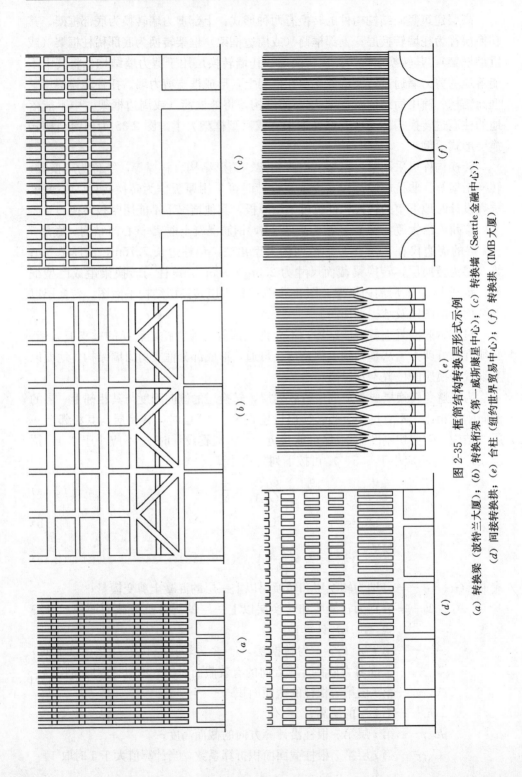

图 2-35　框筒结构转换层形式示例

(a) 转换梁（波特兰大厦）；(b) 转换桁架（第一威斯康星中心）；(c) 转换墙（Seattle 金融中心）；
(d) 间接转换拱；(e) 台柱（纽约世界贸易中心）；(f) 转换拱（IMB 大厦）

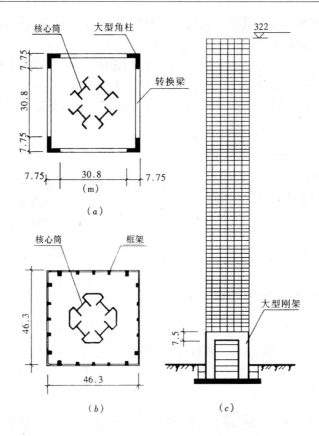

图 2-36　广州中信大厦

(a) 转换层结构平面图；(b) 典型层结构平面图；(c) 结构剖面图

当转换层设置在第 2 层以上时，按下式计算的转换层（第 i 层）与其相邻上一层（第 $i+1$ 层）的侧向刚度比不应小于 0.6：

$$\gamma_1 = \frac{V_i \Delta_{i+1}}{V_{i+1} \Delta_i} \tag{2-2}$$

式中　γ_1——楼层侧向刚度比；

V_i、V_{i+1}——第 i 层和第 $i+1$ 层的地震剪力标准值（kN）；

Δ_i、Δ_{i+1}——地震剪力标准值作用下第 i 层和第 $i+1$ 层的层间位移（m）。

当转换层设置在第 2 层以上时，还需按图 2-37 所示的计算模型按式（2-3）计算转换层及其下部结构与转换层上部结构的等效侧向刚度比 γ_{e2}，γ_{e2} 宜接近 1，非抗震设计时 γ_{e2} 不应小于 0.5，抗震设计时 γ_{e2} 不应小于 0.8。

$$\gamma_{e2} = \frac{\Delta_2 H_1}{\Delta_1 H_2} \tag{2-3}$$

式中　H_1——转换层及其下部结构（计算模型 1）的高度；

Δ_1——转换层及其下部结构（计算模型 1）的顶部在单位水平力作用下的侧向位移；

H_2——转换层上部若干层结构（计算模型 2）的高度，其值应等于或接近计算模型 1 的高度 H_1，且不大于 H_1；

Δ_2——转换层上部若干层结构（计算模型 2）的顶部在单位水平力作用下的侧向位移。

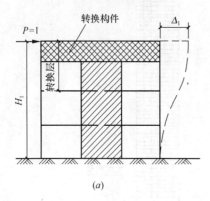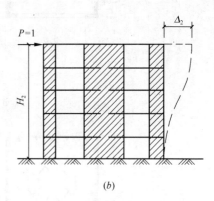

图 2-37 转换层上、下等效侧向刚度计算模型
(a) 计算模型 1——转换层及下部结构；(b) 计算模型 2——转换层上部结构

2.10 房屋建筑适用的最大高度及适用的高宽比

2.10.1 房屋建筑适用的最大高度

结构设计首先要根据房屋建筑的高度、是否抗震设防、抗震设防烈度等因素，确定一个与其匹配的、经济的结构体系，使结构效能得到充分发挥，建筑材料得到充分利用。而每一种结构体系，也有其最佳的适用高度范围。

《建筑抗震设计规范》GB 50011—2010（以下简称《抗震规范》）、《高层建筑混凝土结构技术规程》JGJ 3—2010（以下简称《混凝土高规》）规定的各类房屋建筑的最大适用高度列于表 2-2～表 2-5。表中所列的最大适用高度是指与现行国家设计规范、规程各项设计规定和要求相适应的最大高度；房屋高度指室外地面到主要屋面板板顶的高度，不包括局部突出屋面的部分，如水箱、电梯机房、构架等。当房屋高度超过规定的最大适用高度时，结构设计应有可靠依据，并采取有效的加强措施，或进行专门的研究和论证。平面和竖向均不规则的结构，其最大适用高度比表 2-2～表 2-5 规定的高度适当降低。

现浇钢筋混凝土房屋建筑的最大适用高度分为 A 级和 B 级；A 级高度钢筋混凝土房屋建筑的最大适用高度见表 2-2，超过 A 级高度时，应进行抗震设防专项审查；当高度超过表 2-2 的规定时，为 B 级高度高层建筑，B 级高度钢筋混凝土高层建筑的最大适用高度见表 2-3。B 级高度建筑结构的抗震设计要求比 A 级高度的要求高。

A 级高度现浇钢筋混凝土房屋建筑的最大适用高度（m） 表 2-2

结构类型		非抗震设计	设 防 烈 度				
			6 度	7 度	8 度		9 度
					0.2g	0.3g	
框架		70	60	50	40	35	24
框架-剪力墙		150	130	120	100	80	50
剪力墙	全部落地剪力墙	150	140	120	100	80	60
	部分框支剪力墙	130	120	100	80	50	不应采用
筒体	框架-核心筒	160	150	130	100	90	70
	筒中筒	200	180	150	120	100	80
板柱-剪力墙		110	80	70	55	40	不应采用

B 级高度现浇钢筋混凝土高层建筑的最大适用高度（m） 表 2-3

结 构 类 型		非抗震设计	设 防 烈 度			
			6 度	7 度	8 度	
					0.2g	0.3g
框架-剪力墙		170	160	140	120	100
剪力墙	全部落地剪力墙	180	170	150	130	110
	部分框支剪力墙	150	140	120	100	80
筒体	框架-核心筒	220	210	180	140	120
	筒中筒	300	280	230	170	150

表 2-2 和表 2-3 中：

（1）最大适用高度适用于乙类建筑和丙类建筑；甲类建筑的最大适用高度，6、7、8 度时的 A 级和 6、7 度时的 B 级按本地区设防烈度提高一度后符合表中的高度，9 度时的 A 级和 8 度时的 B 级须专门研究。

（2）部分框支剪力墙结构在地面以上设置转换层的位置，8 度时不超过 3 层，7 度时不超过 5 层，6 度时可适当提高。

（3）短肢剪力墙较多的剪力墙结构（短肢剪力墙较多的剪力墙结构是指：在规定的水平地震作用下，短肢剪力墙承担的底部倾覆力矩不小于结构底部总地震倾覆力矩的 30% 的剪力墙结构），其适用高度比表 2-2 规定的剪力墙结构的最大适用高度适当降低，7 度、8 度（0.2g）和 8 度（0.3g）时结构的最大适用高度分别为 100m、80m 和 60m；B 级高度的高层建筑和 9 度时 A 级高度的高层建筑不宜布置短肢剪力墙，不应采用短肢剪力墙较多的剪力墙结构。

民用钢结构房屋建筑的最大适用高度见表 2-4，表内筒体不包括混凝土筒。抗震设防烈度为 6～8 度且房屋高度超过表 2-2 规定的钢筋混凝土框架结构最大适用高度时，可在部分框架内设置钢支撑，成为钢支撑-混凝土框架结构。其适用的最大高度为表 2-2 规定的钢筋混凝土框架结构和框架-剪力墙结构二者最大适用高度的平均值。

民用钢结构房屋建筑的最大适用高度（m）　　　　　　表 2-4

结 构 类 型	非抗震设计	设 防 烈 度				
		6 度、7 度 (0.1g)	7 度 (0.15g)	8 度		9 度
				0.2g	0.3g	
框架	110	110	90	90	70	50
框架-中心支撑	240	220	200	180	150	120
框架-偏心支撑 框架-屈曲约束支撑 框架-延性墙板	260	240	220	200	180	160
筒体(框筒、筒中筒、桁架筒、束筒)、巨型框架	360	300	280	260	240	180

混合结构房屋建筑的最大适用高度见表 2-5。表 2-5 中，型钢（钢管）混凝土框架既可以是型钢混凝土梁与型钢混凝土柱（钢管混凝土柱）组成的框架，也可以是钢梁与型钢混凝土柱（钢管混凝土柱）组成的框架。周边的钢外筒可以是钢框筒、桁架筒或交叉网格筒。型钢（钢管）混凝土外筒主要指由型钢混凝土（钢管混凝土）柱组成的框筒、桁架筒或交叉网格筒。为减少柱的截面尺寸或增加延性而在混凝土柱的截面中部设置型钢，而梁为钢筋混凝土时，该体系不能作为混合结构；局部构件（如框支梁柱）采用钢梁柱（型钢混凝土梁柱）的结构也不应视为混合结构。钢筋混凝土核心筒的墙体内可以配置型钢、钢管或钢板。

混合结构房屋建筑的最大适用高度（m）　　　　　　表 2-5

结 构 类 型		非抗震设计	设 防 烈 度				
			6 度	7 度	8 度		9 度
					0.2g	0.3g	
框架-核心筒	钢框架-钢筋混凝土核心筒	210	200	160	120	110	70
	型钢（钢管）混凝土框架-钢筋混凝土核心筒	240	220	190	150	130	70
筒中筒	钢外筒-钢筋混凝土核心筒	280	260	210	160	140	80
	型钢（钢管）混凝土外筒-钢筋混凝土核心筒	300	280	230	170	150	90

2.10.2 房屋建筑适用的高宽比

房屋建筑适用的高宽比，是对结构刚度、整体稳定、承载能力和经济合理性的宏观控制；结构设计满足承载力、稳定、抗倾覆、变形和舒适度等基本要求后，仅从结构安全角度考虑，高宽比限值不是必须满足的，高宽比主要影响结构的经济性。现浇钢筋混凝土房屋建筑、民用钢结构房屋建筑、混合结构房屋建筑适用的高宽比分别列于表 2-6～表 2-8。

现浇钢筋混凝土房屋建筑结构适用的高宽比 表 2-6

结构类型	非抗震设计	设防烈度		
		6度、7度	8度	9度
框架	5	4	3	2
板柱-剪力墙	6	5	4	—
框架-剪力墙，剪力墙	7	6	5	4
框架-核心筒	8	7	6	4
筒中筒	8	8	7	5

民用钢结构房屋建筑适用的高宽比 表 2-7

设防烈度	6度、7度	8度	9度
最大高宽比	6.5	6	5.5

混合结构房屋建筑适用的高宽比 表 2-8

结构类型	非抗震设计	设防烈度		
		6度、7度	8度	9度
框架-核心筒	8	7	6	4
筒中筒	8	8	7	5

计算房屋建筑的高宽比时，房屋高度指室外地面到主要屋面板板顶的高度，宽度指房屋平面轮廓边缘的最小宽度尺寸。计算复杂体形房屋建筑的高宽比时，还需根据具体情况确定其高度和宽度。

2.11 变形缝设置

在房屋建筑的总体布置中，为了消除结构不规则、收缩和温度应力、不均匀沉降对结构的有害影响，可以用防震缝、伸缩缝和沉降缝将房屋分成若干独立的部分。在实际工程中，设缝会影响建筑立面，多用材料，构造复杂，防水处理困难等，此外，设缝的结构在强烈地震下相邻结构还会发生碰撞而局部损坏，因此，常常通过采取措施，避免设缝。是否设缝是确定结构方案的主要任务之一，应在初步设计阶段根据具体情况做出选择。

2.11.1 防 震 缝

在地震作用下，特别不规则结构的薄弱部位容易造成震害，可以用防震缝将其划分为若干独立的抗震单元，使各个结构单元成为规则结构。目前工程设计更倾向于不设防震缝，而采取加强结构整体性、防止薄弱部位破坏的措施。

防震缝应有一定的宽度，否则在地震时相邻建筑会互相碰撞而破坏。钢筋混凝土框架结构房屋的防震缝宽度，当高度不超过 15m 时可为 100mm，超过 15m 时，6 度、7 度、8 度和 9 度分别每增加 5m、4m、3m 和 2m，宜加宽 20mm，框架-剪力墙结构和剪力墙结构房屋的防震缝宽度，可分别采用框架结构防震缝宽度的 70% 和 50%，但都不小于 100mm。防震缝两侧结构类型不同时，按需要较宽防震缝的结构类型确定防震缝宽度；防震缝两侧房屋高度不同时，按较低房屋高度确定防震缝宽度。民用建筑钢结构需要设置防震缝时，缝宽不小于钢筋混凝土框架结构房屋的 1.5 倍。

2.11.2 伸 缩 缝

新浇筑的混凝土在凝结硬化过程中由于收缩而产生收缩应力；季节温度的变化、室内外温差以及向阳面与背阳面之间的温差都会使混凝土结构热胀冷缩产生温度应力。混凝土收缩和温度应力常常会使混凝土结构产生裂缝。为了避免收缩裂缝和温度裂缝，房屋建筑可以设置伸缩缝。现浇钢筋混凝土框架结构、剪力墙结构伸缩缝的最大间距分别为 55m 和 45m，框架-剪力墙结构伸缩缝的最大间距可根据具体情况介于 45m 和 55m 之间。钢结构伸缩缝的最大间距可为 90m。有充分依据或可靠措施时，可以加大伸缩缝间距。伸缩缝从基础以上设置。若为抗震结构，伸缩缝的宽度不小于防震缝的宽度。

高层建筑一般不要设计很长的平面，避免长度方向产生温度应力，但是不可避免的是在高层建筑的顶层和底层温度应力会大一些。工程中采取下述措施，可避免设置伸缩缝：

(1) 设后浇带。混凝土早期收缩占总收缩量的大部分。施工时，每 30~40m 间距留出 800~1000mm 宽的施工后浇带，暂不浇筑混凝土，两个月后，混凝土收缩大约完成 70%，再浇筑缝内混凝土，把结构连成整体。可以选择气温较低时浇筑后浇带的混凝土，因为此时已浇筑的混凝土处于收缩状态。后浇带内钢筋要采用搭接接头，使两边混凝土自由伸缩（图 2-38）。后浇带应设置在受力较小的部位，可以曲折而行。

(2) 顶层、底层、山墙和纵墙端开间等温度变化较大的部位提高配筋率，减小温度和收缩裂缝的宽度，并使裂缝分布均匀，避免出现明显的集中裂缝。

(3) 顶层采取隔热措施，外墙设置外保温层。房屋结构顶部温度应力较大，采取隔热措施，可以有效减小温度应力；混凝土外墙设置外保温层是减小结构受温度影响的有效措施。

（4）高层建筑可在顶部设置双墙或双柱，做局部伸缩缝，将顶部结构划分为长度较短的区段。

（5）采用收缩小的水泥，减小水泥用量，在混凝土中加入适宜的微膨胀剂。

（6）提高每层楼板的构造配筋率或采用部分预应力结构。

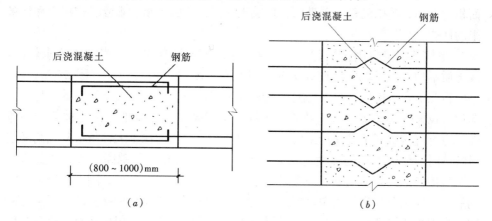

图 2-38　后浇带构造
（a）钢筋直通；（b）钢筋加弯

2.11.3　沉　降　缝

许多高层建筑由主体结构和层数不多的裙房组成，裙房和主体结构的高度及重量相差悬殊，可采用沉降缝将裙房和主体结构从顶层到基础全部断开，使各部分自由沉降，避免由沉降差引起裂缝或破坏。抗震设防的结构，沉降缝的宽度应符合防震缝最小宽度的要求。

在地基条件许可的时候，通过采取措施减小沉降差，可以不设沉降缝，把主体结构和裙房的基础做成整体。这些措施是：

（1）当压缩性很小的土质不太深时，可以利用天然基础，把主体结构和裙房放在一个刚度很大的整体基础上；土质不好时，可以用桩基础将重量传到压缩性小的土层中。

（2）当土质比较好，且房屋的沉降能在施工期间完成时，可以在施工时设置后浇带，将主体结构与裙房从基础到房顶暂时断开，待主体结构施工完毕，且大部分沉降完成后，再浇筑后浇带的混凝土，将结构连成整体。设计基础时，要考虑两个阶段的不同受力状态，分别验算。

（3）裙房面积不大时，可以从主体结构的箱形基础上悬挑基础梁，承受裙房的重量。

有时可以同时使用上述几种措施，综合处理结构的沉降问题。

2.12 基 础 形 式

基础承托房屋的全部重量和外部作用力，并将其传到地基；抗震房屋的基础直接受到地震动的作用，并将地震作用传到上部结构，使结构产生振动。基础底面积的大小、基础的形式和埋深，取决于上部结构的类型、重量、作用力和地基土的性质。

单柱基础仅适用于层数不多、地基土较好的框架结构。当抗震要求较高，或土质不均匀，或埋置深度较大时，可在单柱基础间设置拉梁（图2-39a、c）。一般情况下，多层建筑可采用交叉式条形基础，或一个方向为条形基础，另一方向设置拉梁。交叉式条形基础的整体性比单柱基础好，可增加上部框架的整体性，也可直接支承由墙体传来的荷载（图2-39b）。当埋深不大、条形基础高度相对较小时，形成条形的弹性地基梁（图2-39d）；当条形基础高度较大、上部荷载可直接扩散到全部基础底面上时，形成刚性基础（图2-39e）。刚性基础可少用钢筋，计算和设计都较简单，但埋深较大。因此，采用弹性地基梁还是用刚性基础，要根据基础埋深、土方工程及材料用量进行综合比较。但应注意，抗震结构

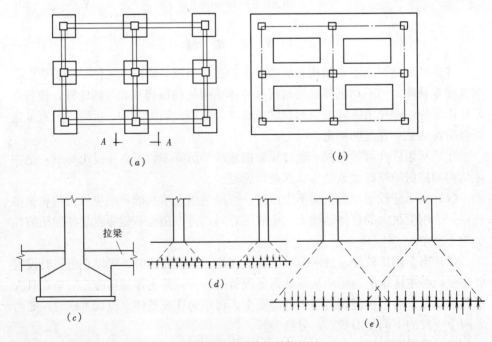

图2-39 多层建筑结构基础

(a) 单柱基础及拉梁；(b) 交叉式条形基础；(c) A-A；(d) 弹性地基梁；(e) 刚性基础

不宜采用不配筋或少配筋的刚性基础。

高层建筑的重量大，倾覆力矩也较大。为了保证结构稳定，减少由基础变形引起的上部结构倾斜，高层建筑应选择较好的地基土，基础应有一定的埋置深度。高层建筑结构的基础要有较好的整体性，特别是当上部结构重量分布不均匀或土质不均匀时。箱形基础及筏形基础是高层建筑结构常用的基础形式。

在高层建筑中可利用较深的基础做成地下室。如果钢筋混凝土内墙较多，基础高度不小于基础长度的 1/18，且不小于 3m，就可形成箱形基础。箱形基础的顶板、底板及墙体厚度要根据刚度、受力和防水要求确定，但不小于 250mm（底板与外墙）、200mm（内墙）及 150mm（顶板）。箱形基础的整体刚度和整体性都较好（图 2-40a），是高层建筑较好的基础形式。

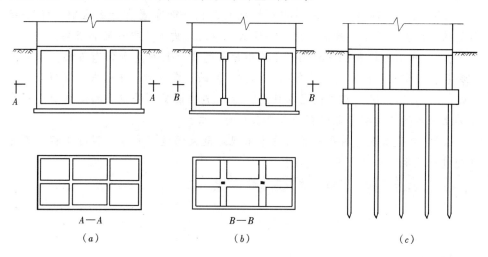

图 2-40 高层建筑结构基础

(a) 箱形基础；(b) 筏形基础；(c) 桩基础

不需要地下室时，或虽有地下室但比较空旷、内墙数量少时，可以采用筏形基础（图 2-40b）。筏形基础有平板式及梁板式两种。为了保证基础的刚度和将上部结构重量均匀扩散到地基上，筏形基础的底板较厚，梁板式筏形基础可减小板厚，减少混凝土用量。

当地基土质较软，不足以承受上部结构重量时，应采用桩基础（图 2-40c）。可以采用预制钢筋混凝土桩、挖孔灌注桩或钢管桩等。桩承台上仍可做成箱形或筏形基础。

国内外震害调查表明，软土地基上建造的高层建筑震害较重。如果采用桩基础，直接支承在基岩上，可以大大减小建筑物的震害。但是在高烈度区，仍应避免在软土上建高层建筑。在地震区，基础埋置得深一些，可以减小上部结构的地震反应，对抗震有利。

思 考 题

2.1 房屋建筑现浇钢筋混凝土结构、民用建筑钢结构和混合结构各有哪些抗侧力结构体系？每种结构体系举 1～2 个工程实例。

2.2 水平力作用下框架结构的侧移主要由哪些部分组成？水平力作用下框架结构、剪力墙结构和框架-剪力墙结构的水平位移曲线各有什么特点？

2.3 框架结构和框筒结构的结构平面布置有什么区别？

2.4 什么是框筒结构的剪力滞后？采取什么措施可减缓框筒结构的剪力滞后？

2.5 框架-核心筒结构和筒中筒结构的结构平面布置有什么区别？框架-核心筒结构设置加强层有什么作用？为什么筒中筒结构不需要设置加强层？

2.6 中心支撑钢框架和偏心支撑钢框架的支撑斜杆是如何布置的？偏心支撑钢框架有哪些类型？为什么偏心支撑钢框架的抗震性能比中心支撑钢框架好？

2.7 什么情况下需要设置转换层？什么是转换层？转换层的侧向刚度与其相邻上一层的侧向刚度之比有什么要求？为什么？

2.8 为什么规范对每一类结构体系规定最大的适用高度？实际工程是否允许超过规范规定的最大适用高度？

2.9 高层建筑常用的基础形式有哪些？

第3章　高层建筑结构荷载

建筑物都应该能够抵抗外荷载，高层建筑的外荷载有竖向荷载和水平荷载，竖向荷载包括自重等恒载及使用荷载等活载，与一般房屋建筑并无区别，本书不再重复，本书主要介绍水平荷载——风荷载和地震作用的计算方法。

3.1　风　荷　载

空气流动形成的风遇到建筑物时，就在建筑物表面产生压力和吸力，这种风力作用称为风荷载。在设计抗侧力结构、维护构件及考虑使用者的舒适度时都要用到风荷载。风的作用是不规则的，风压随着风速、风向的紊乱变化而不停地改变，风荷载是随时间而波动的动力荷载，但房屋设计中把它看成静荷载。对于高度较大且比较柔软的高层建筑，需要考虑动力效应影响，适当加大风荷载数值。

确定高层建筑风荷载的方法有两种，大多数建筑（高度 200m 以下）可按照荷载规范规定的方法计算风荷载值，少数建筑（高度大、对风荷载敏感或有特殊情况者）还要通过风洞试验确定风荷载，以补充规范的不足。

按规范规定的方法计算风荷载时，首先确定建筑物表面单位面积上的风荷载标准值，然后计算作用在建筑物表面的风荷载。

3.1.1　单位面积上的风荷载标准值

现行国家标准《建筑结构荷载规范》GB 50009（以下简称《荷载规范》）规定垂直作用于建筑物表面单位面积上的风荷载标准值 w_k（kN/m²）按下式计算：

$$w_k = \beta_z \mu_s \mu_z w_0 \tag{3-1}$$

式中　w_0——基本风压值（kN/m²）；

μ_s——风荷载体型系数；

μ_z——风压高度变化系数；

β_z——z 高度处的风振系数。

1. 基本风压值 w_0

基本风压值 w_0 与风速大小有关。《荷载规范》给出了各地区、各城市的基本风压值 w_0，它是取该地区（城市）空旷平坦地面上离地 10m 处、重现期为 50

年（或100年）的10分钟平均最大风速 v_0（m/s）作为计算基本风压值的依据（近似按照 $v_0^2/1600$ 计算风压值）。

一般情况下，设计使用年限为50年的高层建筑取重现期为50年的风压值计算风荷载；对风荷载比较敏感的高层建筑，承载力设计时按基本风压的1.1倍采用，水平位移计算时采用基本风压。对风荷载是否敏感，主要与结构的自振特性等有关，目前尚无实用的划分标准，可将高度大于60m的高层建筑视为对风荷载比较敏感的高层建筑。基本风压值不得小于 $0.3kN/m^2$。

在进行舒适度验算时，取重现期为10年的风压值计算。

2. 风压高度变化系数 μ_z

风速由地面处为零沿高度按曲线逐渐增大，直至距地面某高度处达到最大值，上层风速受地面影响小，风速较稳定。不同的地表面粗糙度使风速沿高度增大的梯度不同，风速变化的高度范围称为大气边界层。《荷载规范》将地面粗糙度分为 A、B、C、D 四类，其风速随高度的变化曲线见图 3-1。A 类指近海海面、海岛、海岸、湖岸及沙漠地区；B 类指田野、乡村、丛林、丘陵以及房屋比较稀疏的乡镇和城市郊区；C 类指有密集建筑群的城市市区；D 类指有密集建筑群且房屋较高的城市市区。

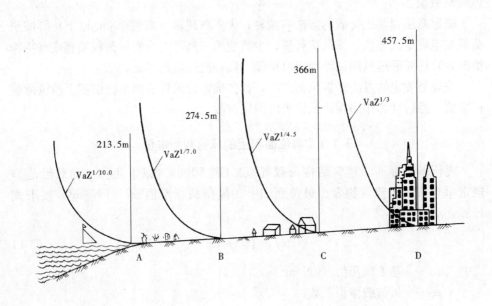

图 3-1　风速随高度的变化

《荷载规范》给出了各类地区风压沿高度变化系数，见表 3-1。位于山峰和山坡地的高层建筑，其风压高度系数还要进行修正，可查阅《荷载规范》。

风压高度变化系数 μ_z 表 3-1

离地面或海平面高度 (m)	地面粗糙度类别			
	A	B	C	D
5	1.17	1.00	0.74	0.62
10	1.38	1.00	0.74	0.62
15	1.52	1.14	0.74	0.62
20	1.63	1.25	0.84	0.62
30	1.80	1.42	1.00	0.62
40	1.92	1.56	1.13	0.73
50	2.03	1.67	1.25	0.84
60	2.12	1.77	1.35	0.93
70	2.20	1.86	1.45	1.02
80	2.27	1.95	1.54	1.11
90	2.34	2.02	1.62	1.19
100	2.40	2.09	1.70	1.27
150	2.64	2.38	2.03	1.61
200	2.83	2.61	2.30	1.92
250	2.99	2.80	2.54	2.19
300	3.12	2.97	2.75	2.45
350	3.12	3.12	2.94	2.68
400	3.12	3.12	3.12	2.91
≥450	3.12	3.12	3.12	3.12

3. 风荷载体型系数 μ_s

当风流动经过建筑物时,对建筑物不同的部位会产生不同的效果。有压力,也有吸力。空气流动还会产生涡流,对建筑物局部会产生较大的压力或吸力。因此,风对建筑物表面的作用力并不等于基本风压值,风的作用力随建筑物的体型、尺度、表面位置、表面状况的不同而改变。风作用力大小和方向可以通过实测或风洞试验得到。图 3-2 是一个矩形建筑物的实测结果,图中系数是指表面风压值与基本风压的比值,正值是压力,负值是吸力。图 3-2(a)是房屋平面风压分布系数,表明当空气流经房屋时,在迎风面产生压力,在背风面产生吸力,在侧风面也产生吸力,而且各面风作用力并不均匀;图 3-2(b)、(c)是房屋立面表面风压分布系数,表明沿房屋每个立面风压值也并不均匀。但在设计时,采用各个表面风作用力的平均值,该平均值与基本风压的比值称为风荷载体型系数。由风荷载体型系数计算的每个表面的风荷载都垂直于该表面。

表 3-2 给出了一般高层建筑常用的各种平面形状、各个表面的风荷载体型系数,《高层建筑混凝土结构技术规程》JGJ 3(以下简称《混凝土高规》)附录 B 给出了其他各种情况的风荷载体型系数,需要时可以查用。

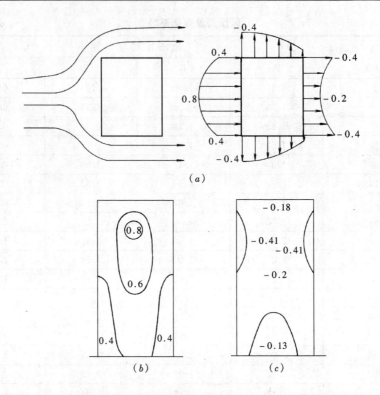

图 3-2   风压分布

(a) 空气流经建筑物时风压对建筑物的作用（平面）；(b) 迎风面
风压分布系数；(c) 背风面风压分布系数

高层建筑风载体型系数   表 3-2

(a) 正多边形（包括矩形）平面

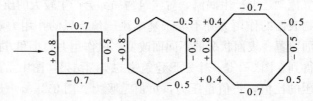

(b) Y 形平面

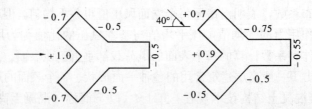

续表

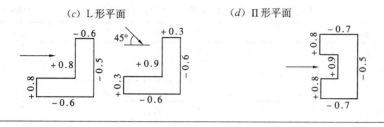

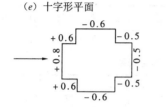　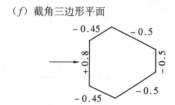

4. 风振系数 β_z

风的作用是不规则的。通常近似把风速的平均值看成稳定风速或平均风速，使建筑物产生静侧移；实际风速在平均风速附近波动，风压也在平均风压附近波动，称为波动风压，因此建筑物实际上是在平均侧移附近摇摆，见图 3-3。

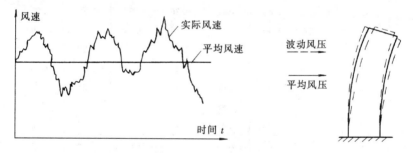

图 3-3　风振动作用

对于高度大于 30m 且高宽比大于 1.5 的房屋建筑，用风振系数 β_z 加大风载，否则取 $\beta_z=1.0$。《荷载规范》给出的 β_z 计算公式为：

$$\beta_z = 1 + \frac{\varphi_z \xi \nu}{\mu_z} \tag{3-2}$$

式中　φ_z ——基本振型 z 高度处振型系数，当刚度和质量沿高度分布均匀时，可近似用 z/H 代替振型系数；

ξ ——脉动增大系数，按表 3-3 选用，查表时需要参数 $w_0 T^2$，其中 w_0 为基本风压值，T 为结构基本周期，可用近似方法计算；

ν ——脉动影响系数，按表 3-4 选用；

μ_z——风压高度变化系数，见表 3-1。

高层建筑结构脉动增大系数 ξ（B 类粗糙度地区）　　　　　表 3-3

$w_0 T_1^2 (\text{kNs}^2/\text{m}^2)$	0.08	0.10	0.20	0.40	0.60	0.80	1.00
钢结构房屋	1.83	1.88	2.04	2.24	2.36	2.46	2.53
混凝土结构房屋	1.21	1.23	1.28	1.34	1.38	1.42	1.44
$w_0 T_1^2 (\text{kNs}^2/\text{m}^2)$	2.0	4.0	6.0	8.0	10.0	20.0	30.0
钢结构房屋	2.80	3.09	3.28	3.42	3.54	3.91	4.14
混凝土结构房屋	1.54	1.65	1.72	1.77	1.82	1.96	2.06

注：表中为 B 类粗糙度地区的系数，对于 A、C、D 类粗糙度地区应按当地的基本风压分别乘以
1.38、0.62 和 0.32 后代入。

高层建筑结构脉动影响系数 ν　　　　　表 3-4

H/B	粗糙度类别	房屋总高度 H(m)							
		≤30	50	100	150	200	250	300	350
≤0.5	A	0.44	0.42	0.33	0.27	0.24	0.21	0.19	0.17
	B	0.42	0.41	0.33	0.28	0.25	0.22	0.20	0.18
	C	0.40	0.40	0.34	0.29	0.27	0.23	0.22	0.20
	D	0.36	0.37	0.34	0.30	0.27	0.25	0.24	0.22
1.0	A	0.48	0.47	0.41	0.35	0.31	0.27	0.26	0.24
	B	0.46	0.46	0.42	0.36	0.32	0.29	0.27	0.26
	C	0.43	0.44	0.37	0.34	0.31	0.29	0.28
	D	0.39	0.42	0.42	0.38	0.36	0.33	0.32	0.31
2.0	A	0.50	0.51	0.46	0.42	0.38	0.35	0.33	0.31
	B	0.48	0.50	0.47	0.42	0.40	0.36	0.35	0.33
	C	0.45	0.49	0.48	0.44	0.42	0.38	0.38	0.36
	D	0.41	0.46	0.48	0.46	0.46	0.44	0.42	0.39
3.0	A	0.53	0.51	0.49	0.42	0.41	0.38	0.38	0.36
	B	0.51	0.50	0.49	0.46	0.43	0.40	0.40	0.38
	C	0.48	0.49	0.49	0.48	0.46	0.43	0.43	0.41
	D	0.43	0.46	0.49	0.49	0.48	0.47	0.46	0.45
5.0	A	0.52	0.53	0.51	0.49	0.460	0.44	0.42	0.39
	B	0.50	0.53	0.52	0.50	0.480	0.45	0.44	0.42
	C	0.47	0.50	0.52	0.52	500.5	0.48	0.47	0.45
	D	0.43	0.48	0.52	0.53	3	0.52	0.51	0.50
8.0	A	0.53	0.54	0.53	0.51	0.48	0.46	0.43	0.42
	B	0.51	0.53	0.54	0.52	0.50	0.49	0.46	0.44
	C	0.48	0.51	0.54	0.53	0.52	0.52	0.50	0.48
	D	0.43	0.48	0.54	0.53	0.55	0.55	0.54	0.53

注：H 为建筑物的高度；B 为建筑物迎风面的宽度。

3.1.2 总体风荷载与局部风荷载

总体风荷载是建筑物各表面承受风作用力的合力，是沿高度变化的分布荷载，用于计算抗侧力结构的侧移及各构件内力。首先按式（3-1）计算得到某高度处风荷载标准值 w_k，然后计算该高度处各个受风面上风荷载的合力值（各受风面上的风荷载垂直于该表面，投影后求合力）。也可按下式直接计算：

$$w = \beta_z \mu_z w_0 (\mu_{s1} B_1 \cos\alpha_1 + \mu_{s2} B_2 \cos\alpha_2 + \cdots + \mu_{sn} \beta_n \cos\alpha_n) \qquad (3-3)$$

式中　n——建筑外围表面数；

　　B_i——第 i 个表面的宽度；

　　μ_{si}——第 i 个表面的风荷载体型系数；

　　α_i——第 i 个表面法线与总风荷载作用方向的夹角。

要注意建筑物每个表面体型系数的正负号，即注意每个表面是风压力还是风吸力，以便在求合力时作矢量相加。注意由上式计算得到的 w 是线荷载，单位是 kN/m。

各表面风力的合力作用点，即为总体风荷载的作用点。设计时，将沿高度分布的总体风荷载的线荷载换算成集中作用在各楼盖位置的集中荷载，再计算结构的内力及位移。

局部风荷载用于计算结构局部构件或围护构件或围护构件与主体的连接，如水平悬挑构件、幕墙构件及其连接件等，其单位面积上的荷载标准值 w_k 的计算公式仍用式（3-1），但采用下列局部风荷载体型系数，对于檐口、雨篷、遮阳板、阳台等突出构件的上浮力，取 $\mu_s \geqslant -2.0$。设计建筑幕墙时，风荷载按国家现行幕墙设计标准的规定采用。

对封闭式建筑物，内表面也会有压力或吸力，分别按外表面风压的正、负情况取 -0.2 或 $+0.2$。

3.1.3 风洞试验介绍

风是紊乱的随机现象，风对建筑物的作用十分复杂，规范中关于风荷载值的确定适用于大多数体型较规则、高度不太大的单幢高层建筑。目前还没有有效的计算体型复杂、高柔建筑物风荷载的方法，而风洞试验是一种测量大气边界层内风对建筑物作用大小的有效手段；摩天大楼可能造成很强的地面风，对行人和商店有很大影响；当附近还有别的高层建筑时，群体效应对建筑物和建筑物之间的通道也会造成危害（图3-4），这些都可以通过风洞试验得到对设计有用的数据。

《混凝土高规》规定有下列情况之一的建筑物，宜进行风洞试验确定建筑物的风荷载：

（1）高度大于 200m；

（2）平面形状或立面形状复杂；

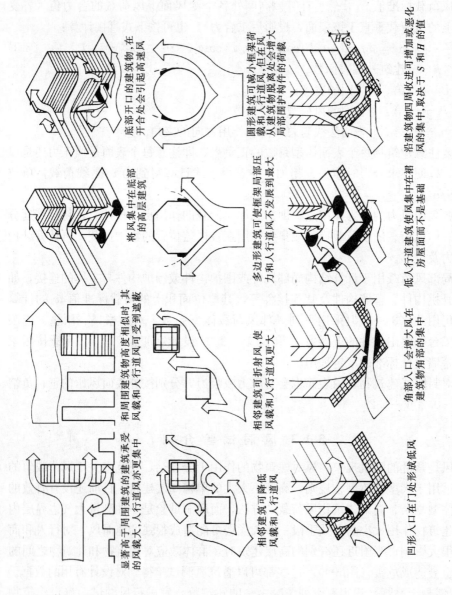

图 3-4 风荷载对高层建筑的影响
（摘自"高层建筑钢、混凝土组合结构设计"[12]）

（3）立面开洞或连体建筑；

（4）周围地形和环境较复杂。

建筑物的风洞试验要求在风洞中能实现大气边界层内风的平均风剖面、紊流和自然流动，即能模拟风速随高度的变化，大气紊流纵向分量与建筑物长度尺寸应具有相同的相似常数，一般情况下，风洞尺寸达到宽为 2～4m、高为 2～3m、长为 5～30m 时可满足要求。图 3-5 为风洞试验的一个实例。为在风洞中正确模拟风剖面，要使模型和原形的风速梯度、紊流强度和紊流频谱在几何上和运动上都相似。风洞试验必须有专门的风洞设备，模型制作也有特殊要求，采用专门的量测设备和仪器。因此，高层建筑的风洞试验都由风工程专家和专门的试验人员进行。

图 3-5 风洞试验

风洞试验采用的模型通常有三类：刚性压力模型、气动弹性模型和刚性高频力平衡模型。

刚性压力模型在风洞试验中应用最多，主要是量测建筑物表面的风压力（吸力），以确定建筑物的风荷载，用于结构和维护构件的设计。模型的比例取 1：300～1：500，一般采用有机玻璃制作，建筑模型本身、周围结构模型以及地形都应与实物几何相似，与风流动有明显关系的特征如建筑外形、突出部分都应在模型中正确模拟。模型上布置大量直径为 1.5mm 的测压孔，有时多达 500～700 个，在孔内安装压力传感器，传感器输出电信号，通过采集数据仪器自动扫描记录并转换为数字信号，由计算机处理数据，得到建筑物表面的平均风压力和波动风压力的量测值。风洞试验一次需持续 60s 左右，相应实际时间为 1 小时。

气动弹性模型可更好地考虑结构的柔度和自振频率、阻尼的影响，因此不仅要求模拟几何尺寸，还要求模拟建筑物的惯性矩、刚度和阻尼特性。对于高宽比大于 5、需要考虑舒适度的高柔建筑采用这种模型较为合适。但气动弹性模型的设计和制作比较复杂，风洞试验时间也长，有时采用刚性高频力平衡模型风洞试验代替。

刚性高频力平衡模型风洞试验是将一个轻质材料的模型固定在高频反应的力平衡系统上，得到风产生的动力效应。刚性高频力平衡模型风洞试验需要有能模拟结构刚度的基座杆及高频力平衡系统。

【例 3-1】　18 层框架-剪力墙结构房屋建筑，其平面如图 3-6 所示，建筑总高 58m，$H/B=1.59$，D 类地区，标准风压 $w_0=0.70\text{kN/m}^2$，计算总风荷载及其合力作用点在平面上的位置。

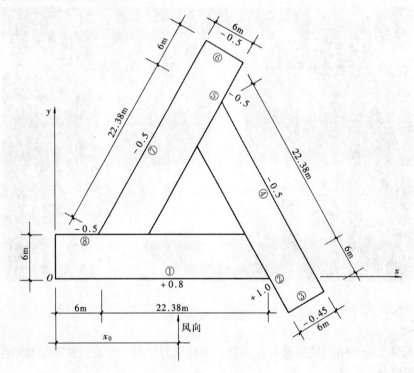

图 3-6　例 3-1 平面图

【解】　z 高度处沿建筑物高度每米的风荷载为：

$$w_z = \Sigma\beta_z \cdot \mu_z w_0 \cdot B_i \cdot \mu_{si} \cdot \cos\alpha_i = \Sigma\beta_z\mu_z \cdot w_{iz} = \beta_z\mu_z \cdot \Sigma w_{iz}$$

首先计算 $w_0 B_i\mu_{si}\cos\alpha_i$，按 8 块表面积分别计算风力（压力或吸力）在 y 方向的投影值，投影后与 y 坐标正向相同者取正号，反之取负号。表面序号在图 3-6 中○内注明，计算如表 3-5，x_i 为 w_{iz} 到原点 o 的距离。

例 3-1 计算   表 3-5

序 号	$w_0 B_i \mu_{si}$	$\cos\alpha_i$	w_{iz} (kN/m)	x_i(m)	$w_{iz} \cdot x_i$
1	$28.38 \times 0.8 \times 0.7$	1	15.89	14.19	225.52
2	$6 \times 1.0 \times 0.7$	0.5	2.10	29.88	62.75
3	$-6 \times 0.45 \times 0.7$	$\sqrt{3}/2$	-1.64	33.98	-55.62
4	$28.38 \times 0.5 \times 0.7$	0.5	4.97	29.48	146.41
5	$-6 \times 0.5 \times 0.7$	0.5	-1.05	23.89	-25.08
6	$6 \times 0.5 \times 0.7$	$\sqrt{3}/2$	1.82	22.79	41.45
7	$28.38 \times 0.5 \times 0.7$	0.5	4.97	13.10	65.06
8	$6 \times 0.5 \times 0.7$	1	2.10	3.00	6.30
		Σ	29.16	Σ	466.79

风合力作用点距离原点：

$$x_0 = \frac{466.79}{29.16} = 16\text{m}$$

高宽比 1.59，大于 1.5，高度大于 30m，要考虑风振影响。以下计算风振系数 β_z 所需各系数。

框架-剪力墙结构基本周期取 $0.07N$，N 为层数。

$$T = 0.07 \times 18 = 1.26\text{s}$$

$$w_0 T^2 = 0.7 \times 1.26^2 = 1.11\text{kN} \cdot \text{s}^2/\text{m}^2$$

查表 3-3，得 B 类地区，$\xi = 1.45$，对 D 类地区，乘以 0.32，$\xi = 1.45 \times 0.32 = 0.464$

D 类地区，查表 3-4，得 $\nu = 0.43$。

振型系数简化为直线，令 $z = H_1$，即 $\varphi_z = H_i/H$，则：

$$w_z = \beta_z \mu_z \Sigma w_{iz} = \left(\mu_z + \frac{H_i}{H}\xi\nu\right)\Sigma w_i$$

$$= \left(\mu_z + 0.20\frac{H_i}{H}\right) \times 29.16\text{kN/m}$$

计算结果见表 3-6。

例 3-1 计算结果   表 3-6

i	H_i (m)	$0.20\dfrac{H_i}{H}$	μ_z	$\beta_z\mu_z$	w_z (kN/m)	分布图形
18	58	0.20	0.91	1.11	32.43	
17	54	0.19	0.88	1.06	30.97	
16	51	0.18	0.85	1.02	29.88	
15	48	0.17	0.82	0.98	28.68	
14	45	0.16	0.79	0.94	27.42	
13	42	0.14	0.75	0.90	26.15	
12	39	0.13	0.72	0.85	24.89	
11	36	0.12	0.69	0.81	23.62	
10	33	0.11	0.65	0.77	22.36	
9	30	0.10	0.62	0.72	21.10	
8	27	0.09	0.62	0.71	20.79	
7	24	0.08	0.62	0.70	20.49	
6	21	0.07	0.62	0.69	20.19	
5	18	0.06	0.62	0.68	19.89	
4	15	0.05	0.62	0.67	19.59	
3	12	0.04	0.62	0.66	19.29	
2	9	0.03	0.62	0.65	18.98	
1	5	0.02	0.62	0.64	18.58	

分布图形（层号）：32.43kN/m—18，28.68—15，22.36—10，19.89—5，18.58—1

3.2 地 震 作 用

3.2.1 地震作用的特点

地震波传播产生地面运动，通过基础影响上部结构，上部结构产生的振动称为结构的地震反应，包括加速度、速度和位移反应。

地震波可以分解为六个振动分量：两个水平分量、一个竖向分量和三个转动分量。对建筑结构造成破坏的，主要是水平振动。地面水平振动使结构产生移动和摇摆，结构不对称时，也使结构产生扭转；地面转动使结构扭转，但目前尚无法计算，主要采用概念设计方法加大结构抵抗能力以减小其破坏性。地面竖向振动在震中附近的高烈度区对房屋结构的影响比较大。目前，建筑结构抗震计算和抗震设计主要考虑水平地震作用，水平长悬臂构件、9度抗震设计时，需要考虑竖向地震作用。

地面运动的特性可以用三个特征量来描述：强度（用振幅值大小表示）、频谱和持续时间。强烈地震的加速度或速度幅值一般很大，但如果地震持续时间很短，对建筑物的破坏性可能不大；而有时地面运动的加速度或速度幅值并不太大，而地震波的主要振动周期与结构物基本周期接近，或者振动时间很长，都可能对建筑物造成严重影响。因此，强度、频谱与持时被称为地震动三要素。地面运动的特性除了与震源所在位置、深度、地震发生原因、传播距离等因素有关外，还与地震传播经过的区域和建筑物所在区域的场地有密切关系。

观测表明，不同性质的土壤对地震波包含的各种频率成分的吸收和过滤效果不同。地震波在传播的过程中，振幅逐渐衰减，在土层中高频成分易被吸收，低频成分振动传播得更远。因此，在震中附近或在岩石等坚硬土壤中，地震波中短周期成分丰富。在距震中很远的地方，或当冲积土层厚、土壤又较软时，短周期成分被吸收而导致长周期成分为主，后者对高层建筑十分不利。此外，当深层地震波传到地面时，土壤又会将振动放大，土壤性质不同，放大作用也不同，软土的放大作用较大。

建筑本身的动力特性对建筑物在地震作用下是否破坏和破坏程度有很大影响。建筑物动力特性是指建筑物的自振周期、振型与阻尼，它们与建筑物的质量、结构的刚度及所用的材料有关。通常质量大、刚度大、周期短的建筑物在地震作用下的惯性力较大；刚度小、周期长的建筑物位移较大，但惯性力较小。特别是当地震波的主要振动周期与建筑物自振周期相近时，会引起类似共振的效应，结构的地震反应加剧。

3.2.2 抗震设防目标、方法及范围

由于地震作用与风荷载的性质不同，结构设计的要求和方法也不同。风荷载作用时间较长，有时达数小时，发生的机会也多，一般要求风荷载作用下结构处于弹性阶段，不允许出现大变形，装修材料和结构均不允许出现裂缝，人不应有不舒适感等。而地震发生的机会少，作用持续时间短，一般为几秒到几十秒，但地震作用强烈。如果要求结构在所有地震作用下都处于弹性阶段，势必使结构多用材料，很不经济。因此，抗震设计有专门的方法和要求。我国现行《建筑抗震设计规范》GB 50011（以下简称《抗震规范》）采用三水准抗震设防目标，通过两阶段抗震设计方法，规定了相关要求与应用范围。

1. 三水准抗震设防目标

《抗震规范》规定，我国的房屋建筑采用三水准抗震设防目标，即"小震不坏，中震可修，大震不倒"。在小震作用下，主体结构不受损坏或不需进行修理可继续使用；在中震作用下，其损坏经一般性修理仍可继续使用；在大震作用

下，不致倒塌或发生危及生命的严重破坏。使用功能或其他方面有专门要求的建筑，当采用抗震性能化设计时，具有更具体或更高的抗震设防目标。

小震、中震、大震是指概率统计意义上的地震大小：小震指该地区50年内超越概率约为63.5％的地震烈度，即众值烈度，又称多遇地震，其重现期为50年或50年重现期内可能发生1次的地震；中震指该地区50年内超越概率约为10％的地震烈度，又称为基本烈度或抗震设防烈度，其重现期为475年或475年重现期内可能发生1次的地震；大震指该地区50年内超越概率约为2％～3％的地震烈度，又称为罕遇地震，其重现期为1600（7度）～2400年（9度）或1600～2400年重现期内可能发生1次的地震。

各个地区和城市的抗震设防烈度是由国家规定的。某地区的设防烈度，是指基本烈度，也就是指中震。小震烈度约比中震烈度低约1.55度，大震烈度约比基本烈度高1度。例如，北京市绝大部分区域的设防烈度为8度，其小震烈度为6.45度，大震烈度为9度。

抗震设防目标和要求，是根据一个国家的经济力量、科学技术水平、建筑材料和设计、施工现状等综合制订的，并会随着经济和科学水平的发展而改变。

2. 两阶段抗震设计方法

为了实现三水准抗震设防目标，《抗震规范》采取二阶段抗震设计方法。

第一阶段为小震作用下的结构设计。在初步设计及技术设计阶段，要按有利于抗震确定建筑形体、结构方案和结构布置，然后进行抗震计算及抗震构造设计。在这阶段，用相应于该地区设防烈度的小震作用计算结构的弹性位移和构件内力，并进行荷载效应组合得到组合的内力设计值，用承载力极限状态方法进行截面承载力验算，按延性和耗能要求采取相应的抗震构造措施。虽然只用小震计算结构地震作用，但是结构的方案、布置、构件设计及配筋构造都是以三水准设防为目标，也就是说，经过第一阶段设计，结构应该具有实现"小震不坏，中震可修，大震不倒"的设防目标的能力。

第二阶段为大震作用下的弹塑性变形验算。《抗震规范》规定了需要进行弹塑性变形验算的高层建筑的类型，通过大震作用下的弹塑性变形验算，检验结构是否达到大震不倒的抗震设防目标。大震作用下，绝大多数结构已经进入弹塑性状态，因此要考虑构件的弹塑性性能。如果大震作用下结构的弹塑性层间位移角超过了规范规定的限值，则应修改结构设计，直到层间变形满足要求。如果存在薄弱层，可能造成严重破坏，则应视其部位及可能出现的后果进行处理，采取相应改进措施。

3. 抗震设防范围

《抗震规范》规定，基本烈度为6度及6度以上地区内的建筑结构，应当抗震设防。《抗震规范》适用于设防烈度为6～9度地区的建筑抗震设计。10度及以上地区建筑的抗震设计，按1989年建设部的相关规定执行。我国设防烈度为

6 度和 6 度以上地区约占全国总面积的 2/3 以上。

　　某地区、某城市的抗震设防烈度必须按国家规定的权限审批、颁发的文件（图件）确定，如地震烈度区划图和地震动参数区划图。一般情况下，建筑的抗震设防烈度应采用根据中国地震动参数区划图确定的基本烈度。抗震设防烈度和和设计基本地震加速度值的对应关系，列于表 3-7。设计基本地震加速度是根据建设部 1992 年颁发的建标〔1992〕419 号《关于统一抗震设计规范地面运动加速度设计取值的通知》确定的。表 3-7 列出的抗震设防烈度和设计基本地震加速度值的对应关系即来源于上述文件。该取值与 2001 版《中国地震动峰值加速度区划图 A1》所规定的"地震动峰值加速度"相当。

抗震设防烈度和设计基本地震加速度值的对应关系　　　　　表 3-7

抗震设防烈度	6	7	8	9
设计基本地震加速度值(g)	0.05	0.10(0.15)	0.20(0.30)	0.40

注：g 为重力加速度。

3.2.3　抗震计算方法

　　结构抗震计算的方法主要有三种：静力法、反应谱方法和时程分析法（直接动力法）。我国《抗震规范》要求在设计阶段采用反应谱方法计算地震作用及进行结构抗震计算，有些高层建筑结构需要采用时程分析法进行补充计算；第二阶段变形验算采用弹塑性静力分析或弹塑性时程分析方法。

　　1. 反应谱法

　　反应谱法是采用加速度反应谱计算结构地震作用及进行结构抗震计算的方法。20 世纪 40 年代开始，国外开始研究反应谱及采用反应谱进行结构抗震计算，到 50 年代末已基本取代了静力方法，反应谱法是结构抗震设计理论和设计方法的一大飞跃。

　　反应谱是通过单自由度弹性体系的地震反应计算得到的谱曲线。图 3-7（a）所示的单自由度弹性体系在地面加速度运动作用下的运动方程为：

$$m\ddot{x} + c\dot{x} + kx = -m\ddot{x}_0 \tag{3-4}$$

式中　　m、c、k——分别为单自由度体系的质量、阻尼常数和刚度系数；

　　　　x、$\dot{x}$、$\ddot{x}$——分别为质点的位移、速度和加速度反应时程，时间 t 的函数；

　　　　$\ddot{x}_0$——地面运动加速度时程，时间 t 的函数。

　　运动方程式（3-4）可通过杜哈默积分或通过数值计算求解，计算得到随时间变化的质点的加速度、速度、位移反应。图 3-7（a）给出了某个地面运动加速度时程 $\ddot{x}_0(t)$ 作用下质点的加速度反应时程曲线 $\ddot{x}(t)$，刚度为 k_1 的结构加速度反应为 $\ddot{x}_1(t)$，其绝对值最大为 S_{a1}，刚度为 k_2 的结构加速度反应为 $\ddot{x}_2(t)$，其绝对值最大为 S_{a2}，若改变刚度还会有不同的加速度反应最大值。

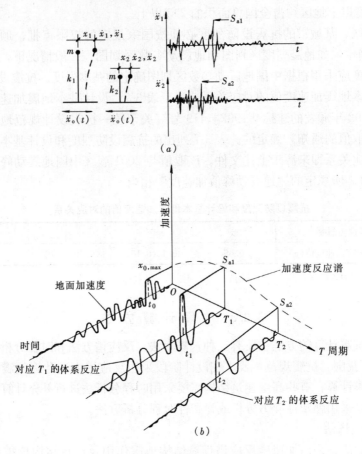

图 3-7　单自由度体系地震反应及反应谱

S_a 与地震作用和结构刚度有关，若将结构刚度用结构周期 T（或频率 f）表示，用某一次地震记录对具有不同的结构周期 T 的结构进行计算，可求出不同的 S_a 值，如图 3-7（b）所示，将最大绝对值 S_{a1}、S_{a2}、S_{a3}……在 S_a-T 坐标图上相连，得到一条 S_a-T 关系曲线，称为该地震加速度反应谱。如果结构的阻尼比不同，得到的地震加速度反应谱也不同，阻尼比增大，谱值降低。图 3-8 为 1940 年 El Centro 地震记录南北分量的加速度反应谱，各条谱曲线用不同阻尼比计算。同理，取出最大位移及最大速度反应，可以得到位移反应谱和速度反应谱曲线。

场地、震级和震中距都会影响地震波的性质，从而影响反应谱曲线形状，因此反应谱的形状也可反映场地土的性质，图 3-9 是不同性质土壤的场地上记录的地震波的反应谱曲线。硬土反应谱的峰值对应的周期较短，即硬土的卓越周期短，峰值对应周期可近似代表场地的卓越周期，卓越周期是指地震功率谱中能量占主要部分的周期；软土的反应谱峰值对应的周期较长，即软土的卓越周期长，且曲线的平台（较大反应值范围）较硬土大，说明长周期结构在软土地基上的地

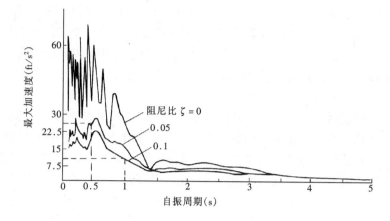

图 3-8　1940 年 El Centro NS 记录加速度反应谱

震作用更大。

目前我国抗震设计都采用加速度反应谱计算地震作用。取加速度反应绝对值最大的值计算惯性力作为地震作用，即

$$F = mS_a \qquad (3\text{-}5a)$$

将公式的右边改写成：

$$F = mS_a = \frac{\ddot{x}_{0,max}}{g} \frac{S_a}{\ddot{x}_{0,max}} mg$$

$$= k\beta G = \alpha G \qquad (3\text{-}5b)$$

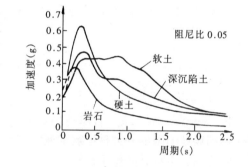

图 3-9　不同性质土壤的地震反应谱

式中　α——地震影响系数，$\alpha = k\beta$；

　　　G——质点的重量，$G = mg$；

　　　g——重力加速度；

　　　k——地震系数，$k = \ddot{x}_{0,max}/g$，即地面运动最大加速度与重力加速度的比值；

　　　β——动力系数，$\beta = S_a/\ddot{x}_{0,max}$，即结构最大加速度反应相对于地面最大加速度的放大系数。β 与 $\ddot{x}_{0,max}$、结构周期 T 及阻尼比 ζ 有关，$\beta - T$ 曲线称为 β 谱。

计算发现，不同地震波的 β_{max} 值在一定范围内，平均值在 $2.25 \sim 2.5$ 上下。采用一定数量的地震波的 $\beta - T$ 曲线的平均曲线作为设计依据，称为标准 β 谱曲线。我国房屋建筑抗震设计采用 α 曲线，即 $k\beta$ 曲线，$k\beta$ 曲线还表达了地面运动的强烈程度。由于同一烈度的 k 值为常数，α 谱曲线的形状与 β 谱曲线的形状相同，α 曲线又称为地震影响系数曲线。下面将详细介绍。

2. 时程分析法

时程分析法是一种动力计算方法，用地震地面加速度时程 $\ddot{x}_0(t)$ 作为输入，计算得到结构随时间变化的地震反应。时程分析法既考虑了地震动的振幅、频率和持续时间三要素，又考虑了结构的动力特性。计算可得到结构地震反应的全过程，包括每一时刻的内力、位移、屈服位置、塑性变形等，也可以得到反应的最大值。

输入的地震波可选用实际地震记录或人工地震波，采用的结构计算模型根据结构构件的状态确定。在多遇地震作用下，结构处于弹性，采用弹性结构模型，结构的刚度是常数，得到弹性地震反应。在罕遇地震作用下，结构构件屈服，采用弹塑性计算模型，结构的刚度随时间变化，必须给出构件的力—变形的非线性关系，即恢复力模型，恢复力模型是在大量试验研究基础上归纳得到的用于计算的数学力学模型。

时程分析法比反应谱方法前进了一大步，但由于种种原因，还不能在工程设计中普遍采用。《抗震规范》规定了需要采用时程分析法作补充计算房屋建筑类型。

3.2.4 设计反应谱

1. 地震影响系数曲线

《抗震规范》规定的设计反应谱以地震影响系数曲线的形式给出。该曲线是基于不同场地的国内外大量地震加速度记录的反应谱得到的。计算这些地震加速度记录的动力系数 β 谱曲线，经过处理，得到标准 β 谱曲线；计入 k 值后形成 α 谱曲线，即规范给出的地震影响系数曲线，见图 3-10。

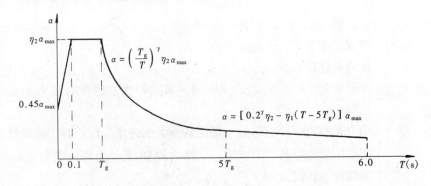

图 3-10 地震影响系数曲线

α—地震影响系数；$\alpha_{\max}$—地震影响系数最大值；η_1—直线下降段的下降斜率调整系数；

γ—衰减指数；T_g—特征周期；η_2—阻尼调整系数；T—结构自振周期

由图 3-10 可见，地震影响系数曲线由 4 段组成：①直线上升段，周期小于 0.1s 的区段；②水平段，自 0.1s 至特征周期 T_g 的区段，地震影响系数取 $\eta_2\alpha_{\max}$；η_2 为阻尼调整系数，$\alpha_{\max}$ 为地震影响系数最大值；③曲线下降段，自特征周期至

5 倍特征周期的区段，衰减指数为 γ，与结构阻尼比有关；④直线下降段，自 5 倍特征周期至 6.0s 的区段，下降斜率调整系数为 η_1，也与结构阻尼比有关。对于周期大于 6s 的结构，地震影响系数需要专门研究。表 3-8 列出了水平地震影响系数最大值 α_{max}。

水平地震影响系数最大值 表 3-8

地震影响	烈　度			
	6	7	8	9
多遇地震	0.04	0.08(0.12)	0.16(0.24)	0.32
设防地震	0.12	0.23(0.34)	0.45(0.68)	0.90
罕遇地震	0.28	0.50(0.72)	0.90(1.20)	1.40

注：括号中数值分别用于设计基本地震加速度为 0.15g 和 0.30g 的地区。

图 3-10 给出了地震影响系数曲线下降段和直线下降段的表达式，公式中各系数与结构阻尼比 ζ 有关。曲线下降段的衰减指数 γ 用下式计算：

$$\gamma = 0.9 + \frac{0.05 - \zeta}{0.3 + 6\zeta} \tag{3-6}$$

直线下降段的下降斜率调整系数 η_1 用下式计算，小于 0 时取 0：

$$\eta_1 = 0.02 + \frac{0.05 - \zeta}{4 + 32\zeta} \tag{3-7}$$

阻尼调整系数 η_2 用下式计算，小于 0.55 时取 0.55：

$$\eta_2 = 1 + \frac{0.05 - \zeta}{0.08 + 1.6\zeta} \tag{3-8}$$

结构阻尼比 ζ 确定后，代入公式计算系数，然后计算结构周期 T 对应的 α 值。钢筋混凝土结构取 $\zeta = 0.05$，钢结构按其高度确定阻尼比。阻尼比为 0.05 时，衰减指数 $\gamma = 0.9$，直线下降段斜率调整系数 $\eta_1 = 0.02$，阻尼调整系数 $\eta_2 = 1.0$。

2. 特征周期 T_g 与场地土和场地

地震影响系数 α 值除与烈度、结构自振周期及阻尼比有关外，还与特征周期 T_g 有关。地震影响曲线水平段的终点对应的周期即为特征周期 T_g，特征周期与设计地震分组及场地类别有关，按表 3-9 确定。

特征周期（s） 表 3-9

设计地震分组	场地类别				
	I_0	I_1	II	III	IV
第一组	0.20	0.25	0.35	0.45	0.65
第二组	0.25	0.30	0.40	0.55	0.75
第三组	0.30	0.35	0.45	0.65	0.90

建筑的场地类别，根据土层等效剪切波速和场地覆盖层厚度按表 3-10 划分为Ⅰ、Ⅱ、Ⅲ、Ⅳ四类，其中Ⅰ类场地分为Ⅰ₀ 场地和Ⅰ₁ 场地两亚类。由表 3-10 可见，剪切波速越小、场地覆盖层厚度越大，则场地类别越高。

各类建筑场地的覆盖层厚度（m）　　　　　　　　　　　表 3-10

岩石的剪切波速或土的等效剪切波速(m/s)	场 地 类 别				
	Ⅰ₀	Ⅰ₁	Ⅱ	Ⅲ	Ⅳ
$v_s > 800$	0				
$800 \geqslant v_s > 500$		0			
$500 \geqslant v_{se} > 250$		<5	≥5		
$250 \geqslant v_{se} > 150$		<3	3~50	>50	
$v_{se} \leqslant 150$		<3	3~15	15~80	>80

注：v_s 系岩石的剪切波速。

建筑的场地，是指工程群体所在地，具有相似的反应谱特征；其范围相当于厂区、居民小区和自然村或不小于 $1.0 km^2$ 的平面面积。土层的剪切波速及覆盖层厚度可在场地初步勘察阶段和详细勘察阶段测试得到。对丁类建筑及丙类建筑中层数不超过 10 层、高度不超过 24m 的多层建筑，当无实测剪切波速时，可根据岩土名称和性状，按表 3-11 划分土的类型，再利用当地经验在表 3-11 的剪切波速范围内估算各土层的剪切波速。

由表 3-11 可见，场地土分为五类：岩石、坚硬土或软质岩石、中硬土、中软土和软弱土；场地土越软，土层剪切波速越小。

土的类型划分和剪切波速范围　　　　　　　　　　　表 3-11

土的类型	岩土名称和性状	土层剪切波速范围(m/s)
岩石	坚硬、较硬且完整的岩石	$v_s > 800$
坚硬土或软质岩石	破碎和较破碎的岩石或软和较软的岩石，密实的碎石土	$800 \geqslant v_s > 500$
中硬土	中密、稍密的碎石土，密实、中密的砾、粗、中砂，$f_{ak} > 150$ 的黏性土和粉土，坚硬黄土	$500 \geqslant v_s > 250$
中软土	稍密的砾、粗、中砂，除松散外的细、粉砂，$f_{ak} \leqslant 150$ 的黏性土和粉土，$f_{ak} > 130$ 的填土，可塑新黄土	$250 \geqslant v_s > 150$
软弱土	淤泥和淤泥质土，松散的砂，新近沉积的黏性土和粉土，$f_{ak} \leqslant 130$ 的填土，流塑黄土	$v_s \leqslant 150$

注：f_{ak} 为由载荷试验等方法得到的地基承载力特征值(kPa)；v_s 为岩土剪切波速。

为了反映震级与震中距的影响，依据 2001 版《中国地震动反应谱特征周期区划图 B1》，《抗震规范》将建筑工程的设计地震分为三组：将区划图 B1 中特征周期为 0.35s 的区域作为设计地震第一组；区划图 B1 中特征周期为 0.40s 的区域作为设计地震第二组；区划图 B1 中特征周期为 0.45s 的区域作为设计地震第三组。2008 年 5·12 汶川地震后，依据 2008 年第 1 号对特征周期区划图的修改单，对设计地震分组进行了调整。为便于设计单位使用。《抗震规范》附录 A 列出了县级及县级以上城镇的抗震设防烈度、设计基本地震加速度和所属的设计地震分组。震害调查表明，在相同烈度下，震中距离远近不同和震级大小不同的地震，产生的震害是不同的。例如，同样是 7 度，如果距离震中较近，则地面运动的短周期成分多，特征周期短，对刚性结构造成的震害大，长周期的结构反应较小；距离震中远，短周期振动衰减比较多，特征周期比较长，则高柔结构受地震的影响大。《抗震规范》用设计地震分组，粗略地反映这一宏观现象。分在第三组的城镇，由于特征周期 T_g 较大，长周期结构的地震作用会较大。

3.2.5 水平地震作用计算

《抗震规范》规定，设防烈度为 6 度及以上地区的建筑必须进行抗震设计。而对于 7、8、9 度以及 6 度设防的不规则建筑及建造在Ⅳ类场地上的较高的高层建筑应计算多遇地震的地震作用及进行多遇地震作用下的截面抗震验算和抗震变形验算。

一般情况下，应至少在建筑结构的两个主轴方向分别计算水平地震作用，各方向的水平地震作用由该方向的抗侧力构件承担；有斜交抗侧力构件的结构，当相交角度大于 15°时，应分别计算各抗侧力构件方向的水平地震作用；质量和刚度分布明显不对称的结构，应计入双向水平地震作用下的扭转影响，其他情况应允许采用调整地震作用效应的方法计入扭转影响；8、9 度时的大跨度和长悬臂结构及 9 度时的高层建筑，应计算竖向地震作用。

建筑结构的抗震计算，可采用反应谱底部剪力法和振型分解反应谱法，特别不规则的建筑、甲类建筑和 7 度及以上较高的高层建筑应采用弹性时程分析法进行多遇地震下的补充计算。

1. 反应谱底部剪力法

底部剪力法适用于高度不超过 40m、以剪切变形为主且质量和刚度沿高度分布比较均匀的结构；用底部剪力法计算地震作用时，将多自由度体系等效为单自由度体系，采用结构基本自振周期 T_1 计算总水平地震作用，然后再按一定方法分配到各个楼层。

结构底部总水平地震作用标准值为：

$$F_{Ek} = \alpha_1 G_{eq} \tag{3-9}$$

式中 α_1 ——相应于结构基本自振周期 T_1 的水平地震影响系数值，按 3.2.4 节计算得到；

G_{eq} ——结构等效总重力荷载，单质点结构取 $G_{eq} = G_E$，多质点结构取 $G_{eq} = 0.85G_E$；

G_E ——结构总重力荷载代表值，为各层重力荷载代表值之和。重力荷载代表值是指 100% 的恒荷载、50% ～ 80% 的楼面活荷载、50% 的雪荷载和 50% 的屋面积灰荷载之和，不计入屋面活荷载。

水平地震作用沿高度分布形式如图 3-11 所示，i 楼层处的水平地震作用标准值 F_i 按下式计算：

$$F_i = \frac{G_i H_i}{\sum_{j=1}^{n} G_j H_j} F_{Ek} (1 - \delta_n) \quad (i = 1, 2, \cdots n)$$

(3-10)

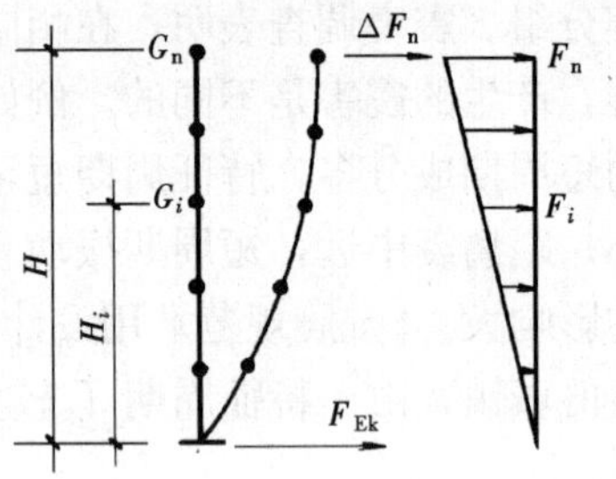

图 3-11　水平地震作用沿高度分布

式中　δ_n ——顶部附加地震作用系数；

G_i ——第 i 层（i 质点）的重力荷载代表值，与 G_E 计算相同。

为了考虑高振型对水平地震作用沿高度分布的影响，在顶部附加水平地震作用。顶部附加水平地震作用 ΔF_n 为：

$$\Delta F_n = \delta_n F_{Ek}$$

(3-11)

结构基本自振周期 $T_1 \leqslant 1.4 T_g$ 时，高振型影响小，不考虑顶部附加水平地震作用，$\delta_n = 0$；结构基本自振周期 $T_1 > 1.4 T_g$ 时，δ_n 与 T_g 有关，见表 3-12。

顶部附加地震作用系数 δ_n 　　　　　　　　　　表 3-12

$T_g(s)$	$T_1 > 1.4 T_g$	$T_1 \leqslant 1.4 T_g$
$T_g \leqslant 0.35$	$0.08 T_1 + 0.07$	0.0
$0.35 < T_g \leqslant 0.55$	$0.08 T_1 + 0.01$	
$T_g > 0.55$	$0.08 T_1 - 0.02$	

由于顶部鞭梢效应的影响，突出屋面的屋顶间、女儿墙、烟囱等的地震作用效应将被放大。当采用底部剪力法计算地震作用效应时，宜乘以增大系数 3，但此增大部分不往下传递，但与该突出部分相连的构件应计入其影响。

用底部剪力法计算水平地震作用的例题见 [例 5-5]。

2. 振型分解反应谱法

较高的结构，除基本振型的贡献外，高振型的影响比较大，因此高层建筑都采用振型分解反应谱法考虑多个振型的组合计算地震作用。一般可将质量集中在楼盖位置，首先分别计算各振型的水平地震作用及其效应（弯矩、轴力、剪力、位移等），然后进行内力与位移的振型组合。

按照结构是否考虑扭转耦联振动影响，采用不同的振型分解反应谱法计算结构的地震作用及地震作用效应。

（1）不考虑扭转耦联的振型分解反应谱法

不考虑扭转耦联振动影响的结构，一个水平主轴方向每个楼层为一个平移自由度，n 个楼层有 n 个自由度、n 个频率和 n 个振型，其一个水平主轴的振型示意图如图 3-12 所示。

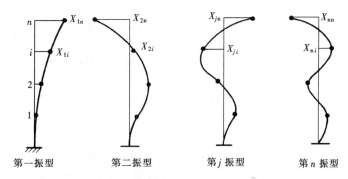

图 3-12　不考虑扭转耦联的结构的振型示意图

结构第 j 振型 i 质点的水平地震作用标准值 F_{ji} 为：

$$F_{ji} = \alpha_j \gamma_j X_{ji} G_i (i = 1, 2, \cdots n, j = 1, 2, \cdots m) \tag{3-12}$$

式中　α_j——相应于 j 振型自振周期的地震影响系数；

　　　X_{ji}——j 振型 i 质点的水平相对位移；

　　　G_i——质点 i 的重力荷载代表值，与底部剪力法中 G_E 计算相同；

　　　γ_j——j 振型的振型参与系数，按下式计算：

$$\gamma_j = \frac{\sum_{i=1}^{n} X_{ji} G_i}{\sum_{i=1}^{n} X_{ji}^2 G_i} \tag{3-13}$$

　　　n——结构计算总质点数，小塔楼宜每层作为一个质点参与计算；

　　　m——结构计算振型数，规则结构可取 3，当建筑较高、结构沿竖向刚度不均匀时可取 5~6。

每个振型的水平地震作用方向与图 3-12 给出的水平相对位移方向相同，每个振型都可由水平地震作用计算得到结构的位移和各构件的弯矩、剪力与轴力。

反应谱法各振型的水平地震作用是振动过程中的最大值，其产生的内力和位移也是最大值，实际上各振型的内力和位移达到最大值的时间一般并不相同，因此，不能简单地将各振型的内力和位移直接相加，而是通过概率统计将各个振型的内力和位移进行组合，这就是振型组合。

高层建筑并非所有的振型都起主要作用，而是前几个振型起主要作用，因此，只需要用有限个振型计算内力和位移。如果有限个振型参与的等效重量（或质量）达到总重量（或总质量）的 90% 以上，所取的振型数就够了。

第 j 振型参与的等效重量由式（3-14a）计算：

$$\gamma_{\mathrm{G}j} = \frac{\left(\sum\limits_{i=1}^{n} X_{ji} G_i\right)^2}{\sum\limits_{i=1}^{n} X_{ji}^2 G_i} \tag{3-14a}$$

若取前 m 个振型，则参与等效重量总和的百分比为：

$$\gamma_{\mathrm{G}}^{\mathrm{m}} = \frac{\sum\limits_{j=1}^{m} \gamma_{\mathrm{G}j}}{G_{\mathrm{E}}} \tag{3-14b}$$

不考虑扭转耦联振动影响的结构，一般取前 3 个振型进行组合；但如果建筑较高或较柔，基本自振周期大于 1.5s，或房屋高宽比大于 5 时，或结构沿竖向刚度不均匀时，振型数应适当增加，一般取 5~6 个振型进行组合；组合的振型数是否够，可采用式（3-14）检验有效参与重量是否达到 90% 以上。

不考虑扭转耦联振动影响的结构，根据随机振动理论，地震作用下的内力和位移由各振型的内力和位移平方求和以后再开方的方法（Square Root of Sum of Square，简称 SRSS 方法）组合得到：

$$S_{\mathrm{Ek}} = \sqrt{\sum_{j=1}^{m} S_j^2} \tag{3-15}$$

式中　m——参与组合的振型数；

　　　S_j—— j 振型水平地震作用标准值的效应（弯矩、剪力、轴力、位移等）；

　　　S_{Ek}——水平地震作用标准值的效应。

采用振型组合法时，突出屋面的小塔楼按其楼层质点参与振型计算，鞭梢效应可在高振型中体现。

（2）扭转耦联振型分解反应谱法

考虑扭转影响的平面、竖向不规则结构，按扭转耦联振型分解反应谱法计算地震作用及其效应时，各楼层可取两个正交的水平位移和一个转角位移共三个自由度，即 x、y、θ 三个自由度，k 个楼层有 $3k$ 个自由度、$3k$ 个频率和 $3k$ 个振型，每个振型中各质点振幅有三个分量，当其两个分量不为零时，振型耦联。

由于振型耦联，计算一个方向的地震作用时，会同时得到 x、y 方向及转角方向的地震作用。j 振型 i 层的水平地震作用标准值，按下列公式确定：

$$F_{xji} = \alpha_j \gamma_{tj} X_{ji} G_i \qquad (3\text{-}16a)$$

$$F_{yji} = \alpha_j \gamma_{tj} Y_{ji} G_i \quad (i = 1, 2, \cdots n, \ j = 1, 2, \cdots m) \qquad (3\text{-}16b)$$

$$F_{tji} = \alpha_j \gamma_{tj} r_i^2 \theta_{ji} G_i \qquad (3\text{-}16c)$$

式中 F_{xji}、F_{yji}、F_{tji}——分别为 j 振型 i 层的 x 方向、y 方向和转角方向的地震作用标准值；

      X_{ji}、Y_{ji}——分别为 j 振型 i 层质心在 x、y 方向的水平相对位移；

      θ_{ji}——j 振型 i 层的相对扭转角；

      r_i——i 层转动半径，可按下式计算：

$$r_i^2 = I_i g / G_i \qquad (3\text{-}17)$$

      I_i——i 层质量绕质心的转动惯量；

      γ_{tj}——计入扭转的 j 振型的参与系数，可按下列公式确定：

当仅取 x 方向地震作用时：

$$\gamma_{tj} = \sum_{i=1}^{n} X_{ji} G_i \Big/ \sum_{i=1}^{n} (X_{ji}^2 + Y_{ji}^2 + \theta_{ji}^2 r_i^2) G_i \qquad (3\text{-}18a)$$

当仅取 x 方向地震作用时：

$$\gamma_{tj} = \sum_{i=1}^{n} Y_{ji} G_i \Big/ \sum_{i=1}^{n} (X_{ji}^2 + Y_{ji}^2 + \theta_{ji}^2 r_i^2) G_i \qquad (3\text{-}18b)$$

当取与 x 方向斜交的地震作用时：

$$\gamma_{tj} = \gamma_{xj} \cos\theta + \gamma_{yj} \sin\theta \qquad (3\text{-}18c)$$

式中 n——总自由度数；

      θ——地震作用方向与 x 方向的夹角。

  单向水平地震作用下的扭转耦联效应采用完全二次方程法（Complete Quadratic Combination 简称 CQC 法）确定：

$$S_{Ek} = \sqrt{\sum_{j=1}^{m} \sum_{r=1}^{m} \rho_{jr} S_j S_r} \qquad (3\text{-}19)$$

$$\rho_{jr} = \frac{8\sqrt{\zeta_j \zeta_r} (\zeta_j + \lambda_T \zeta_r) \lambda_T^{3/2}}{(1 - \lambda_T^2)^2 + 4\zeta_j \zeta_r \lambda_T (1 + \lambda_T^2) + 4(\zeta_j^2 + \zeta_r^2) \lambda_T^2} \qquad (3\text{-}20)$$

式中 S_{Ek}——考虑扭转的地震作用标准值的效应；

  S_j、S_r——分别为 j 振型和 r 振型地震作用标准值的效应；

      m——参与组合的振型数，一般情况下可取 9～15，多塔楼建筑每个塔楼的振型数不小于 9；

      ρ_{jr}——j 振型与 r 振型的耦联系数；

λ_T——j 振型与 r 振型的周期比，$\lambda_T = T_j/T_r$；

ζ_j、ζ_r——分别为结构 j、r 振型的阻尼比，当 $\zeta_j = \zeta_r = \zeta$ 时，式（3-20）变为：

$$\rho_{jr} = \frac{8\zeta^2(1+\lambda_T)\lambda_T^{3/2}}{(1-\lambda_T^2)^2 + 4\zeta^2\lambda_T(1+\lambda_T^2) + 8\zeta^2\lambda_T^2} \tag{3-21}$$

当 T_j 小于 T_r 较多时，λ_T 很小，由式（3-20）计算的 ρ_{jr} 值也很小，在式（3-19）中该项可以忽略；当 $T_j = T_r$ 时，$\lambda_T = 1$，因而 $\rho_{jr} = 1$，在式（3-19）中该项为 S_j 的平方，这样，CQC 公式就简化为 SRSS 公式了。因此可以说，SRSS 方法是 CQC 方法的特例，适用于不考虑扭转耦联的结构。

双向水平地震作用下的扭转耦联效应，可以按式（3-22a）和式（3-22b）的较大值确定：

$$S_{Ek} = \sqrt{S_x^2 + (0.85S_y)^2} \tag{3-22a}$$

$$S_{Ek} = \sqrt{S_y^2 + (0.85S_x)^2} \tag{3-22b}$$

式中　S_x、S_y——分别为 x 方向、y 方向单向水平地震作用按照式（3-19）计算的扭转效应。

3. 时程分析法

甲类高层建筑，竖向布置不规则的高层建筑，8 度 Ⅰ、Ⅱ 类场地和 7 度高度超过 100m 的高层建筑，8 度 Ⅲ、Ⅳ 类场地高度超过 80m 和 9 度高度超过 60m 的房屋建筑，以及复杂高层建筑等，需采用弹性时程分析法做多遇地震作用下的补充计算。所谓"补充"，主要指对计算结果的底部剪力、楼层剪力和层间位移进行比较，当时程分析法大于振型分解反应谱法时，相关部位的构件内力和配筋作相应的调整。

弹性时程分析的计算并不困难，在各种商用计算程序中都可以实现，困难在于选用合适的地震加速度时程曲线，这是因为地震是随机的，很难预估结构未来可能遭受到什么样的地面运动，因此，一般要选数条地震波进行多次计算。抗震规范要求应选用两组实际强震记录和一组人工模拟的加速度时程曲线或五组实际强震记录和两组人工模拟的地震加速度时程曲线作为输入。应按建筑场地类别和设计地震分组，选用实际强震记录和人工模拟的加速度时程曲线，多组时程曲线的平均地震影响系数曲线应与振型分解反应谱法所采用的地震影响系数曲线在统计意义上相符，即多组时程波的平均地震影响系数曲线与振型分解反应谱法所用的地震影响系数曲线相比，在对应于结构主要振型的周期点上相差不大于 20%。其加速度时程的最大值，即地震波的加速度峰值，根据设防烈度按表 3-13 的规定取用。双向（两个水平方向）或三向（两个水平方向与一个竖向）地震输入时，其加速度最大值通常按照 1（水平方向 1）：0.85（水平方向 2）：0.65（竖向）的比例调整。

时程分析所用地震加速度时程的最大值（cm/s²）　　表 3-13

设防烈度	6 度	7 度	8 度	9 度
多遇地震	18	35(55)	70(110)	140
设防地震	50	100(150)	200(300)	400
罕遇地震	125	220(310)	400(510)	620

注：括号内数值分别用于设计基本地震加速度为 0.15g 和 0.30g 的地区。

输入的地震加速度时程曲线的有效持续时间（从首次达到该时程曲线最大值的 10% 那一点算起到最后一点到达最大值的 10% 为止的间隔）一般为结构基本周期的 5～10 倍，保证结构顶点的位移可按基本周期往复 5～10 次，防止输入的加速度持时太短，结构还没有完成一次基本动力响应地震就结束。

弹性时程分析时，每条时程曲线计算所得结构底部剪力不应小于振型分解反应谱法计算结果的 65%，多条时程曲线计算所得结构底部剪力的平均值不应小于振型分解反应谱法计算结果的 80%。从工程角度考虑，这样可以保证时程分析结果满足最低安全要求。但时程分析的计算结果也不能太大，每条地震波输入计算不大于反应谱法的 135%，平均不大于 120%。工程设计中，可以通过选择合适的地震加速度记录，达到上述要求。

3.2.6 结构自振周期计算

结构自振周期的计算方法可分为：理论计算、半理论半经验公式计算和经验公式计算三类。

1. 理论方法及其修正系数

理论方法即采用刚度法或柔度法，通过求解特征方程，得到结构的自振周期和振型。采用振型分解反应谱法计算地震作用时，采用理论方法和程序计算结构的自振周期和振型。理论方法适用于各类结构。

n 个自由度体系有 n 个频率，直接计算结果是圆频率 ω，单位是圆弧度/秒，各阶频率的排列次序为 $\omega_1 < \omega_2 < \omega_3 \cdots$；通过换算可得工程频率 f，$f = \omega/2\pi$，单位为 Hz（赫兹，即 1/s），周期 T 与频率的关系为 $T = 1/f = 2\pi/\omega$，$T_1 > T_2 > T_3$ $\cdots$。实际上，工程设计中只需要前面若干个周期及振型。

理论方法得到的周期比结构的实际周期长，原因是计算中没有考虑填充墙等非结构构件对刚度的增大作用，实际结构的质量分布、材料性能、施工质量等也不像计算模型那么理想。若直接用理论周期值计算地震作用，则地震作用可能偏小，因此必须对周期值（包括高振型周期值）作修正。修正（缩短）系数 α_0 为：框架结构取 0.6～0.7，框架-剪力墙结构取 0.7～0.8（非承重填充墙较少时，取 0.8～0.9），剪力墙结构不需修正。

2. 半理论半经验公式

半理论半经验公式是从理论公式加以简化，并应用了一些经验系数，所得公式计算方便、快捷，但只能得到基本自振周期，也不能给出振型，通常只在采用底部剪力法时应用。常用的公式介绍如下：

（1）顶点位移法

这种方法适用于质量、刚度沿高度分布比较均匀的框架、剪力墙和框架-剪力墙结构。按等截面悬臂梁作理论计算，简化后得到计算基本周期的公式：

$$T_1 = 1.7\alpha_0\sqrt{\Delta_{\mathrm{T}}}$$ （3-23）

式中　Δ_{T}——结构顶点假想位移，即把各楼层重量 G_i 作为 i 层楼面的假想水平荷载，视结构为弹性，计算得到的顶点侧移，其单位必须为 m；

　　　α_0——结构基本周期修正系数，与理论计算方法的取值相同。

（2）能量法

以剪切变形为主的框架结构，可以用能量法（也称瑞雷法）计算基本周期：

$$T_1 = 2\pi\alpha_0\sqrt{\dfrac{\sum\limits_{i=1}^{N} G_i\Delta_i^2}{g\sum\limits_{i=1}^{N} G_i\Delta_i}}$$ （3-24）

式中　G_i——i 层重力荷载；

　　　Δ_i——i 层假想侧移，是把 G_i 作为 i 层楼面的假想水平荷载，用弹性方法计算得到的结构 i 层楼面的侧移，假想侧移可以用反弯点法或 D 值法计算；

　　　N——楼层数；

　　　α_0——基本周期修正系数，取值同理论方法。

（3）经验公式

通过对一定数量、同一类型的已建成结构进行动力特性实测，可以回归得到结构自振周期的经验公式。这种方法也有局限性和误差，一方面，一个经验公式只适用于某类特定结构，结构变化，经验公式就不适用；另一方面，实测时，结构的变形很微小，实测的结构周期短，它不能反映地震作用下结构的实际变形和周期，因此在应用时要将实测周期的统计回归值乘以 1.1～1.5 的加长系数，作为计算周期的经验公式。

经验公式表达简单，使用方便，但比较粗糙，而且也只有基本周期。因此常常用于初步设计，可以很容易估算出底部地震剪力；也可以用于对理论计算值的判断与评价，若理论值与经验公式结果相差太多，有可能是计算错误，也有可能所设计的结构不合理，结构太柔或太刚。

钢筋混凝土剪力墙结构，高度为 25～50m、剪力墙间距为 6m 左右：

$$\left.\begin{array}{l} T_{1横} = 0.06N \\ T_{1纵} = 0.05N \end{array}\right\} \tag{3-25}$$

钢筋混凝土框架-剪力墙结构：

$$T_1 = (0.06 \sim 0.09)N \tag{3-26}$$

钢筋混凝土框架结构：

$$T_1 = (0.08 \sim 0.1)N \tag{3-27}$$

钢结构： $$T_1 = 0.1N \tag{3-28}$$

式中　N——建筑物层数。

框架-剪力墙结构要根据剪力墙的多少确定系数，框架结构要根据填充墙的材料和多少确定系数。

3.2.7　竖向地震作用计算

9 度抗震设计的高层建筑等（表 4-6），需要计算竖向地震作用。竖向地震作用可以用下述方法计算。

结构总竖向地震作用标准值：

$$F_{Evk} = \alpha_{v,max} G_{eq} \tag{3-29}$$

第 i 层竖向地震作用：

$$F_{vi} = \frac{G_i H_i}{\sum\limits_{j=1}^{N} G_j H_j} F_{Evk} \tag{3-30}$$

第 i 层竖向总轴力：

$$N_{vi} = \sum_{j=i}^{N} F_{vj} \tag{3-31}$$

式中　$\alpha_{v,max}$——竖向地震影响系数，取水平地震影响系数（多遇地震）的 0.65 倍；

G_{eq}——结构等效总重力荷载，取 $G_{eq}=0.75 G_E$；

G_E——结构总重力荷载代表值。

求得第 i 层竖向总轴力后，按各墙、柱所承受的重力荷载代表值大小，将 N_{vi} 分配到各墙、柱上。竖向地震引起的轴力可能为拉，也可能为压，组合时按不利值取用。

思　考　题

3.1　计算总风荷载和局部风荷载的目的是什么？二者计算有何异同？

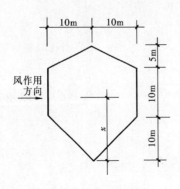

图 3-13　思考题 3.2 图

3.2　对图 3-13 结构的风荷载进行分析。图示风作用下，建筑各立面的风是吸力还是压力？是什么方向？结构的总风荷载在哪个方向？如果要计算与其呈 90°方向的总风荷载，其大小与前者相同吗？为什么？

3.3　计算一个位于广州的框架-剪力墙结构的总风荷载。结构平面见图 3-13，16 层，层高 3m，总高度为 48m。求出总风荷载合力作用线及其沿高度的分布。

3.4　用什么特征量描述地震地面运动特性？地震作用下结构破坏与地面运动特性有什么关系？

3.5　什么叫地震地面运动的卓越周期？卓越周期与场地是什么关系？卓越周期与场地特征周期有何关系？

3.6　地震作用与风荷载各有什么特点？

3.7　什么是小震、中震和大震？其概率含义是什么？与抗震设防烈度是什么关系？建筑抗震设防目标要求结构在小震、中震和大震作用下处于什么状态？怎样实现？

3.8　什么是抗震设计的二阶段方法？为什么要采用二阶段设计方法？

3.9　加速度反应谱是通过什么样的结构计算模型得到的？阻尼比对反应谱有什么影响？钢筋混凝土结构及钢结构的阻尼比分别取多少？

3.10　什么是地震系数 k、动力系数 β 和地震影响系数 α？写出 α、β、k 的表达式。β 谱曲线有什么特点？

3.11　设计地震分组对设计反应谱有什么影响？

3.12　地震作用大小与场地有什么关系？分析影响因素及其影响原因。如果两幢相同建筑，基本自振周期是 3s，地震分组都是属于第一组，场地类别分别为 I 类场地和 IV 类场地，两幢建筑的地震作用相差多少？如果建筑地点分别为第一组和第三组，都是 IV 类场地，地震作用又相差多少？

3.13　计算水平地震作用有哪些方法？各适用于什么样的建筑结构？

3.14　计算地震作用时，重力荷载怎样计算？各可变荷载的组合值系数为多少？

3.15　用底部剪力法计算水平地震作用及其效应的方法和步骤如何？什么情况下需要在结构顶部附加水平地震作用？为什么需要附加水平地震作用？

3.16　一幢 15 层的钢筋混凝土剪力墙结构房屋建筑有多少个频率和振型？如何由周期计算得到频率？计算结构的频率和振型有哪些方法？为什么计算和实测的周期都要进行修正？如何修正？

3.17　试述振型分解反应谱法计算水平地震作用及其效应的步骤。为什么不能直接将各振型的效应相加？

3.18　不考虑扭转耦联振型分解反应谱法和考虑扭转耦联振型分解反应谱法一般各取多少个振型进行效应组合？振型参与系数与振型参与等效重量（或质量）公式有何区别？

第4章 设 计 要 求

房屋建筑结构设计的目标是满足正常使用的要求和极限状态的要求，在遭遇极端自然灾害（如罕遇地震）时避免倒塌。房屋建筑结构的设计要求主要包括建筑形体及其结构构件布置的规则性要求、构件截面的承载力要求、整体结构弹性侧向刚度要求、抗震房屋建筑的抗地震倒塌要求、较高的高层建筑在风作用下的舒适度要求、整体稳定要求等。

4.1 建筑形体及结构布置的规则性

建筑形体及结构布置的规则性，是抗震高层建筑结构最基本的设计要求。建筑形体是指建筑平面形状和立面、竖向剖面的变化；结构布置是指结构构件的平面布置和竖向布置。建筑形体和结构布置对结构的抗震性能有决定性的作用。建筑师根据建筑的使用功能、建设场地、美学等确定建筑的平面形状、立面和竖向剖面；工程师根据结构抵抗竖向荷载、抗风、抗震的要求，根据建筑形体，布置结构构件。房屋建筑的抗震设计，包括了建筑师的建筑形体设计和工程师的结构设计。一幢成功的抗震高层建筑，往往是建筑师和工程师密切合作的结果，这种合作应该从方案阶段开始，一直到设计完成，甚至到竣工。成功的建筑，不能缺少结构工程师的创新和创造力的贡献。

4.1.1 地震震害及抗震概念设计

由于建筑形体不合理或结构布置不合理而造成的地震震害，在国内外的大地震中屡见不鲜。

中央银行大楼和美洲银行大楼是位于尼加拉瓜的马那瓜市中心的相距不远的两幢高层建筑。中央银行大楼，15 层钢筋混凝土框架结构，一个方向为单跨框架，钢筋混凝土电梯井筒和楼梯间布置在平面的一端；18 层的美洲银行大楼的主要抗侧力结构是钢筋混凝土内筒，内筒由 4 个 L 形小井筒和小井筒之间的连梁组成。结构平面图分别见图 4-1 (a)、(b)。1972 年 12 月 23 日马那瓜发生 6.5 级地震，当地烈度达 9 度，中央银行大楼严重破坏，五层框架柱严重开裂、纵筋压屈，电梯井的墙体开裂、混凝土剥落，非结构构件破坏、甚至塌毁，修复费用高达房屋造价的 80%。美洲银行大楼仅在 8～17 层四个 L 形小井筒之间的连梁出现斜裂缝，L 形小井筒没有发现裂缝和破坏，震后很快修复连梁、投入使用。

两幢建筑震害悬殊，结构体系不同是一个原因，主要原因是结构布置不同。

中央银行大楼电梯井筒和楼梯间布置在平面的一端，抗侧刚度严重不对称，地震作用下，结构的扭转效应加重了单跨框架结构的震害。美洲银行大楼的结构平面布置对称、均匀，扭转反应小；钢筋混凝土内筒的抗侧刚度大，地震作用下的变形小；四个L形小井筒用连梁联系，管道穿过连梁中间，削弱了连梁，地震中连梁开裂，耗散能量，降低了地震作用。

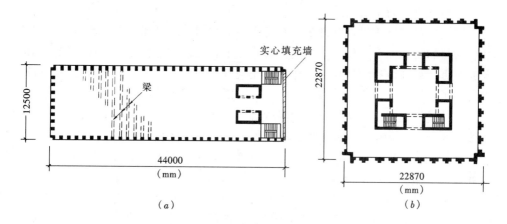

图 4-1 中央银行大楼和美洲银行大楼结构平面图

(a) 中央银行大楼结构平面图；(b) 美洲银行大楼结构平面图

另一个著名的震害实例是美国加州奥立弗医疗中心的主楼，6层钢筋混凝土结构，上部四层为框架-剪力墙，下部两层为框架，但第二层有较多的砖墙，第二层及以上各层结构的侧向刚度比首层的刚度大约10倍，层抗剪承载力也比首层大很多，其剖面如图4-2所示。1971年圣费南多地震中，该建筑首层柱严重破坏，普通配箍柱的混凝土压碎、纵筋压屈，配置螺旋箍筋柱的震害轻一些，混凝土保护层完全脱落，螺旋箍筋内的混凝土基本保持整体，首层残余水平位移达60cm。地震后该建筑拆除。造成该结构严重破坏的主要原因是：与上部各层相

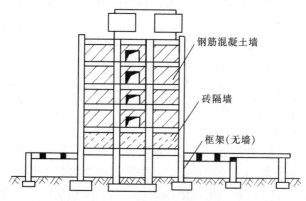

图 4-2 奥立弗医疗中心主楼剖面图

比，首层的侧向刚度小、承载力低，成为软弱层和薄弱层，地震时变形集中，而钢筋混凝土柱不能提供如此大的变形能力，至使严重破坏。1995 年日本阪神地震中，大阪和神户的不少建筑发生中部楼层塌毁的破坏现象，主要原因是这一层的侧向刚度和承载力突然变小，成为软弱层和薄弱层。

上述两幢建筑的震害说明，在建筑形体及结构布置方面，扭转、薄弱层及软弱层是地震震害的主要原因。

高层建筑的抗震设计有许多不确定或不确知因素，例如，地震地面运动的特性、材料的实际强度、质量的实际分布等，很难对结构进行完全符合工程实际情况的抗震计算并得到结构在地震作用下完全真实的反应。因此，高层建筑的抗震设计除了必须进行详细的计算分析外，要特别注重建筑抗震概念设计。建筑抗震概念设计是指根据地震灾害和工程经验等所形成的基本设计原则和设计思想，进行建筑和结构总体布置并确定细部构造的过程。在结构设计中，工程师运用"概念"进行分析，做出判断，并采取相应措施。判断能力主要来自工程师本人所具有的设计经验、对结构地震破坏机理的认识、力学知识和专业知识、对地震震害经验教训和试验研究成果的理解和认知等。概念设计是结构抗震设计不可缺少的部分，内容十分丰富广泛。根据概念设计，抗震高层建筑的建筑形体和结构布置应符合下列原则：

（1）采用规则建筑，不应采用严重不规则建筑。建筑平面对称、立面简单；抗侧力结构构件平面布置对称、均匀，质量分布均匀，减少扭转效应；竖向抗侧力构件的截面尺寸和混凝土材料强度自下而上分段逐渐减小，避免形成薄弱层（或薄弱部位）；侧向刚度沿竖向均匀变化，避免某层的侧向刚度突然变小、形成软弱层。相对于复杂、偏心的建筑，简单、对称的建筑震害轻得多。

（2）具有明确的计算简图、合理的地震作用传递途径和不间断传力路线。结构应能够用明确的计算模型进行地震反应分析，结构越简单，对其力学特性掌握越透彻，越能把握其受力特性，从而得到比较符合实际的结果。作用在上部结构的竖向力和侧向力，应通过直接的、不间断的传力路线传递到基础、地基，传力路径越明确越好。

（3）具备足够大的承载能力和刚度。承载能力主要指构件截面的承载力，以及由构件截面承载力组合得到的结构楼层承载能力及结构整体承载能力。刚度主要指结构的侧向刚度和扭转刚度。结构的刚度与结构的平立面尺寸、构件的布置、构件的尺寸、材料等因素有关。从表面看，结构的承载能力和刚度是为了达到小震时的抗震设防目标，实质上，与达到中震、大震时的抗震设防目标也有关：增大构件的承载能力，可以推迟大震时构件屈服、减轻构件的屈服程度、降低对构件弹塑性变形能力的要求；在合理的范围内增大结构刚度，可以减轻结构在大震作用下的变形与破坏程度。原因是：在同一地震作用下，刚度小的结构变形大，而刚度大的结构变形小；一般情况下，变形大的结构破坏程度大，变形小结构破坏程度也小。

(4) 具备良好的弹塑性变形能力和大的消耗地震能量的能力。在大震作用下，结构构件屈服，通过弹塑性变形抵抗地震作用并耗散地震能量。弹塑性变形能力和耗能能力是防止地震作用下建筑结构倒塌的关键。

(5) 具有整体牢固性。结构应具有尽量多的冗余度，超静定次数越多越好，超静定结构的部分构件屈服或破坏后塑性内力重分布，建立备用传力路径，避免因部分构件或局部结构破坏而形成机构，导致整个结构丧失抗震能力或对重力荷载的承载能力，即部分构件或局部结构破坏不应导致结构倒塌。

(6) 构件与构件之间、结构与结构之间，或是牢固连接，或是彻底分离，避免似连接非连接、似分离非分离的不确定状态。

(7) 设置多道抗震防线。设置多道抗震防线是增强结构抗倒塌能力的重要措施。具有多道抗震防线的结构体系一般由两个或两个以上的结构分体系组成，各分体系具有足够大的刚度、承载力和延性，分体系之间协同工作。适当处理结构分体系之间承载能力的强弱关系和结构构件之间承载能力的强弱关系，形成两道或更多的抗震防线。第一道防线是地震发生时首先屈服、耗能的结构分体系或构件，应是延性大、耗能能力好的结构分体系或构件（例如剪力墙结构中的连梁，框架-剪力墙结构中剪力墙的连梁和框架梁），而不是承受竖向荷载的主要构件；第二道防线的结构分体系或构件也应有足够大的抗震能力（例如，剪力墙结构中的墙肢，框架-剪力墙结构中的墙肢和框架柱）。

4.1.2 建筑平面和结构平面布置

高层建筑的外形可以分为板式和塔式两大类。板式建筑平面两个方向的尺寸相差较大，分为长、短边；为了增大一字形板式建筑短方向的侧向刚度，可以做成折线形或曲线形建筑平面。塔式建筑平面的两个方向的尺寸接近或相差不大，其平面形状有圆形、方形、长宽比小的矩形、Y形、井形、切角的三角形等。

抗风建筑宜选用风作用效应较小的平面形状，即简单规则的凸平面，如圆形、正多边形、椭圆形等平面；有较多凹凸的复杂形状平面，如V形、Y形、H形平面等，对抗风不利。

对抗震有利的建筑平面形状是简单、规则、对称；平面长宽比不宜过大、不宜于狭长；平面突出部分的长度不宜过大、宽度不宜过小；不宜采用角部重叠的平面图形和细腰形平面图形。

平面过于狭长的建筑，在风作用下，有可能出现楼板在其平面内弯曲变形；在地震作用下，有可能由于地震地面运动的相位差而使结构两端的振动不一致，产生震害，还可能出现楼板平面内高振型。表 4-1 给出了不同抗震设防烈度时，平面长宽比（L/B）的限值。

建筑平面有比较长的外伸（L形、H形、Y形等）时，外伸段与主体结构之间会出现相对运动的振型。图4-3为西苑饭店的一个实测振型，振型的特点是 L 形平面的两肢相对运动。在地震作用下，两肢连接的凹角处应力集中，容易出现震害。表4-1给出了突出部分长度（l/B_{max}，l/b）的限值，表中的符号见图4-4。

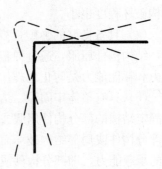

图4-3　西苑饭店的一个
实测振型（平面）

　　角部重叠和细腰形的建筑平面，在重叠部分和细腰部位平面变窄，形成薄弱部位，地震中容易产生震害，凹角部位应力集中，容易使楼板开裂破坏，宜避免采用。若采用，这些部位应采取加强措施，如加大楼板厚度、增加板内配筋、设置集中配筋的边梁、配置斜向钢筋等。

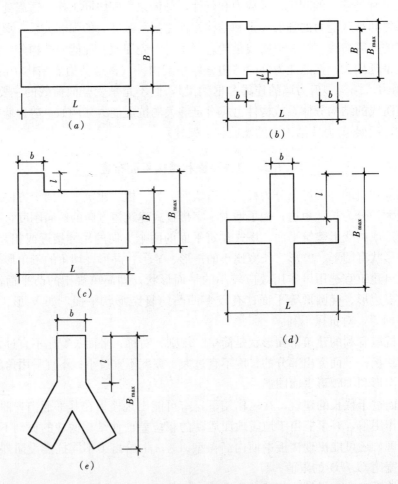

图4-4　有突出部分的建筑平面

长宽比的限值和突出部分长度的限值　　　　　　表 4-1

设防烈度	L/B	l/B_{max}	l/b
6、7 度	≤6.0	≤0.35	≤2.0
8、9 度	≤5.0	≤0.30	≤1.5

结构构件的平面布置与建筑平面有关。平面简单、规则、对称的建筑，容易实现有利于抗震的结构平面布置，即承载力、刚度、质量分布对称、均匀，刚度中心和质量中心尽可能重合，减小扭转效应。平面形状不对称时，尽可能通过调整剪力墙的布置实现对称。简单、规则、对称结构的抗风、抗震计算结果能较好地反映结构在水平力作用下的受力状态，设计者能比较正确地计算其内力和侧移，且比较容易采取抗震构造措施和进行细部处理。

4.1.3　建筑立面和结构沿高度布置

对抗震有利的建筑立面是规则、均匀，从上到下外形不变或变化不大，没有过大的外挑或内收。当结构上部楼层收进部位到室外地面的高度 H_1 与房屋高度 H 之比大于 0.2 时，上部楼层收进后的水平尺寸 B_1 不宜小于下部楼层水平尺寸 B 的 75%（图 4-5a、b）；当上部结构楼层相对于下部楼层外挑时，上部楼层水平尺寸 B_1 不宜大于下部楼层水平尺寸 B 的 1.1 倍，且水平外挑尺寸 a 不宜大于 4m（图 4-5c、d）。

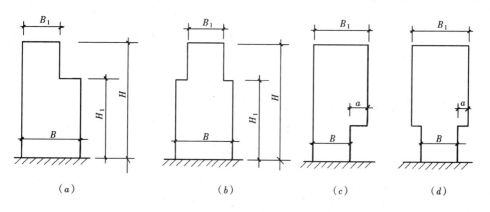

(a)　　　　　　(b)　　　　　　(c)　　　　　　(d)

图 4-5　建筑立面外挑或内收示意

结构沿高度布置应连续、均匀，使结构的侧向刚度和承载力上下相同，或下大上小，自下而上连续、逐渐减小，避免有刚度或承载力突然变小的楼层。尤其是剪力墙，自下而上要连续布置，在底层或中部某一层或某几层中断都会导致刚度和承载力沿高度突变，造成薄弱层或软弱层，地震时容易破坏。如果顶部收进较多，或顶部刚度小，会由于振动的鞭梢效应而使结构顶部变形过大而导致破坏。

4.1.4 不规则建筑结构

建筑体型简单、结构布置规则有利于结构抗震，但在实际工程中，不规则是难以避免的。《抗震规范》及《混凝土高规》针对钢筋混凝土房屋、钢结构房屋和混合结构房屋，列举了三种平面不规则类型和三种竖向不规则类型，并明确规定按不规则类型的数量和程度，采取不同的抗震措施。《抗震规范》及《混凝土高规》列举的 6 种类型是主要的而不是全部的不规则类型，所列的指标是概念设计的参考性数值而不是严格的数值，使用时需要综合判断。

平面不规则的主要类型包括扭转不规则、凹凸不规则和楼板局部不连续。

（1）扭转不规则

考虑偶然偏心影响、在给定的水平力作用下，楼层竖向构件的最大弹性水平位移（和层间位移）与该楼层两端弹性水平位移（和层间位移）平均值之比（称为扭转位移比）大于 1.2 时，即为扭转不规则；扭转位移比大于 1.5（B 级高度高层建筑，超过 A 级高度的混合结构及复杂高层建筑大于 1.4）时，即为扭转严重不规则，当最大层间位移角不大于规范限值的 40% 时，该比值可放松至 1.6。如图 4-6 所示，楼层两端弹性水平位移或层间位移分别为 δ_1 和 δ_2，则 $\delta_2 > 1.2 \left(\dfrac{\delta_1 + \delta_2}{2} \right)$，相当于 $\delta_2 / \delta_1 > 1.5$ 时为扭转不规则，$\delta_2 > 1.5 \left(\dfrac{\delta_1 + \delta_2}{2} \right)$，相当于 $\delta_2 / \delta_1 > 3$ 时为严重不规则。

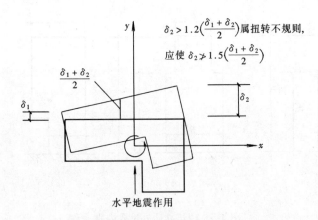

图 4-6　建筑结构平面扭转不规则示例

计算扭转位移比时，楼盖刚度按实际情况确定；楼层的位移不采用各振型位移的 CQC 组合计算，而采用考虑偶然偏心影响的给定水平力作用下计算得到的位移。"给定水平力"是指采用振型分解反应谱法计算得到的楼层地震剪力换算的水平力，每一楼面处的水平力取该楼面上、下两个楼层的地震剪力差的绝对值。

偶然偏心是指每层质量中心（即给定水平力的作用点）沿垂直于地震作用方

向的偏移取值，可取垂直于地震作用方向建筑物最大长度的 5%（也可考虑具体的平面形状和抗侧力构件的布置调整），即：

$$e_i = \pm 0.05 L_i \qquad (4\text{-}1)$$

式中　e_i——第 i 层质心偏移值（m），各楼层质心偏移方向相同；

　　　L_i——第 i 层垂直于地震作用方向的建筑物总长度（m）。

除了采用扭转位移比判别房屋建筑是否为扭转不规则外，还需要采用第一自振周期比进行判别。结构扭转为主的第一自振周期 T_t 与平动为主的第一自振周期 T_l 之比，A 级高度高层建筑大于 0.9 时，B 级高度高层建筑、超过 A 级高度的混合结构及复杂高层建筑大于 0.85 时，结构的扭转刚度过小，为扭转特别不规则建筑。

（2）凹凸不规则

结构平面凹进的一侧尺寸，大于相应投影方向总尺寸的 30%，即图 4-4 中的 l/B_{max} 大于 0.3 时，为楼板凹凸不规则。

（3）楼板局部不连续

楼板的尺寸和平面刚度急剧变化，例如，有效楼板宽度小于该层典型梁板宽度的 50%，或开洞面积大于该层楼面面积的 30%；楼层错层超过梁高时按楼板开洞对待，当错层面积大于该层总面积 30% 时，则属于楼板局部不连续（图 4-7）。

在扣除凹入或开洞后，楼板在任一方向的最小净宽度不宜小于 5m，且开洞后每一边的楼板净宽度不应小于 2m。

竖向不规则的主要类型包括侧向刚度不规则、竖向抗侧力构件不连续和楼层承载力突变。

（1）侧向刚度不规则

侧向刚度不规则的层，称为软弱层。

框架结构的楼层侧向刚度 K 可定义为单位弹性层间位移所需的层剪力，即第 i 层的刚度 $K_i = V_i/\Delta u_i$，V_i 为第 i 层的层剪力，Δu_i 为第 i 层的弹性层间位移。其侧向刚度不规则是指：本层的侧向刚度小于相邻上一层的 70%，

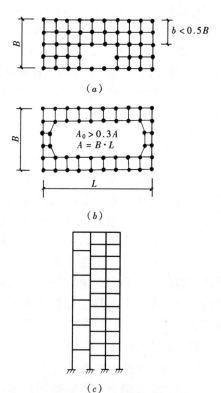

图 4-7　建筑结构平面局部
不连续示例（大开洞及错层）

即 $K_i < 0.7K_{i+1}$（图 4-8a）；或本层的侧向刚度小于其相邻上部三个楼层侧向刚度平均值的 80%，即 $K_i < 0.8\left(\dfrac{K_{i+1}+K_{i+2}+K_{i+3}}{3}\right)$（图 4-8b）。

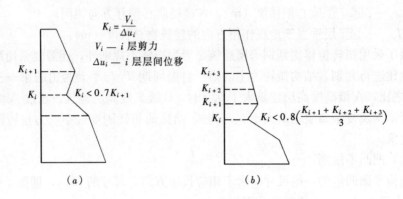

图 4-8　框架结构侧向刚度不规则

框架-剪力墙、板柱-剪力墙等其他结构的楼层侧向刚度 K 可定义为单位弹性层间位移角所需的层剪力，即 $K_i = V_i/\theta_i$，θ_i 为第 i 层的弹性层间位移角，考虑了层高的影响。其侧向刚度不规则是指：本层的侧向刚度小于相邻上一层的 90%，即 $K_i < 0.9K_{i+1}$；本层层高大于相邻上部楼层层高 1.5 倍时，本层的侧向刚度小于相邻上一层的 110%；底部嵌固楼层小于上一层的 150%。

除顶层或出屋面小建筑外，局部收进的水平向尺寸大于相邻下一层的 25% 时，也是侧向刚度不规则。

（2）竖向抗侧力构件不连续

竖向抗侧力构件（柱、剪力墙、抗震支撑）在某层中断，其内力由水平转换构件向下传递，则为竖向抗侧力构件不连续（图 4-9）。竖向抗侧力构件不连续的层，称为转换层。为避免水平转换构件在大震下失效，不连续的竖向构件传递到转换构件的多遇地震作用下的地震内力应放大，根据烈度高低和水平转换构件的类型、受力情况、几何尺寸等，放大系数可取 1.25～2.0。

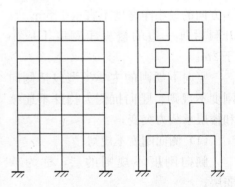

图 4-9　竖向抗侧力构件不连续示例

（3）楼层承载力突变

房屋建筑抗侧力结构的楼层层间受剪承载力小于相邻上一楼层的 80% 时，即 $Q_{y,i} < 0.8Q_{y,i+1}$，如图 4-10 所示，即为楼层承载力突变。楼层承载力突变层，称为薄弱层。

楼层承载力突变的房屋建筑，其楼层抗侧力结构的层间受剪承载力不应小于其相邻上一层受剪承载力的 65%（B 级高度高层建筑钢筋混凝土结构为 75%）。小于时，为严重不规则。

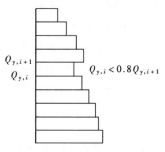

图 4-10　楼层承载力突变示意

层间受剪承载力是指在所考虑的水平地震作用方向上，该层全部柱、剪力墙及支撑的受剪承载力之和。柱的受剪承载力可根据柱两端实配的受弯承载力按两端同时屈服反算；剪力墙的受剪承载力可根据实配钢筋按抗剪设计公式计算；斜撑的受剪承载力可计及轴力的贡献，应考虑受压屈服的影响。

以上规定了一些区分建筑形体及其结构布置规则与不规则的定量的参考界限，但实际工程中引起建筑不规则的因素还有很多，特别是复杂的建筑体型，很难一一用若干简化的定量指标来划分不规则程度。

高层建筑的不规则程度可分为不规则、特别不规则和严重不规则。若有不多于两项达到或超过上述不规则类型的指标，则此结构为不规则结构；若有较明显的抗震薄弱部位，可能引起不良后果者，此结构为特别不规则结构，其参考界限可为：同时具有上述六个主要不规则类型的三个或三个以上，或有一项超过不规则类型的指标比较多，例如，扭转位移比达 1.4，扭转周期比大于 0.9、混合结构扭转周期比大于 0.85，本层侧向刚度小于相邻上层的 50% 等；严重不规则指的是形体复杂，多项不规则指标超过上限值或某一项大大超过规定值，具有现有技术和经济条件不能克服的严重的抗震薄弱环节，可能导致地震破坏的严重后果者。

抗震高层建筑允许采用不规则建筑，但在地震作用计算和内力调整、抗震构造措施方面应加强。不规则的建筑都应采用空间结构计算模型；仅平面不规则的建筑，根据不规则的类型，计入扭转的影响，或计入楼板局部变形的影响等；竖向不规则的建筑，其软弱层、转换层或薄弱层的水平地震剪力标准值应乘以 1.25 的增大系数，提高构件的承载能力。

对于特别不规则的建筑，应进行专门研究，采取更有效的加强措施。不应采用严重不规则结构，若为严重不规则结构，应对建筑形体及其结构布置进行调整。

4.2　楼层最小地震剪力系数及楼层地震剪力调整

4.2.1　楼层最小地震剪力系数

楼层地震剪力系数是指多遇地震时，楼层水平地震剪力标准值与该层及以上各层重力荷载代表值之和的比值。楼层地震剪力系数也称为剪重比。

由于地震影响系数在长周期段下降较快，对于基本周期较长的高层建筑，按规范规定的地震影响系数曲线计算所得的水平地震作用及其对应的楼层水平地震剪力可能太小。出于结构抗震安全的考虑，结构总水平地震剪力标准值及各楼层水平地震剪力标准值应符合下式要求：

$$V_{Eki} \geqslant \lambda \sum_{j=i}^{n} G_j \qquad (4-2)$$

式中　V_{Eki}——第 i 层水平地震剪力标准值；

　　　λ——楼层水平地震剪力系数，不应小于表 4-2 规定的值；对于存在竖向不规则的建筑，其薄弱层尚应乘以 1.15 的增大系数；

　　　G_j——第 j 层的重力荷载代表值；

　　　n——结构计算总层数。

楼层最小地震剪力系数值　　　　　　　　　　　　　　　表 4-2

类　　别	6 度	7 度		8 度		9 度
		0.1g	0.15g	0.2g	0.3g	
扭转效应明显或基本周期小于 3.5s 的结构	0.008	0.016	0.024	0.032	0.048	0.064
基本周期大于 5.0s 的结构	0.006	0.012	0.018	0.024	0.036	0.040

注：基本周期介于 3.5s 和 5.0s 之间的结构，采用线性插值。

λ 取表 4-2 规定的数值时，按式（4-2）计算得到的为楼层最小水平地震剪力标准值。当振型分解反应谱法计算得到的结构底部总地震剪力的剪力系数略小于表 4-2 规定的数值，而中上部楼层均满足表 4-2 规定的数值时，可采用地震剪力乘以增大系数的方法进行调整，使地震剪力系数满足要求，此时，结构各楼层的剪力均需乘以增大系数，不能仅调整不满足的楼层，结构的基本周期位于加速度控制段（小于 T_g，T_g 为地震影响系数曲线的特征周期）、速度控制段（大于 T_g、小于 $5T_g$）及位移控制段（大于 $5T_g$）有不同的调整方法。当底部总地震剪力的剪力系数相差较多时，不能采用乘以增大系数方法处理，而需要对结构的选型和布置进行调整。抗震计算不满足楼层最小地震剪力的结构，调整到符合最小地震剪力后才能进行相应的地震倾覆力矩、构件内力、位移等的计算分析。由表 4-2 所列的楼层最小地震剪力系数标准值得到的地震剪力是最低要求，各类结构，包括钢结构、钢筋混凝土结构、隔震和消能减振结构均需遵守。

对于存在竖向不规则的建筑，其突变部位楼层（软弱层、转换层和薄弱层）的水平地震剪力标准值乘以增大系数 1.25 后，该层的地震剪力系数不应小于表 4-2 中数值的 1.15 倍，若不满足要求，需要调整结构布置。

扭转效应明显的结构，是指在考虑偶然偏心影响的规定水平地震力作用下，楼层竖向构件最大水平位移（或层间位移）大于该楼层平均水平位移（或层间位移）1.2 倍的结构。对于扭转效应明显或基本周期小于 3.5s 的结构，楼层最小地震剪力系数取 $0.2\alpha_{\max}$，保证结构具有足够的抗震安全裕度。

4.2.2　楼层地震剪力调整

楼层地震剪力调整包括框架-剪力墙结构、钢框架-支撑（延性墙板）结构、框架-核心筒结构、筒中筒结构、部分框支剪力墙结构的转换层及以下部分的框架-剪力墙以及板柱-剪力墙结构等。这些结构的主要抗侧力构件为剪力墙（或核心筒），为了实现多道抗震防线，多遇地震作用下，框架的楼层地震剪力标准值不应过小；若按整体结构计算、按侧向刚度分配的框架分担的楼层地震剪力标准值过小，则需要调整框架的楼层地震剪力标准值。

对于框架-剪力墙结构，按框架-剪力墙整体计算得到的框架地震层剪力满足式（4-3）的楼层，其框架部分的层剪力取计算结果，不必调整：

$$V_f \geqslant 0.2V_0 \tag{4-3}$$

式中　V_0——对框架柱数量从下至上基本不变的结构，应取对应于地震作用标准值的结构底层总剪力；对框架柱数量从下至上分段有规律变化的结构，取每段底层结构对应于地震作用标准值的总剪力；

V_f——对应于地震作用标准值且未经调整的各层（或某一段内各层）框架承担的地震层剪力；

$V_{f,\max}$——对框架柱数量从下至上基本不变的结构，取对应于地震作用标准值且未经调整的各层框架承担的地震总剪力中的最大值；对框架柱数量从下至上分段有规律变化的结构，取每段中对应于地震作用标准值且未经调整的各层框架承担的地震总剪力中的最大值。

不满足式（4-3）要求的楼层，其框架部分的地震层剪力按 $0.2V_0$ 和 $1.5V_{f,\max}$ 二者的较小值采用。

对于钢框架-支撑（延性墙板）结构，其框架部分按刚度分配计算得到的地震层剪力应调整，达到不小于结构底部总地震剪力的 25% 和框架部分计算最大层剪力 1.8 倍二者的较小值。

各层框架所承担的地震层剪力按上述方法调整后，按调整前、后层剪力的比值调整每根框架柱和与之相连框架梁的剪力及端部弯矩标准值，框架柱的轴力标准值可不调整。按振型分解反应谱法计算地震作用时，框架的层剪力的调整可在振型组合之后，并在满足关于楼层最小地震剪力系数的前提下调整。

对于框架-核心筒结构及筒中筒结构，框架部分按侧向刚度分配的各楼层地震剪力标准值中的最大值，不宜小于结构底部总地震剪力标准值的 10%。当框架部分楼层地震剪力的最大值小于结构底部总地震剪力的 10% 时，说明框架的刚度偏弱，应将各层框架部分承担的地震剪力增大到结构底部总地震剪力的

15％；同时，核心筒各层墙体的地震剪力乘以增大系数 1.1，增大后不大于结构底部总地震剪力标准值。当框架部分按侧向刚度分配的底部总地震剪力标准值小于结构底部总地震剪力标准值的 20％，但框架部分楼层地震剪力的最大值小于结构底部总地震剪力的 10％时，按结构底部总地震剪力标准值的 20％和框架部分楼层地震剪力标准值中最大值的 1.5 倍二者的较小值进行调整。对带加强层的框架－核心筒结构，框架部分最大楼层地震剪力不包括加强层及其相邻上、下楼层的框架剪力。与框架－剪力墙结构调整框架部分的地震剪力标准值相同，只按调整后的地震剪力调整框架柱及与之相连的框架梁的弯矩和剪力，柱的轴力不调整。上述调整方法适用于钢筋混凝土框架-核心筒结构及筒中筒结构，也可作为其他类型框架-核心筒结构及筒中筒结构的参考。

对于板柱-剪力墙结构，抗风设计时，各层筒体或剪力墙承担不小于 80％风荷载作用下本层的剪力；抗震设计、房屋高度不大于 12m 时，各层剪力墙或筒体承担本层全部地震剪力；抗震设计、房屋高度大于 12m 时，各层剪力墙或筒体承担本层全部地震剪力，同时，各层板柱部分承担不小于 20％本层地震剪力。

对于部分框支剪力墙结构，框支柱承受的最小地震剪力，当框支柱的数量不少于 10 根时，柱承受地震剪力之和不小于结构底部总地震剪力的 20％；当框支柱的数量少于 10 根时，每根柱承受的地震剪力不小于结构底部总地震剪力的 2％。地震作用产生的框支柱的剪力和弯矩相应调整，框支柱的地震轴力不调整。

4.3 截面承载力验算

高层建筑结构设计应保证结构在可能同时出现的各种外荷载作用下，各个构件及其连接均有足够的承载力。我国《建筑结构设计统一标准》规定，构件截面承载力按极限状态设计，也就是要求采用由荷载效应组合得到的构件最不利内力进行构件截面承载力验算。结构构件截面承载力验算的一般表达式为：

持久、短暂设计状况 $\qquad \gamma_0 S_d \leqslant R_d$ $\qquad$ (4-4)

地震设计状况 $\qquad S_d \leqslant R_d / \gamma_{RE}$ $\qquad$ (4-5)

式中 γ_0——结构重要性系数，安全等级为一级的结构构件不应小于 1.1，安全等级为二级的结构构件不应小于 1.0；

$\quad\;\; S_d$——结构构件内力组合的设计值，包括组合的弯矩、轴向力和剪力设计值等，组合的方法及要求详见本章 4.5 节；

$\quad\;\; R_d$——结构构件承载力设计值；

$\quad\;\; \gamma_{RE}$——结构构件承载力抗震调整系数，见表 4-3，当仅计算竖向地震作用时，各类结构构件承载力抗震调整系数均取 1.0。

材料	结构构件		受力状态	γ_{RE}
钢	柱、梁、支撑、节点板件、螺栓、焊缝		强度	0.75
	柱、支撑		稳定	0.80
混凝土	梁		受弯	0.75
	轴压比小于 0.15 的柱		偏压	0.75
	轴压比不小于 0.15 的柱		偏压	0.80
	剪力墙		偏压	0.85
	各类构件		受剪、偏拉	0.85

承载力抗震调整系数　　　　　　　　　　表 4-3

4.4 变 形 验 算

4.4.1 弹 性 变 形 验 算

在风荷载及多遇地震作用下，高层建筑结构应具有足够大的刚度，避免产生过大的位移而影响结构的稳定性和使用功能，为此，应进行结构弹性变形验算。在风荷载及多遇地震标准值作用下，楼层内最大的弹性层间位移应符合下式要求：

$$\Delta u_e \leqslant [\theta_e]h \tag{4-6}$$

式中　Δu_e——风或多遇地震作用标准值产生的楼层内最大的弹性层间位移，以楼层竖向构件最大的水平位移差计算，不扣除整体弯曲变形，计入扭转变形，各作用分项系数均采用 1.0，抗震计算时，可不考虑偶然偏心的影响；

$[\theta_e]$——弹性层间位移角限值，多、高层钢结构和高度不大于 150m 的高层建筑钢筋混凝土结构，其值宜按表 4-4 采用；高度不小于 250m 的高层建筑钢筋混凝土结构，其值可取 1/500；高度在 150～250m 之间的高层建筑钢筋混凝土结构，其值可按表 4-4 的值和 1/500 线性插入取用；

h——计算楼层层高。

弹性层间位移角限值　　　　　　　　　　表 4-4

结 构 类 型	$[\theta_e]$
钢筋混凝土框架	1/550
钢筋混凝土框架-剪力墙、板柱-剪力墙、框架-核心筒	1/800
钢筋混凝土剪力墙、筒中筒	1/1000
钢筋混凝土框支层	1/1000
多、高层钢结构	1/250

4.4.2 弹塑性变形限值

在罕遇地震作用下，为避免发生倒塌，高层建筑结构层间弹塑性位移应符合下式要求：

$$\Delta u_p \leqslant [\theta_p] h \qquad\qquad (4-7)$$

式中 Δu_p——罕遇地震作用下的弹塑性层间位移；

$[\theta_p]$——弹塑性层间位移角限值。可按表 4-5 采用；对钢筋混凝土框架结构，当轴压比小于 0.40 时，可提高 10%；当柱全高的箍筋构造比规定的最小体积配箍率大 30% 时，可提高 20%，但累计不超过 25%；

h——楼层层高。

弹塑性层间位移角限值   表 4-5

结 构 类 型	$[\theta_p]$
钢筋混凝土框架	1/50
钢筋混凝土框架-剪力墙、板柱-剪力墙、框架-核心筒	1/100
钢筋混凝土剪力墙、筒中筒	1/120
钢筋混凝土除框架结构外的转换层	1/120
多、高层钢结构	1/50

4.5 荷载效应组合及最不利内力

在截面承载力验算及位移验算的公式中，左边项 S_d 是组合的内力设计值或位移设计值，是由恒载、活载、风载、地震作用分别计算内力及位移后，进行组合，然后选择最不利内力和位移作为设计值。高层建筑在使用期间可能出现多种荷载效应组合情况（也称为"工况"），结构设计时要将可能的各种组合都考虑到，也就是要做多种不同组合，不同构件的最不利内力不一定来自同一工况。

荷载效应组合是满足规范可靠度要求的基本方法，是结构设计的重要环节，又是一种技术性很强而又十分烦琐的工作，在高层建筑结构设计中都是采用计算机完成，但是作为结构工程师，应当了解荷载效应组合的要求与方法，必要时可以进行检查与校核，判断程序计算结果的正确性。

4.5.1 荷 载 效 应 组 合

内力组合是要得到构件控制截面的内力，位移组合主要是组合水平荷载作用下的结构层间位移。组合工况分为持久和短暂设计状况、地震设计状况，前者也称为无地震作用效应组合，后者也称为有地震作用效应组合。

由于承载力验算是极限状态验算，在内力组合时，根据荷载性质不同，荷载效应要乘以各自的分项系数和组合值系数。

1. 持久、短暂设计状况效应组合

持久、短暂设计状况下，当荷载与荷载效应按线性关系考虑时，荷载基本组合的效应设计值按下式确定：

$$S_d = \gamma_G S_{Gk} + \gamma_L \Psi_Q \gamma_Q S_{Qk} + \Psi_w \gamma_w S_{wk} \qquad (4\text{-}8)$$

式中 S_d——荷载组合的效应设计值；

S_{Gk}、S_{Qk}、S_{wk}——分别为永久荷载标准值的效应、楼面活荷载标准值的效应和风荷载标准值的效应；

γ_G、γ_Q、γ_w——分别为上述各荷载的分项系数；

γ_L——考虑结构设计使用年限的荷载调整系数，设计使用年限为 50 年时取 1.0，设计使用年限为 100 年时取 1.1；

Ψ_Q、Ψ_w——分别为楼面活荷载组合值系数和风荷载组合值系数，当永久荷载效应起控制作用时应分别取 0.7 和 0.0，当可变荷载效应起控制作用时应分别取 1.0 和 0.6 或 0.7 和 1.0，对书库、档案库、储藏室、通风机房和电梯机房，楼面活荷载组合值系数取 0.7 的场合取为 0.9。

承载力计算时，荷载基本组合的分项系数取值为：永久荷载的分项系数 γ_G，当其效应对结构承载力不利时，对由可变荷载效应控制的组合取 1.2，对由永久荷载效应控制的组合取 1.35；当其效应对结构承载力有利时，取 1.0；一般情况下，楼面活荷载的分项系数 γ_Q 取 1.4；风荷载的分项系数 γ_w 取 1.4。位移计算为正常使用状态，各分项系数取 1.0。

高层建筑持久设计状况和短暂设计状况效应组合基本的荷载工况有两种，即：

①恒载＋活载

1.2×恒载效应＋1.4×活载效应

1.35×恒载效应＋1.4×0.7×活载效应

②恒载＋活载＋风荷载

1.2×恒载效应＋1.4×活载效应＋1.4×1.0×风荷载效应

2. 地震设计状况效应组合

计算地震作用的建筑结构要进行地震设计状况效应组合。当作用与作用效应按线性关系考虑时，荷载和地震作用基本组合的效应设计值按下式确定：

$$S_d = \gamma_G S_{GE} + \gamma_{Eh} S_{Ehk} + \gamma_{Ev} S_{Evk} + \Psi_w \gamma_w S_{wk} \qquad (4\text{-}9)$$

式中 S_d——荷载和地震作用组合的效应设计值；

S_{GE}、S_{Ehk}、S_{Evk}、S_{wk}——分别为重力荷载代表值的效应、水平地震作用标准值的效应（尚应乘以相应的增大系数、调整系数）、竖向地震作用标准值的效应（尚应乘以相应的增大系数、调整系数）、风荷载标准值的效应；

γ_G、γ_{Eh}、γ_{Ev}、γ_w——分别为上述各荷载及作用的分项系数；

Ψ_w——风荷载的组合值系数，与地震作用效应组合时取 0.2。

重力荷载代表值是指结构和构配件自重标准值和各可变荷载组合值之和，可变荷载包括雪荷载、屋面积灰荷载、楼面活荷载等，其组合值系数为 0.5～1.0。

高层建筑地震设计状况时，其荷载和地震作用效应组合的基本工况、荷载和作用的分项系数列于表 4-6。当重力荷载代表值效应对构件的承载力有利时，表 4-6 中的 γ_G 取不大于 1.0 的值。位移计算时，各分项系数取 1.0。

地震设计状况时荷载和作用的分项系数　　　　　表 4-6

参与组合的荷载和作用	γ_G	γ_{Eh}	γ_{Ev}	γ_w	说　　明
重力荷载及水平地震作用	1.2	1.3	—	—	抗震设计的高层建筑均应考虑
重力荷载及竖向地震作用	1.2	—	1.3	—	9度抗震设计时考虑；水平长悬臂和大跨度结构7度（0.15g）、8度、9度抗震设计时考虑
重力荷载、水平地震及竖向地震作用	1.2	1.3	0.5	—	9度抗震设计时考虑；水平长悬臂和大跨度结构7度（0.15g）、8度、9度抗震设计时考虑
重力荷载、水平地震作用及风荷载	1.2	1.3	—	1.4	60m以上的高层建筑考虑
重力荷载、水平地震作用、竖向地震作用及风荷载	1.2	1.3	0.5	1.4	60m以上的高层建筑，9度抗震设计时考虑；水平长悬臂和大跨度结构7、8、9度抗震设计时考虑
	1.2	0.5	1.3	1.4	水平长悬臂结构和大跨度结构，7度（0.15g）、8度、9度抗震设计时考虑

注：1. g 为重力加速度；

2. "—" 表示组合中不考虑该项荷载或作用效应。

高层建筑地震设计状况效应组合时，地震作用效应的标准值应首先乘以相应的调整系数、增大系数，然后再进行效应组合。

对于非抗震设计的高层建筑结构，应按式（4-8）计算荷载效应的组合。对于抗震设计的高层建筑结构，应同时按式（4-8）和式（4-9）计算荷载效应和地震作用效应组合，并按规定对组合内力进行调整（如强柱弱梁、强剪弱弯等）。同一构件的不同截面或不同设计要求，可能对应不同的组合工况，应分别进行验算。

4.5.2 竖向活荷载的布置

恒荷载是长期作用的不变的荷载，计算构件内力时必须满布。竖向活荷载是可变的，不同的布置产生不同构件的内力。理论上，应按最不利布置计算截面最不利内力。但一般高层建筑的活载比恒载小很多，产生的内力所占比重较小。因此，高层建筑结构计算时可不考虑活载的不利布置，采用满布活荷载计算内力。如果设计的结构竖向活荷载很大时，例如图书馆书库等，仍需考虑活荷载的不利布置。

4.5.3 水平荷载的作用方向

风荷载和水平地震作用都可能沿任意方向，工程设计中只考虑沿结构的主轴方向，但须考虑沿主轴的正方向及沿主轴的负方向。对于对称的矩形平面结构，两个方向水平荷载的大小相等，因此水平荷载作用下构件内力大小也相等，但符号相反，如图 4-11 所示。对于平面布置复杂或不对称的结构，两个方向水平荷载的大小不等，一个方向的水平荷载可能对一部分构件形成不利内力，另一方向的水平荷载可能对另一部分构件形成不利内力，这时要对两个方向分别进行水平荷载和内力计算，按不同工况分别组合。

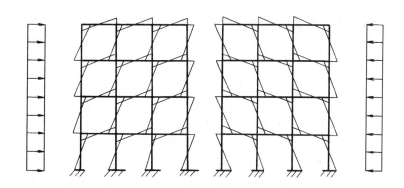

图 4-11 水平荷载作用下内力

4.5.4 控制截面及最不利内力

高层建筑结构设计时，按各个构件控制截面进行内力组合，获得控制截面上的最不利内力作为该构件承载力设计的依据。

控制截面通常是内力最大的截面。对于框架梁或剪力墙的连梁，两端截面及跨中截面为控制截面（短连梁两端截面为控制截面）；对于框架柱或墙肢，各层柱或墙肢的两端为控制截面。

　　梁端截面的最不利内力为最大正弯矩和最大负弯矩以及最大剪力；跨中截面的最不利内力为最大正弯矩，有时也可能出现负弯矩。

　　柱和墙是偏压构件。大偏压时弯矩愈大愈不利，小偏压时轴力愈大愈不利。因此要组合几种不利内力，取其中配筋最大者设计截面。可能有四种不利的 M、N 内力：$|M|_{max}$ 及相应的 N，N_{max} 及相应的 M，N_{min} 及相应的 M，$|M|$ 较大及 N 较大（小偏压）或较小（大偏压）。柱和墙还要组合最大剪力 V。

　　梁端截面承载力计算时，应取与柱交界截面梁的内力，同样，柱端截面承载力计算时，应取与梁交界截面柱的内力，不是取柱轴线或梁轴线处的内力，见图 4-12。

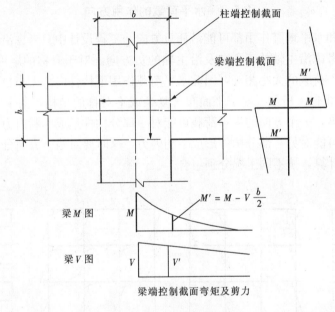

图 4-12　构件承载力验算截面

4.6　抗震设防类别

　　房屋建筑的抗震设防标准是衡量其抗震设防要求高低的尺度，而抗震设防标准是由抗震设防烈度或设计地震动参数及建筑的抗震设防类别确定。现行国家标准《建筑工程抗震设防分类标准》GB 50223 规定了房屋建筑的抗震设防类别。

　　按照遭受地震破坏后可能造成的人员伤亡、直接和间接经济损失和社会影响的程度及建筑功能在抗震救灾中的作用，将建筑工程划分为不同的抗震设防类别，区别对待，采取不同的设计要求，是根据我国现有技术和经济条件的实际情况，达到减轻地震灾害又合理控制建设投资的重要对策之一。直接经济损失指建筑物、设备及设施遭到破坏而产生的经济损失和因停产、停业所减少的净产值。

间接经济损失指建筑物、设备及设施遭到破坏，导致停产所减少的社会产值、修复所需费用、伤员医疗费用以及保险补偿费用等。社会影响指建筑物、设备及设施破坏导致人员伤亡造成的影响、社会稳定、生活条件的降低、对生态环境的影响以及对国际的影响等。

建筑抗震设防类别划分，根据下列因素综合分析确定：（1）建筑破坏造成的人员伤亡、直接和间接经济损失及社会影响的大小。（2）城镇的大小、行业的特点、工矿企业的规模。（3）建筑使用功能失效后，对全局的影响范围大小、抗震救灾影响及恢复的难易程度。（4）建筑各区段的重要性有显著不同时，可按区段划分抗震设防类别。下部区段的类别不应低于上部区段。区段指由防震缝分开的结构单元、平面内使用功能不同的部分或上下使用功能不同的部分。（5）不同行业的相同建筑，当所处地位及地震破坏所产生的后果和影响不同时，其抗震设防类别可不相同。

建筑工程分为以下四个抗震设防类别：

（1）特殊设防类：指使用上有特殊设施，涉及国家公共安全的重大建筑工程和地震时可能发生严重次生灾害等特别重大灾害后果，需要进行特殊设防的建筑。简称甲类。例如：三级医院中承担特别重要医疗任务的门诊、住院用房，国家和区域的电力调度中心等。

（2）重点设防类：指地震时使用功能不能中断或需尽快恢复的生命线相关建筑，以及地震时可能导致大量人员伤亡等重大灾害后果，需要提高设防标准的建筑。简称乙类。例如：大型博物馆，幼儿园、小学、中学的教学用房以及学生宿舍和食堂等。作为应急避难场所的建筑，其抗震设防类别不低于乙类。

（3）标准设防类：指大量的除（1）、（2）、（4）款以外按标准要求进行设防的建筑。简称丙类。例如：居住建筑等。

（4）适度设防类：指使用上人员稀少且震损不致产生次生灾害，允许在一定条件下适度降低要求的建筑。简称丁类。

各抗震设防类别建筑的抗震设防标准如下：

（1）标准设防类（丙类）：按本地区抗震设防烈度确定其抗震措施和地震作用；在遭遇高于当地抗震设防烈度一度的预估罕遇地震影响时，不致倒塌或发生危及生命安全的严重破坏。

（2）重点设防类（乙类）：按本地区抗震设防烈度确定其地震作用；按高于本地区抗震设防烈度一度的要求加强其抗震措施，但抗震设防烈度为9度时按比9度更高的要求采取抗震措施。

（3）特殊设防类（甲类）：按批准的地震安全性评价的结果且高于本地区抗震设防烈度的要求确定其地震作用；按高于本地区抗震设防烈度一度的要求加强其抗震措施，但抗震设防烈度为9度时按比9度更高的要求采取抗震措施。

（4）适度设防类（丁类）：一般情况下，按本地区抗震设防烈度确定其地震作用；允许比本地区抗震设防烈度的要求适当降低其抗震措施，但抗震设防烈度为 6 度时不降低。

4.7　抗　震　等　级

抗震等级是抗震设计的房屋建筑钢筋混凝土结构、钢结构及钢-混凝土混合结构的重要设计参数，建筑结构的抗震等级根据其抗震设防类别、结构类型、烈度和房屋高度四个因素确定。抗震等级的划分，体现了对不同抗震设防类别、不同结构类型、不同烈度、同一烈度但不同高度的房屋结构弹塑性变形能力要求的不同，以及同一种构件在不同结构类型中的弹塑性变形能力要求的不同。建筑结构根据其抗震等级采取相应的抗震措施，抗震措施包括抗震计算时构件截面内力调整措施和抗震构造措施。

丙类建筑 A 级、B 级高度现浇钢筋混凝土结构的抗震等级分别列于表 4-7 和表 4-8。抗震等级特一级的要求最高，依次为一、二、三、四级。

A 级高度现浇钢筋混凝土房屋的抗震等级　　　表 4-7

结构类型		设防烈度									
		6		7			8			9	
框架结构	高度（m）	≤24	>24	≤24		>24	≤24		>24	≤24	
	框架	四	三	三		二	二		一	一	
	大跨度框架	三		二			一			一	
框架-剪力墙结构	高度（m）	≤60	>60	≤24	25～60	>60	≤24	25～60	>60	≤24	25～50
	框架	四	三	四	三	二	三	二	一	二	一
	剪力墙	三		三	二		二	一		一	
剪力墙结构	高度（m）	≤80	>80	≤24	25～80	>80	≤24	25～80	>80	≤24	25～60
	剪力墙	四	三	四	三	二	三	二	一	二	一
部分框支剪力墙结构	高度（m）	≤80	>80	≤24	25～80	>80	≤24	25～80			
	剪力墙　一般部位	四	三	四	三	二	二	一			
	剪力墙　加强部位	三	二	三	二	一	一				
	框支层框架	二		二			一				
框架-核心筒结构	框架	三		二			一			一	
	核心筒	二		二			一			一	
筒中筒结构	外筒	三		二			一			一	
	内筒	三		二			一			一	
板柱-剪力墙结构	高度（m）	≤35	>35	≤35		>35	≤35		>35		
	框架、板柱的柱	三	二	二		二	一		一		
	剪力墙	二	二	二		二	二		一		

注：1. 接近或等于高度分界时，应允许结合房屋不规则程度及场地、地基条件确定抗震等级；

　　2. 大跨度框架指跨度不小于 18m 的框架；

　　3. 高度不超过 60m 的框架-核心筒结构按框架-剪力墙的要求设计时，按表中框架-剪力墙结构的规定确定其抗震等级。

B 级高度现浇钢筋混凝土房屋的抗震等级 表 4-8

结 构 类 型		设 防 烈 度		
		6 度	7 度	8 度
框架-剪力墙结构	框架	二	一	一
	剪力墙	二	一	特一
剪力墙结构		二	一	特一
部分框支剪力墙结构	非底部加强部位剪力墙	二	一	一
	底部加强部位剪力墙	一	一	特一
	框支框架	一	特一	特一
框架-核心筒结构	框架	二	一	一
	核心筒	二	一	特一
筒中筒结构	外筒	二	一	特一
	内筒	二	一	特一

确定房屋建筑现浇钢筋混凝土结构的抗震等级，还需符合下列要求：

（1）框架和剪力墙组成的结构的抗震等级。工程中有三种情况：①仅有个别或少量框架时，属于剪力墙结构，其剪力墙的抗震等级，按剪力墙结构确定；②有足够多的剪力墙时，在规定的水平力作用下，底层（即计算嵌固端所在的楼层）框架部分所承担的地震倾覆力矩小于结构总地震倾覆力矩的 50％，属于框架-剪力墙结构，按框架-剪力墙结构确定抗震等级；③在框架结构中设置少量剪力墙时，在规定的水平力作用下，底层框架部分承担的地震倾覆力矩大于结构总地震倾覆力矩的 50％时，属于框架结构，其框架的抗震等级按框架结构确定，剪力墙的抗震等级与其框架的抗震等级相同，但层间位移角限值按底层框架部分承担倾覆力矩的大小，在框架结构和框架-剪力墙结构两者的层间位移角限值之间适当内插。框架结构中设置少量剪力墙的目的，是为了增大框架结构的刚度，满足层间位移角限值的要求和提高框架结构抗地震倒塌的能力。

（2）裙房的抗震等级。裙房与主楼之间设防震缝，即与主楼分离的裙房，按裙房本身确定抗震等级；在大震作用下裙房与主楼可能发生碰撞，裙房顶部需要采取加强措施。裙房与主楼相连，除按裙房本身确定抗震等级外，相关范围不低于主楼的抗震等级；相关范围以外，按裙房自身的结构类型确定其抗震等级；裙房偏置较多时，其端部有较大扭转效应，也需要加强；主楼结构在裙房顶板对应的上下各一层受刚度与承载力突变影响较大，抗震构造措施需要适当加强。裙房与主楼相连的相关范围，一般可从主楼周边外延 3 跨且不大于 20m。

（3）地下室的抗震等级。地下室顶板视作上部结构的嵌固部位时，在地震作用下的屈服部位将发生在地上楼层，同时将影响到地下一层，地下一层的抗震等级与上部结构相同，地下一层以下抗震构造措施的抗震等级逐层降低一级，但不低于四级。地下室中无上部结构的部分，抗震构造措施的抗震等级可根据具体情况采用三级或四级。

（4）乙类建筑的抗震等级。乙类建筑应按其设防烈度提高一度查表 4-7 或表 4-8 确定抗震等级。乙类建筑钢筋混凝土房屋适用的最大高度与丙类建筑相同，于是可能出现乙类建筑提高一度后，其高度超过表 4-7 或表 4-8 中抗震等级为一级的高度上界。此时，要求采取比一级更有效的抗震构造措施，大体与特一级的构造措施要求相当，内力调整不提高。

丙类民用建筑钢结构的抗震等级列于表 4-9。6 度、高度不超过 50m 的民用建筑钢结构，按非抗震设计执行，因此没有抗震等级。一般情况，钢结构构件的抗震等级与结构相同；当某个部位各构件的承载力均满足 2 倍地震作用组合下的内力要求时，7～9 度的构件抗震等级可以按降低一度确定。

丙类民用钢结构房屋的抗震等级   表 4-9

房屋高度	烈　　度			
	6	7	8	9
≤50m		四	三	二
>50m	四	三	二	一

丙类建筑钢-混凝土混合结构中钢筋混凝土核心筒、型钢（钢管）混凝土核心筒、型钢（钢管）混凝土框架、型钢（钢管）混凝土外筒的抗震等级列于表 4-10；混合结构中钢结构构件的抗震等级，抗震设防烈度为 6、7、8、9 度时分别取四、三、二、一级。

钢-混凝土混合结构房屋的抗震等级   表 4-10

结　构　类　型		设　防　烈　度						
		6 度		7 度		8 度		9 度
房屋高度		≤150	>150	≤130	>130	≤100	>100	≤70
钢框架-钢筋混凝土核心筒	钢筋混凝土核心筒	二	一	一	特一	一	特一	特一
型钢（钢管）混凝土框架-钢筋混凝土核心筒	钢筋混凝土核心筒	二	一	一	特一	一	特一	特一
	型钢（钢管）混凝土框架	三	二	二	一	一	特一	特一
房屋高度		≤180	>180	≤150	>150	≤120	>120	≤90
钢外筒-钢筋混凝土核心筒	钢筋混凝土核心筒	二	一	一	特一	一	特一	特一
型钢（钢管）混凝土外筒-钢筋混凝土核心筒	钢筋混凝土核心筒	二	二	二	一	一	特一	特一
	型钢（钢管）混凝土外筒	三	二	二	一	一	特一	特一

甲、乙类建筑应提高一度根据建筑高度查表 4-7～表 4-10 确定其抗震等级。建筑场地为Ⅰ类时，甲、乙类建筑仍按本地区抗震设防烈度的要求采取抗震构造措施，按提高一度的要求采取内力调整措施，丙类建筑按本地区抗震设防烈度降低一度的要求采取抗震构造措施，按本地区烈度的要求采取内力调整措施，但抗震设防烈度为 6 度时仍按本地区抗震设防烈度的要求采取抗震构造措施。建筑场地为Ⅲ、Ⅳ类时，设计基本地震加速度为 0.15g 和 0.30g 的地区，分别按抗震设防烈度 8 度（0.20g）和 9 度（0.40g）时各抗震设防类别建筑的要求采取抗震构造措施，分别按 7 度和 8 度的要求采取内力调整措施。

4.8 延 性 与 耗 能

经济、合理的高层建筑抗震结构应当是：在大震作用下，部分结构构件（主要是水平构件）屈服，通过延性耗散地震能量，避免结构倒塌。延性包括材料、截面、构件和结构的延性。延性是指：屈服后强度或承载力没有显著降低时的塑性变形能力。换言之，延性是材料、截面、构件或结构保持一定的强度或承载力时的非弹性（塑性）变形能力。延性系数 μ 可作为度量延性大小的参数之一：

$$\mu = \Delta_u / \Delta_y \tag{4-10}$$

式中 Δ——材料的应变、截面的曲率、构件和结构的转角或位移；

Δ_y、Δ_u——分别为屈服值和极限值。

延性大，说明塑性变形能力大，达到最大承载能力后强度或承载力降低缓慢，从而有足够大的能力吸收和耗散地震能量、避免结构倒塌；延性小，说明达到最大承载能力后承载能力迅速下降，塑性变形能力小。

耗能能力可以用结构或构件在往复荷载作用下的力-变形滞回曲线包含的面积来度量。一般来说，延性大、滞回曲线饱满，则耗能能力大。

4.8.1 材 料 应 变 延 性

截面、构件、结构的延性来自材料的延性，即材料的塑性变形能力。材料的应变延性系数 μ_ε 可以定义为：

$$\mu_\varepsilon = \varepsilon_u / \varepsilon_y \tag{4-11}$$

式中 ε_y——材料的屈服应变；

ε_u——材料强度没有显著降低时的极限应变。

抗震结构用的受力钢筋和钢材的应力-应变曲线应有明显的屈服点、屈服平台和应变硬化段，应有足够大的延性和伸长率，以保证结构构件具有足够的塑性变形能力。钢筋的抗拉强度实测值与屈服强度实测值的比值不应过小，以保证构件端部钢筋屈服、形成塑性铰后，有足够大的转动能力和耗能能力；同时，钢筋屈服强度实测值与屈服强度标准值的比值不应过大，以保证实现强柱弱梁、强剪

弱弯。钢材的屈服强度实测值与抗拉强度实测值的比值不应过大，以保证构件和
结构有一定的安全储备。

对于非约束混凝土，单轴受压的应变延性与混凝土强度有关。图 4-13（a）
为不同强度非约束混凝土的单轴受压应力-应变关系曲线，从图中曲线可以看到：

（1）线性段即弹性工作段的范围随混凝土强度的提高而增大，普通强度混凝
土线性段的上限为峰值应力的 40%～50%，高强混凝土可达 75%～90%。

（2）峰值应变值随混凝土强度的提高有增大趋势，普通强度混凝土为 0.0015～
0.002，高强混凝土可达 0.0025。

（3）达峰值应力后，普通强度混凝土的应力-应变曲线下降段相对较平缓，
高强混凝土的应力-应变曲线骤然下降，表现出脆性，且强度越高下降越快。

非约束混凝土的极限压应变可取为 0.003～0.004。

箍筋约束混凝土承受轴压力时，由于泊松效应的影响，受压混凝土侧向向外
膨胀，当压应力接近混凝土轴心抗压强度时，混凝土的体积从减小变为增加，箍
筋受的拉力增大，其反作用力使混凝土受到横向压应力。随混凝土横向变形增
大，箍筋的约束效果增大。箍筋约束混凝土的应变延性与混凝土强度、箍筋的布
置形式、箍筋的间距与肢距、箍筋的强度、体积配箍率等有关，混凝土强度 f_c、
箍筋强度 f_{yv} 和体积配箍率 ρ_v 的影响可以综合为一个参数，即配箍特征值 λ_v，其
计算公式如式（4-12）所示：

$$\lambda_v = \rho_v \frac{f_c}{f_{yv}} \tag{4-12}$$

图 4-13（b）为不同配箍特征值的混凝土单轴受压应力-应变关系曲线。从图
可见，箍筋约束混凝土的峰值应力和峰值应变明显高于非约束混凝土；达峰值点
后，曲线下降平缓。

国内外对箍筋约束混凝土的应力-应变关系曲线提出了许多模型。如何定义

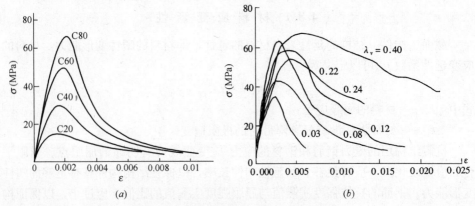

图 4-13   混凝土单轴受压应力-应变全曲线
（a）不同强度等级；（b）不同配箍特征值

箍筋约束混凝土的极限压应变，目前尚无统一规定。一般情况下，可定义应力下降至 0.5 倍峰值应力时的应变为混凝土的极限压应变，采用这些模型即可计算得到约束混凝土的极限压应变。

箍筋形式对混凝土约束作用的影响如图 4-14 所示。普通矩形箍在四个转角区域对混凝土提供约束，在箍筋的直段上，混凝土膨胀使箍筋外鼓而不能提供约束；增加拉筋或箍筋成为复合箍，同时在每一个箍筋相交点设置纵筋，纵筋和箍筋构成网格式骨架，使箍筋的无支长度减小，箍筋产生更均匀的约束力，其约束效果优于普通矩形箍；螺旋箍均匀受拉，对混凝土提供均匀的侧压力，约束效果最好；间距比较密的圆箍（采用焊接搭接）或圆箍外加矩形箍，也能达到螺旋箍的约束效果。

箍筋间距密，约束效果好（图 4-14d）。直径小、间距密的箍筋的约束效果优于直径大、间距大的箍筋。箍筋间距不超过纵筋直径的 6～8 倍时，才能显示箍筋形式对约束效果的影响。

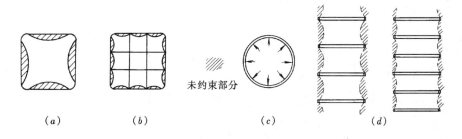

图 4-14　箍筋形式和间距对混凝土约束作用的影响
(a) 普通矩形箍；(b) 井字复合箍；(c) 螺旋箍；(d) 箍筋间距的影响

4.8.2　截面曲率延性

以弯曲变形为主的构件进入屈服后，塑性铰的转动能力与单位长度截面上塑性转动能力即截面的曲率延性直接相关。截面曲率延性系数的计算式为：

$$\mu_\phi = \phi_u / \phi_y \tag{4-13}$$

式中　μ_ϕ——截面曲率延性系数；

ϕ_y、ϕ_u——分别为截面屈服曲率和极限曲率。

影响钢筋混凝土构件截面曲率延性的主要因素有：

(1) 混凝土强度。如前所述，高强混凝土的应力-应变曲线的下降段比普通强度混凝土的下降段陡，表现出脆性，塑性变形能力小。

(2) 箍筋。箍筋约束混凝土的应力-应变曲线的下降段平缓，在一定范围内增大配箍特征值，混凝土极限压应变增大，则极限曲率也增大，曲率延性系数也增大。

（3）轴压比。增大轴压比，混凝土相对受压区高度增大，极限曲率降低。图4-15为非约束压弯构件的截面曲率延性系数 μ_ϕ 与混凝土相对压区高度 ξ 关系的试验曲线，试验结果说明，截面曲率延性系数随相对压区高度的增大而减小。而对称配筋柱的轴压比增大、其混凝土相对受压区高度也增大。因此，在其他条件相同的情况下，轴压比增大，则截面曲率延性系数减小。

（4）纵向钢筋。包括屈服强度和配筋率两方面。受拉纵筋的屈服强度高，则屈服应变也大，使屈服曲率值提高，但对极限曲率影响不大。受拉纵筋为高强度钢筋时，曲率延性降低。配置受压纵筋可以增大截面的曲率延性。提高配筋率可以提高截面的轴压承载力，也就是降低了截面的轴压比。

（5）截面的几何形状。同样条件下，方形、矩形截面柱的曲率延性大于 T形、L形等异形截面柱，异形截面柱的适用刚度、轴压比限值应比方形、矩形截面柱严。

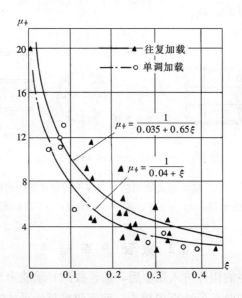

图 4-15　混凝土相对受压区高度 ξ 与曲率延性比 μ_ϕ 关系的试验结果

4.8.3　构件位移延性

图 4-16 所示为悬臂柱的悬臂端受水平力作用后的曲率沿高度分布及水平位移曲线，悬臂柱长为 L，以弯曲变形为主，为简化分析，不考虑剪切变形的影响和轴力的影响。其顶点位移延性系数可表达为：

$$\mu_\Delta = \Delta_u / \Delta_y \tag{4-14}$$

式中　μ_Δ——悬臂柱顶点位移延性系数；

Δ_y、Δ_u——分别为顶点屈服位移和极限位移。

悬臂柱底部屈服时，曲率沿柱长可近似为线性分布，顶点屈服位移可近似按下式计算：

$$\Delta_y = \phi_y L^2 / 3 \qquad (4\text{-}15)$$

悬臂柱达到极限变形状态时，其顶点位移由屈服位移和塑性位移两部分组成。塑性位移由塑性铰区的转动产生，假设极限变形状态时，柱固定端端部在等效塑性铰长度 l_p 范围内截面的塑性曲率相同，均为 $\phi_p = \phi_u - \phi_y$。悬臂柱顶点极限位移为：

$$\Delta_u = \Delta_y + \Delta_p$$
$$= \Delta_y + (\phi_u - \phi_y)l_p(L - l_p/2) \quad (4\text{-}16)$$

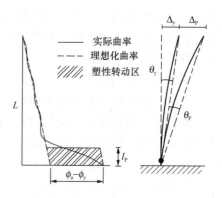

图 4-16　水平力作用下悬臂柱的曲率分布和位移曲线

式中，l_p 为等效塑性铰长度，钢筋混凝土梁、柱的等效塑性铰长度与其截面高度有关，剪力墙的等效塑性铰长度与其高度有关。等效塑性铰长度不等于塑性铰长度，构件的塑性铰长度大于 l_p，在塑性铰长度范围内，需要采取抗震构造措施，保证塑性铰的转动能力。

由式（4-16），可以得到悬臂柱位移延性系数与截面曲率延性系数的关系式为：

$$\mu_\phi = 1 + \frac{l^2(\mu_\Delta - 1)}{3l_p(L - 0.5l_p)} \qquad (4\text{-}17)$$

构件的塑性变形集中在两端的塑性铰区，曲率延性系数应比构件的位移延性系数大，才能满足抗震要求。由构件所需的位移延性系数，可以得到所需的截面曲率延性系数，进而确定混凝土所需达到的极限压应变，通过采取抗震构造措施（如配置箍筋），使混凝土具有达到所需的极限压应变的能力，避免大震作用下构件失效。

4.8.4　结构位移延性

结构位移延性可以用层间位移延性系数或顶点位移延性系数度量，顶点位移延性系数计算表达式与式（4-14）相同，层间位移延性系数按下式计算：

$$\mu_{\Delta u} = \Delta u_u / \Delta u_y \qquad (4\text{-}18)$$

式中　$\mu_{\Delta u}$——结构层间位移延性系数；

Δu_y——结构层间屈服位移；

Δu_u——结构层间极限位移。

结构位移延性系数几乎不可能用手算得到，即使是最简单的框架结构。原因是，同一种构件（梁或柱）不可能同时屈服，一个构件屈服后，该构件的承载力与变形的关系已为非线性，承载力增加慢、变形增加快，并引起结构构件塑性内力重分布。

目前，可以用来计算结构位移延性系数的手段是对整体结构进行静力弹塑性分析。由静力弹塑性分析，得到结构的基底剪力—顶点位移曲线和层间剪力—层间位移关系曲线，由曲线得到结构的位移延性系数。由静力弹塑性分析得到的结构延性系数只是一个近似值。

对截面延性的要求高于对构件延性的要求，对构件延性的要求高于对结构延性的要求，两者的关系与结构塑性铰形成后的破坏机制有关。

原则上，提高抗震结构构件或结构的承载力，可以适当降低对其延性的要求。但对于低延性结构的适用范围、如何设计低延性结构，尚缺乏研究。在实际设计中，即使提高了某些构件的承载力，也并不降低其延性。

我国规范没有对结构、构件的延性系数和耗能能力做出定量的规定，但规定了罕遇地震作用下各结构体系的弹塑性层间位移角限值。结构能达到的弹塑性层间位移角是与结构、构件所具有的延性有关。例如，假设，钢筋混凝土框架结构的屈服层间位移角为 1/200 左右，规范规定大震作用下其弹塑性层间位移角限值为 1/50，也就是说，钢筋混凝土框架结构的层间位移延性系数必须不小于 4，才有足够大的塑性变形能力，在层间位移角达到 1/50 时不倒塌。如何使钢筋混凝土框架结构具有不小于 4 的层间位移延性系数，需要通过结构设计解决。其他结构体系也有类似的情况。

4.9 舒 适 度

高层建筑在风荷载作用下产生水平振动，过大的振动加速度使楼内的使用者感觉不舒适，甚至不能忍受，影响工作和生活。高层建筑的风振反应加速度包括顺风向加速度、横风向加速度和转角速度。高度超过 150m 的高层建筑钢筋混凝土结构、高层建筑钢结构和高层建筑混合结构在 10 年一遇的风荷载标准值作用下，结构顶点的顺风向和横风向振动最大水平加速度限值 a_{max} 列于表 4-11。结构顶点的顺风向和横风向振动最大水平加速度的计算方法各国不同，存在差异，可按我国《高层民用建筑钢结构技术规程》JGJ 99 的有关规定计算，也可通过风洞试验结果判断确定。计算时，钢筋混凝土结构的阻尼比取 0.02，钢-混凝土混合结构的阻尼比取 0.01~0.02，钢结构取 0.01。

高层建筑钢筋混凝土结构和混合结构顶点风振加速度限值 a_{max} 表 4-11 (a)

使用功能	a_{max} (m/s²)
住宅、公寓	0.15
办公、旅馆	0.25

高层建筑钢结构顶点风振加速度限值 a_{max} 表 4-11 (b)

使用功能	a_{max} (m/s²)
公寓建筑	0.20
公共建筑	0.28

人在大跨度楼盖上走动、跳跃等引起楼盖结构竖向振动，有可能使周围人群感觉不舒适。为保证楼盖结构竖向有适宜的舒适度，对其竖向振动的频率、竖向

振动的加速度有一定的限制。对于钢筋混凝土楼盖结构、钢-混凝土组合楼盖结构（不包括轻钢楼盖结构），其竖向振动频率不宜小于 3Hz，其竖向振动的加速度限值列于表 4-12。楼盖结构竖向振动加速度可采用时程分析法计算，也可采用近似方法计算。

楼盖结构竖向振动加速度限值　　　　　　表 4-12

人员活动环境	峰值加速度限值（m/s²）	
	竖向自振频率不大于 2Hz	竖向自振频率大于 4Hz
住宅、办公	0.07	0.05
商场、室内连廊	0.22	0.15

注：楼盖结构竖向自振频率为 2～4Hz 时，峰值加速度限值取线性插值。

4.10　重力二阶效应及结构稳定

4.10.1　重力二阶效应

在水平力作用下，高层建筑结构产生水平位移，竖向重力荷载由于水平位移而使结构产生附加内力，附加内力又增大水平位移，这种现象称为重力二阶效应，也称为几何非线性、P-Δ 效应。

结构在水平力作用下的重力附加弯矩大于初始弯矩的 10% 时，需计入重力二阶效应的影响，即计入重力二阶效应影响的条件为：

$$\theta_i = \frac{M_a}{M_0} = \frac{\sum G_i \Delta u_i}{V_i h_i} > 0.1 \qquad (4\text{-}19)$$

式中　θ_i——稳定系数；

　　　M_a——水平力作用下的重力附加弯矩，为任一楼层以上全部重力荷载与该楼层水平作用下平均层间位移的乘积；

　　　M_0——初始弯矩，为该楼层水平剪力与楼层层高的乘积；

　　　$\sum G_i$——i 层以上全部重力荷载计算值；

　　　Δu_i——第 i 层楼层质心处的弹性或弹塑性层间位移；

　　　V_i——第 i 层水平剪力计算值；

　　　h_i——第 i 层层高。

房屋建筑钢结构的侧向刚度相对较小，水平力作用下计算分析时，应计入重力二阶效应的影响；高层建筑结构进行罕遇地震作用下的弹塑性分析时，应计入重力二阶效应的影响。

对于高层建筑钢筋混凝土结构，也可用下述方法判断弹性计算分析时是否需要计入重力二阶效应的影响。满足下式规定的剪力墙结构、框架-剪力墙结构和筒体结构，弹性计算分析时可不考虑重力二阶效应的影响：

$$EJ_d \geq 2.7H^2 \sum_{i=1}^{n} G_i \tag{4-20}$$

满足下列规定的钢筋混凝土框架结构，弹性计算分析时可不考虑重力二阶效应的影响：

$$D_i \geq 20 \sum_{j=i}^{n} G_j/h_i \quad (i=1,2,\cdots,n) \tag{4-21}$$

式中 EJ_d——结构一个主轴方向的弹性等效侧向刚度，可按倒三角形分布荷载作用下结构顶点位移相等的原则，将结构的侧向刚度折算为竖向悬臂受弯构件的等效侧向刚度；假定倒三角形分布荷载的最大值为 q，在该荷载作用下结构顶点质心的弹性水平位移为 u，房屋高度为 H，则结构的弹性等效侧向刚度 $EJ_d=11qH^4/(120u)$；

  H——房屋高度；

  G_i、G_j——分别为第 i、j 楼层重力荷载设计值，取 1.2 倍的永久荷载标准值与 1.4 倍的楼面可变荷载标准值的组合值；

  h_i——第 i 楼层层高；

  D_i——第 i 楼层的弹性等效侧向刚度，可取该层剪力与层间位移的比值；

  n——结构计算总层数。

当高层建筑钢筋混凝土结构不满足式（4-20）或式（4-21）时，结构弹性计算时应考虑重力二阶效应对水平力作用下结构内力和位移的影响。混凝土柱考虑多遇地震作用产生的重力二阶效应的内力时，不与其承载力计算时考虑的重力二阶效应重复。

重力二阶效应的影响可采用有限元方法计算，也可采用对未考虑重力二阶效应的计算结果乘以增大系数的方法近似考虑。重力二阶效应产生的内力、位移增量宜控制一定范围，不宜过大。考虑二阶效应后计算的位移仍应满足最大层间位移角限值的规定。

4.10.2 结 构 稳 定

结构整体稳定性是高层建筑结构设计的基本要求。高层建筑混凝土结构仅在竖向重力荷载作用下不会发生整体失稳。高层建筑结构的稳定性验算主要是控制在风荷载或水平地震作用下，重力荷载产生的二阶效应不致过大，以免引起结构的失稳、倒塌。

钢筋混凝土剪力墙结构、框架-剪力墙结构和筒体结构的整体稳定性应符合下式要求：

$$EJ_d \geq 1.4H^2 \sum_{i=1}^{n} G_i \tag{4-22}$$

钢筋混凝土框架结构的整体稳定性应符合下式要求：

$$D_i \geqslant 10 \sum_{j=i}^{n} G_j / h_i (i = 1,2,\cdots,n) \tag{4-23}$$

将上两式不等号右侧的符号移至左侧，右侧分别只剩数字 1.4 和 10，左侧的表达式称为结构的刚重比。钢筋混凝土房屋建筑结构满足式（4-22）或式（4-23）时，重力 P-Δ 效应的内力、位移增量可控制在 20% 之内，结构的稳定具有适宜的安全储备；若不满足式（4-22）或式（4-23），则重力 P-Δ 效应呈非线性关系急剧增长，可能引起结构的整体失稳，应调整并增大结构的侧向刚度。

4.11　钢筋混凝土框架梁弯矩塑性调幅

在竖向荷载作用下，钢筋混凝土框架梁可以考虑塑性内力重分布，降低梁端负弯矩，同时增大梁跨中正弯矩。目的是减小梁端顶面纵向钢筋。钢筋混凝土框架梁考虑塑性内力重分布时，应先对竖向荷载作用下的弯矩调幅，用调幅后的弯矩与其他荷载效应进行组合，得到梁端弯矩设计值。

现浇框架梁端负弯矩调幅系数为 0.8~0.9；装配整体式框架，由于钢筋焊接或接缝不严等原因，节点容易产生变形，梁端实际弯矩比弹性计算值会有所降低，因此梁端负弯矩调幅系数为 0.7~0.8。

梁端负弯矩降低后，按平衡条件计算调幅后梁的跨中弯矩。水平地震作用下梁端出现塑性铰后，防止梁跨中截面抗弯承载力不足。跨中弯矩应满足下列要求（图 4-17）：

$$\frac{1}{2}(M'_1 + M'_2) + M'_0 \geqslant M \tag{4-24a}$$

$$M'_0 \geqslant \frac{1}{2} M \tag{4-24b}$$

式中　　M'_1、M'_2、M'_0——分别为调幅后梁两端负弯矩及跨中正弯矩；

M——按简支梁计算的梁跨中弯矩。

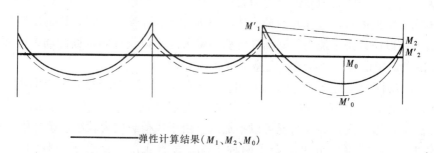

图 4-17　框架梁在竖向荷载作用下的弯矩调幅

【例 4-1】　某抗震设计三跨 6 层框架如图 4-18 所示，要求进行有地震作用组合，在本例题表 4-13 及表 4-14 中给出 3 层梁及 2 层柱的内力组合过程和计算结果。

【解】　3 层梁的控制截面有 1、2、3、4、5 五个截面，见图 4-18。表 4-13 中给出了这 5 个截面在竖向恒载、竖向活载、风荷载和地震作用下的内力，所给竖向荷载下弯矩已经过塑性调幅（调幅系数 0.8），跨中弯矩已按要求加大，此外，所有弯矩及剪力值都已换算到梁端截面。两个括号中的内力是乘以不同分项系数后的内力值。

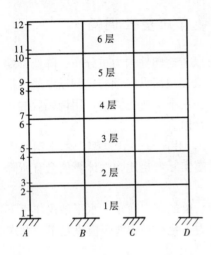 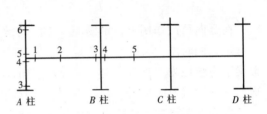

图 4-18　例 4-1 图

3 层梁内力组合共考虑了 3 种工况：⑤栏为仅组合竖向荷载的工况，两个组合内力分别属于可变荷载控制和永久荷载控制两个工况。可以看出，在竖向荷载下无论支座截面，还是跨中截面，这两种工况的组合内力相差都很小。⑥栏为有地震作用组合（该结构高度小于 60m，地震与风不同时组合，也不考虑竖向地震，风荷载与竖向荷载组合内力较小，故未给出组合结果）。每个截面得到三组不同工况的内力，选择其中最大的内力进行配筋计算。例如，截面 2 跨中弯矩最大，用以设计跨中配筋；截面 3 的剪力最大，用以设计斜截面配筋；截面 1、3、4 的负弯矩最大，用以设计支座负钢筋。

2 层柱的控制截面为图 4-18 中 3、4 截面，表 4-14 给出竖向恒载、竖向活载、地震荷载作用下的内力。③栏中是上层竖向活荷载传来的轴向力，组合 N_{max} 时可以加入，其他情况可以不加入。由于风荷载内力较小，组合中不用，未列出。⑤、⑥栏中分别组合了两种工况，每种工况又组合了四种内力：（M，N_{max}），（N_{min}，M），（N，M）及 V，因为（M_{max}，N）与上述组合数值重合，未列出。设计时应从各组内力中挑选不利内力进行配筋计算。

3 层梁内力组合

表 4-13

荷载类型 / 截面号	恒载 ① M	恒载 ① V	竖向活载 ② M	竖向活载 ② V	风荷载 ③ M	风荷载 ③ V	地震荷载 ④ M	地震荷载 ④ V	竖向荷载 ⑤ ($①×1.2+②×1.4$ / $①×1.35+②×1.4×0.7$) M_{max}	竖向荷载 ⑤ M_{min}	竖向荷载 ⑤ V_{max}	重力荷载+水平地震 ⑥ ($(①+②×0.5)×1.2+④×1.3$) M_{max}	重力荷载+水平地震 ⑥ M_{min}	重力荷载+水平地震 ⑥ V_{max}
1	-26.19 (-31.4) (-35.36)	36.6 (43.9) (49.41)	-8.73 (-12.2) (-8.56)	12.2 (17.1) (11.96)	±15.1 (±21.14)	±2.7 (±3.78)	±26.85 (±34.9)	±5.1 (±6.63)	—	-43.65 -43.92	61 -61.37	-1.57	-71.37	57.85
2	32.79 (39.34) (44.27)	—	10.93 (15.3) (10.71)	—	±0.5 (±0.7)	—	±1.67 (±2.17)	—	54.65 54.98	—	—	48.06	—	—
3	-46.56 (-55.87) (-62.86)	-42.42 (-50.9) (-57.27)	-15.52 (-21.73) (-15.21)	-14.14 (-19.8) (-13.86)	±12.3 (±17.22)	±2.7 (±3.78)	±24.1 (±31.33)	±5.1 (±6.63)	—	-77.6 -70.1	-70.7 -71.1	—	-96.51	-66.01
4	-41.22 (-49.46) (-55.26)	33.9 (40.68) (45.77)	-13.74 (-19.24) (-13.47)	11.3 (15.82) (11.07)	±6.8 (±9.52)	±1.8 (±2.5)	±10.38 (±13.49)	±3.46 (±4.5)	—	-68.7 -66.11	56.5 56.8	—	-71.20	-51.96
5	9.6 (11.52) (12.96)	—	3.2 (4.48) (3.14)	—	0	0	0	0	16.0 16.1	—	—	13.44	—	—

注：①栏第一个（　）中数值为取 $\gamma_Q=1.2$ 时之值，第二个（　）中数值为取 $\gamma_Q=1.35$ 时之值；③栏（　）中数值为取 $\gamma_w=1.4$ 时之值；④栏（　）中数值为取 $\gamma_E=1.3$ 时之值。

2 层柱内力组合　　　　　　　　　　　　　　　　　表 4-14

				A柱(D柱)				B柱(C柱)			
				M_3	M_4	N	V	M_3	M_4	N	V
恒载		①		12.52 (15.02)	10.56 (12.67)	83.1 (99.72)	7.7 (9.23)	−5.35 (−6.42)	−4.49 (−5.39)	83.26 (99.91)	3.28 (3.93)
竖向活荷载		②		6.11 (7.33)	6.02 (7.22)	12.25 (14.7)	4.04 (4.85)	−1.23 (−1.48)	−1.21 (−1.45)	13.1 (15.72)	0.81 (0.98)
	上层传来	③		—	—	25.2 (30.2)	—	—	—	25.2 (30.2)	—
地震荷载		④		±11.9 (±15.47)	±11.05 (±14.37)	±4.2 (±5.46)	±7.65 (±9.9)	±8.68 (±11.28)	±8.68 (±11.28)	±1.1 (±1.43)	±5.79 (±7.52)
内力组合	竖向荷载 ①×1.2+②×1.4	⑤	N_{max} M ①②③	23.57	21.10	147.1	—	−8.14	−7.10	148.5	—
			N_{min} M ①	15.02	12.67	99.72	—	−6.42	−5.39	99.91	—
			N M ①②	23.57	21.10	116.9	—	−8.14	−7.10	118.25	—
			V_{max} ①②	—	—	—	14.89	—	—	—	5.06
	重力荷载 + 水平地震 (①+②×0.5) ×1.2+④×1.3	⑥	N_{max} M ①②③④	34.15	30.65	127.63	—	−18.16	−17.4	124.3	—
			N_{min} M ①④	30.49	27.04	105.18	—	−17.7	−16.67	101.34	—
			N M ①②④	34.15	30.65	112.53	—	−18.16	−17.40	109.20	—
			V_{max} ①②④	—	—	—	21.56	—	—	—	11.94

思 考 题

4.1   抗震设计的高层建筑的建筑形体和结构布置应符合哪些原则?

4.2   建筑平面不规则有哪三种主要类型?各不规则类型的不规则指标分别为多大?为什么平面简单、规则、对称的建筑对抗震有利?

4.3   建筑竖向不规则有哪三种主要类型?各不规则类型的不规则指标分别为多大?为什么竖向不规则容易造成震害?

4.4   什么样的情况为扭转严重不规则?什么是计算扭转不规则时的偶然偏心?偶然偏心为多大?如何确定"给定水平力"?

4.5   对于不规则建筑,在地震作用计算、内力调整和抗震构造方面,采取什么措施对结构进行加强?

4.6   如何计算剪重比?对于存在竖向不规则的建筑,其突变部位楼层(软弱层、转换层和薄弱层)的水平地震剪力标准值的增大系数为多大?该层的最小剪重比的增大系数为多大?

4.7   钢筋混凝土框架-剪力墙结构、钢框架-支撑(延性墙板)结构框架部分的最小地震剪力标准值为多大?为什么要规定最小地震剪力标准值?

4.8   各类建筑结构在风和多遇地震作用下的层间位移角限值为多大?在罕遇地震作用下的层间位移角为多大?

4.9   梁端截面、柱端截面承载力计算时,为什么不取柱轴线、梁轴线处的内力?

4.10   为什么承载力验算和水平位移计算是不同的极限状态?这两种验算的荷载效应组合有什么不同?

4.11   持久、短暂设计状况的荷载效应组合与地震设计状况的荷载效应组合有什么区别?抗震设计的房屋建筑为什么也要进行持久、短暂设计状况的荷载效应组合?一幢60m高、8度抗震设防的高层建筑结构主要有哪几种组合工况?60m高、9度抗震设防时主要有哪几种组合工况?

4.12   建筑的抗震设防类别分哪几类?根据哪些主要因素进行建筑的抗震设防分类?一般高层住宅建筑属于哪一类?乙类建筑的地震作用及抗震措施与其所在地区的抗震设防烈度分别是什么关系?

4.13   现浇钢筋混凝土结构房屋建筑的抗震等级与哪些因素有关?场地类别对房屋建筑的抗震等级有什么影响?一幢30m高、7度抗震设防、Ⅱ类场地、丙类建筑的钢筋混凝土框架结构和框架-剪力墙结构的框架的抗震等级分别为几级?为什么两者的抗震等级不同?高度不变、8度抗震设防、Ⅰ类场地,框架结构和框架-剪力墙结构中框架的抗震等级为几级?

4.14   什么是延性?如何计算延性系数?为什么抗震结构要具有延性?

4.15 钢筋混凝土柱的延性主要与哪些因素有关？这些因素是如何影响柱的延性的？

4.16 什么是重力二阶效应？风或多遇地震作用下的建筑结构弹性计算时，在什么情况下需要考虑重力二阶效应？

4.17 房屋建筑钢筋混凝土结构要求的最小刚重比为多大？

4.18 为什么钢筋混凝土框架梁可以考虑塑性内力重分布从而对弯矩作塑性调幅？如何调幅？调幅与荷载效应组合的先后次序是怎样的？

第5章 框架、剪力墙、框架-剪力墙结构的近似计算方法

框架、剪力墙和框架-剪力墙结构是多层和高层建筑结构最常用的结构体系，它们的手算方法曾在工程中广泛应用，方法很多，但是在实用中已被更精确、更省人力的计算机程序分析——有限元方法所代替。在计算机程序十分普及的今天，有必要掌握一些基本的手算近似方法，因为手算方法的概念清楚，结果易于分析与判断。本章介绍工程中常用的手算方法，并由此分析结构的内力和侧移规律，建立结构设计概念。

5.1 计 算 基 本 假 定

任何结构都是空间结构，但对框架及剪力墙而言，大多数情况下可以把空间结构简化为平面结构而使计算大大简化。简化计算有两点基本假定：

（1）框架及剪力墙只在其自身平面内有刚度，平面外刚度很小，可以忽略，因此，框架或剪力墙只能抵抗其自身平面内侧向力。因而，整个结构可以划分成若干个平面结构共同抵抗与其平行的侧向荷载，垂直于该方向的结构不参与受力。

（2）楼板在其自身平面内刚度无限大，楼板平面外刚度很小，可以忽略。因而，在侧向力作用下，楼板为刚体平移或转动，各个平面抗侧力结构之间通过楼板互相联系并协同工作。

手算方法都是基于这两个假定。例如，图 5-1 所示的框架-剪力墙结构平面图，在 x 方向，结构有 3 片抗侧力平面结构单元，每片有 6 跨，中间一片由框架和剪力墙组成；在 y 方向，结构可以简化为 5 片框架和 2 片剪力墙，即结构有 7 片平面抗侧力结构单元，共同抵抗 y 方向的水平力。在水平力作用下，楼板只作刚体平移，如果有扭矩，楼板作刚体转动，因而各片抗侧力结构之间的侧移值或相等，或呈直线关系。

基于上述两个假定，近似方法将结构分成独立的平面结构单元，内力分析解决两个问题：

（1）水平荷载在各片抗侧力结构之间的分配。水平荷载分配与抗侧力单元的刚度有关，首先要计算抗侧力结构单元的刚度，然后按刚度分配水平力，刚度愈大，分配的水平荷载也愈大。

（2）计算每片平面结构在所分到的水平荷载作用下的内力和位移。

如果结构有扭转，近似方法将结构在水平力作用下的计算分为两步，先计算结构平移时的侧移和内力，然后计算扭转位移下的内力，最后将两部分内力叠加。

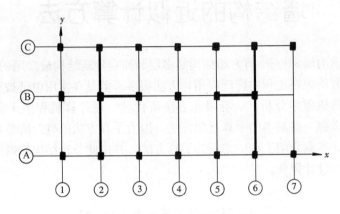

图 5-1　框架-剪力墙结构平面图

5.2　框架结构的近似计算方法

框架是杆件体系，近似计算的方法很多，最实用的是力矩分配法及 D 值法，前者用于竖向荷载作用下求解，后者用于水平荷载作用下求解。除了 5.1 节所作的两点基本假定外，框架的近似计算方法还有以下一些假定：

（1）忽略梁、柱轴向变形及剪切变形；

（2）杆件为等截面（等刚度），以杆件轴线作为框架计算轴线；

（3）在竖向荷载下结构的侧移很小，假定竖向荷载作用下结构无侧移。

5.2.1　竖向荷载下的近似计算——分层力矩分配法

在多层框架中，梁上作用的竖向荷载除其产生的柱轴力向下传递外，对其他层构件内力的影响不大，因此可采用分层法计算。分层法将框架分解成多个开口的框架计算，每个开口框架包括该层所有的梁以及与之直接相连的框架柱，柱的远端按照嵌固考虑。假定结构无侧移，采用力矩分配法进行计算。其计算要点是：

（1）计算各层梁上竖向荷载值和梁的固端弯矩。

（2）将框架分层，各层梁跨度及柱高与原结构相同，柱端假定为固端。

（3）计算梁、柱线刚度。

有现浇楼面的梁，宜考虑楼板的作用。每侧可取板厚的 6 倍作为楼板的有效宽度计算梁的截面惯性矩，也可近似按下式计算梁的截面惯性矩：

一侧有楼板 $\qquad\qquad\qquad I=1.5I_r$ $\qquad\qquad$ (5-1a)

两侧有楼板 $\qquad\qquad\qquad I=2.0I_r$ $\qquad\qquad$ (5-1b)

式中 I_r——按矩形截面计算的梁截面惯性矩。

对于柱，分层后中间各层柱的柱端假设为嵌固与实际不符，因而，除底层外，上层各柱线刚度均乘以 0.9 的修正系数。

（4）计算和确定梁、柱弯矩分配系数和传递系数。

按修正后的刚度计算各节点周围杆件的杆端分配系数。所有上层柱的弯矩传递系数取 1/3，底层柱的传递系数取 1/2。

（5）按力矩分配法计算单层梁、柱弯矩。

（6）将分层计算得到的、但属于同一层柱的柱端弯矩叠加得到柱的弯矩。

一般情况下，分层计算法所得杆端弯矩在各节点不平衡。如果需要更精确的结果时，可将节点的不平衡弯矩再在本层内进行分配，但是不向柱远端传递。

柱的轴力可由其上柱传来的竖向荷载和本层轴力（与梁的剪力平衡求得）叠加得到。

【例 5-1】 用分层力矩分配法作图 5-2 所示框架的弯矩图，括号内为构件线刚度 $i=EI/l$ 的相对值。

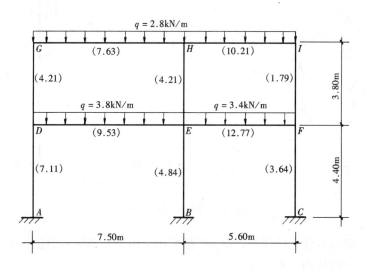

图 5-2 例 5-1 图（一）

【解】 分两层，见图 5-3。上层柱线刚度先乘 0.9，然后计算刚度分配系数，各杆分配系数写在长方框内，带 ＊ 号的数据为固端弯矩；各节点都分配了两次，上层各柱远端弯矩等于柱分配弯矩的 1/3（即传递系数为 1/3），下柱底截面弯矩为柱分配弯矩的 1/2（传递系数为 1/2），最底行数据是最终分配弯矩。上层柱的分配弯矩要叠加，各构件的弯矩见图 5-4 所示。

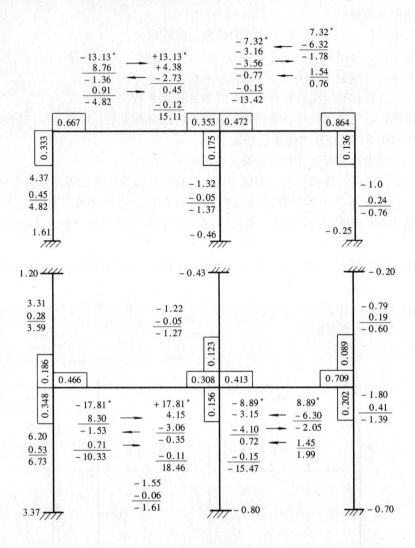

图 5-3　例 5-1 图（二）

为了了解分层计算的误差，图 5-4 括号内给出了精确解的数值。本例题中梁的误差较小，而柱的误差较大。

5.2.2　水平荷载下的近似计算——D 值法和反弯点法

对比较规则的、层数不多的框架结构，当柱轴向变形对内力及位移影响不大时，可采用 D 值法或反弯点法计算水平荷载作用下的框架内力及位移。

1. 柱抗侧刚度 D 值（d 值）和剪力分配

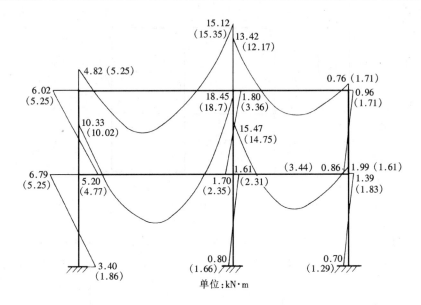

图 5-4 例 5-1 图（三）

在水平力作用下，平面框架的侧移变形及内力分布如图 5-5 和图 5-6 所示。

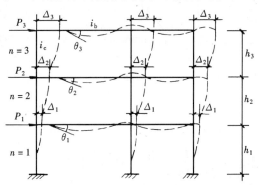

图 5-5 水平荷载作用下平面框架变形

一般情况下，框架节点都有转角。如果梁刚度无限大，则转角很小，可忽略而近似认为柱端固定，见图 5-7 （a）。根据结构力学的杆端部侧移与内力关系的推导，可得柱剪力 V 与层间位移 δ 的关系如下：

$$V = \frac{12i_c}{h^2}\delta \tag{5-2}$$

令

$$d = \frac{V}{\delta} = \frac{12i_c}{h^2} \tag{5-3}$$

式中　　d——柱的抗侧刚度，物理意义为单位位移所需的水平推力；

　　　　h——层高；

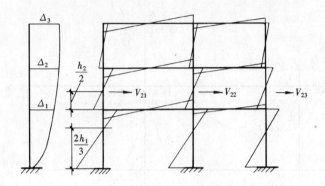

图 5-6 水平荷载作用下平面框架内力分布

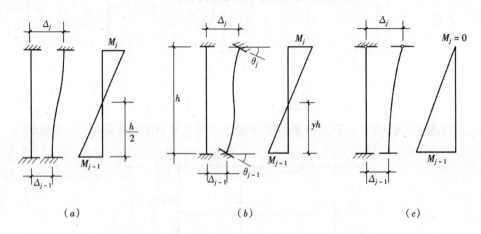

图 5-7 框架柱端转角与内力、反弯点关系

（a）柱端固定无转角；（b）上下柱端有转角；（c）一端铰接

i_c——柱线刚度，$i_c = \dfrac{EI_c}{h}$，EI_c 为柱抗弯刚度。

如果梁的刚度较小，则梁柱节点有转角，见图 5-7（b），此时也可根据结构力学原理推导出转角位移方程，用于如图 5-5 所示的框架时，假定每个柱各层节点转角相等，则可得到：

$$V = \alpha \frac{12i_c}{h^2} \delta \tag{5-4}$$

式中，α 称为刚度修正系数，是一个小于 1 的系数。如果写成抗侧刚度的表达式，则：

$$D = \frac{V}{\delta} = \alpha \frac{12i_c}{h^2} \tag{5-5}$$

D 值定义为：柱节点有转角时使柱端产生单位水平位移所需施加的水平推力。由式（5-5）可见，抗侧刚度 D 值小于 d 值，即梁刚度较小时，柱的抗侧刚度减小了。α 系数与梁柱刚度相对大小有关，梁刚度愈小，α 值愈小，即柱的抗侧刚度愈小。表 5-1 分别给出了一般柱和底层柱、中柱和边柱 α 值的计算公式，其中 K 为梁柱线刚度比，中柱必须考虑与柱相连的上、下、左、右四根梁的线刚度之和，边柱则令 $i_1 = i_3 = 0$，公式中分母为柱线刚度。底层柱的底端为固定端，其 α 值计算公式与上层柱公式有所不同，但物理概念相同。

刚度修正系数 α 计算公式　　　　　　　　　　　　　　　表 5-1

楼层	简图		K	α
	边柱	中柱		
一般层柱	i_2　i_c　i_4	i_1　i_2　i_c　i_3　i_4	$K = \dfrac{i_1 + i_2 + i_3 + i_4}{2i_c}$	$\alpha = \dfrac{K}{2+K}$
底层柱	i_2　i_c	i_1　i_2　i_c	$K = \dfrac{i_1 + i_2}{i_c}$	$\alpha = \dfrac{0.5+K}{2+K}$

有了 D 值后，根据平面框架内各柱侧移相等，即可得各柱剪力按刚度分配的计算公式为：

$$V_{ij} = \frac{D_{ij}}{\sum\limits_{j=1}^{s} D_{ij}} V_{pi} \tag{5-6}$$

式中　V_{pi}——该片平面框架 i 层总剪力；

　　　V_{ij}—— i 层第 j 根柱分配到的剪力；

　　　D_{ij}—— i 层第 j 根柱的抗侧刚度；

$\sum\limits_{j=1}^{s} D_{ij}$—— i 层 s 根柱的抗侧刚度之和。

用 D 值分配框架剪力的方法称为 D 值法。由于假定了楼板在平面内无限刚性，各片框架在同一楼层处侧移相等，因此可知框架结构所有各柱的剪力都可以按式（5-6）计算，此时 V_{pi} 为整个框架结构 i 层总剪力，公式中 $\sum\limits_{j=1}^{s} D_{ij}$ 为框架 i 层所有柱（共有 s 根柱）的抗侧刚度总和。也就是说，在框架结构中分配剪力时，可以直接将水平总剪力分配到柱，分配的结果与将总剪力先分配到每片框架，再在每片框架中将剪力分配到各柱是相同的，而前者计算更为简捷。

当梁比柱的抗弯刚度大很多时，刚度修正系数 α 值接近 1，可近似认为 $\alpha=$ 1，此时第 i 层柱的侧移刚度为 d 值，在剪力分配公式（5-6）中可用 d 值代替 D 值，这种方法称为反弯点法。工程中用梁柱线刚度比判断，当 $i_b/i_c \geqslant 3$ 时可采用反弯点法，反之，则采用 D 值法。D 值法是更为一般的方法，普遍适用，而反弯点法是 D 值法的特例，只在层数很少的多层框架中适用。

2. 柱反弯点位置

得到柱剪力后，只要确定反弯点位置就可以确定柱的内力。由图 5-7 可见，柱反弯点位置与柱端转角有关，即与柱端约束程度有关。当两端固定（图 5-7a），或两端转角相等时，反弯点在柱中点；当柱一端约束较小，即转角较大时，反弯点向该端靠近（图 5-7b），极端情况为一端铰接，弯矩为 0，即反弯点在铰接端（图 5-7c），规律就是反弯点向约束较弱的一端靠近。

因此，如果应用反弯点法作近似计算，即可设定上部各层柱子反弯点在柱中点，因为底层柱的底端为固定端，底层反弯点设在 $2h_1/3$ 处。

对于更为一般适用的 D 值法，要考虑柱上下端约束不同的情况，影响柱两端约束刚度的主要因素是：

（1）结构总层数及该层所在位置；

（2）梁柱线刚度比；

（3）荷载形式；

（4）上层梁与下层梁线刚度比；

（5）上下层层高比。

具体方法是令反弯点距柱下端距离为 yh，y 为反弯点高度比。由力学分析推导求得标准情况下（即各层等高，各跨相等，各层梁、柱线刚度均不变的情况）的反弯点高度比 y_n，再根据各种影响因素，对 y_n 进行修正，这种方法得到的反弯点位置相对精确些，但比较繁琐，本教材不作介绍，读者如需要，可见参考文献 [14]、[15]。作为近似计算，D 值法的反弯点位置也可采用近似方法确定，即取底层柱反弯点在 $2h_1/3$ 高度处，其余各层反弯点在柱层高的中点。当框架规则、各层层高及梁柱截面尺寸相差不大时，近似方法确定的反弯点位置的误差不大。

3. 计算步骤与内力

当只考虑结构平移时，内力计算的步骤及方法如下：

（1）计算作用在第 i 层结构上的总层剪力 V_i（$i=1$，2，$\cdots$，n），并假定它作用在结构刚心处；

（2）计算各梁、柱的线刚度 i_b、i_c。梁刚度按式（5-1）计算（考虑现浇楼板的作用）；

（3）计算各柱抗推刚度 D；

（4）计算总剪力在各柱间的剪力分配；

（5）确定柱反弯点高度系数 y；

（6）根据各柱分配到的剪力及反弯点位置 yh 计算第 i 层第 j 个柱端弯矩；

上端弯矩 $$M_{ij}^{t} = V_{ij}h(1-y) \tag{5-7a}$$

下端弯矩 $$M_{ij}^{b} = V_{ij}hy \tag{5-7b}$$

（7）由柱端弯矩，并根据节点平衡计算梁端弯矩：

对于边跨梁端弯矩 $$M_{bi} = M_{ij}^{t} + M_{i+1,j}^{b} \tag{5-8}$$

对于中跨，由于梁的端弯矩与梁的线刚度成正比，因此，

节点左侧梁端弯矩 $$M_{bi}^{l} = (M_{ij}^{t} + M_{i+1,j}^{b}) \frac{i_{b}^{l}}{i_{b}^{l} + i_{b}^{r}} \tag{5-9a}$$

节点右侧梁端弯矩 $$M_{bi}^{r} = (M_{ij}^{t} + M_{i+1,j}^{b}) \frac{i_{b}^{r}}{i_{b}^{l} + i_{b}^{r}} \tag{5-9b}$$

（8）根据力平衡原理，由梁端弯矩和作用在该梁上的竖向荷载求出梁跨中弯矩和剪力。

框架结构内力分布规律见图 5-6，一般情况下每根柱子都有反弯点，底层柱子的轴力、剪力和弯矩最大，由下向上减小；注意，当柱子线刚度比梁线刚度大很多时，柱子可能没有反弯点（计算得到的反弯点高度比大于 1.0）。

【例 5-2】 用 D 值法计算图 5-8 所示框架结构的内力，剖面图中给出了水平力及各杆件的线刚度的相对值。

【解】 表 5-2 计算了各柱的 D 值以及各层所有柱 D 值之和，也给出了每根柱分配到的剪力。请注意中柱与边柱的区别，每层有 5 根中柱与 10 根边柱。

表 5-3 计算了各柱的反弯点位置，是按相对精确方法计算的反弯点位置。表 5-3 中：n 为层数；i 为层号；K 为梁柱线刚度比；y_n 为柱标准反弯点高度比，可根据 n、i、K 及水平荷载分布形式查表得到；y_1 为上下梁刚度不同时的反弯

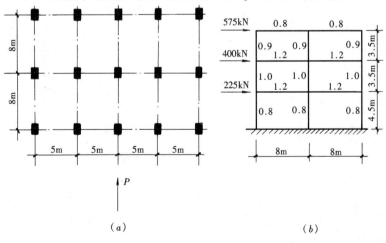

图 5-8 例 5-2 图（一）

（a）平面图；（b）剖面图

点高度比修正值，可根据 K、α_1 查表得到，底层柱不考虑；y_2 为上层层高与本层层高不同时的反弯点高度比修正值，可根据 α_2 查表得到，顶层柱不考虑；y_3 为下层层高与本层层高不同时的反弯点高度比修正值，可根据 α_3 查表得到，底层柱不考虑；α_1 为柱刚度修正系数，反映梁柱刚度比对柱刚度的影响；α_2 为上层层高与本层层高之比；α_3 为下层层高与本层层高之比；y 为柱的反弯点高度比，即反弯点高度与本层层高之比，$y = y_n + y_1 + y_2 + y_3$。如果用近似方法确定反弯点位置，各层柱的 y 值是多少，读者可自己比较。图 5-9 给出了弯矩图，读者可计算各梁、柱的剪力与柱的轴力。

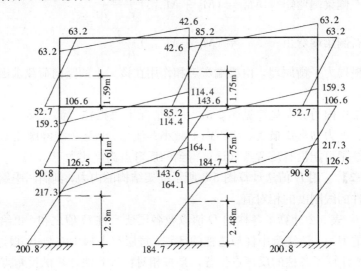

图 5-9　例 5-2 图（二）

各柱 D 值以及各层所有柱 D 值之和　　　　表 5-2

层号	层剪力 (kN)	边柱 D 值	中柱 D 值	ΣD	每根边柱剪力 (kN)	每根中柱剪力 (kN)
3	575	$K = \dfrac{0.8+1.2}{2\times0.9} = 1.11$ $D = \dfrac{1.11}{2+1.11}\times0.9$ $\times\dfrac{12}{3.5^2}$ $=0.315$	$K = \dfrac{2\times(0.8+1.2)}{2\times0.9}$ $=2.22$ $D = \dfrac{2.22}{2+2.22}\times0.9$ $\times\dfrac{12}{3.5^2}$ $=0.464$	5.47	$V_3 = \dfrac{0.315}{5.47}$ $\times 5.75\times10^2$ $=33.1$	$V_3 = \dfrac{0.464}{5.47}$ $\times 5.75\times10^2$ $=48.8$
2	975	$K = \dfrac{1.2+1.2}{2\times1} = 1.2$ $D = \dfrac{1.2}{2+1.2}\times1$ $\times\dfrac{12}{3.5^2}$ $=0.367$	$K = \dfrac{4\times1.2}{2\times1.0} = 2.4$ $D = \dfrac{2.4}{2+2.4}\times1$ $\times\dfrac{12}{3.5^2}$ $=0.534$	6.34	$V_2 = \dfrac{0.367}{6.34}$ $\times 9.75\times10^2$ $=56.4$	$V_2 = \dfrac{0.534}{6.34}$ $\times 9.75\times10^2$ $=82.1$

续表

层号	层剪力 (kN)	边柱 D 值	中柱 D 值	ΣD	每根边柱剪力 (kN)	每根中柱剪力 (kN)
1	1200	$K=\dfrac{1.2}{0.8}=1.5$ $D=\dfrac{0.5+1.5}{2+1.5}\times 0.8$ $\times\dfrac{12}{4.5^2}$ $=0.271$	$K=\dfrac{1.2+1.2}{0.8}=3$ $D=\dfrac{0.5+3}{2+3}\times 0.8$ $\times\dfrac{12}{4.5^2}$ $=0.332$	4.37	$V_1=\dfrac{0.271}{4.37}$ $\times 12\times 10^2$ $=74.4$	$V_1=\dfrac{0.332}{4.37}$ $\times 12\times 10^2$ $=91.2$

各柱反弯点高度比 表 5-3

层号	边 柱	中 柱
3	$n=3$ $\quad\quad\quad i=3$ $K=1.11$ $\quad\quad y_n=0.4055$ $\alpha_1=\dfrac{0.8}{1.2}=0.67$ $\quad y_1=0.05$ $y=0.4055+0.05=0.455$	$n=3$ $\quad\quad\quad i=3$ $K=2.22$ $\quad\quad y_n=0.45$ $\alpha_1=\dfrac{0.8}{1.2}=0.67$ $\quad y_1=0.05$ $y=0.45+0.05=0.5$
2	$n=3$ $\quad\quad\quad i=2$ $K=1.2$ $\quad\quad y_n=0.46$ $\alpha_1=1$ $\quad\quad y_1=0$ $\alpha_3=\dfrac{4.5}{3.5}=1.28$ $\quad y_3=0$ $y=0.46$	$n=3$ $\quad\quad\quad i=2$ $K=2.4$ $\quad\quad y_n=0.5$ 同左 $\quad\quad y_1=y_2=y_3=0$ $y=0.5$
1	$n=3$ $\quad\quad\quad i=1$ $K=1.5$ $\quad\quad y_n=0.625$ $\alpha_2=\dfrac{3.5}{4.5}=0.78$ $\quad y_2=0$ $y=n.625$	$n=3$ $\quad\quad\quad i=1$ $K=3$ $\quad\quad y_n=0.55$ 同左 $\quad\quad y_1=y_2=y_3=0$ $y=0.55$

5.2.3 水平荷载作用下侧移的近似计算

悬臂柱在水平荷载作用下，其总变形由弯曲变形和剪切变形组成，二者沿高度的变形曲线形状不同，可以分别计算，如图 5-10 所示，由剪切变形形成的曲线下部突出，底部相对变形较大，由弯曲变形形成的曲线上部向外甩出，上部的相对变形较大。

图 5-11 所示为某框架在水平荷载作用下的侧移变形曲线，也由两部分变形组成，如图 5-11（b）和图 5-11（c）所示，与悬臂柱剪切变形相似的变形曲线称为"剪切型变形"，与悬臂柱弯曲变形相似的变形曲线称为"弯曲型变形"。为了理解上述两部分变形，把框架看成空腹柱，通过反弯点将框架切开，

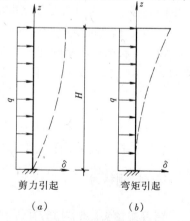

图 5-10 悬臂柱侧移

其内力如图 5-11 (d) 所示，V 为剪力，由 V_A、V_B 合成，V_A、V_B 产生柱内弯矩与剪力，引起梁柱弯曲变形，造成的层间变形相当于悬臂柱的剪切变形，沿高度分布曲线的下部突出，为剪切型侧移；M 是由柱内轴力 N_A、N_B 组成的力矩，N_A、N_B 引起柱轴向变形，产生的侧移相当于悬臂柱的弯曲变形，形成的侧移曲线上部向外甩出，称为弯曲型侧移。

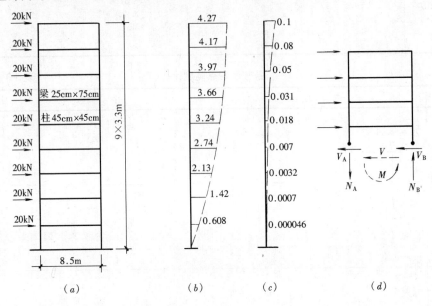

图 5-11　框架侧移

框架总位移由杆件弯曲变形产生的侧移和柱轴向变形产生的侧移两部分叠加而成。由杆件弯曲变形引起的"剪切型侧移"，可由 D 值计算，为框架侧移的主要部分；由柱轴向变形产生的"弯曲型侧移"，可由连续化方法作近似估算。后者产生的侧移变形很小，多层框架可以忽略；当结构高度增大时，由柱轴向变形产生的侧移占总变形的百分比也增大，在高层建筑结构中不能忽略。

1. 梁、柱弯曲变形产生的侧移

设第 i 层结构的层间变形为 δ_i^M（上标 M 表示由杆件弯曲变形产生），当柱总数为 S 时，由式 (5-5) D 值定义可得：

$$\delta_i^M = \frac{V_{pi}}{\sum\limits_{j=1}^{s} D_{ij}} \tag{5-10}$$

各层楼板标高处侧移绝对值是该层以下各层层间侧移之和：

第 i 层侧移为
$$\Delta_i^M = \sum_1^i \delta_i^M \tag{5-11}$$

顶点侧移为（共 n 层）
$$\Delta_n^M = \sum_1^n \delta_i^M \tag{5-12}$$

由于框架结构层剪力由下向上逐渐减小，而各层的 D 值接近（柱截面及层高接近），由式（5-10）可见，层间变形由底层向上逐渐减小，形成"剪切型"。

2. 柱轴向变形产生的侧移

假定在水平荷载作用下仅在边柱中有轴力及轴向变形，并假定柱截面由底到顶线性变化，则 i 楼层处由柱轴向变形产生的侧移 Δ_i^N（上标 N 表示由柱轴向变形产生），由下式近似计算：

$$\Delta_i^N = \frac{V_0 H^3}{EA_1 B^2} F_n \tag{5-13}$$

第 i 层层间变形为：

$$\delta_i^N = \Delta_i^N - \Delta_{i-1}^N \tag{5-14}$$

式中　V_0——底层总剪力；

　H、B——分别为建筑物总高度及结构宽度（即框架边柱之间距离）；

　E、A_1——分别为混凝土弹性模量及框架底层边柱截面面积；

　F_n——根据不同荷载形式计算的位移系数，可由图 5-12 的曲线查出，图中系数 n 为框架边柱顶层与底层截面面积之比，$n = A_顶 / A_底$，H_i 为第 i 层的高度。

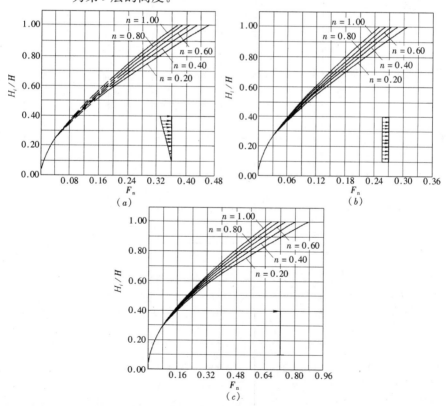

图 5-12　侧移系数 F_n

(a) 倒三角形分布荷载；(b) 均布荷载；(c) 顶点集中力

【**例 5-3**】　计算图 5-13 所示 12 层框架的最大层间位移，各层梁截面相同，内、外柱截面不同，7 层以上柱截面减小，柱截面有 3 种，详见图 5-13。梁柱材料弹性模量 $E=2.0\times10^4$ MPa。

【**解**】　（1）先用式（5-10）计算（D 值法）梁柱弯曲变形产生的位移。各层 i_c，K，α，D，ΣD_{ij}，以及层间位移 δ_i^M、层位移 Δ_i^M 计算见表 5-4，计算结果绘于图 5-14。

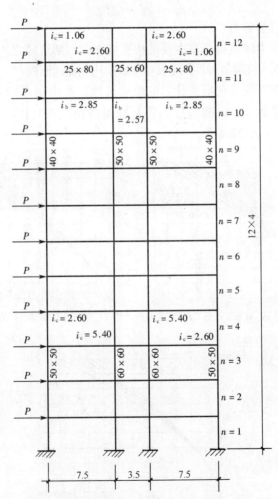

（尺寸单位：梁柱截面为 cm，层高及柱距为 m；线刚度为 10^{10} N·mm）

图 5-13　例 5-3 图（一）

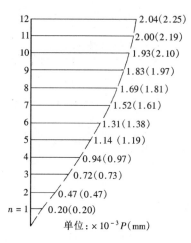

$$n = 1 \quad 0.20(0.20)$$

单位：$\times 10^{-3} P$(mm)

图 5-14　例 5-3 图（二）

例 5-3 表（一）　　　　　　　　　　　　　　　表 5-4

层数	i_c ($\times 10^{10}$N·mm)		K		α		D ($\times 10^3$N/mm)		ΣD_{ij} ($\times 10^4$)	V_i ($\times P$)	δ_i^M $1 \times 10^{-3}P$ (mm)	Δ_i^M $1 \times 10^{-3}P$ (mm)
	边柱	中柱	边柱	中柱	边柱	中柱	边柱	中柱				
12										1	0.035	2.036
11										2	0.069	2.001
10	1.060	2.60	2.69	2.09	0.57	0.51	4.53	9.94	28.90	3	0.104	1.932
9										4	0.138	1.828
8										5	0.173	1.690
7										6	0.207	1.517
6										7	0.173	1.310
5										8	0.198	1.137
4	2.60	5.40	1.10	1.00	0.35	0.33	6.82	13.40	40.40	9	0.223	0.939
3										10	0.247	0.716
2										11	0.272	0.469
1	2.60	5.40	1.10	1.00	0.53	0.50	10.10	20.30	60.90	12	0.197	0.197

（2）柱轴向变形产生的位移

该框架柱截面　$A_{顶} = 1600\text{cm}^2$，$A_{底} = 2500\text{cm}^2$，$n = A_{顶}/A_{底} = 0.64$，

$V_0 = 12P$，$H = 4800\text{cm}$，$E = 2.0 \times 10^4\text{MPa}$，$B = 1850\text{cm}$

由式（5-13）计算位移，F、层位移 Δ_i^N、层间位移 δ_i^N 列于表 5-5。

（3）总位移

$$\Delta_{12} = \Delta_{12}^M + \Delta_{12}^N = (2.04 + 0.21) \times 10^{-3} P = 2.25 \times 10^{-3} P$$

$$\delta_1 = \delta_1^M + \delta_1^N = (0.272 + 0.004) \times 10^{-3} P = 0.276 \times 10^{-3} P$$

由计算可见，Δ_{12}^N 在 Δ_{12} 中仅占 9.3%，δ_1^N 在 δ_1 中所占比例更小，可以忽略。

通常柱轴向变形产生的"弯曲型"侧移占的比例很小，因而整个侧移曲线呈剪切型。图 5-14 括号中为两个变形之和。

例 5-3 表 (二)   表 5-5

层　数	$\dfrac{H_i}{H}$	F_n	$\delta_i^N \times 10^{-3} P$ (mm)	$\Delta_i^N \times 10^{-3} P$ (mm)
12	1	0.273	0.025	0.212
11	0.916	0.241	0.024	0.187
10	0.833	0.210	0.024	0.163
9	0.750	0.180	0.023	0.139
8	0.667	0.15	0.023	0.116
7	0.583	0.121	0.022	0.094
6	0.500	0.094	0.020	0.073
5	0.417	0.068	0.019	0.053
4	0.333	0.044	0.015	0.034
3	0.250	0.025	0.009	0.019
2	0.167	0.013	0.006	0.010
1	0.083	0.005	0.004	0.004

5.3　剪力墙结构的近似计算方法

5.3.1　剪力墙的类型与计算假定

1. 剪力墙的类型

由于剪力墙平面内的刚度比平面外的刚度大得多，一般都把剪力墙简化成平面结构构件，即假定剪力墙只在其自身平面内受力。在水平荷载作用下，剪力墙处于二维应力状态，严格说，应该采用平面有限元方法进行计算。但是在实用上，大都将剪力墙简化为杆系，采用结构力学的方法作近似计算。在第 8 章中将介绍用程序计算剪力墙的几种计算模型，本节介绍剪力墙简化为杆件结构的近似计算方法。按照洞口大小和分布的不同，剪力墙可划分为下列几类，每一类的简化计算方法都有其适用条件。

(1) 整体墙：凡墙上门窗洞口开孔面积不超过墙面面积的 16％，且孔洞间净距及孔洞至墙边净距大于孔洞长边时，可以忽略洞口的影响。假设截面上应力为直线分布，见图 5-15 (a)，按整体悬臂墙计算（静定结构）这类墙的内力及位移，称为整体墙计算方法。

(2) 联肢墙：当洞口较大，且排列整齐，可划分墙肢和连梁，则称为联肢墙，见图 5-15 (b)。联肢墙是超静定结构，其近似计算方法很多，例如小开口剪力墙计算方法、连续化方法、带刚域框架方法等，本节将以连续化方法为基础，介绍剪力墙内力与位移分布的特点。

(3) 不规则开洞剪力墙：当洞口较大，而排列不规则，见图 5-15 (c)。这种墙不能简化成杆件体系进行计算，如果要较精确的知道其应力分布，可以采用平

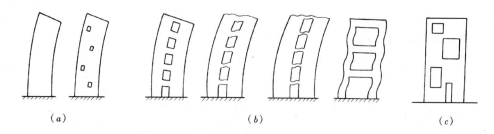

图 5-15 剪力墙分类

(*a*) 整体墙；(*b*) 联肢墙；(*c*) 不规则开洞剪力墙

面有限元方法。

2. 计算假定及剪力分配

按照 5.1 节所述的简化假定，剪力墙结构可以按纵、横两方向分别计算，每个方向是由若干片平面剪力墙组成，协同抵抗外荷载。对于每一片剪力墙，可考虑纵横墙共同形成带翼缘剪力墙，纵墙的一部分可作为横墙的翼缘，横墙的一部分可作为纵墙的翼缘。

竖向荷载作用下按每片剪力墙的承荷面积计算它的荷载，直接计算墙截面上的轴力。

在水平荷载作用下，各片剪力墙通过刚性楼板联系。当结构的水平荷载合力与结构刚度中心重合时，结构不会产生扭转，各片剪力墙在同一层楼板标高处侧移相等，因此，总水平荷载将按各片剪力墙刚度分配到每片墙，然后分片计算剪力墙的内力。

剪力墙接近于悬臂杆件，弯曲变形是主要成分，其侧移曲线以弯曲型为主，剪力墙的抗弯刚度可以用 EI 表示；由于还存在剪切变形，而且剪力墙上开洞，因此通常采用等效抗弯刚度 $E_c I_{eq}$（等效为悬臂杆的抗弯刚度）计算剪力墙层剪力分配，i 层第 j 片剪力墙分配到的剪力 V_{ij} 计算公式为：

$$V_{ij} = \frac{E_c I_{eqj}}{\sum E_c I_{eqk}} V_{pi} \tag{5-15}$$

式中　　　V_{pi}——第 i 层总剪力；

$E_c I_{eqj}$、$E_c I_{eqk}$——分别为第 j、k 片墙的等效抗弯刚度。

各种类型单片剪力墙的等效抗弯刚度可由各类近似方法直接求得。

5.3.2　整体墙近似计算方法

无洞口或开洞较小的剪力墙，可按整体墙计算。整体墙是悬臂墙，为静定结构，内力及位移按材料力学方法即可计算得到。如果有小洞口，截面惯性矩取有洞口截面与无洞口截面惯性矩的加权平均值，见图 5-16，整体墙刚度取 $E_c I_q$，截面折算惯性矩 I_q 及折算面积 A_q 计算公式为：

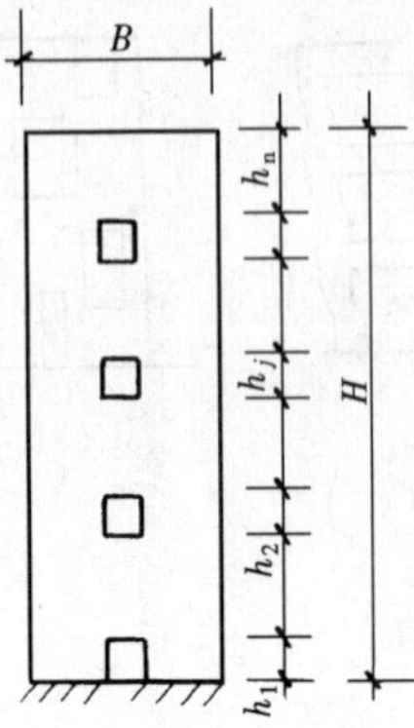

图 5-16　整体墙

$$I_q = \frac{\Sigma I_i h_i}{\Sigma h_i} \qquad (5\text{-}16a)$$

$$A_q = (1 - 1.25\sqrt{A_d/A_0})A \qquad (5\text{-}16b)$$

式中　I_i——剪力墙有洞口或无洞口部分截面的惯性矩；

　　　　h_i——各截面相应的墙高；

　　　　A——无洞口的剪力墙截面毛面积；

　A_0、A_d——分别为剪力墙立面总墙面面积和剪力墙洞口立面总面积。

当剪力墙的高宽比（H/B）小于或等于 4 时，要考虑剪切变形影响，在常用水平荷载形式下，顶点位移计算公式如下（公式括号中后一项为剪切变形）：

$$\Delta = \frac{11}{60}\frac{V_0 H^3}{E_c I_q}\left(1 + \frac{3.64\mu E_c I_q}{H^2 G A_q}\right) \quad （倒三角分布荷载） \qquad (5\text{-}17a)$$

式中　V_0——底截面剪力；

　　　μ——剪应力不均匀系数，矩形截面取 $\mu=1.2$，Ⅰ 形截面 $\mu=$ 全截面面积/腹板截面面积。用等效抗弯刚度表示，上式可写成：

$$\Delta = \frac{11}{60}\frac{V_0 H^3}{E_c I_{eq}} \quad （倒三角分布荷载） \qquad (5\text{-}17b)$$

等效抗弯刚度表达式为：

$$E_c I_{eq} = E_c I_q \Big/ \left(1 + \frac{3.64\mu E_c I_q}{H^2 G A_q}\right) \quad （倒三角分布荷载） \qquad (5\text{-}17c)$$

5.3.3　连续化方法计算联肢剪力墙

1. 基本方法与假定

对于联肢墙，连续化方法是一种相对比较精确的手算方法，而且通过连续化方法可以清楚地了解剪力墙受力和变形的一些规律。连续化方法是指把连梁看作分散在整个高度上的平行排列的连续连杆，连杆之间没有相互作用，见图 5-17，该方法的基本假定为：

（1）忽略连梁轴向变形，即假定两墙肢水平位移相同；

（2）两墙肢各截面的转角和曲率都相等，因此连梁两端转角相等，连梁反弯点在跨中；

（3）各墙肢截面、各连梁截面及层高等几何尺寸沿全高分别相同。

由这些假定可见，连续化方法适用于开洞规则、由下到上墙厚及层高都不变的联肢墙。实际工程中不可避免地会有变化，如果变化不多，可取各楼层的平均值作为计算参数，如果是很不规则的剪力墙，本方法不适用。此外，层数愈多，本方法计算结果愈好，对低层和多层剪力墙，计算误差较大。

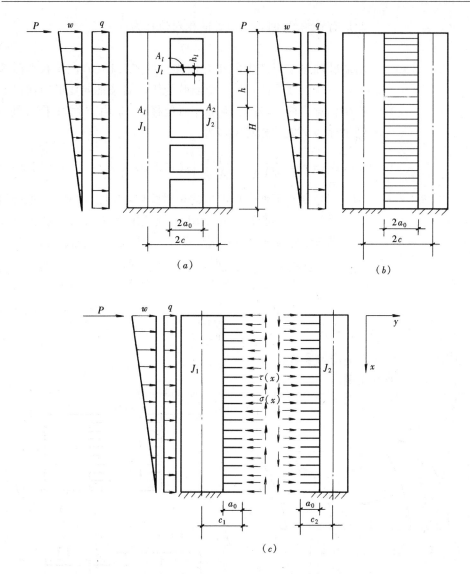

图 5-17 连续化方法计算简图及基本体系

(a) 结构尺寸；(b) 计算简图；(c) 基本体系

该方法以连杆跨中的剪力 $\tau(x)$ 为未知数，沿连杆跨中切开，切开点连杆弯矩为 0，剪力 $\tau(x)$ 是一个连续函数，通过在切开点处变形协调(相对位移为零)，建立 $\tau(x)$ 的微分方程，求解微分方程后得出 $\tau(x)$，积分后得连梁剪力 V_l，再通过平衡条件求出连梁的梁端弯矩、墙肢轴力及弯矩，这就是连续化方法的基本思路。

切开处沿 $\tau(x)$ 方向的变形连续条件可用下式表达：

$$\delta_1(x) + \delta_2(x) + \delta_3(x) = 0 \qquad (5\text{-}18)$$

1) $\delta_1(x)$——由墙肢弯曲变形产生的相对位移，见图 5-18(a)，当墙段弯曲

变形有转角 θ_m 时，切口处的相对位移为：

$$\delta_1(x) = -2c\theta_m(x) \tag{5-19a}$$

2) $\delta_2(x)$——由墙肢轴向变形产生的相对位移，见图 5-18(b)，在水平荷载下，一个墙肢受拉，另一个墙肢受压，墙肢轴向变形使切口处产生相对位移。墙肢底截面相对位移为 0，由 x 到 H 积分可得到坐标为 x 处的相对位移为：

$$\delta_2(x) = \frac{1}{E}\left(\frac{1}{A_1} + \frac{1}{A_2}\right)\int\limits_{x}^{H}\int\limits_{0}^{x}\tau(x)\mathrm{d}x\mathrm{d}x \tag{5-19b}$$

3) $\delta_3(x)$——由连梁弯曲和剪切变形产生的相对位移，见图 5-18(c)。取微段 $\mathrm{d}x$，微段上连杆截面为 $(A_l/h)\mathrm{d}x$，惯性矩为 $(I_l/h)\mathrm{d}x$，把连杆看成端部作用力为 $\tau(x)\mathrm{d}x$ 的悬臂梁，由悬臂梁变形公式可得：

$$\delta_3 = 2\frac{\tau(x)ha_0^3}{3EI_l}\left(1 + \frac{3\mu EI_l}{A_l Ga_0^2}\right) = 2\frac{\tau(x)ha_0^3}{3E\widetilde{I}_l} \tag{5-19c}$$

$$\widetilde{I}_l = \frac{I_l}{1 + \dfrac{3\mu EI_l}{A_l Ga_0^2}} \tag{5-20}$$

式中　μ——剪应力不均匀系数；

　　　G——剪变模量。

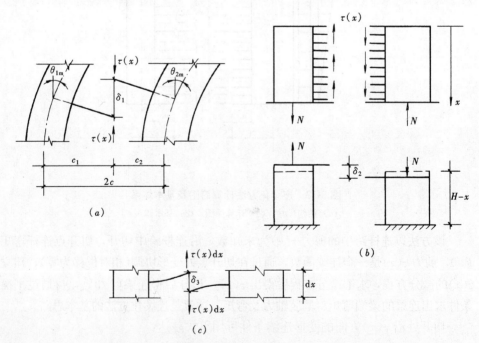

图 5-18　连杆切开处的变形

(a) 墙肢弯曲变形；(b) 墙肢轴向变形；(c) 连梁弯曲及剪切变形

$\widetilde{I}_l$ 称为连梁折算惯性矩，是以弯曲形式表达的、考虑了弯曲和剪切变形的惯性矩。

把式（5-19a）、式（5-19b）、式（5-19c）代入式（5-18），可得位移协调方程如下：

$$-2c\vartheta_m + \frac{1}{E}\left(\frac{1}{A_1} + \frac{1}{A_2}\right)\iint\limits_{x\,0}^{H\,x}\tau(x)\mathrm{d}x\mathrm{d}x + \frac{2\tau(x)ha_0^3}{3E\widetilde{I}_l} = 0 \qquad (5\text{-}21\mathrm{a})$$

微分两次，得：

$$-2c\vartheta''_m - \frac{1}{E}\left(\frac{1}{A_1} + \frac{1}{A_2}\right)\tau(x) + \frac{2ha_0^3}{3E\widetilde{I}_l}\tau''(x) = 0 \qquad (5\text{-}21\mathrm{b})$$

式（5-21b）称为双肢墙连续化方法的基本微分方程，求解微分方程，就可得到以函数形式表达的未知力 $\tau(x)$。求解结果以相对坐标表示更为一般化，令截面位置相对坐标 $x/H = \xi$，则：

$$\tau(\xi) = \frac{m(\xi)}{2c} = V_0\frac{T}{2c}\varphi(\xi) \qquad (5\text{-}22)$$

式中　m——连梁对墙肢的约束弯矩，$m(\xi) = \tau(\xi)\cdot 2c$，表示连梁对墙肢的反弯作用；

　　　V_0——剪力墙底部剪力，与水平荷载形式有关；

　　　T——轴向变形影响系数，为墙肢与洞口相对关系的一个参数，T 值大表示墙肢相对较窄：

$$T = \frac{I - \sum\limits_{i=1}^{s+1}I_i}{I} = \frac{\sum\limits_{i=1}^{s+1}A_iy_i^2}{I} \qquad (5\text{-}23)$$

$$I = \Sigma I_i + \sum\limits_{i=1}^{s+1}A_iy_i^2$$

　　　$\varphi(\xi)$——系数，其表达式与水平荷载形式有关，在倒三角分布荷载作用下：

$$\varphi(\xi) = 1 - (1-\xi)^2 - \frac{2}{\alpha^2} + \left(\frac{2\mathrm{sh}\alpha}{\alpha} - 1 + \frac{2}{\alpha^2}\right)\frac{\mathrm{ch}\alpha\xi}{\mathrm{ch}\alpha} - \frac{2}{\alpha}\mathrm{sh}\alpha\xi \qquad (5\text{-}24)$$

　　　$\varphi(\xi)$ 为 α、ξ 的函数，ξ 为坐标，α 与剪力墙尺寸有关，为已知几何参数。α 称为整体系数，是表示连梁与墙肢相对刚度的一个参数，也是联肢墙的一个重要的几何特征参数，由连续化方法推导过程中归纳而得。

双肢剪力墙的整体系数表达式为：

$$\alpha = H\sqrt{\frac{6}{Th(I_1 + I_2)}\cdot\widetilde{I}_l\frac{c^2}{a_0^3}} \qquad (5\text{-}25\mathrm{a})$$

式中　H、h——分别为剪力墙的总高与层高；

　　　I_1、I_2、$\widetilde{I}_l$——分别为两个墙肢和连梁的惯性矩；

　　a_0、c——分别为洞口净宽 $2a_0$ 和墙肢重心到重心距离 $2c$ 的一半。

　　多肢墙也可以用连续化方法计算，基本方法与双肢墙相同，由于有 s 列洞口和连梁，就有 s 个未知剪力，可建立 s 个微分方程，需要求解多元联立方程，但比较麻烦，此处不再赘述，读者可参考文献［14］。多肢墙的整体系数表达式为：

$$\alpha = H \sqrt{\frac{6}{Th\sum\limits_{i=1}^{s+1} I_i} \sum_{i=1}^{s} \tilde{I}_{li} \frac{c_i^2}{a_i^3}} \tag{5-25b}$$

式中　s——联肢墙洞口列数，$s+1$ 即为墙肢数；

　　a_i、c_i——$2a_i$、$2c_i$ 分别为第 i 个洞口的净宽及相邻墙肢重心到重心距离；

　　　　　　其他符号同上。

　　整体系数 α 只与联肢剪力墙的几何尺寸有关，是已知的。α 愈大表示连梁刚度与墙肢刚度的相对比值愈大，连梁刚度与墙肢刚度的相对比值对联肢墙内力分布和位移的影响很大，因此是一个重要的几何参数。

　　在工程设计中，考虑到连续化方法将墙肢及连梁简化为杆件体系，在计算简图中连梁应采用带刚域杆件，见图 5-19，墙肢轴线间距离为 $2c$，连梁刚域长度

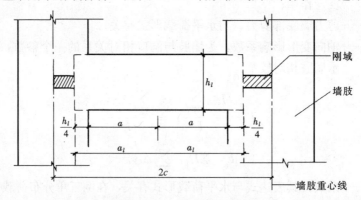

图 5-19　连梁计算跨度

为墙肢轴线以内宽度减去连梁高度的 $1/4$，刚域为不变形部分，除刚域外的变形段为连梁计算跨度，取为 $2a_l$，在以上各公式中用 $2a_l$ 代替 $2a$。

$$2a_l = 2a + 2 \times \frac{h_l}{4} \tag{5-26a}$$

　　由于一般连梁跨高比较小，在计算跨度内要考虑连梁的弯曲变形和剪切变形，连梁的折算弯曲刚度由式（5-20）计算，令 $G=0.42E$，矩形截面连梁剪应力不均匀系数 $\mu=1.2$，则式（5-20）的连梁折算惯性矩可近似写为：

$$\tilde{I}_l = \frac{I_l}{1 + \dfrac{3\mu E I_l}{A_l G a^2}} = \frac{I_l}{1 + 0.7\dfrac{h_l^2}{a_l^2}} \tag{5-26b}$$

2. 联肢剪力墙的内力

图 5-20 是由连续剪力 $\tau(\xi)$ 计算连梁内力及墙肢内力的计算简图。

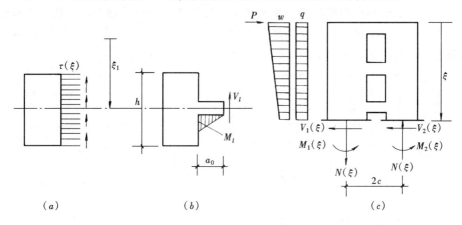

图 5-20　连梁、墙肢内力计算简图

(a) 连杆内力 $\tau(\xi)$；(b) 连梁剪力、弯矩；(c) 墙肢轴力及弯矩

计算 j 层连梁内力时，用该连梁中点处的剪应力 $\tau(\xi_j)$ 乘以层高得到剪力（近似于在层高范围内积分），剪力乘以连梁净跨度的 1/2 得到连梁根部的弯矩，用该剪力及弯矩设计连梁截面，即：

$$V_{bj} = \tau(\xi_j)h$$
$$M_{bj} = V_{bj} \cdot a_0 \tag{5-27}$$

已知连梁内力后，可由隔离体平衡求出墙肢轴力及弯矩。下面用更简单而物理意义十分清晰的另一种表达式计算墙肢的轴力与弯矩。

由连续化方法分析得到的墙肢内力可以表达成下列公式：

$$M_i(\xi) = kM_p(\xi)\frac{I_i}{I} + (1-k)M_p(\xi)\frac{I_i}{\sum I_i} \tag{5-28}$$

$$N_i(\xi) = kM_p(\xi)\frac{A_i y_i}{I}$$

式中　$M_p(\xi)$——坐标 ξ 处，外荷载作用下的倾覆力矩；

$M_i(\xi)$、$N_i(\xi)$——分别为第 i 墙肢的弯矩和轴力，$\xi = x/H$，为截面的相对坐标；

I_i、y_i——分别为第 i 墙肢的截面惯性矩、截面重心到剪力墙总截面重心的距离；

I——剪力墙截面总惯性矩，$I = I_1 + I_2 + A_1 y_1^2 + A_2 y_2^2$；

k——系数，与荷载形式有关，在倒三角分布荷载下，k 值计算公式为：

$$k = \frac{3}{\xi^2(3-\xi)}\left[\frac{2}{\alpha^2}(1-\xi) + \xi^2\left(1-\frac{\xi}{3}\right) - \frac{2}{\alpha^2}\mathrm{ch}\alpha\xi + \left(\frac{2\mathrm{sh}\alpha}{\alpha} + \frac{2}{\alpha^2} - 1\right)\frac{\mathrm{sh}\alpha\xi}{\alpha\mathrm{ch}\alpha}\right]$$

$$\tag{5-29}$$

式（5-29）的物理意义可由图 5-21 说明。图 5-21（c）表示多肢剪力墙截面应力分布，它可分解为图 5-21（d）、（e）两部分，图 5-21（d）为沿截面直线分布的应力，称为整体弯曲应力，组成每个墙肢的部分弯矩及轴力，分别对应于式（5-28）第 1、2 式的第一项；局部弯曲应力（图 5-21e）组成每个墙肢上的另一部分弯矩，对应于公式（5-28）第 1 式的第二项。

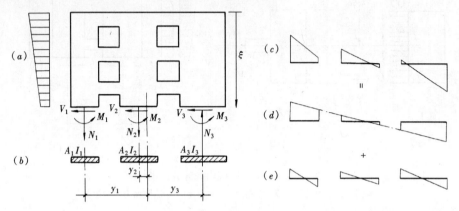

图 5-21　多肢墙截面应力的分解

系数 k 的物理意义为两部分弯矩的百分比，k 值较大，则整体弯矩及轴力较大，局部弯矩较小，此时截面上总应力分布（图 5-21e）更接近直线，可能一个墙肢完全受拉，另一个墙肢完全受压；k 值较小则反之，截面上应力锯齿形分布更明显，每个墙肢都有拉、压应力。

由式（5-29）可见，系数 k 是 ξ 和 α 的函数。k-α-ξ 是一族曲线，见图5-22。ξ 不相同的各个截面，k 值曲线不同。曲线特点是：当 α 很小时，k 值都很小，截

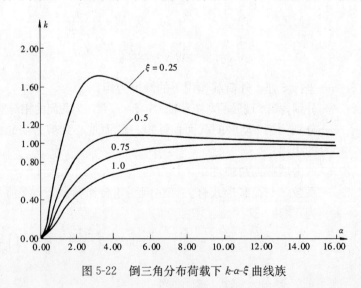

图 5-22　倒三角分布荷载下 k-α-ξ 曲线族

面内以局部弯矩为主；当 α 增大时，k 值增大，α 大于 10 以后，k 值都趋近于 1，截面内以整体弯矩为主。

如果某个联肢墙的 α 很小（$\alpha \leqslant 1$），意味着连梁对墙肢的约束弯矩很小，此时可以忽略连梁对墙肢的影响，把连梁近似看成铰接连杆，墙肢成为单肢墙，见图 5-23，计算时可看成多个单片悬臂剪力墙。

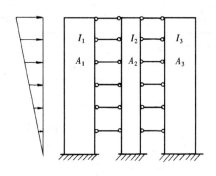

图 5-23 连杆连接的独立墙肢

墙肢剪力可以近似按公式（5-15）计算，式中等效刚度取考虑剪切变形的墙肢弯曲刚度，由式（5-17c）计算。这是近似方法，与连续化方法无关。

3. 联肢剪力墙的位移和等效刚度

通过连续化方法还可求出联肢墙在水平荷载作用下的位移，位移函数与水平荷载形式有关，在倒三角形分布荷载作用下，其顶点位移（$\xi = 0$）公式为：

$$\Delta = \frac{11}{60} \frac{V_0 H^3}{E\Sigma I_i}(1 + 3.64\gamma^2 - T + \psi_\alpha T) \tag{5-30a}$$

式中　γ^2——墙肢剪切变形影响系数：

$$\gamma^2 = \frac{E\Sigma I_i}{H^2 G\Sigma A_i / \mu_i} \tag{5-30b}$$

　　ψ_α——系数，为几何参数 α 的函数，与荷载形式有关，倒三角形分布荷载的系数为：

$$\psi_\alpha = \frac{60}{11} \frac{1}{\alpha^2}\left(\frac{2}{3} + \frac{2\text{sh}\alpha}{\alpha^3\text{ch}\alpha} - \frac{2}{\alpha^2\text{ch}\alpha} - \frac{\text{sh}\alpha}{\alpha\text{ch}\alpha}\right) \tag{5-30c}$$

ψ_α 已制成表格，见表 5-6，可根据 α 值查得。

由式（5-30a）可得到等效抗弯刚度。用悬臂墙顶点位移公式表达顶点位移，即

$$\Delta = \frac{11}{60} \frac{V_0 H^3}{EI_{eq}} \tag{5-31}$$

等效刚度

$$EJ_{eq} = \frac{E\Sigma I_i}{1 + 3.64\gamma^2 - T + \psi_\alpha T} \tag{5-32}$$

倒三角荷载下的 ψ_α 值 表 5-6

α	ψ_α	α	ψ_α
1.000	0.720	11.000	0.026
1.500	0.537	11.500	0.023
2.000	0.399	12.000	0.022
2.500	0.302	12.500	0.020
3.000	0.234	13.000	0.019
3.500	0.186	13.500	0.017
4.000	0.151	14.000	0.016
4.500	0.125	14.500	0.015
5.000	0.105	15.000	0.014
5.500	0.089	15.500	0.013
6.000	0.077	16.000	0.012
6.500	0.067	16.500	0.012
7.000	0.058	17.000	0.011
7.500	0.052	17.500	0.010
8.000	0.046	18.000	0.010
8.500	0.041	18.500	0.009
9.000	0.037	19.000	0.009
9.500	0.034	19.500	0.008
10.000	0.031	20.000	0.008
10.500	0.028	20.500	0.008

4. 联肢剪力墙的位移和内力分布规律

图 5-24 给出了按连续化方法计算得到联肢墙的侧移、连梁剪应力、墙肢轴力、墙肢弯矩沿刚度分布曲线，它们受整体系数 α 的影响，其特点是：

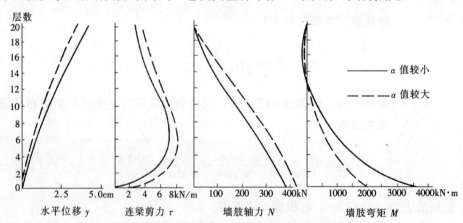

图 5-24 联肢墙侧移及内力分布图

（1）联肢墙的侧移曲线呈弯曲型，α 值愈大，墙的抗侧刚度愈大，侧移减小。

（2）连梁内力沿高度分布特点是：连梁最大剪力在中部某个高度处，向上、向下都逐渐减小。最大值 τ_{max}（x）的位置与参数 α 有关，α 愈大，τ_{max}（x）的位置愈接近底截面。此外，α 值增大时，连梁剪力增大。

（3）墙肢轴力与 α 有关，因为墙肢轴力即该截面以上所有连梁剪力之和，当 α 值加大时，连梁剪力加大，墙肢轴力也加大。

（4）墙肢的弯矩也与 α 值有关，与轴力正好相反，α 值愈大，墙肢弯矩愈小。这也可以从平衡的观点得到解释，切开双肢墙截面，平衡要求：

$$M_1 + M_2 + N \cdot 2c = M_p \tag{5-33}$$

所以，在相同的外弯矩 M_p 作用下，N 越大，M_1、M_2 就要越小。

需要说明的是，连续化计算的内力沿高度是连续分布的（图 5-24），实际上由于连梁不是连续的，连梁剪力和对墙肢的约束弯矩也不是连续的，在连梁与墙肢相交处，墙肢弯矩、轴力会有突变，形成锯齿形分布。连梁约束弯矩愈大，弯矩突变（即锯齿）也愈大，墙肢容易出现反弯点，反之，弯矩突变较小，此时，在剪力墙很多层中墙肢都没有反弯点。

剪力墙墙肢内力分布、侧移曲线形状与有无洞口或者连梁大小有很大关系，图 5-25 给出了几种不同情况。下面作一些说明：

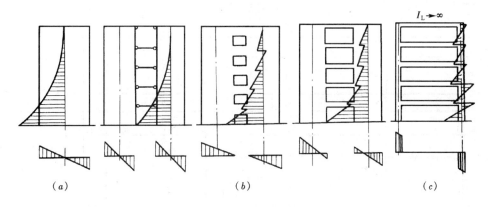

图 5-25　剪力墙弯矩及截面应力分布
（a）悬臂墙；（b）联肢墙；（c）框架

① 悬臂墙弯矩沿高度都是一个方向（没有反向弯矩），弯矩图为曲线，截面应力分布是直线（按材料力学规律，假定其为直线），墙为弯曲变形。

② 联肢墙的内力及侧移与 α 值有关。大致可分为 3 种情况：

当连梁很小，整体系数 $\alpha \leqslant 1$ 时，其约束弯矩很小而可忽略，可假定其为铰接杆，则墙肢是两个单肢悬臂墙，每个墙肢弯矩图与应力分布和①相同。

当连梁刚度较大，$\alpha \geqslant 10$，则截面应力分布接近直线，由于连梁约束弯矩而在楼层处形成锯齿形弯矩图，如果锯齿形不大，大部分层墙肢弯矩没有反弯点，剪力墙接近整体悬臂墙，截面应力接近直线分布，侧移曲线主要还是弯曲型的。

当连梁与墙肢相比刚度介于上面两者之间时，即 $1 \leqslant \alpha \leqslant 10$，为典型的联肢墙情况，连梁约束弯矩造成的锯齿较大，截面应力不再为直线分布，此时墙的侧移仍然主要为弯曲型。

③ 当剪力墙开洞很大时，墙肢相对较弱，这种情况的 α 值都较大（$\alpha \gg 10$），最极端的情况就是框架（把框架看成洞口很大的剪力墙），如图 5-25（c）所示，

这时弯矩图中各层"墙肢"(柱)都有反弯点,原因就是"连梁"(框架梁)相对于框架柱而言,其刚度较大,约束弯矩较大所致。从截面应力分布来看,墙肢拉、压力较大,两个墙肢的应力图相连几乎是一条直线。具有反弯点的杆件会造成层间变形较大,因此当洞口加大而墙肢减细时,其变形向剪切型靠近,框架侧移主要就是剪切型的。

由以上分析可见,剪力墙是平面结构,框架是杆件结构,二者似乎没有关系,但实际上,由剪力墙截面减小、洞口加大,则可能过渡到框架,其内力及侧移由量变到质变,框架结构与剪力墙内力的差别就很大了。

【例 5-4】　计算 12 层剪力墙的墙肢内力及顶点位移。该剪力墙层高 2.9m,总高 34.8m,每层开两个门洞,洞口高均为 2.2m。截面如图 5-26 所示,用 C40级混凝土,各层水平地震作用见表 5-8。

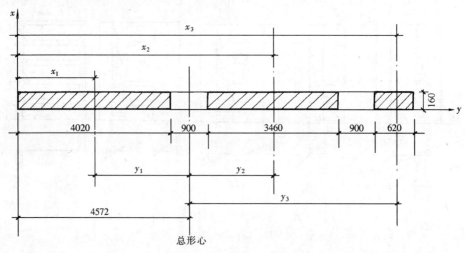

图 5-26　例 5-4 图(一)

【解】　用连续化方法计算。墙肢几何参数计算见表 5-7。

例 5-4 表(一)　　　　　　　　　表 5-7

墙肢	A_i (m²)	x_i (m)	A_ix_i	至总形心距离 y_i (m)	I_i (m⁴)	$A_iy_i^2$ (m⁴)	$\dfrac{I_i}{\Sigma I_i}$	$\dfrac{I_i}{I}$	$2c_i$ (m)
1	0.643	2.01	1.2928	2.562	0.8662	4.221	0.6091	0.0823	4.64
2	0.554	6.65	3.6814	2.078	0.5523	2.392	0.3884	0.0525	2.94
3	0.099	9.59	0.9513	5.018	0.0032	2.498	0.0023	0.0003	
Σ	1.296		5.925		1.422	9.11			

总形心位置:$x_0 = \dfrac{5.925}{1.296} = 4.57\text{m}$

组合惯性矩：$I = 1.42 + 9.10 = 10.52 \text{m}^4$

轴向变形影响系数：$T = \dfrac{\Sigma A_i y_i^2}{I} = \dfrac{9.10}{10.52} = 0.865$

连梁惯性矩（两个连梁相同）：$I_l = \dfrac{b h_l^3}{12} = 4.2 \times 10^{-3} \text{m}^4$

连梁计算跨度（两个连梁相同）：$2a_{li} = l + \dfrac{h_l}{4} \times 2 = 0.9 + \dfrac{0.68}{2} = 1.24 \text{m}$

连梁折算惯性矩：$\widetilde{I}_{li} = \dfrac{I_{li}}{1 + 0.7 \dfrac{h_l^2}{a_{li}^2}} = \dfrac{4.2 \times 10^{-3}}{1 + 0.7 \dfrac{0.9^2}{0.62^2}} = 2.28 \times 10^{-3} \text{m}^4$

整体系数：$\alpha = H \sqrt{\dfrac{6}{Th \Sigma I_i} \sum\limits_{i=1}^{2} \dfrac{\widetilde{I}_{li} c_i^2}{a_{li}^3}} = 34.8 \sqrt{\dfrac{6 \times 2.28 \times 10^{-3}(2.32^2 + 1.47^2)}{0.865 \times 2.9 \times 1.42 \times 0.62^3}}$

$= 12.2$

用公式（5-29）计算 k 值后，代入公式（5-28）计算墙肢弯矩 M 和轴力 N。

现以底层底截面为例计算如下，其余各层底截面的计算结果列于表 5-8。

底层底截面 $\xi = 1.0$，外荷载产生的倾覆力矩 $M_p = 7268.2 \text{kN} \cdot \text{m}$

$$\alpha = 12.2, \alpha^2 = 148.84$$

$$\text{sh}\alpha = 99394.03286, \text{ch}\alpha = 99395.11828$$

$$k = \dfrac{3}{\xi^2(3 - \xi)} \left[\dfrac{2}{\alpha^2}(1 - \xi) + \xi^2 \left(1 - \dfrac{\xi}{3}\right) - \dfrac{2}{\alpha^2} \text{ch}\alpha\xi + \left(\dfrac{2\text{sh}\alpha}{\alpha} + \dfrac{2}{\alpha^2} - 1\right) \dfrac{\text{sh}\alpha\xi}{\alpha \text{ch}\alpha} \right] = 0.879$$

由式（5-28）计算各墙肢弯矩和轴力：

墙肢 1：

$$M_1 = kM_p \dfrac{I_1}{I} + (1 - k)M_p \dfrac{I_1}{\Sigma I_i}$$

$$= 7268.2 \times [0.879 \times 0.082 + (1 - 0.879) \times 0.61] = 1060.3 \text{kN} \cdot \text{m}$$

$$N_1 = kM_p \dfrac{A_1 y_1}{I} = 0.879 \times 7268.2 \times \dfrac{0.643 \times 2.56}{10.52} = 999.6 \text{kN}$$

墙肢 2：

$$M_2 = kM_p \dfrac{I_2}{I} + (1 - k)M_p \dfrac{I_2}{\Sigma I_i}$$

$$= 7268.2 \times [0.879 \times 0.053 + (1 - 0.879) \times 0.389] = 680.7 \text{kN} \cdot \text{m}$$

$$N_2 = kM_p \dfrac{A_2 y_2}{I} = 0.879 \times 7268.2 \times \dfrac{0.554 \times 2.08}{10.52} = 699.8 \text{kN}$$

墙肢 3：

$$M_3 = kM_p \dfrac{I_3}{I} + (1 - k)M_p \dfrac{I_3}{\Sigma I_i}$$

$$= 7268.2 \times [0.879 \times 0.0003 + (1 - 0.879) \times 0.002] = 3.68 \text{kN} \cdot \text{m}$$

$$N_3 = kM_p \frac{A_3 y_3}{I} = 0.879 \times 7268.2 \times \frac{0.099 \times 5.02}{10.52} = 301.8 \text{kN}$$

例 5-4 表（二）　　　　　　　　　　表 5-8

楼层号	地震作用 F_j (kN)	层剪力 V_j (kN)	倾覆力矩 M_{pj} (kN·m)	层坐标 ξ	系数 k	M_{ij} (kN·m)			N_{ij} (kN)		
						墙肢 1	墙肢 2	墙肢 3	墙肢 1	墙肢 2	墙肢 3
12	60.5	0	0	0	0	0	0	0	0	0	0
11	38.7	60.5	175.4	0.083	2.110	−88.4	−56.1	−0.28	57.9	40.6	18.0
10	35.1	99.2	463.1	0.167	1.358	−49.6	−31.0	−0.14	98.4	68.9	30.6
9	31.6	134.3	852.6	0.250	1.165	−4.3	−1.7	−0.02	155.4	108.8	48.4
8	28.3	165.9	1333.7	0.333	1.088	48.0	30.7	0.20	227.0	159.0	70.7
7	24.7	194.2	1896.9	0.417	1.051	104.3	68.3	0.40	311.9	218.3	97.1
6	21.1	218.9	2531.6	0.500	1.031	167.1	108.9	0.63	408.3	285.8	127.1
5	17.6	240.0	3227.6	0.583	1.019	232.3	151.1	0.87	514.5	360.2	160.1
4	14.0	257.6	3974.7	0.667	1.000	325.9	210.7	1.20	621.6	420.9	193.6
3	10.6	271.6	4762.3	0.750	0.999	395.3	252.2	1.40	744.1	521.0	231.4
2	7.0	282.2	5580.7	0.833	0.983	507.8	329.3	1.80	858.3	601.0	267.3
1	3.5	289.2	6419.4	0.917	0.952	686.9	442.9	2.40	956.6	669.5	297.2
0	0	292.7	7268.2	1.000	0.879	1060.3	680.7	3.70	999.6	699.8	301.8

墙肢 1 的弯矩图和轴力图画在图 5-27 中，连续化方法计算结果是没有"锯齿"的光滑曲线，实际的弯矩图应该如虚线所示，对墙肢 1 来说，可能只有部分楼层有反弯点，具体情况应该在计算连梁的弯矩以后才能确定（本图仅示意）。在本剪力墙中，可以判断墙肢 3 各层都会出现反弯点（墙肢 3 截面很小，连梁相对刚度大），"锯齿"在弯矩图中所占比例很大，而由连续化给出的墙肢 3 的弯矩偏小很多。

用式（5-30b）计算剪力墙的等效刚度，取 C40 级混凝土弹性模量，得：

$$E = 3.25 \times 10^7 \text{kN/m}^2, G = 0.42E$$

$$\gamma^2 = \frac{E\Sigma I_i}{H^2 G\Sigma A_i/\mu_i} = \frac{1.422}{34.8^2 \times 0.42 \times \frac{1.296}{1.2}} = 0.0026$$

$T = 0.865$，由表 5-6 查 ψ_α，$\psi_\alpha = 0.021$

用式（5-32）计算剪力墙等效刚度：

$$\begin{aligned}
EI_{eq} &= \frac{E\Sigma I_i}{1 + 3.64\gamma^2 - T + \psi_\alpha T} \\
&= \frac{3.25 \times 10^7 \times 1.422}{1 + 3.64 \times 0.0026 - 0.865 \times (1 - 0.021)} \\
&= 2.8417 \times 10^8 \text{kN·m}^2
\end{aligned}$$

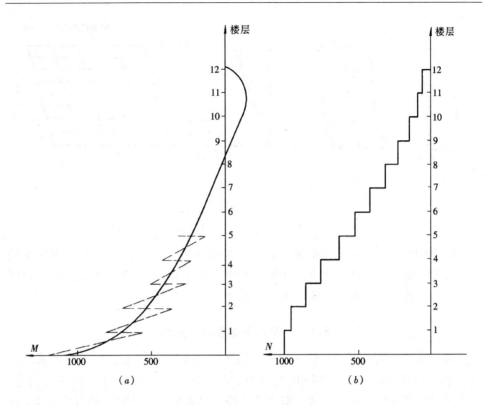

图 5-27　例 5-4 图（二）

（a）弯矩图；（b）轴力图

用式（5-31）计算剪力墙顶点位移：

$$\Delta = \frac{11}{60}\frac{V_0 H^3}{EI_{\text{eq}}} = \frac{11}{60} \times \frac{292.7 \times 34.8^3}{2.8417 \times 10^8} = 0.00796\text{m} = 7.96\text{mm}$$

5.4　框架-剪力墙结构的近似计算方法

框架-剪力墙结构是由两种变形性质不同的抗侧力单元框架和剪力墙通过楼板协调变形而共同抵抗竖向荷载及水平荷载的结构，见图 5-28。框架-剪力墙结构的剪力墙可以分散布置在结构平面内，也可以集中布置在楼电梯间，形成井筒。

在竖向荷载作用下，按各自的承载面积计算每榀框架和每榀剪力墙的竖向荷载，分别计算内力。

在水平荷载作用下，因为框架与剪力墙的变形性质不同，不能直接把总水平剪力按抗侧刚度的比例分配到每榀结构上，而是必须采用协同工作方法得到侧移和各自的水平层剪力及内力。

框架-剪力墙结构计算的近似方法，简称框-剪协同工作计算方法，也采用

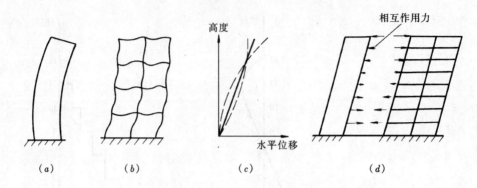

图 5-28　框架-剪力墙结构协同工作

(a) 剪力墙变形；(b) 框架变形；(c) 变形协调；(d) 内力协调

5.1节所做的假定，需要将结构分解成平面结构单元，它适用于比较规则的结构，而且只能计算平移时的剪力分配；如果有扭转，要单独进行扭转计算，再将两部分内力叠加。这种方法概念清楚，结果的规律性较好。

5.4.1　简化假定及计算简图

除了5.1节的基本简化假定以外，该方法把结构中所有的框架集合成总框架，采用 D 值法计算其抗侧刚度及内力，因此该方法需要采用 D 值法的假定；该方法又把所有的墙肢集合成总剪力墙，按照悬臂墙方法计算它的抗侧刚度，该方法也需要采用关于悬臂墙计算的假定；墙肢间的连梁以及墙肢与框架柱之间的连系梁统称为连系梁，所有连系梁集合成总连系梁，总连系梁简化成带刚域杆件。

协同工作方法计算的主要目的是计算在总水平荷载作用下的总框架层剪力 V_f、总剪力墙的总层剪力 V_w 和总弯矩 M_w、总连系梁的梁端弯矩 M_l 和剪力 V_l，然后按照框架的规律把 V_f 分配到每根柱，按照剪力墙的规律把 V_w、M_w 分配到每片墙，按照连梁刚度把 M_l 和剪力 V_l 分配到每根梁，这样就可以得到每一根杆件截面设计需要的内力。

协同工作方法有两种计算简图：

(1) 铰接体系。如图5-29所示的框架-剪力墙结构，墙肢之间没有连梁，或者有连梁而连梁很小（$\alpha \leqslant 1$），墙肢与框架柱之间也没有连系梁，因此剪力墙和框架柱之间仅靠楼板协同工作，所有剪力墙和框架在每层楼板标高处的侧移相等，可得到如图5-29 (b) 所示的计算简图，总框架与总剪力墙之间为铰接连杆。

(2) 刚接体系。图5-30 (a) 与图5-29 (a) 的结构平面不同，墙肢之间有连梁（$\alpha \geqslant 1$）和/或墙肢与框架柱之间有连系梁（图中用符号"//"标明者）相连，这些连系梁对墙肢和框架柱会起作用，需要采用如图5-30 (b) 所示的刚接体系计算简图。图中的总连系梁刚度为所有连梁和连系梁刚度之和。

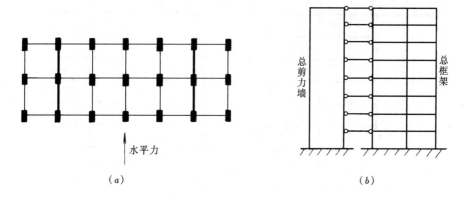

图 5-29　框-剪协同铰接体系

(*a*) 结构平面；(*b*) 计算简图

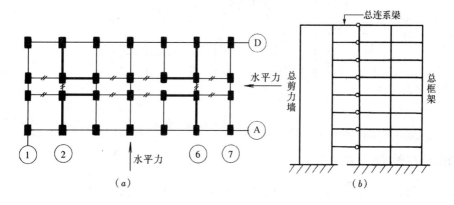

图 5-30　框-剪协同刚接体系

(*a*) 结构平面；(*b*) 计算简图

5.4.2　协同工作的基本原理及刚度特征值

　　框-剪协同工作简化计算方法也是采用连续化方法，把总连系梁分散到全高，成为连续杆件，然后将连杆切开，分成剪力墙及框架两个基本体系。以铰接体系为例予以说明，见图 5-31。

　　总剪力墙是悬臂杆，按照静定的弯曲杆件计算变形，用弯曲刚度 EI_{eq} 计算总剪力墙；用 D 值法计算框架层刚度；连杆切断处侧移必须相等，作用力、反作用力必须平衡，根据变形协调条件就可建立一个四阶常微分方程。

$$\frac{\mathrm{d}^4 y}{\mathrm{d}x^4} - \frac{C_f}{EI_w}\frac{\mathrm{d}^2 y}{\mathrm{d}x^2} = \frac{p(x)}{EI_w} \tag{5-34}$$

令

$$\lambda^2 = H^2 \frac{C_f}{EI_w}, \xi = \frac{x}{H} \tag{5-34a}$$

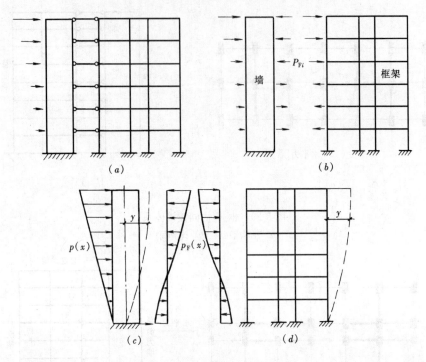

图 5-31　铰接体系的基本体系

则微分方程可改写成：
$$\frac{\mathrm{d}^4 y}{\mathrm{d}\xi^4} - \lambda^2 \frac{\mathrm{d}^2 y}{\mathrm{d}\xi^2} = \frac{H^4}{EI_w} p(\xi) \tag{5-34b}$$

式中　EI_w——总剪力墙刚度，为 k 片剪力墙等效刚度之和，即：

$$EI_w = \sum_{j=1}^{k} EI_{eqj} \tag{5-35}$$

C_f——总框架抗推刚度，为 s 根柱抗推刚度之和，即 $C_f = \sum_{j=1}^{s} C_{fj}$，抗推刚度为产生单位层间变形所需的推力。柱抗推刚度可由柱 D 值计算，由图 5-32，总框架抗推刚度为：

$$C_f = h \sum_{j=1}^{s} D_j \tag{5-36}$$

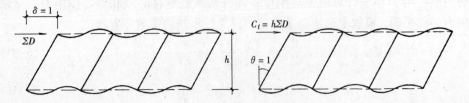

图 5-32　框架抗推刚度

值得特别注意的是系数 λ，由式（5-34a）可得铰接体系 λ 为：

$$\lambda = H\sqrt{\frac{C_f}{EI_w}} \tag{5-37}$$

λ 称为框-剪结构的刚度特征值，其物理意义是总框架抗推刚度 C_f 与总剪力墙抗弯刚度 EI_w 的相对大小。下面将会看到，刚度特征值对框-剪结构的受力及变形性能有很大影响。

求解微分方程式(5-34b)，可得到侧移 $y(\xi)$。有了侧移变形，通过积分，即可求出总剪力墙的弯矩和剪力，通过平衡关系，可求出总框架的层剪力，求出总连系梁的弯矩 M_L，详细的计算公式推导见参见文献[14]，此处仅给出倒三角分布荷载作用下的最后计算公式如下：

$$y = \frac{qH^2}{C_f}\left[\left(1 + \frac{\lambda \mathrm{sh}\lambda}{2} - \frac{\mathrm{sh}\lambda}{\lambda}\right)\frac{\mathrm{ch}\lambda\xi - 1}{\lambda^2 \mathrm{ch}\lambda} + \left(\frac{1}{2} - \frac{1}{\lambda^2}\right)\left(\xi - \frac{\mathrm{sh}\lambda\xi}{\lambda}\right) - \frac{\xi^3}{6}\right]$$

$$M_w = \frac{qH^2}{\lambda^2}\left[\left(1 + \frac{\lambda \mathrm{sh}\lambda}{2} - \frac{\mathrm{sh}\lambda}{\lambda}\right)\frac{\mathrm{ch}\lambda\xi}{\mathrm{ch}\lambda} - \left(\frac{\lambda}{2} - \frac{1}{\lambda}\right)\mathrm{sh}\lambda\xi - \xi\right]$$

$$V_w = \frac{qH}{\lambda^2}\left[\left(1 + \frac{\lambda \mathrm{sh}\lambda}{2} - \frac{\mathrm{sh}\lambda}{\lambda}\right)\frac{\lambda \mathrm{sh}\lambda\xi}{\mathrm{ch}\lambda} - \left(\frac{\lambda}{2} - \frac{1}{\lambda}\right)\lambda \mathrm{ch}\lambda\xi - 1\right]$$

$$\tag{5-38}$$

y、M_w、V_w 各函数中自变量为 λ 和 ξ，为使用方便，已将公式分别制成曲线，分别见图 5-33、图 5-34、图 5-35，图中纵坐标的值分别是位移系数 $y(\xi)/f_H$、弯矩系数 $M_w(\xi)/M_0$、剪力系数 $V_w(\xi)/V_0$。f_H、M_0、V_0 分别是静定悬臂墙的顶点位移、底截面弯矩、底截面剪力，其值已示于相应的曲线图中。使用时根据该结构的 λ 值和所求截面的坐标 ξ 从曲线中查出系数，代入式(5-39)即可求得该结构的侧移及总剪力墙的内力。

$$y = \left(\frac{y(\xi)}{f_H}\right) \cdot f_H$$

$$M_w = \left(\frac{M_w(\xi)}{M_0}\right) \cdot M_0 \tag{5-39}$$

$$V_w = \left(\frac{V_w(\xi)}{V_0}\right) \cdot V_0$$

总框架剪力 $V_f(\xi)$ 可由外荷载的总剪力 $V_p(\xi)$ 减去总剪力墙剪力 $V_w(\xi)$ 得到：

$$V_f(\xi) = V_p(\xi) - V_w(\xi) \tag{5-40}$$

铰接体系在均布荷载、顶点集中荷载作用下的计算公式及系数曲线图可参见文献 [14]、[15]。刚接体系的基本方法、微分方程都与铰接体系相同，但由于考虑连系梁，计算略为复杂。如有需要，可参见同上文献。

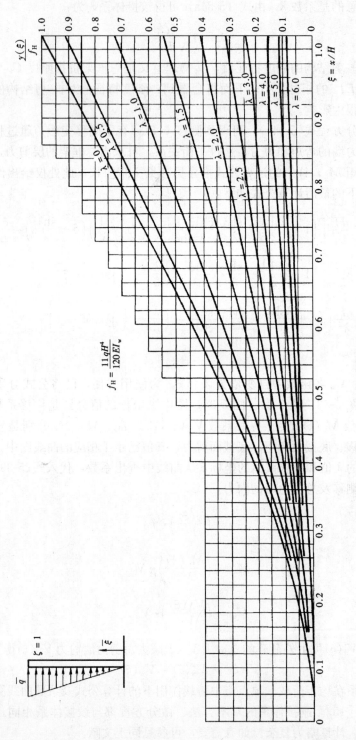

图 5-33 倒三角分布荷载下位移系数

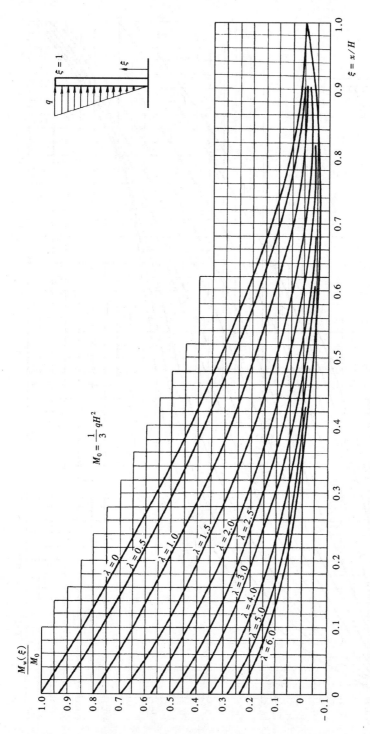

图 5-34 倒三角分布荷载下剪力墙的弯矩系数

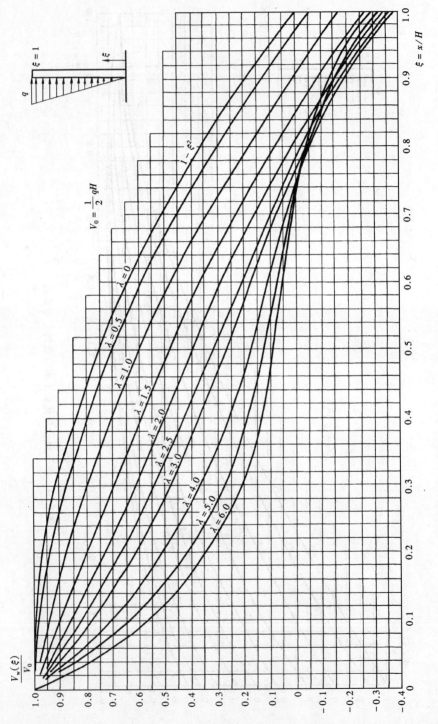

图 5-35   倒三角分布荷载下剪力墙的剪力系数

5.4.3 框-剪结构位移与内力分布规律

框-剪结构在水平荷载作用下协同工作的位移曲线及内力分布情况受刚度特征值 λ 的影响很大。当框架抗推刚度很小时，λ 值较小；$\lambda=0$ 即纯剪力墙结构；当剪力墙抗弯刚度很小时，λ 值增大；$\lambda=\infty$ 时相当于纯框架结构。

图 5-36 (a) 给出了不同 λ 值框-剪结构的位移曲线形状。当 λ 较大时，结构以框架为主，位移曲线主要是剪切型；λ 很小时，结构以剪力墙为主，位移曲线主要是弯曲型；二者比例相当时（$\lambda=1\sim6$），为弯剪型变形，下部楼层剪力墙作用大，略带弯曲型；上部楼层剪力墙作用减小，略带剪切型，侧移曲线中部有反弯点，层间变形最大值在反弯点附近。读者很容易知道，当剪力墙很弱或剪力墙很强时最大层间变形位置的变化趋势。

图 5-36 (b)、(c)、(d) 是水平荷载作用下的框架与剪力墙之间的剪力分配情况，均布荷载作用下总剪力沿高度分布见图 5-25 (b)，图 5-36 (c) 中阴影线勾出了剪力墙的剪力分布特征，图 5-36 (d) 中阴影线勾出了框架的剪力分布特征，它们也与 λ 值有很大关系。由于剪力墙比框架刚度大很多，通常剪力墙会承受大部分剪力，而框架承受小部分剪力。就剪力分配比例而言，特别要注意到各层的分配比例都在变化。分配后剪力的主要特征是：剪力墙下部承受了很大剪力，向上迅速减小，到顶部时剪力墙承受负剪力（剪力方向与下部相反）；而框架的剪力分布特征则是中间某层最大，向上向下都逐渐减小。

图 5-36 (e) 为框架与剪力墙之间的荷载分配关系图。在均布水平荷载作用下，剪力墙下部承受的荷载大于外荷载，而框架下部的荷载与外荷载的作用方向相反，在框架与剪力墙的顶部有相互作用的集中力。

由图 5-28 (c) 可见，弯曲型变形为主的剪力墙与剪切型变形为主的框架由于楼板的作用变形协调，剪力墙下部变形加大，上部减小，而框架正好相反。由于变形协调造成了上述荷载分配与剪力分配的特征。

需要说明的是，图 5-36 中剪力墙的内力都是用连续化计算结果表示的，实际内力分布应该是台阶形的，框架底层柱的剪力也不是零，读者可画出实际内力图。

【例 5-5】 框架-剪力墙结构，12 层，结构平面图示于图 5-37，1 与 9 轴、4 与 6 轴剪力墙的立面图示于图 5-38。抗震设防烈度为 8 度，地震分组为第二组，I_1 类场地。计算沿短轴方向水平地震作用下框架及剪力墙的内力及位移。结构的基本自振周期为 0.96s。

【解】

1. 柱截面特性计算结果列于表 5-9。

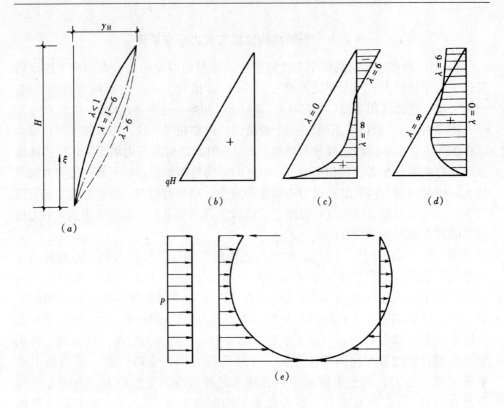

图 5-36 框-剪结构侧移曲线及剪力分配

(a) 框-剪结构侧移曲线；(b) V_p 图；

(c) V_w 图；(d) V_f 图；(e) 框-剪结构荷载分配

柱截面特性计算结果　　　　　　　　　　表 5-9

楼层号	截面尺寸 (cm×cm)	混凝土强度等级	I_c (cm⁴)	I_c/h (cm³)	$i_c = E\dfrac{I_c}{h}$(kN・m)
12	45×45	C30	$3.42×10^5$	$\dfrac{3.42}{3.8}×10^3=900$	$0.90×3.00×10^4=2.70×10^4$
8-11	45×45	C30	$3.42×10^5$	$\dfrac{3.42}{3.0}×10^3=1140$	$1.14×3.00×10^4=3.41×10^4$
4-7	45×45	C35	$3.42×10^5$	$\dfrac{3.42}{3.0}×10^3=1140$	$1.14×3.15×10^4=3.70×10^4$
2-3	45×45	C40	$3.42×10^5$	$\dfrac{3.42}{3.0}×10^3=1140$	$1.14×3.25×10^4=3.7×10^4$
1	50×50	C40	$5.21×10^5$	$\dfrac{5.21}{6.0}×10^3=868$	$0.87×3.25×10^4=2.82×10^4$

梁：25cm×55cm，C30 级混凝土，则

$$I_b=1.5×25×55^3/12=5.20×10^5 \text{cm}^4 \quad (1.5 \text{ 为考虑 T 形截面惯性矩的放大系数})$$

$$i_b=EI_b/l=3.00×10^4×5.20×10^5/600=2.60×10^4 \text{kN・m}$$

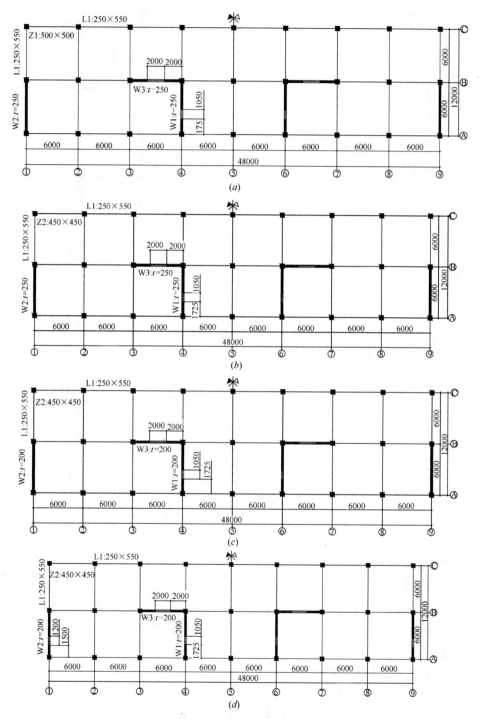

图 5-37 例 5-5 结构平面图（单位：mm）
(a) 首层；(b) 二层；(c) 三层；(d) 四～十二层

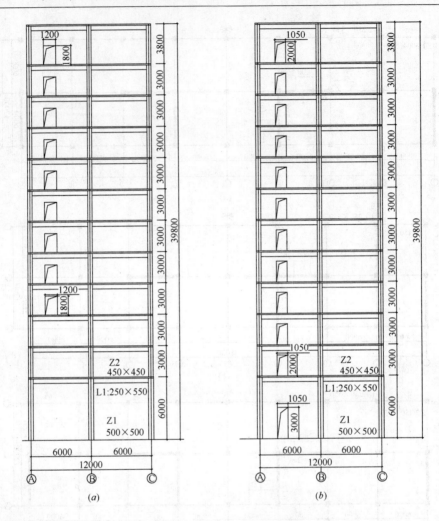

图 5-38 例 5-5 剪力墙立面图（单位：mm）

(a) 1、9 轴剪力墙；(b) 4、6 轴剪力墙

2. 框架刚度计算

用 D 值法计算。中柱 5 根，边柱 14 根。

标准层： $\alpha = K/(2+K)$, $K = \Sigma i_b/2i_c$

底层： $\alpha = (0.5+K)/(2+K)$, $K = \Sigma i_b/i_c$

框架刚度： $C_f = Dh = \Sigma 12\alpha i_c/h$

计算结果列于表 5-10。

平均总刚度

$$C_f = \frac{5.968 \times 3.8 + 8.227 \times 12 + 8.359 \times 12 + 8.443 \times 6 + 5.564 \times 6}{39.8} \times 10^5$$

$$= 76.82 \times 10^4 \, \text{kN}$$

框架刚度计算结果 表 5-10

楼层号	中 柱			边 柱			总刚度
	K	α	C (kN)	K	α	C (kN)	C_f (kN)
12	$\dfrac{4\times2.60\times10^4}{2\times2.70\times10^4}$ $=1.928$	$\dfrac{1.928}{2+1.928}$ $=0.491$	$5\times0.491\times$ $2.70\times10^4\times$ $\dfrac{12}{3.8}=2.091\times$ 10^5	$\dfrac{2\times2.60\times10^4}{2\times2.70\times10^4}$ $=0.964$	$\dfrac{0.964}{2+0.964}$ $=0.325$	$18\times0.325\times$ $2.70\times10^4\times$ $\dfrac{12}{3.8}=3.878\times$ 10^5	5.968×10^5
8~11	1.522	0.432	2.953×10^5	0.761	0.276	5.274×10^5	8.227×10^5
4~7	1.449	0.420	3.015×10^5	0.725	0.266	5.344×10^5	8.359×10^5
2~3	1.405	0.413	3.055×10^5	0.702	0.260	5.388×10^5	8.443×10^5
1	$\dfrac{2\times2.60\times10^4}{2.82\times10^4}$ $=1.843$	$\dfrac{0.5+1.843}{2+1.843}$ $=0.610$	1.720×10^5	$\dfrac{2\times2.60\times10^4}{2\times2.820\times10^4}$ $=0.922$	$\dfrac{0.5+0.922}{2+0.922}$ $=0.487$	3.844×10^5	5.564×10^5

3. 剪力墙刚度计算

结构剪力墙的高度为 39.8m，根据《抗震规范》，剪力墙的抗震等级为一级，底部加强部位的高度取底部两层 9m 与墙体总高度的 1/10 约 4m 二者的较大值。对一级抗震墙，底部加强部位的墙厚不应小于 200mm 且不宜小于层高的 1/16，非加强部位墙体厚度不应小于 160mm 且不宜小于层高的 1/20。底部加强层墙厚取 250mm，加强部位以上的剪力墙厚度取 200mm。混凝土等级与柱相同。剪力墙截面见图 5-39。

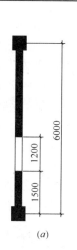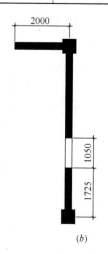

图 5-39 剪力墙截面（单位：mm）
(a) 1、9 轴剪力墙 W2；(b) 4、6 轴剪力墙 W1

1、9 轴剪力墙 W2：

首层 $I_w=5.72m^4$，$E_wI_w=5.72\times3.25\times10^7=18.594\times10^7kN\cdot m^2$

2 层 $I_w=5.39m^4$，$E_wI_w=5.39\times3.25\times10^7=17.509\times10^7kN\cdot m^2$

3 层 $I_w=4.68m^4$，$E_wI_w=4.68\times3.25\times10^7=15.194\times10^7kN\cdot m^2$

4~7 层 $I_w=4.18m^4$，$E_wI_w=4.18\times3.15\times10^7=13.154\times10^7kN\cdot m^2$

8~12 层 $I_w=4.18m^4$，$E_wI_w=4.18\times3.00\times10^7=12.528\times10^7kN\cdot m^2$

平均 $E_wI_w=14.208\times10^7kN\cdot m^2$

4、6 轴剪力墙 W1：有效翼缘宽度取 6 倍墙厚=1.2m/1.5m

首层 $I_w=8.92m^4$，$E_wI_w=8.92\times3.25\times10^7=29.005\times10^7kN\cdot m^2$

2 层 $I_w=8.59m^4$，$E_wI_w=8.59\times3.25\times10^7=27.920\times10^7kN\cdot m^2$

3 层　　　$I_w = 6.70 \text{m}^4$，$E_w I_w = 6.70 \times 3.25 \times 10^7 = 21.768 \times 10^7 \text{kN} \cdot \text{m}^2$

4～7 层　　　$I_w = 6.70 \text{m}^4$，$E_w I_w = 6.70 \times 3.15 \times 10^7 = 21.098 \times 10^7 \text{kN} \cdot \text{m}^2$

8～12 层　　　$I_w = 6.70 \text{m}^4$，$E_w I_w = 6.70 \times 3.00 \times 10^7 = 20.093 \times 10^7 \text{kN} \cdot \text{m}^2$

平均

$$E_w I_w = \frac{(29.005 \times 6 + 27.920 \times 3 + 21.768 \times 3 + 21.098 \times 12 + 20.093 \times 15.8) \times 10^7}{39.8}$$

$$= 22.456 \times 10^7 \text{kN} \cdot \text{m}^2$$

总剪力墙刚度　　　$\Sigma E_w I_w = 73.327 \times 10^7 \text{kN} \cdot \text{m}^2$

4. 地震作用计算

查表 3-9，由 I_1 类场地与设计地震分组为第二组，可知 $T_g = 0.3\text{s}$。查表 3-8，得 $\alpha_{max} = 0.16$。

按铰接体系（不考虑连系梁的约束弯矩）计算地震作用，已知计算自振周期 0.96s，考虑周期修正后的计算周期为：

$$T_1 = 0.8 \times 0.96 = 0.768\text{s}$$

阻尼比为 0.05，由图 3-10：

$$\alpha_1 = (T_g / T)^{0.9} \alpha_{max} = (0.3/0.768)^{0.9} \times 0.16 = 0.0687$$

由式（3-9），结构底部总剪力为：

$$F_{EK} = \alpha_1 G_{eq} = 0.0687 \times 0.85 \times 89437.6 = 5222.7\text{kN}$$

由表 3-12 查顶部附加地震作用系数，采用式（3-11）计算顶部附加地震作用：

$$\Delta F_n = (0.08T_1 + 0.07) F_{EK} = 0.131 \times 5222.7 = 686.5\text{kN}$$

由式（3-10）计算水平地震作用沿高度分布：

$$F_i = \frac{(F_{EK} - \Delta F_n) G_i h_i}{\Sigma G_i h_i} = 4536.2 \frac{G_i h_i}{\Sigma G_i h_i}$$

F_i、V_i、$F_i h_i$ 的计算值见表 5-11，其中顶部地震作用为 $F_{12} + \Delta F_n$。

F_i、V_i、$F_i h_i$ 计算值　　　　　　　　　　　　表 5-11

楼层号	h_i (m)	G (kN)	$G_i h_i \times 10^5$ (kN·m)	$\dfrac{G_i h_i}{\Sigma G_i h_i}$	F_i (kN)	V_i (kN)	$F_i h_i \times 10^3$ (kN·m)
12	39.8	7076.4	2.82	0.141	1325.6	1325.6	52.76
11	36	7652.4	2.75	0.138	627.6	1953.2	22.59
10	33	7309.8	2.41	0.121	549.6	2502.8	18.14
9	30	7309.8	2.19	0.110	499.6	3002.4	14.99
8	27	7309.8	1.97	0.099	449.6	3452.1	12.14
7	24	7309.8	1.75	0.088	399.7	3851.8	9.59
6	21	7309.8	1.54	0.077	349.7	4201.5	7.34
5	18	7309.8	1.32	0.066	299.8	4501.2	5.40
4	15	7309.8	1.10	0.055	249.8	4751.1	3.75
3	12	7309.8	0.88	0.044	199.8	4950.9	2.40
2	9	7309.8	0.66	0.033	149.9	5100.8	1.35
1	6	8920.6	0.54	0.027	121.9	5222.7	0.73
Σ		89437.6	19.92	1.000	5222.7		151.18

按基底弯矩相等，将水平地震作用换算成倒三角形分布，计算列于表 5-12。

水平地震作用计算结果　　　　表 5-12

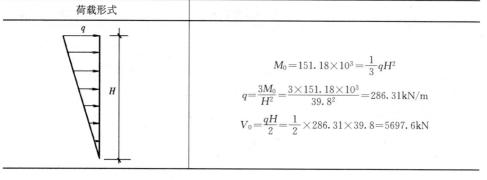

荷载形式	
H	$M_0 = 151.18 \times 10^3 = \dfrac{1}{3} qH^2$ $q = \dfrac{3M_0}{H^2} = \dfrac{3 \times 151.18 \times 10^3}{39.8^2} = 286.31\text{kN/m}$ $V_0 = \dfrac{qH}{2} = \dfrac{1}{2} \times 286.31 \times 39.8 = 5697.6\text{kN}$

5. 框架-剪力墙协同工作计算

（1）由 λ 值及荷载类型查图表计算内力：

$$\lambda = H\sqrt{C_F/E_w J_w} = 39.8\sqrt{76.821 \times 10^4 / 73.327 \times 10^7} = 1.288$$

①各层剪力墙底截面内力 M_w、V_w，倒三角形分布荷载下的系数查图 5-34 及图 5-35。

②表 5-13 中框架层剪力按下式计算，系数 $\dfrac{V'_f}{V_0}$ 由下式中括号内数据计算所得：

$$V'_f = \left(\dfrac{V'_f}{V_0}\right) \times V_0 = V - V_w = \dfrac{qH\ (1-\xi^2)}{2} - V_w = \left[(1-\xi^2)\ - \dfrac{V_w}{V_0}\right] \times V_0$$

③各层总框架柱剪力 V_f 应由上、下楼层处 V'_f 值平均计算，V'_f 由系数计算。

$$V_{fi} = (V'_{fi-1} + V'_{fi})\ /2$$

计算结果见表 5-13，表中数值单位：M 为 kN·m，V 为 kN。

框架剪力计算结果　　　　表 5-13

楼层号	标高 x (m)	$\xi = \dfrac{x}{H}$	$\dfrac{M_w}{M_0}$	$M_w \times 10^3$	$\dfrac{V_w}{V_0}$	$V_w \times 10^3$	$\dfrac{V'_f}{V_0}$	$V'_f \times 10^3$	$V_f \times 10^3$
12	39.8	1.0	0	0.00	−0.23	−1.2	0.23	1.20	1.18
11	36	0.905	−0.015	−2.27	−0.04	−0.2	0.22	1.16	1.21
10	33	0.829	−0.025	−3.78	0.07	0.4	0.24	1.27	1.24
9	30	0.754	−0.01	−1.51	0.2	1.0	0.23	1.21	1.18
8	27	0.679	0.02	3.02	0.32	1.7	0.22	1.15	1.14
7	24	0.603	0.08	12.09	0.42	2.2	0.22	1.13	1.14
6	21	0.528	0.12	18.14	0.5	2.6	0.22	1.16	1.12
5	18	0.452	0.19	28.72	0.59	3.1	0.21	1.07	1.03
4	15	0.377	0.26	39.31	0.67	3.5	0.19	0.98	0.99
3	12	0.302	0.33	49.89	0.72	3.8	0.19	0.99	0.86
2	9	0.226	0.43	65.01	0.81	4.2	0.14	0.73	0.64
1	6	0.151	0.52	78.61	0.87	4.5	0.11	0.56	0.28
	0		0.74	111.87	1	5.2	0.00	0.00	—

（2）位移计算（查图 5-33）列于表 5-14。

位移计算结果 表 5-14

	$\lambda = 1.288$
顶点位移	$f_H = \dfrac{11}{120}\dfrac{qH^4}{EI} = \dfrac{11}{120}\dfrac{286.31 \times 39.8^4}{73.327 \times 10^7} = 0.0898\text{m}$
	当 $x = H$ 时，$y_H/f_H = 0.60$
	$y_H = 53.88\text{mm}$
层间位移	5 层 $x/H = 0.452$，$y_7/f_H = 0.177$
	6 层 $x/H = 0.528$，$y_8/f_H = 0.240$
	$\delta_{max} = (0.24 - 0.177) \times 53.88 = 5.657\text{mm}$
	$(\delta/h)_{max} = 0.5657/300 = 1/530 > [1/800]$

注：层间位移允许值见第 4 章表 4-2。

6. 简单讨论

（1）当连系梁的刚度很小时，近似计算可忽略其抗弯刚度而按铰接体系计算。本例题的连系梁截面较小，因此考虑与不考虑连系梁的约束计算得到的内力及位移相差不多。

（2）本例题结构层间位移超过允许值，说明刚度偏小。

（3）如果连系梁的约束作用较大，也就是刚接体系情况下，结构刚度特征值 λ 增大，自振周期 T_1 减小，地震作用增大，结构底部总剪力增大；剪力墙分担的剪力加大；框架分担的剪力减小；建筑物顶点位移减小，但层间位移加大。

（4）在得到总剪力墙、总框架、总连系梁内力以后，需根据各构件刚度进行第二步分配，才能得到构件控制断面的内力。

5.5 扭 转 近 似 计 算

5.5.1 概 述

前几节介绍框架、剪力墙以及框架-剪力墙结构的计算，都是在平移情况下，即水平荷载合力作用线通过结构刚度中心的情况。当水平荷载合力作用线不通过刚度中心时，结构不仅发生平移变形，还会出现扭转。例如图 5-40 的结构，虽然平面形状对称，水平荷载合力通过平面形心 O_1 点，但抗侧力结构布置不对称，刚度中心 O_D 显然偏左下方，结构受扭。

在地震或风载作用下结构常常出现扭转，地震作用下扭转可能使结构遭受严重破坏。扭转作用难以精确计算，即使是完全对称的结构，地震作用下亦不可避免地会出现扭转。在工程中，扭转问题要着重从设计方案、抗侧力结构布置或配筋构造、连接构造上妥善设计。一方面尽可能减少扭转，另一方面尽可能加强结构的抗扭能力，计算仅作为一种设计补充手段。

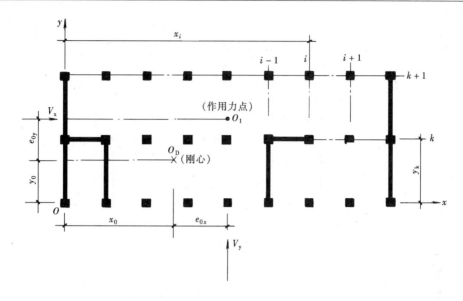

图 5-40 结构受扭

严格说，本节介绍的近似方法不能得到真正的扭转效应，但是近似计算方法概念清楚，计算简便，适合于手算，对比较规则的结构可以对扭转反应有大致的估计。更重要的是，通过扭转计算的讨论，可使读者建立起如何减少结构扭转、增强结构抗扭能力的设计概念。

扭转近似计算仍然建立在平面结构及楼板在自身平面内无限刚性这两个基本假定的基础上，一般是先作平移下内力分析，然后考虑扭转作用对内力及位移作修正。

5.5.2 质量中心、刚度中心及扭转偏心距

在近似方法中，要先确定水平力作用线及刚度中心，二者之间的距离为扭转偏心距。风荷载的合力作用线位置已在第 3 章中讨论，见 3.1.2 及例 3-1。

水平地震作用点即惯性力的合力作用点，与质量分布有关，称为质心。计算时可用重量代替质量，具体方法是：将建筑面积分为若干个质量均匀分布的单元，如图 5-41 所示，在参考坐标系 xoy 中确定重心坐标 x_m，y_m。

$$\left.\begin{array}{l} x_m = \sum x_i m_i / \sum m_i = \sum x_i w_i / \sum w_i \\ y_m = \sum y_i m_i / \sum m_i = \sum y_i w_i / \sum w_i \end{array}\right\} \tag{5-41}$$

式中　m_i, w_i——分别为第 i 个面积单元的质量和重量；

　　　x_i, y_i——第 i 个面积单元的重心坐标。

所谓刚度中心，在近似方法计算中是指各抗侧力结构抗侧刚度的中心。计算方法与形心计算方法类似。把抗侧力单元的抗侧刚度作为假想面积，求得各个假想面积的总形心就是刚度中心。抗侧移刚度是指抗侧力单元在单位层间位移下的层剪力值，即：

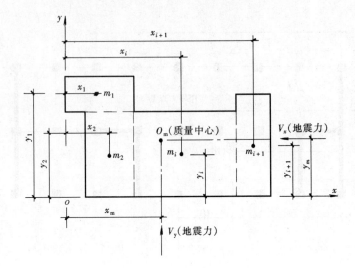

图 5-41   质心坐标

$$\left.\begin{aligned} D_{yi} &= V_{yi}/\delta_y \\ D_{xk} &= V_{xk}/\delta_x \end{aligned}\right\} \tag{5-42}$$

式中 V_{yi}——与 y 轴平行的第 i 片结构剪力；

V_{xk}——与 x 轴平行的第 k 片结构剪力；

δ_x，δ_y——分别为该结构在 x 方向、y 方向的层间位移。

以图 5-40 的平面为例计算刚度中心。任选参考坐标 xoy，与 y 轴平行的抗侧力单元以 1，2…，i 系列编号，抗侧移刚度为 D_{yi}；与 x 轴平行的抗侧力单元以 1，2……，k 系列编号、抗侧移刚度为 D_{xk}；则刚度中心坐标分别为：

$$\left.\begin{aligned} x_0 &= \Sigma D_{yi} x_i / \Sigma D_{yi} \\ y_0 &= \Sigma D_{xk} y_k / \Sigma D_{xk} \end{aligned}\right\} \tag{5-43a}$$

下面分别讨论框架结构、剪力墙结构和框架-剪力墙结构刚心位置的计算方法。

1. 框架结构

框架柱的 D 值就是抗侧移刚度。所以分别计算每根柱在 y 方向和 x 方向的 D 值后，直接代入式（5-43a）求 x_0 及 y_0，式中求和符号表示对所有柱求和。

2. 剪力墙结构

根据式（5-42）的定义计算剪力墙的抗侧刚度。式中 V_{yi} 与 V_{xk} 是在剪力墙结构平移变形时第 i 片及第 k 片墙分配到的剪力，因为剪力是按各片墙的等效抗弯刚度分配的，所以剪力墙结构的刚度中心可以用等效抗弯刚度计算，同一层中各片剪力墙弹性模量相同，故刚心坐标可由下式计算：

$$\left.\begin{aligned} x_0 &= \Sigma EI_{eqyi} x_i / \Sigma EI_{eqyi} \\ y_0 &= \Sigma EI_{eqxk} y_k / \Sigma EI_{eqxk} \end{aligned}\right\} \tag{5-43b}$$

计算时注意纵向及横向剪力墙要分别计算，式中求和符号表示对同一方向各片剪力墙求和。

3. 框架-剪力墙结构

在框-剪结构中，框架柱的抗推刚度和剪力墙的等效抗弯刚度都不能直接使用。可以根据抗推刚度的定义，把式（5-42）代入式（5-43a），这时注意把与 y 轴平行的框架与剪力墙按统一顺序排号，与 x 轴平行的也按统一顺序排号。可得到：

$$\left.\begin{aligned}
x_0 &= \frac{\sum\left[(V_{yi}/\delta_y)x_i\right]}{\sum(V_{yi}/\delta_y)} = \frac{\sum V_{yi}x_i}{\sum V_{yi}} \\
y_0 &= \frac{\sum\left[(V_{xk}/\delta_x)y_k\right]}{\sum(V_{xk}/\delta_x)} = \frac{\sum V_{xk}y_k}{\sum V_{xk}}
\end{aligned}\right\} \tag{5-43c}$$

式（5-43c）中 V_{yi} 与 V_{xk} 分别是框-剪结构 y 方向和 x 方向平移变形下协同工作计算得到的各片抗侧力单元所分配到的剪力。因此，在框-剪结构中，先做平移的协同工作计算（即不考虑扭转），得到各片平面结构分配到的剪力后，再按式（5-43c）近似计算刚心位置。

从式（5-43c），也可给刚度中心一个新的解释：刚度中心是在不考虑扭转情况下各抗侧力单元层剪力的合力中心。因此，在其他类型的结构中，当已经知道各抗侧力单元抵抗的层剪力值后，也可直接由层剪力计算刚心位置。

在确定了质心（或风力合力作用线）和刚度中心后，二者的距离 e_{0x} 和 e_{0y} 就分别是 y 方向作用力（剪力）V_y 和 x 方向作用力（剪力）V_x 的计算偏心距，见图 5-42。

为了安全，在高层建筑结构抗震设计时，需要考虑偶然偏心的影响，将偏心距增大，得到设计偏心距。通常可按下式计算：

$$\left.\begin{aligned}
e_x &= e_{0x} \pm 0.05L_x \\
e_y &= e_{0y} \pm 0.05L_y
\end{aligned}\right\} \tag{5-44}$$

式中　L_x、L_y——分别是与力作用方向相垂直的建筑平面长度。

5.5.3 考虑扭转作用的层剪力修正

图 5-42（a）中的虚线表示结构在偏心的层剪力作用下发生的层间变形情况。层剪力 V_y 距刚心 O_D 为 e_x，因而有扭矩 $M_t = V_ye_x$。在 V_y 及 M_t 共同作用下，既有平移变形，又有扭转变形，图 5-42（a）可分解为图 5-42（b）和（c），图 5-42（b）中结构只有相对层间平移 δ，而图 5-42（c）中只有相对层间转角 θ。可以利用叠加原理得到各片抗侧力单元的侧移及内力。

由于假定楼板在自身平面内无限刚性，楼板上任意一点的位移都可由 δ 及 θ 描述，将坐标原点设在刚心 O_D 处，并设坐标轴的正方向如图 5-28 所示，规定与坐标轴正方向相一致的位移为正，θ 角则以反时针旋转为正，则各片结构在其自身平面方向的侧移可表示如下：

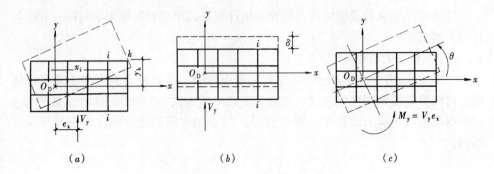

图 5-42 结构平移及扭转变形

(a) 平扭耦连；(b) 平移变形；(c) 扭转变形

与 y 轴平行的第 i 片结构沿 y 方向层间位移：

$$\delta_{yi} = \delta + \theta x_i \tag{5-45a}$$

与 x 轴平行的第 k 片结构沿 x 方向层间位移：

$$\delta_{xk} = -\theta y_k \tag{5-45b}$$

式中　x_i、y_k——分别为 i 片及 k 片结构形心在 xO_Dy 坐标系中的坐标值，为代数值。

由抗侧移刚度的定义可求得：

$$V_{yi} = D_{yi}\delta_{yi} = D_{yi}\delta + D_{yi}\theta x_i \tag{5-45c}$$

$$V_{xk} = D_{xk}\delta_{xk} = -D_{xk}\theta y_k \tag{5-45d}$$

式中　V_{yi}、V_{xk}——分别为 i 片及 k 片结构在层剪力 V_y 及扭矩 M_y 作用下的剪力。

由力平衡条件 $\Sigma Y = 0$ 及 $\Sigma M = 0$，可得：

$$\delta = V_y / \Sigma D_{yi} \tag{5-45e}$$

$$\theta = \frac{V_y e_x}{\Sigma D_{yi}x_i^2 + \Sigma D_{xk}y_k^2} \tag{5-45f}$$

ΣD_{yi} 为结构在 y 方向的抗推刚度，式（5-45e）是平移时的力和位移关系；式（5-45f）是扭矩与转角关系，分母 $\Sigma D_{yi}x_i^2 + \Sigma D_{xk}y_k^2$ 称为结构的抗扭刚度。

将计算得到的 δ、θ 代入式（5-45c）和式（5-45d），经整理得：

$$V_{yi} = \frac{D_{yi}}{\Sigma D_{yi}}V_y + \frac{D_{yi}x_i}{\Sigma D_{yi}x_i^2 + \Sigma D_{xk}y_k^2}V_y e_x \tag{5-46a}$$

$$V_{xk} = -\frac{D_{xk}y_k}{\Sigma D_{yi}x_i^2 + \Sigma D_{xk}y_k^2}V_y e_x \tag{5-46b}$$

同理，当 x 方向作用有偏心剪力 V_x 时，在 V_x 和扭矩 $V_x e_y$ 作用下也可推得类似公式：

$$V_{xk} = \frac{D_{xk}}{\Sigma D_{xk}}V_x + \frac{D_{xk}y_k}{\Sigma D_{yi}x_i^2 + \Sigma D_{xk}y_k^2}V_x e_y \tag{5-47a}$$

$$V_{yi} = -\frac{D_{yi}x_i}{\Sigma D_{yi}x_i^2 + \Sigma D_{xk}y_k^2}V_x e_y \tag{5-47b}$$

以上四式是分别在 x 和 y 方向有扭矩作用时各抗侧力单元的剪力。上式说明，无论在哪个方向水平荷载有偏心而引起结构扭转时，两个方向的抗侧力单元都能参加抵抗扭矩，但是平移变形时，与力作用方向相垂直的抗侧力单元不起作用（这是平面结构假定导致的必然结果）。

式（5-46a）和式（5-47b）都是 V_{yi}（y 方向抗侧力单元的剪力），分别是 y 方向水平荷载作用下和 x 方向水平荷载作用下的剪力值，但是式（5-46a）的 V_{yi} 大于式（5-47b）的 V_{yi}，从抗侧力单元中构件设计的角度看，应当用式（5-46a）所得内力设计这些抗侧力单元。同理，在设计与 x 轴平行的那些抗侧力单元时，应当用式（5-47a）求出 V_{xk}。也就是说，式（5-46b）求出的 V_{xk} 和式（h）求出的 V_{yi} 都不是控制内力，没有意义。

将式（5-46a）及式（5-47a）改写成下式：

$$V_{yi} = \left(1 + \frac{e_x x_i \Sigma D y_{yi}}{\Sigma D_{yi} x_i^2 + \Sigma D_{xk} y_k^2}\right) \frac{D_{yi}}{\Sigma D_{yi}} V_y \qquad (5\text{-}48a)$$

$$V_{xk} = \left(1 + \frac{e_y y_k \Sigma D_{xk}}{\Sigma D_{yi} x_i^2 + \Sigma D_{xk} y_k^2}\right) \frac{D_{xk}}{\Sigma D_{xk}} V_x \qquad (5\text{-}48b)$$

或简写为：

$$V_{yi} = \alpha_{yi} \frac{D_{yi}}{\Sigma D_{yi}} V_y \qquad (5\text{-}49a)$$

$$V_{xk} = \alpha_{xk} \frac{D_{xk}}{\Sigma D_{xk}} V_x \qquad (5\text{-}49b)$$

上式说明，在考虑扭转以后，某个抗侧力单元的剪力，可以用平移分配到的剪力乘以修正系数得到，修正系数为：

$$\alpha_{yi} = 1 + \frac{e_x x_i \Sigma D_{yi}}{\Sigma D_{yi} x_i^2 + \Sigma D_{xk} y_k^2} \qquad (5\text{-}50a)$$

$$\alpha_{xk} = 1 + \frac{e_y y_k \Sigma D_{xk}}{\Sigma D_{yi} x_i^2 + \Sigma D_{xk} y_k^2} \qquad (5\text{-}50b)$$

在有扭转作用的结构中，各片结构的层间相对扭转角 θ 由式（5-45f）近似计算，平移与扭转叠加的层间侧移可用式（5-45a）、式（5-45b）近似计算。

5.5.4　讨　论

（1）在同一个结构中，各片抗侧力单元的扭转修正系数大小不一。式（5-50a）、式（5-50b）的第二项可为正值或负值，即 α 可能大于 1，也可能小于 1。当某片抗侧力结构的 $\alpha > 1$ 时，表示其剪力在考虑扭转后将增大；$\alpha < 1$ 时，表示考虑扭转后该单元的剪力将减小。离刚心愈远的抗侧力结构，剪力修正也愈多。

（2）在扭转作用下，各片抗侧力结构的侧移及层间变形也不相同，距刚心较远的边缘抗侧力单元的侧移及层间变形最大。如果扭转愈严重，边缘抗侧力单元的附加侧移也愈大。换句话说，可以用结构中最远点的侧移与平均侧移的比值来考察结构扭转的严重程度，这也就是第 2 章中介绍的对不规则结构所作的限制条件之一。

（3）抗扭刚度由 $\Sigma D_{yi}x_i^2$ 及 $\Sigma D_{xk}y_k^2$ 之和组成，也就是说，结构中纵向和横向抗侧力单元都能抵抗扭矩。距离刚心愈远的抗侧力单元对抗扭刚度贡献愈大。

因此，如果能把抗侧刚度较大的剪力墙放在离刚心远一点的地方，抗扭效果较好。此外，如果能把抗侧力结构布置成内部尺寸较大的正方形或圆形，就能较充分发挥全部抗侧力结构的抗扭效果。

（4）在上、下布置都相同的框架-剪力墙结构中，各层刚心并不在同一根竖轴上，有时刚心位置相差较大。因此各层结构的偏心距和扭矩都会改变，各层结构扭转修正系数也会改变。

【例 5-6】　图 5-43 所示为某一结构的第 j 层平面图。图中除标明各轴线间距离（单位为 m）外，还给出各片结构沿 x 方向和 y 方向的抗侧刚度 D 值（单位为 kN/cm）。已知沿 y 向作用总剪力 $V_y = 1000$ kN，计算考虑扭转作用后各片结构的剪力。

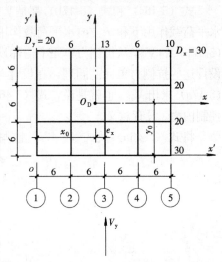

图 5-43　例 5-6 图（一）

【解】　基本数据计算如表 5-15；选 $x'oy'$ 为参考坐标，计算刚度中心位置。

基本数据计算表　　　　　　　　　　　　表 5-15

序号	D_{yi} (kN/cm)	x' ($\times 10^2$ cm)	$D_{yi}x'$ ($\times 10^2$ kN)	x'^2 ($\times 10^4$ cm²)	$D_{yi}x'^2$ ($\times 10^4$ kN·cm)
1	20	0	0	0	0
2	6	6	36	36	216
3	13	12	156	144	1872
4	6	18	108	324	1944
5	10	24	240	576	5760
Σ	55		540		9792

序号	D_{xk} (kN/cm)	y' ($\times 10^2$ cm)	$D_{xk}y'$ ($\times 10^2$ kN)	y'^2 ($\times 10^4$ cm²)	$D_{xk}y'^2$ ($\times 10^4$ kN·cm)
1	30	0	0	0	0
2	20	6	120	36	720
3	20	12	240	144	2880
4	30	18	540	324	9720
Σ	100		900		13320

刚度中心 $\qquad x_0 = \dfrac{\Sigma D_{yi} x'}{\Sigma D_{yi}} = \dfrac{540 \times 10^2}{55} = 982\text{cm}$

$$y_0 = \frac{\Sigma D_{xk} y'}{\Sigma D_{xk}} = \frac{900 \times 10^2}{100} = 900\text{cm}$$

偏心距 $\qquad e_x = 1200 - 982 = 218\text{cm}$

$$e_y = 0$$

以刚度中心为原点，建立坐标系统 xO_Dy，因为 $y = y' - y_0$，$\Sigma D_{xk} y' = y_0 \Sigma D_{xk}$，所以：

$$\begin{aligned}
\Sigma D_{xk} y_k^2 &= \Sigma D_{xk}(y' - y_0)^2 = \Sigma D_{xk} y'^2 - 2y_0 \Sigma D_{xk} y' + \Sigma D_{xk} y_0^2 \\
&= \Sigma D_{xk} y'^2 - 2y_0^2 \Sigma D_{xk} + y_0^2 \Sigma D_{xk} = \Sigma D_{xk} y'^2 - y_0^2 \Sigma D_{xk} \\
&= (13320 - 9^2 \times 100) \times 10^4 = 5220 \times 10^4 \text{kN} \cdot \text{cm}
\end{aligned}$$

同理可得：

$$\begin{aligned}
\Sigma D_{yi} x_i^2 &= \Sigma D_{yi} x'^2 - x_0^2 \Sigma D_{yi} = (9792 - 9.82^2 \times 55) \times 10^4 \\
&= 4488 \times 10^4 \text{kN} \cdot \text{cm}
\end{aligned}$$

由式（5-47）计算结构层扭转角：

$$\theta = \frac{V_y e_x}{\Sigma D_{yi} x_i^2 + \Sigma D_{xk} y_k^2} = \frac{1000 \times 2.18 \times 10^2}{(4488 + 5220) \times 10^4} = 0.00225 \text{ cm}^{-1}$$

由（5-46）计算结构平移层位移：

$$\delta = \frac{V_y}{\Sigma D_{yi}} = \frac{1000}{55} = 18.18\text{cm}$$

由式（a）、式（b）计算各片结构层位移，计算结果列于表 5-16，并示意于图 5-44。

结构层位移计算结果 表 5-16

序号	y 向		序号	x 向	
	x_i (10^2 cm)	δ_{yi} (cm)		y_k (10^2 cm)	δ_{xk} (cm)
1	-9.82	15.97	1	-9.0	2.03
2	-3.82	17.32	2	-3.0	0.67
3	2.18	18.67	3	3.0	-0.67
4	8.18	20.02	4	9.0	-2.03
5	14.18	21.37			

由式（5-50a）：

$$\alpha_{yi} = 1 + \frac{(\Sigma D_{yi}) e_x x_i}{\Sigma D_{yi} x_i^2 + \Sigma D_{xk} y_k^2} = 1 + \frac{55 \times 2.18 \times 10^2}{(4488 + 5220) \times 10^4} x_i = 1 + 0.01235 x_i \times 10^{-2}$$

各片结构的 α_y 值如下：

$$x_1 = -9.82 \times 10^2, \alpha_{y1} = 1 - 0.01235 \times 9.82 = 0.879$$

$$x_2 = -3.82 \times 10^2, \alpha_{y2} = 1 - 0.01235 \times 3.82 = 0.953$$

$$x_3 = 2.18 \times 10^2, \alpha_{y3} = 1 + 0.01235 \times 2.18 = 1.026$$

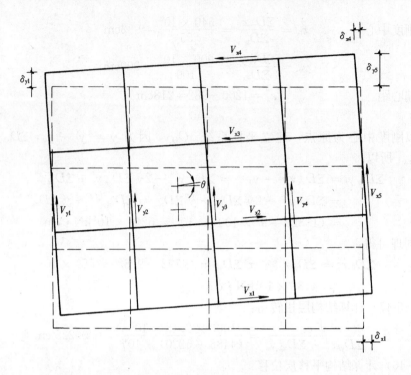

图 5-44 例 5-6 图（二）

$$x_4 = 8.18 \times 10^2, \alpha_{y4} = 1 + 0.01235 \times 8.18 = 1.101$$

$$x_5 = 14.18 \times 10^2, \alpha_{y5} = 1 + 0.01235 \times 14.18 = 1.175$$

由式（5-49a）计算各片结构承担的剪力为：

$$V_{y1} = \alpha_{y1} \frac{D_{y1}}{\Sigma D_y} V_y = 0.879 \times \frac{22}{55} \times 1000 = 319.6 \text{kN}$$

$$V_{y2} = 0.953 \times \frac{6}{55} \times 1000 = 104.0 \text{kN}$$

$$V_{y3} = 1.026 \times \frac{13}{55} \times 1000 = 242.5 \text{kN}$$

$$V_{y4} = 1.101 \times \frac{6}{55} \times 1000 = 120.1 \text{kN}$$

$$V_{y5} = 1.175 \times \frac{10}{55} \times 1000 = 213.6 \text{kN}$$

思 考 题

5.1　平面结构和楼板在自身平面内具有无限刚性这两个基本假定是什么意义，在框架、剪力墙、框架-剪力墙结构的近似计算中为什么要用这两个假定？

5.2　分别画出一片三跨4层框架在垂直荷载（各层各跨满布均布荷载）和水平荷载作用下的弯矩图形、剪力图形和轴力图形。

5.3　刚度系数 D 和 d 的物理意义是什么？有什么区别？为什么？应用的条件是什么？应用时有哪些不同？

5.4　影响水平荷载下柱反弯点位置的主要因素是什么？框架顶层、底层和中部各层反弯点位置有什么变化？反弯点高度比大于1的物理意义是什么？

5.5　梁、柱的弯曲变形和柱的轴向变形对框架侧移有什么影响？水平力作用下框架为什么为剪切型侧移曲线？

5.6　什么是剪力墙结构的等效抗弯刚度？整体墙、联肢墙、单独墙肢等计算方法中，等效抗弯刚度有何不同？怎样计算？

5.7　剪力墙连续化方法的基本假定是什么？它们对该计算方法的应用范围有什么影响？

5.8　剪力墙连续化方法中，连梁未知力 $\tau(x)$ 和 $m(x)$ 是什么？$\tau(x)$ 沿高度分布有什么特点？$m(x)$ 与墙肢内力有什么关系？

5.9　联肢墙的内力分布和侧移变形曲线的特点是什么？整体系数 α 对内力分布和变形有什么影响？为什么？

5.10　整体墙、联肢墙、单独墙肢沿高度的内力分布和截面应变分布有什么区别？

5.11　框架-剪力墙结构协同工作计算的目的是什么？总剪力在各榀抗侧力结构间的分配与纯剪力墙结构、纯框架结构有什么根本区别？

5.12　框剪结构微分方程中的未知量 y 是什么？

5.13　求得总框架和总剪力墙的剪力后，怎样求各杆件的 M、N、V？

5.14　怎么区分铰接体系和刚接体系？

5.15　D 值和 C_f 值物理意义有什么不同？它们有什么关系？

5.16　什么是刚度特征值 λ？它对内力分配、侧移变形有什么影响？

5.17　式（5-39）中，$y(\xi)/f_H$、$M_w(\xi)/M_0$、$V_w(\xi)/M_0$ 是什么？如何从给出的曲线查这些值？它们有什么用处？怎样利用上述曲线求框架总剪力 V_f？

5.18　连系梁刚度乘以刚度降低系数后，内力会有什么变化？

5.19　什么是质量中心？风荷载的合力作用点与质心计算有什么不同？

5.20　什么是刚心？怎样用近似方法求框架结构、剪力墙结构和框剪结构的刚心？各层刚心是否在同一位置？什么时候位置会发生变化？

5.21　为什么说很难精确计算扭转效应？在设计时应采取些什么措施减小扭转可能产生的不良后果？

5.22　扭转修正系数 α 的物理意义是什么？为什么各片抗侧力结构 α 值不同？什么情况下 α 大于1，什么情况下 α 等于1或小于1？

5.23　怎样近似计算结构的层间扭转角及相对地面的总扭转角？扭转对结构

各抗侧力单元的侧移及层间变形有何影响？

5.24　构件的弯曲、剪切、轴向变形对结构的内力分布、侧向位移有什么影响？如果忽略柱轴向及剪切变形，结构的计算位移偏大还是偏小？

5.25　为什么有些构件开裂屈服后，会出现塑性内力重分配？按弹性计算设计的结构有必要考虑塑性内力重分配吗？为什么？调幅与内力调整有什么区别？

第6章 钢筋混凝土框架构件设计

框架和剪力墙是钢筋混凝土房屋建筑的两种基本结构单元,组成广泛用于工程的框架结构、框架-剪力墙结构、框架-核心筒结构和筒中筒结构。钢筋混凝土房屋建筑结构构件设计,主要就是框架的梁、柱、核心区设计和剪力墙的墙肢、连梁设计。本章介绍钢筋混凝土框架梁、柱和节点核心区的设计,主要介绍其抗震设计。

6.1 延性框架的抗震设计概念

为实现房屋建筑的抗震设防目标,钢筋混凝土框架和剪力墙除了必须具有足够大的承载力和刚度外,还应具有良好的延性和耗能能力。延性是指强度或承载力没有大幅度下降情况下的屈服后变形能力(见 4.5 节)。耗能能力用往复荷载作用下构件或结构的力-变形滞回曲线包含的面积度量。在变形相同的情况下,滞回曲线包含的面积越大,则耗能能力越大,对抗震越有利。如图 6-1 所示的滞回曲线表明,梁(弯曲破坏)的耗能能力大于柱(压弯破坏)的耗能能力,构件弯曲破坏的耗能能力大于剪切破坏的耗能能力。

由地震震害、试验研究和理论分析,可以得到下述对钢筋混凝土框架抗震性能的认识。

1. 梁铰机制(整体机制)优于柱铰机制(局部机制)

梁铰机制(图 6-2a)是指塑性铰出在梁端,除底层柱嵌固端外,柱端不出塑性铰;柱铰机制(图 6-2b)是指在同一层所用柱的上下端形成塑性铰。梁铰机制之所以优于柱铰机制是因为:梁铰分散在各层,即塑性变形分散在各层,不至于形成倒塌机构,而柱铰集中在某一层,塑性变形集中在该层,该层成为软弱层,产生比其他层大的层间位移角,或成为薄弱层,影响结构承受竖向荷载的能力,形成倒塌机构;梁铰的数量多于柱铰的数量,在同样大小的塑性变形和耗能要求下,对梁铰的塑性变形能力要求低,对柱铰的塑性变形能力要求高;梁是受弯构件,容易实现大的延性和耗能能力,柱是压弯构件,尤其是轴压比大的柱,不容易实现大的延性和耗能能力。实际工程中,很难实现完全梁铰机制,往往是既有梁铰又有柱铰的混合铰机制(图 6-2c)。设计中,需要通过"强柱弱梁",使塑性铰出现在梁端,尽量减少柱铰,或推迟柱端出铰;同时,通过加大底层柱嵌固端截面的承载力,推迟柱脚出铰。

2. 弯曲(压弯)破坏优于剪切破坏

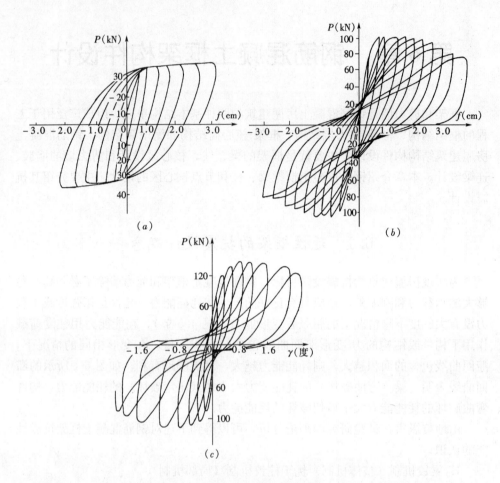

图 6-1　不同破坏形态构件的滞回曲线比较

(a) 弯曲破坏；(b) 压弯破坏；(c) 剪切破坏

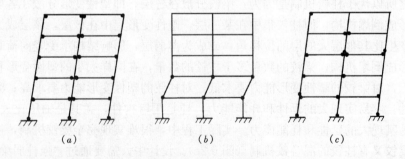

图 6-2　框架屈服机制

(a) 梁铰机制；(b) 柱铰机制；(c) 混合铰机制

梁、柱弯曲破坏为延性破坏，滞回曲线呈"梭形"或捏拢不严重，构件的耗能能力大（图 6-1a、b）；而剪切破坏是脆性破坏，延性小，力-变形滞回曲线"捏拢"严重，构件的耗能能力差（图 6-1c）。因此，梁、柱构件应按"强剪弱弯"设计，即避免剪切破坏，实现弯曲（压弯）破坏。

3. 大偏心受压破坏优于小偏心受压破坏

小偏心受压破坏的钢筋混凝土柱的延性和耗能能力显著低于大偏心受压破坏的柱，主要是因为小偏心受压破坏柱的截面相对受压区高度大，延性和耗能能力降低。因此，要限制抗震设计的框架柱的轴压比（柱截面的平均压应力与混凝土轴心抗压强度的比值），并采取配置箍筋等措施，以获得足够大的延性和耗能能力。

4. 避免核心区破坏及梁纵筋在核心区粘结破坏

核心区是连接梁和柱、使其成为整体的关键部位，在地震往复作用下，核心区的破坏为剪切破坏，可能导致框架失效。在地震往复作用下，伸入核心区的梁纵筋与混凝土之间的粘结破坏，会导致梁端转角增大，从而增大层间位移。因此，框架设计的重要环节之一是避免梁-柱节点核心区破坏以及梁纵筋在核心区粘结破坏。

综上所述，为了使钢筋混凝土框架成为延性耗能框架，可以采用以下抗震设计概念。

1. 强柱弱梁

所谓强柱弱梁是指：同一梁柱节点上下柱端截面在轴压力作用下顺时针或逆时针方向实际受弯承载力之和，大于左右梁端截面逆时针或顺时针方向实际受弯承载力之和。通过调整梁、柱之间受弯承载力的相对大小，使塑性铰出现在梁端，即梁端屈服，避免柱端出铰。但由于地震的复杂性、楼板增大了梁的受弯承载力、钢筋实际屈服强度超过规范规定的屈服强度等原因，还有可能柱端屈服而梁端不屈服，成为强梁弱柱。

2. 强剪弱弯

强剪弱弯是指：梁、柱的实际受剪承载力分别大于其实际受弯承载力对应的剪力。通过调整梁、柱截面受剪承载力与受弯承载力之间的相对大小，使框架梁、柱发生延性弯曲破坏、避免脆性剪切破坏。

3. 强核心区，强锚固

强核心区是指：节点核心区的实际受剪承载力大于左右梁端截面顺时针或反时针方向实际受弯承载力之和对应的核心区的剪力。在梁端塑性铰充分发展前，避免核心区破坏。伸入核心区的梁、柱纵向钢筋，在核心区内应有足够的锚固长度，避免因粘结破坏而增大层间位移。

4. 局部加强

提高和加强底层柱嵌固端以及角柱、框支柱等受力不利部位的承载力和抗震构造措施,推迟或避免其破坏。

5. 限制柱轴压比,加强柱箍筋对混凝土的约束

虽然框架按强柱弱梁设计,但由于柱还不够强等原因,框架柱还有出现塑性铰的可能。为了使框架柱有足够大的延性和耗能能力,有必要限制柱的轴压比,同时在柱两端配置足够多的箍筋,使可能出现塑性铰的柱两端成为约束混凝土。

上述钢筋混凝土框架的抗震设计概念,将在下面各节中给出具体实施的设计方法。

6.2   框架梁设计

梁是钢筋混凝土框架的主要延性耗能构件。影响梁的延性和耗能的主要因素有:破坏形态、截面混凝土相对压区高度、塑性铰区混凝土约束程度等。

6.2.1   框架梁的破坏形态与延性

梁的破坏形态可以归纳为两类:弯曲破坏和剪切破坏。剪切破坏属延性小、耗能差的脆性破坏,通过强剪弱弯设计,可以避免剪切破坏,实现弯曲破坏。

梁的弯曲破坏有三种形态:少筋破坏、超筋破坏和适筋破坏。少筋梁的纵筋屈服后,很快被拉断而发生断裂破坏;超筋梁在受拉纵筋屈服前,受压区混凝土被压碎而发生破坏。少筋梁没有发挥混凝土的受压变形能力,超筋梁没有发挥钢筋的受拉变形能力,这两种破坏形态都是脆性破坏,延性小,耗能差。适筋梁的纵筋屈服后,塑性变形继续增大,同时,截面混凝土受压区高度减小,在梁端形成塑性铰,产生塑性转角,直到受压区混凝土压碎。适筋梁充分发挥钢

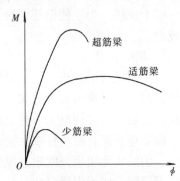

图 6-3   不同破坏形态的梁截面
弯矩-曲率关系曲线

筋的受拉变形能力和混凝土的受压变形能力,属于延性破坏。图 6-3 为三种弯曲破坏形态梁的截面弯矩-曲率关系曲线示意图。

6.2.2   框架梁的抗弯设计

1. 梁截面抗弯配筋与延性

钢筋混凝土梁应按适筋梁设计。在适筋梁的情况下,截面曲率延性大小还有差别。相对受压区高度大,截面曲率延性小;反之,相对受压区高度小,截面曲率延性大。图 6-4 所示的矩形截面钢筋混凝土适筋梁,由于纵向钢筋的配筋量不同,受压区边缘混凝土达到其极限压应变 ε_{cu} 时的压区高度不同。截面的极限曲

率分别用 $\phi_{u1}=\varepsilon_{cu}/x_1$ 和 $\phi_{u2}=\varepsilon_{cu}/x_2$ 计算，显然，$\phi_{u2}>\phi_{u1}$，即相对受压区高度小，截面的极限曲率大。

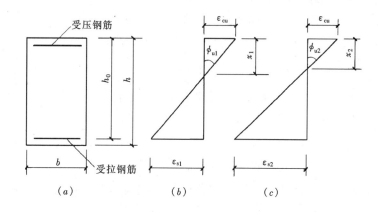

图 6-4　适筋梁截面极限变形时的应变分布
(a) 矩形截面双筋梁；(b) 应变分布 1；(c) 应变分布 2

由受弯极限状态平衡条件，双筋矩形截面适筋梁的相对受压区高度 $\xi(\xi = x/h_{b0})$ 可以用下式计算：

$$\xi = \frac{\rho_s f_y}{\alpha_1 f_c} - \frac{\rho_s' f_y'}{\alpha_1 f_c} \tag{6-1}$$

式中　h_{b0}——截面有效高度；

　　　α_1——与混凝土等级有关的等效矩形应力图形系数，当混凝土强度等级不超过 C50 时取 1.0，当混凝土强度等级为 C80 时取 0.94，当混凝土强度等级在 C50 和 C80 之间时，按线性内插值取；

　　　ρ_s、ρ_s'——分别为受拉钢筋和受压钢筋的配筋率；

　　　f_y、f_y'——分别为受拉钢筋和受压钢筋的抗拉强度设计值，一般情况下，$f_y = f_y'$；

　　　f_c——混凝土轴心抗压强度设计值。

由式（6-1）可见，增大受拉钢筋的配筋率，相对受压区高度增大；增大受压钢筋的配筋率，相对受压区高度减小。因此，为实现延性钢筋混凝土梁，应限制梁端上部受拉钢筋的配筋率，同时，必须在梁端底部配置一定量的受压钢筋，以减小框架梁端塑性铰区截面的相对受压区高度。

2. 梁截面抗弯验算

框架梁的受弯承载力用下式验算：

持久、短暂设计状况

$$M_b \leqslant (A_s - A_s') f_y (h_{b0} - 0.5x) + A_s' f_y (h_{b0} - a') \tag{6-2a}$$

地震设计状况

$$M_b \leqslant \frac{1}{\gamma_{RE}}[(A_s - A_s')f_y(h_{b0} - 0.5x) + A_s' f_y(h_{b0} - a')] \qquad (6\text{-}2b)$$

式中　M_b——梁端截面组合的弯矩设计值；

　　A_s、A_s'——分别为受拉钢筋截面面积和受压钢筋截面面积；

　　　a'——受压钢筋合力点至截面受压边缘的距离；

　　γ_{RE}——承载力抗震调整系数，取 0.75。

6.2.3　框架梁的抗剪设计

1. 框架梁箍筋与延性

根据震害和试验研究，框架梁端破坏主要集中在 1～2 倍梁高的梁端塑性铰区范围内。塑性铰区不仅有竖向裂缝，而且有斜裂缝；在地震往复作用下，竖向裂缝贯通，斜裂缝交叉，混凝土骨料的咬合作用渐渐丧失，主要靠箍筋和纵筋的销键作用传递剪力（图 6-5），这是十分不利的。为了使梁端塑性铰区具有大的延性，同时为了防止梁端混凝土压溃前受压钢筋过早压屈，在梁的两端箍筋加密，形成箍筋加密区。箍筋加密区配置的箍筋应不少于按强剪弱弯确定的抗剪所需要的箍筋量，还不应少于抗震构造措施要求配置的箍筋量。

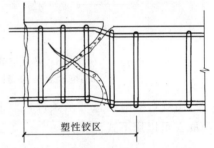

图 6-5　框架梁塑性铰区裂缝

2. 剪力设计值

根据强剪弱弯的抗震设计概念，框架梁端箍筋加密区应按图 6-6 所示的计算简图，以弯矩平衡计算得到的剪力作为剪力设计值，计算箍筋量。其中，梁端截面的受弯承载力应按梁实际配置的纵向钢筋计算。工程设计中，梁端实配钢筋不超过计算配筋的 10% 时，可以采用简化的方法，将承载力之间相对大小的关系，转换为内力设计值的关系，并通过采用梁端剪力增大系数，使不同抗震等级的梁端剪力设计值有不同程度的差异。但是，对于一级框架结构的梁及 9 度抗震设防一级框架的梁，需按梁端实配的抗震受弯承载力调整剪力设计值，即使按增大系数的方法得到的剪力设计值比实配方法计算的剪力设计值大，也可不采用增大系数的方法。

一、二、三级框架的梁端截面组合的剪力设计值按下式计算：

$$V_b = \eta_{vb}(M_b^l + M_b^r)/l_n + V_{Gb} \qquad (6\text{-}3a)$$

一级框架结构的梁及 9 度一级框架的梁，可不按上式调整，但应符合下式要求：

$$V_b = 1.1(M_{bua}^l + M_{bua}^r)/l_n + V_{Gb} \qquad (6\text{-}3b)$$

式中　V_b——梁端截面组合的剪力设计值；

l_n——梁的净跨；

V_{Gb}——梁在重力荷载代表值（9 度时高层建筑还包括竖向地震作用标准值）作用下，按简支梁分析的梁端截面剪力设计值；

M_b^l、M_b^r——分别为梁左、右端截面逆时针或顺时针方向组合的弯矩设计值，一级框架两端均为负弯矩时，绝对值较小的弯矩取零；

M_{bua}^l、M_{bua}^r——分别为梁左、右端截面逆时针或顺时针方向实配的正截面抗震受弯承载力所对应的弯矩值，$M_{bua}=M_{bu}/\gamma_{RE}$，$M_{bu}$ 为根据实配钢筋面积（计入受压钢筋和相关楼板钢筋）和材料强度标准值计算所得梁端截面的实际受弯承载力，γ_{RE} 为承载力抗震调整系数，取 0.75；

η_{Vb}——梁端剪力增大系数，一级可取 1.3，二级可取 1.2，三级可取 1.1。

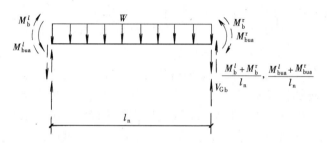

图 6-6　框架梁的受力平衡

公式（6-3b）中的系数 1.1 是考虑了钢筋的实际强度可能大于规范给定的强度标准值。$M_b^l+M_b^r$ 和 $M_{bua}^l+M_{bua}^r$ 须取逆时针方向之和以及顺时针方向之和两者的较大者。

一、二、三级框架梁端箍筋加密区以外的区段以及四级和非抗震框架，梁端剪力设计值取最不利组合得到的剪力。

3. 受剪承载力验算

仅配置箍筋的一般框架梁的受剪承载力按下列公式验算：

持久、短暂设计状况

$$V \leqslant 0.7 f_t b h_0 + f_{yv} A_{sv} h_0/s \tag{6-4a}$$

地震设计状况

$$V \leqslant (0.42 f_t b h_0 + f_{yv} A_{sv} h_0/s)/\gamma_{RE} \tag{6-4b}$$

式中　V——梁端剪力设计值；

f_t——混凝土抗拉强度设计值；

b、h_0——分别为梁截面宽度和有效高度；

f_{yv}——箍筋抗拉强度设计值；

A_{sv}——配置在同一截面内箍筋各肢的全部截面面积；

s——沿构件长度方向的箍筋间距；

γ_{RE}——承载力抗震调整系数，取 0.85。

持久、短暂设计状况时，梁内可以配置弯起抗剪钢筋，受剪承载力验算公式 (6-4a) 中，没有考虑弯起钢筋的作用。由于弯起钢筋只能抵抗单方向的剪力，而地震是往复作用，梁端部出现交叉斜裂缝，因此抗震设计的框架梁，不配置弯起抗剪钢筋。

6.2.4 框架梁的构造措施

1. 最小截面尺寸

框架梁的截面尺寸应满足三方面的要求：承载力要求、构造要求、剪压比限值。承载力要求通过承载力验算实现，后两者通过构造措施实现。

框架主梁的截面高度可按 $(1/18 \sim 1/10) l_b$ 确定，l_b 为主梁计算跨度，满足此要求时，在一般荷载作用下，可不验算挠度。框架梁的宽度不小于 200mm，截面高宽比不大于 4，净跨与截面高度之比不小于 4。

若梁截面尺寸小，致使截面平均剪应力与混凝土轴心抗压强度之比值很大，这种情况下，增加箍筋不能有效地防止斜裂缝过早出现，也不能有效地提高截面的受剪承载力。因此，将限制梁的名义剪应力作为确定梁最小截面尺寸的条件之一。截面剪力设计值应符合下列要求，不符合时可加大截面尺寸或提高混凝土强度等级：

持久、短暂设计状况

$$V \leqslant 0.25\beta_c f_c b h_0 \tag{6-5a}$$

地震设计状况

跨高比大于 2.5 的梁 $\qquad V \leqslant (0.2\beta_c f_c b h_0)/\gamma_{RE} \tag{6-5b}$

跨高比不大于 2.5 的梁 $V \leqslant (0.15\beta_c f_c b h_0)/\gamma_{RE} \tag{6-5c}$

式中 β_c——混凝土强度影响系数，混凝土强度等级不大于 C50 时取 1.0，C80 时取 0.8，高于 C50、低于 C80 时按线性内插取用。

2. 相对受压区高度和纵向钢筋

为使梁端塑性铰区截面有比较大的曲率延性，具有良好的转动能力成为延性耗能梁，计入受压钢筋作用，梁端截面混凝土受压区高度应满足以下要求：

一级框架梁 $\qquad\qquad\qquad\qquad x \leqslant 0.25h_0 \tag{6-6a}$

二、三级框架梁 $\qquad\qquad\qquad\qquad x \leqslant 0.35h_0 \tag{6-6b}$

式中 x——等效应力矩形应力图的混凝土受压区高度，计入受压钢筋；

h_0——梁截面有效高度。

一、二、三级框架梁塑性铰区以外的部位以及四级框架梁和非抗震框架梁，只要求不出现超筋破坏，即 $x \leqslant \xi_b h_0$ 即可，ξ_b 为界限相对受压区高度。

国内外研究表明，钢筋混凝土梁的延性随受拉钢筋配筋率的提高而降低。但当配置不少于受拉钢筋 50% 的受压钢筋时，其延性可以与低配筋率的梁相当。

因此，抗震设计的框架梁，一方面要求梁端纵向受拉钢筋的配筋率不大于 2.5%，同时要求框架梁端底面配置受压钢筋。梁端底面受压钢筋的面积除按计算确定外，与顶面受拉钢筋面积的比值还应满足以下要求：

一级框架梁　　　　　　　　　$A_s'/A_s \geqslant 0.5$ 　　　　　　　　　(6-7a)

二、三级框架梁　　　　　　　$A_s'/A_s \geqslant 0.3$ 　　　　　　　　　(6-7b)

式中　A_s、A_s'——分别为梁端塑性铰区顶面受拉钢筋面积和底面受压钢筋面积。

框架梁纵向受拉钢筋的最小配筋百分率列于表 6-1。表 6-1 中，f_t 为混凝土抗拉强度设计数值。

框架梁纵向受拉钢筋的最小配筋百分率（%）　　　　　表 6-1

截面	非抗震设计	抗震等级		
		一级	二级	三、四级
支座	0.2 和 $45f_t/f_y$ 中的较大值	0.4 和 $80f_t/f_y$ 中的较大值	0.3 和 $65f_t/f_y$ 中的较大值	0.25 和 $55f_t/f_y$ 中的较大值
跨中		0.3 和 $65f_t/f_y$ 中的较大值	0.25 和 $55f_t/f_y$ 中的较大值	0.2 和 $45f_t/f_y$ 中的较大值

梁的纵筋配置还有以下要求：沿梁全长顶面和底面的配筋，一、二级不少于 2 根直径 14mm 的钢筋，且分别不少于梁两端顶面和底面纵向钢筋中较大截面面积的 1/4；三、四级抗震设计和非抗震设计不少于 2 根直径 12mm 的钢筋。为防止在地震往复作用下梁的纵筋粘结破坏、出现滑移，一、二、三级框架梁内贯通中柱的每根纵向钢筋直径，对矩形截面柱，不大于柱在该方向截面尺寸的 1/20，对圆形截面柱，不大于纵向钢筋所在位置柱截面弦长的 1/20。

3. 梁端箍筋加密区

梁端箍筋加密区长度范围内箍筋的配置，除了要满足受剪承载力的要求外，还有最大间距和最小直径的要求。梁端箍筋加密区的长度、箍筋的最大间距和最小直径列于表 6-2。当梁端纵向受拉钢筋配筋率大于 2% 时，表中箍筋最小直径的数值还要增大 2mm。框架梁非加密区箍筋最大间距不大于加密区箍筋间距的 2 倍。

梁端箍筋加密区的长度、箍筋的最大间距和最小直径　　　　表 6-2

抗震等级	加密区长度（mm）（采用较大值）	箍筋最大间距（mm）（采用最小值）	箍筋最小直径（mm）
一	$2.0h_b$，500	$h_b/4$，$6d$，100	10
二	$1.5h_b$，500	$h_b/4$，$8d$，100	8
三	$1.5h_b$，500	$h_b/4$，$8d$，150	8
四	$1.5h_b$，500	$h_b/4$，$8d$，150	6

注：1. d 为纵向钢筋直径，h_b 为梁截面高度；

2. 箍筋直径大于 12mm、数量不少于 4 肢且肢距不大于 150mm 时，一、二级框架梁的最大间距可以适当放宽，最大可放宽到 150mm。

4. 箍筋构造

梁端加密区的箍筋肢距，一级不大于 200mm 和 20 倍箍筋直径的较大值，二、三级不大于 250mm 和 20 倍箍筋直径的较大值，四级不大于 300mm。

箍筋必须为封闭箍，端部为 135°弯钩，弯钩直段的长度不小于箍筋直径的 10 倍和 75 mm 的较大者（图 6-7）。

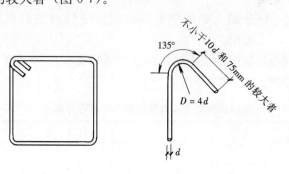

图 6-7　箍筋弯钩要求

在纵向钢筋搭接长度范围内的箍筋间距，钢筋受拉时不大于搭接钢筋较小直径的 5 倍，且不大于 100mm；钢筋受压时不大于搭接钢筋较小直径的 10 倍，且不大于 200mm。

沿框架梁全长箍筋的面积配筋率为：

一级 $\qquad\qquad\qquad \rho_{sv} \geqslant 0.3 f_t / f_{yv}$ $\qquad\qquad$ (6-8a)

二级 $\qquad\qquad\qquad \rho_{sv} \geqslant 0.28 f_t / f_{yv}$ $\qquad\qquad$ (6-8b)

三、四级 $\qquad\quad\; \rho_{sv} \geqslant 0.26 f_t / f_{yv}$ $\qquad\qquad$ (6-8c)

式中　ρ_{sv}——沿框架梁全长箍筋的面积配筋率。

非抗震框架梁的箍筋最大间距、最小直径等构造要求，按《混凝土高规》的规定执行。

6.3　框架柱设计

柱是框架的竖向构件，地震时柱破坏和丧失承载能力比梁破坏和丧失承载能力更容易引起框架倒塌。在国内外历次大地震中，钢筋混凝土框架柱的震害主要表现在：柱两端混凝土压碎、箍筋拉断、纵筋压屈呈灯笼状；沿柱全高混凝土破碎，纵筋压屈；短柱剪切破坏，出现 X 形斜裂缝；角柱比中柱破坏严重。考察地震破坏的柱可以发现，这些柱的箍筋直径小、间距大，且大都是单肢箍。箍筋对混凝土没有形成约束，也不能防止纵向钢筋压屈破坏。

在竖向荷载和往复水平荷载作用下钢筋混凝土框架柱的大量试验研究表明，柱的破坏形态大致可以分为以下几种形式：压弯破坏或弯曲破坏、剪切受压破坏、剪切受拉破坏、剪切斜拉破坏和粘结开裂破坏。后三种破坏形态的柱的延性小、耗能能力差，应避免；大偏压柱的压弯破坏延性较大、耗能能力强，柱的抗震设计应尽可能实现大偏压破坏。

虽然框架抗震设计采用了强柱弱梁的概念，但"强柱"的程度还不能保证柱一定不出现塑性铰。因此，抗震框架柱应具有足够大的延性和耗能能力。由于柱承受轴压力，而轴压力对结构构件的延性和耗能不利，因此，框架柱的抗震构造措施比梁的要求高。

6.3.1 影响框架柱延性和耗能的主要因素

混凝土强度等级、纵向钢筋配筋率等都是影响框架柱延性和耗能的因素，而主要影响因素为剪跨比、轴压比和箍筋配置。

1. 剪跨比

剪跨比反映了柱端截面承受的弯矩和剪力的相对大小。柱的剪跨比定义为：

$$\lambda = M^c/(V^c h_0) \tag{6-9}$$

式中 λ——剪跨比；

M^c、V^c——分别为柱端截面组合的弯矩计算值和对应的截面组合剪力计算值；

h_0——计算方向柱截面的有效高度。

剪跨比大于 2 的柱称为长柱，其弯矩相对较大，长柱一般容易实现压弯破坏；剪跨比不大于 2、但大于 1.5 的柱称为短柱，短柱一般发生剪切破坏，若配置足够多的箍筋，也可能实现延性较好的剪切受压破坏；剪跨比不大于 1.5 的柱称为极短柱，极短柱一般发生剪切斜拉破坏，工程中应尽量避免采用极短柱。

2. 轴压比

柱的轴压比定义为柱组合的轴压力设计值与柱的全截面面积和混凝土轴心抗压强度设计值乘积的比值，即：

$$n = N/(f_c bh) \tag{6-10}$$

式中 n——轴压比；

N——轴压力设计值；

b、h——分别为柱截面的宽度和高度；

f_c——混凝土轴心抗压强度设计值。

柱的破坏形态与相对受压区高度密切相关，对称配筋柱截面的混凝土相对受压区高度与其轴压比有关，因此柱的破坏形态也与轴压比有关。增大轴压比，也就是增大相对受压区高度。相对受压区高度超过界限值（平衡破坏）时就成为小偏压破坏。对于短柱，增大相对压区高度可能由剪切受压破坏变为更加脆性的剪切受拉破坏。相对受压区高度的界限值可以按照平衡破坏的条件计算。

图 6-1 (b) 和图 6-8 为两个轴压比试验值分别为 0.267 和 0.459 的框架柱在往复水平力作用下的实测水平力-位移滞回曲线。轴压比较大的试件屈服后的变形能力小，达到最大后，承载力下降较快，滞回曲线的捏拢现象严重些，耗能能

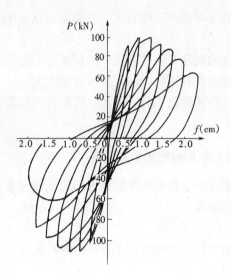

图 6-8 轴压比为 0.459 的框架柱试件的
水平力-位移滞回曲线

力不如轴压比小的试件。

为了实现大偏心受压破坏，使柱具有良好的延性和耗能能力，柱的相对受压区高度应小于界限值，在我国设计规范中，采取的措施之一就是限制柱的轴压比。

3. 箍筋

框架柱的箍筋有三个作用：抵抗剪力、对混凝土提供约束、防止纵筋压屈。箍筋对混凝土的约束程度是影响柱的延性和耗能能力的主要因素之一。约束程度与箍筋的抗拉强度和数量有关，与混凝土强度有关，可以用一个综合指标-配箍特征值度量；约束程度同时还与箍筋的形式有关。配箍特征值用下式计算：

$$\lambda_v = \rho_v \frac{f_{yv}}{f_c} \qquad (6-11)$$

式中　λ_v——配箍特征值；

　　f_{yv}——箍筋或拉筋的抗拉强度设计值；

　　ρ_v——箍筋的体积配箍率。

配置箍筋的混凝土棱柱体和柱的轴心受压试验表明，轴向压应力接近峰值应力时，箍筋约束的核心混凝土迅速膨胀，横向变形增大，箍筋限制了核心混凝土的横向变形，使核心混凝土处于三向受压状态，混凝土的轴心抗压强度和对应的轴向应变得到提高，同时，轴心受压应力-应变曲线的下降段趋于平缓，意味着混凝土的极限压应变增大，柱的延性增大。

箍筋的形式对核心混凝土的约束作用也有影响。图 6-9 所示为目前常用的箍筋形式，其中复合螺旋箍是指由螺旋箍与矩形、多边形、圆形箍或拉筋组成的箍筋，连续复合矩形螺旋箍是指用一根通长钢筋加工而成的箍筋。

柱承受轴向压力时，普通矩形箍在四个转角区域对混凝土提供有效的约束，在直段上，混凝土膨胀可能使箍筋外鼓而不能提供约束；采用复合箍后，箍筋的肢距减小，在每一个箍筋相交点都有纵筋对箍筋提供支点，纵筋和箍筋构成网格式骨架，提高箍筋的约束效果；螺旋箍均匀受拉，对混凝土提供均匀的侧压力。井字形复合箍、螺旋箍和连续复合螺旋箍的约束效果好于普通箍。

箍筋的间距对约束的效果也有影响。箍筋间距大于柱的截面尺寸时，对混凝土几乎没有约束。箍筋间距越小，对混凝土的约束均匀，约束效果越显著。

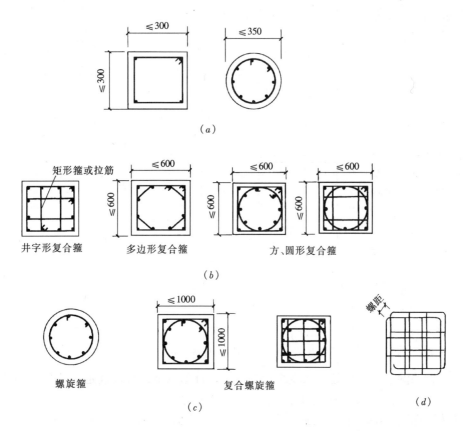

图 6-9　箍筋的形式

(a) 普通箍；(b) 复合箍；(c) 螺旋箍；(d) 连续复合螺旋箍

6.3.2　框架柱轴压承载力验算

1. 轴力、弯矩设计值

持久、短暂设计状况时以及四级框架柱，取最不利内力组合值作为轴力、弯矩设计值；地震设计状况时，一、二、三级框架，柱的轴力取最不利内力组合值作为设计值，弯矩设计值要根据强柱弱梁及局部加强等要求调整增大。

（1）按强柱弱梁要求确定柱端弯矩设计值

图 6-10 为框架梁-柱节点梁、柱端弯矩示意图。根据强柱弱梁的要求，在框架梁柱节点处，上下柱端在轴力作用下顺时针或逆时针方向的实际受弯承载力之和应大于节点左右梁端反时针或顺时针方向的实际受弯承载力之和。在工程设计中，采用两种方法进行强柱弱梁设计，方法一为增大系数法，将实际受弯承载力的关系转为内力设计值的关系，柱端组合的弯矩计算值乘以一个大于 1.0 的增大系数，成为承载力验算采用的弯矩设计值；方法二为实配方法，采用梁端按实际配置的钢筋等计算得到的抗震受弯承载力对应的弯矩，确定柱端组合的弯矩设

计值。

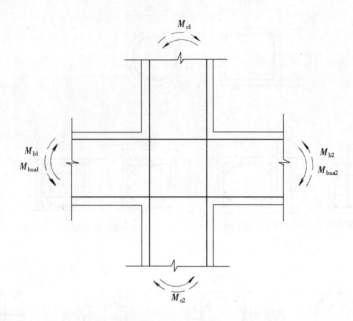

图 6-10　框架节点梁、柱端弯矩示意图

框架的梁柱节点处，柱端组合的弯矩设计值按下式计算确定：

一、二、三、四级框架柱　　$\Sigma M_c = \eta_c \Sigma M_b$　　　　　　　　　　(6-12a)

一级框架结构和 9 度的一级框架可不符合上式要求，但需符合下式要求：

$$\Sigma M_c = 1.2 \Sigma M_{bua}　　　　　　　　　　(6-12b)$$

式中　　ΣM_c——节点上下柱端截面顺时针或逆时针方向组合的弯矩设计值
　　　　　　　之和，上下柱端的弯矩设计值，可按弹性分析所得的上下
　　　　　　　柱端截面弯矩之比分配；

　　　　ΣM_b——节点左右梁端截面逆时针或顺时针方向组合的弯矩设计值
　　　　　　　之和，一级框架节点左右梁端均为负弯矩时，绝对值较小
　　　　　　　的弯矩取零；

　　　　ΣM_{bua}——节点左右梁端截面逆时针或顺时针方向实配的正截面抗震
　　　　　　　受弯承载力对应的弯矩值之和，根据实配钢筋面积（计入
　　　　　　　梁受压钢筋和梁有效翼缘宽度范围内的楼板钢筋）和材料
　　　　　　　强度标准值并考虑承载力抗震调整系数确定；

　　　　η_c——柱端弯矩增大系数；对框架结构，一、二、三、四级分别
　　　　　　　取 1.7、1.5、1.3、1.2；其他结构类型中的框架，一级取
　　　　　　　1.4，二级取 1.2，三、四级取 1.1。

当框架柱的反弯点不在层高范围内时，说明这些层框架梁的刚度相对较弱。
为避免在竖向荷载和地震共同作用下变形集中，柱压曲失稳，柱端组合弯矩值也

要乘以上述柱端弯矩增大系数。

框架顶层柱和轴压比小于 0.15 的柱，轴压比小，具有比较大的变形能力，可不按式（6-12）确定弯矩设计值，而取最不利组合弯矩计算值作为设计值。

一级框架结构和 9 度的一级框架，按节点处梁端实配抗震受弯承载力确定柱端弯矩设计值，即使按增大系数的方法即式（6-12a）比实配方法保守，也可不采用增大系数的方法。对于其他抗震等级的框架结构或框架，也可按实配方法确定柱端组合的弯矩设计值，但式（6-12b）中的系数 1.2 可降低为 1.1，这样有可能比增大系数法经济、合理。计算梁端实配抗震受弯承载力时，除了计入梁的受压钢筋外，对于楼板与梁整体现浇的情况，由于楼板与梁共同工作，还要计入梁有效翼缘宽度范围内楼板的钢筋。梁有效翼缘宽度与地震作用下梁、楼板进入弹塑性的程度有关，一般可取梁两侧 6 倍板厚的范围。

（2）框架结构柱嵌固端弯矩增大

强震作用下，框架结构底层柱的嵌固端难免出现塑性铰。为了推迟框架结构柱嵌固端截面屈服，提高框架结构抗震能力，一、二、三、四级框架结构的底层，柱下端截面组合的弯矩计算值，应分别乘以增大系数 1.7、1.5、1.3 和 1.2。框架结构底层是指结构计算嵌固端所在层。无地下室或有地下室但计算嵌固端是基础顶面时，柱嵌固端为与基础连接的一端；地下室顶板为计算嵌固端时，首层柱的下端为嵌固端。

框架结构以外的其他结构类型，由于主要抗震结构构件为剪力墙或围成筒的剪力墙，因此其框架柱嵌固端弯矩无需乘以增大系数。

无论是框架结构的底层柱，还是其他结构中框架的底层柱，其纵向钢筋应按上下端的不利情况配置。

（3）框支柱

为了避免框支柱过早破坏，部分框支剪力墙结构的框支柱设计内力要调整。

当框支柱的数量不少于 10 根时，柱承受地震剪力之和不小于结构底部总剪力的 20％；当框支柱的数量少于 10 根时，每根柱承受的地震剪力不小于结构底部总地震剪力的 2％。框支柱的弯矩设计值按上述要求作相应调整。

一、二级框支柱由地震作用引起的附加轴力分别乘以增大系数 1.5、1.2。计算轴压比时，该附加轴力不乘增大系数。

一、二级框支柱的顶层柱的上端和底层柱的下端，其组合的弯矩计算值分别乘以增大系数 1.5 和 1.25，中间节点需满足式（6-12a）的要求。

（4）角柱

地震作用下角柱的受力最为不利。在结构两个主轴方向地震作用下，角柱除了双向受弯外，双向地震有可能都对角柱产生轴压力。因此，一、二、三、四级框架的角柱，按上述方法调整后的组合弯矩设计值，应再乘以不小于 1.10 的增大系数。

2. 柱正截面承载力验算

柱端截面的轴力、弯矩设计值确定后，按压弯构件验算其正截面承载力。抗震设计框架的角柱按双向偏心受压构件验算压弯承载力。

地震设计状况与持久、短暂设计状况的验算公式相同，地震设计状况需计入构件承载力抗震调整系数。

6.3.3   框架柱受剪承载力验算

1. 剪力设计值

一、二、三、四级框架柱和框支柱，按强剪弱弯的要求，采用剪力增大系数确定剪力设计值，即：

$$V_c = \eta_{vc}(M_c^b + M_c^t)/H_n \qquad (6\text{-}13a)$$

一级框架结构和 9 度的一级框架可不按上式调整，但需符合下式要求：

$$V_c = 1.2(M_{cua}^b + M_{cua}^t)/H_n \qquad (6\text{-}13b)$$

式中 V_c——柱截面组合的剪力设计值，框支柱的剪力设计值还需符合上述框支柱承受最小地震剪力的要求；

H_n——柱的净高；

M_c^t、M_c^b——分别为柱的上下端顺时针或逆时针方向截面的组合的弯矩设计值（取调整增大后的弯矩设计值，包括角柱的增大系数），且取顺时针方向之和及反时针方向之和两者的较大值，框支柱的弯矩设计值还需符合上述框支柱弯矩设计值的要求；

M_{cua}^t、M_{cua}^b——分别为偏心受压柱的上下端顺时针或逆时针方向实配的抗震受压承载力所对应的弯矩值，根据实配钢筋面积、材料强度标准值和轴压力等确定；

η_{vc}——柱剪力增大系数，对框架结构，一、二、三、四级分别取 1.5、1.3、1.2、1.1，对其他结构类型的框架，一级取 1.4，二级取 1.2，三、四级取 1.1。

2. 截面受剪承载力验算

轴压力可以提高框架柱的受剪承载力。矩形截面偏心受压框架柱的受剪承载力按下列公式验算：

持久、短暂设计状况

$$V_c \leqslant \frac{1.75}{\lambda+1}f_t b_c h_{c0} + f_{yv}\frac{A_{sv}}{s}h_{c0} + 0.07N \qquad (6\text{-}14a)$$

地震设计状况

$$V_c \leqslant \frac{1}{\gamma_{RE}}\left(\frac{1.05}{\lambda+1}f_t b_c h_{c0} + f_{yv}\frac{A_{sv}}{s}h_{c0} + 0.056N\right) \qquad (6\text{-}14b)$$

式中 N——与剪力设计值相应的轴向压力设计值，当 $N>0.3f_c b_c h_c$ 时，取 N

$$=0.3f_cb_ch_c;$$

λ——验算截面的剪跨比，当 $\lambda<1$ 时取 $\lambda=1$，$\lambda>3$ 时取 $\lambda=3$；

γ_{RE}——承载力抗震调整系数，取 0.85。

当轴力为拉力时，受剪承载力降低，可将式（6-14a）和式（6-14b）最后一项改为$-0.2N$；当式（6-14a、b）右边括号内的计算值小于 $f_{yv}\dfrac{A_{sv}}{s}h_{c0}$ 时，取等于 $f_{yv}\dfrac{A_{sv}}{s}h_{c0}$，且不应小于 $0.36f_tbh_0$。

6.3.4 框架柱的构造措施

1. 最小截面尺寸

框架柱的截面尺寸宜符合下列各项要求：截面的宽度和高度，非抗震设计、四级或不超过 2 层时不小于 300mm，一、二、三级且超过 2 层时不小于 400mm；圆柱直径，非抗震设计、四级或不超过 2 层时不小于 350mm，一、二、三级且超过 2 层时不小于 450mm；剪跨比宜大于 2；截面长边与短边的边长比不宜大于 3。

为了防止由于柱截面过小、配箍过多而产生斜压破坏，柱截面组合的剪力设计值应符合下列限制条件（限制名义剪应力）：

持久、短暂设计状况

$$V_c \leqslant 0.25\beta_c f_c bh_0 \tag{6-15a}$$

地震设计状况

剪跨比大于 2 的柱　　$V_c \leqslant (0.2\beta_c f_c bh_0)/\gamma_{RE}$ (6-15b)

剪跨比不大于 2 的柱、框支柱　$V_c \leqslant (0.15\beta_c f_c bh_0)/\gamma_{RE}$ (6-15c)

式中　β_c——混凝土强度影响系数，取值见式（6-5）。

2. 纵向钢筋

柱纵向钢筋的配筋量，除满足承载力要求外，还要满足最小配筋率的要求。表 6-3 列出了柱纵筋屈服强度标准值为 500MPa 时，柱截面纵向钢筋的最小总配筋率；同时，柱截面每一侧配筋率不应小于 0.2%；建造于 Ⅳ 类场地且较高的抗震设防的高层建筑，表中数值需增加 0.1。抗震框架柱纵向钢筋屈服强度标准值小于 400MPa 时，表中数值增加 0.1，纵向钢筋屈服强度标准值为 400MPa 时，表中数值增加 0.05；混凝土强度等级高于 C60 时，表中数值增加 0.1。

抗震框架柱的纵向配筋还需符合下列各项要求：对称配置；截面边长大于 400mm 的柱，纵筋间距不大于 200mm；总配筋率不大于 5%；剪跨比不大于 2 的一级框架的柱，每侧纵向钢筋配筋率不大于 1.2%；边柱、角柱及剪力墙端柱在地震作用组合产生小偏心受拉时，柱内纵筋总截面面积比计算值增加 25%；柱纵向钢筋的绑扎接头避开柱端的箍筋加密区。

柱截面纵向钢筋的最小总配箍率（％）　　　表 6-3

类别	抗 震 等 级				非抗震
	一级	二级	三级	四级	
中柱、边柱	0.9 (1.0)	0.7 (0.8)	0.6 (0.7)	0.5 (0.6)	0.5
角柱	1.1	0.9	0.8	0.7	0.5
框支柱	1.1	0.9	—	—	0.7

3. 轴压比限值

柱轴压比的计算公式见式（6-10），式中轴力取地震设计状况时的轴压力设计值；对于可不进行地震作用计算的结构，如 6 度设防的乙、丙、丁类建筑，取持久、短暂设计状况的轴力设计值。

表 6-4 给出了剪跨比大于 2、混凝土强度等级不高于 C60 的柱的轴压比限值。剪跨比不大于 2 的柱，轴压比限值应降低 0.05；剪跨比小于 1.5 的柱，轴压比限值应专门研究并采取特殊的构造措施。

柱轴压比限值　　　表 6-4

结构类型	抗震等级			
	一	二	三	四
框架结构	0.65	0.75	0.85	0.90
框架-剪力墙、板柱-剪力墙、框架-核心筒及筒中筒	0.75	0.85	0.90	0.95
部分框支剪力墙	0.6	0.7	—	

框架-剪力墙、板柱-剪力墙、框架-核心筒及筒中筒结构中，剪力墙或筒体是主要抗震结构单元，框架是次要抗震结构单元，可适当放宽柱轴压比限值，比框架结构的柱轴压比限值大 0.05 或 0.10；部分框支剪力墙结构中框支柱破坏将极大削弱框支层的抗震能力，柱轴压比限值比框架结构柱严一些。

如前所述，箍筋形式影响对混凝土的约束效果；试验研究还表明，在柱的截面中部附加纵筋并用箍筋约束形式芯柱时（图 6-11），附加纵筋可以承担一部分轴压力。因此，采用不同形式的箍筋或采用箍筋约束形式芯柱时，轴压比限值可适当增加，但不应大于 1.05，详见《抗震规范》的规定。

4. 箍筋加密区范围

在地震作用下框架柱可能屈服、形成塑性铰的区段，应设置箍筋加密区，使混凝土成为延性好的约束混凝土。

剪跨比大于 2 的柱，箍筋加密区的范围（图 6-12）为：①柱的两端取矩形截面高度（或圆形截面直径）、柱净高的 1/6 和 500mm 三者的最大者；②底层柱的下端不小于柱净高的 1/3；③当为刚性地面时，取刚性地面上下各 500mm。

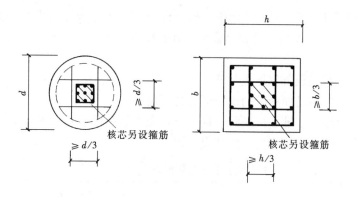

图 6-11 柱截面中部的芯柱

剪跨比不大于2的柱、因设置填充墙等形成的柱净高与柱截面高度之比不大于4的柱、框支柱、一级和二级框架的角柱，箍筋加密区的范围为柱的全高。需要提高变形能力的柱，也应取柱的全高作为箍筋加密区。

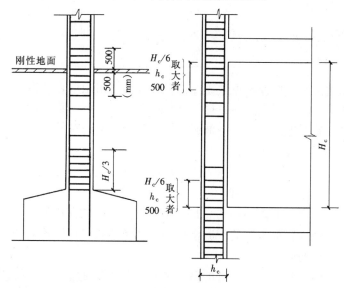

图 6-12 剪跨比大于2的柱的箍筋加密区

5. 箍筋加密区的配箍量

柱箍筋加密区的配箍量除应符合受剪承载力要求外，还应符合箍筋肢距、配箍特征值、箍筋间距和箍筋直径的要求。

柱箍筋加密区的箍筋肢距，一级不大于200mm，二、三级不大于250mm，四级不大于300mm。至少每隔一根纵向箍筋宜在两个方向有箍筋或拉筋约束；采用拉筋复合箍时，拉筋紧靠纵向钢筋并钩住箍筋，也可紧靠箍筋并钩住纵筋。

柱箍筋加密区的最小配箍特征值与框架的抗震等级、柱的轴压比以及箍筋形式有关，列于表6-5。工程设计中，根据框架的抗震等级等由表6-5查得需要的最小配箍特征值，即可计算得到需要的体积配箍率：

$$\rho_v \geqslant \lambda_v f_c / f_{yv} \qquad (6\text{-}16)$$

式中　ρ_v——柱箍筋加密区的体积配箍率；

　　　λ_v——柱箍筋加密区的最小配箍特征值；

　　　f_c——混凝土轴心抗压强度设计值，强度等级低于C35时按C35计算；

　　　f_{yv}——箍筋或拉筋抗拉强度设计值。

柱箍筋加密区的箍筋最小配箍特征值　　　　　　　　　　表6-5

抗震等级	箍筋形式	柱 轴 压 比								
		≤0.3	0.4	0.5	0.6	0.7	0.8	0.9	1.0	1.05
一	普通箍、复合箍	0.10	0.11	0.13	0.15	0.17	0.20	0.23	—	—
	螺旋箍、复合或连续复合矩形螺旋箍	0.08	0.09	0.11	0.13	0.15	0.18	0.21	—	—
二	普通箍、复合箍	0.08	0.09	0.11	0.13	0.15	0.17	0.19	0.22	0.24
	螺旋箍、复合或连续复合矩形螺旋箍	0.06	0.07	0.09	0.11	0.13	0.15	0.17	0.20	0.22
三、四	普通箍、复合箍	0.06	0.07	0.09	0.11	0.13	0.15	0.17	0.20	0.22
	螺旋箍、复合或连续复合矩形螺旋箍	0.05	0.06	0.07	0.09	0.11	0.13	0.15	0.18	0.20

普通箍指单个矩形箍或单个圆形箍，复合箍指由矩形、多边形、圆形箍或拉筋组成的箍筋；复合螺旋箍指由螺旋箍与矩形、多边形、圆形箍或拉筋组成的箍筋；连续复合矩形螺旋箍指用一根通长钢筋加工而成的箍筋。

箍筋的体积配箍率用下式计算：

$$\rho_v = a_{sk} l_{sk} / (l_1 l_2 s) \qquad (6\text{-}17)$$

式中　a_{sk}——箍筋单肢截面面积；

　　　l_{sk}——一个截面内箍筋的总长，扣除重叠部分的箍筋长度；

　　　l_1、l_2——外围箍筋包围的混凝土核心的两条边长，可取箍筋的中心线计算；

　　　s——箍筋间距。

为了避免柱箍筋加密区配置的箍筋量过少，体积配箍率还要符合下述要求：

①一级、二级、三级和四级框架柱的体积配箍率分别不小于0.8%、0.6%、0.4%和0.4%；

②框支柱宜采用约束效果好的复合螺旋箍或井字复合箍，其最小配箍特征值比表6-5内数值增加0.02，体积配箍率不小于1.5%；

③剪跨比不大于2的柱宜采用复合螺旋箍或井字复合箍，其体积配箍率不小于1.2%，9度一级时不小于1.5%；

④计算复合箍筋的体积配箍率时，可不扣除箍筋重叠部分的体积；计算复合螺旋箍筋的体积配箍率时，其非螺旋箍筋的体积应乘以折减系数0.80。

柱箍筋加密区箍筋的最大间距和最小直径，一般情况下按表6-6采用。

抗震等级	箍筋最大间距（取较小值，mm）	箍筋最小直径（mm）
一	6d，100	10
二	8d，100	8
三	8d，150（柱根 100）	8
四	8d，150（柱根 100）	6（柱根 8）

柱箍筋加密区箍筋的最大间距和最小直径　　　　　表 6-6

注：d 为柱纵向钢筋直径，柱根指底层柱下端箍筋加密区。

箍筋必须为封闭箍，并有 135°弯钩，弯钩要求与梁箍筋相同，见图 6-7。

柱箍筋非加密区的箍筋配置，除应符合受剪承载力要求外，其体积配箍率不小于加密区的 50%；箍筋间距，一、二级框架柱不大于 10 倍纵向钢筋直径，三、四级框架柱不大于 15 倍纵筋直径。

6.4　梁柱节点核心区抗震设计

在竖向荷载和地震作用下，梁柱节点核心区受力比较复杂，但主要是压力和剪力。若节点核心区的受剪承载力不足，在剪压作用下出现斜裂缝，如图 6-13 所示，在反复荷载作用下形成交叉裂缝，混凝土挤压破碎，纵向钢筋压屈成灯笼状。避免核心区过早发生剪切破坏的主要措施是配置足够多的箍筋。框架梁、柱采用不同强度等级的混凝土时，核心区的混凝土等级宜与柱的混凝土等级相同，也可略低，施工中要采取措施保证节点核心区的混凝土强度和密实性。

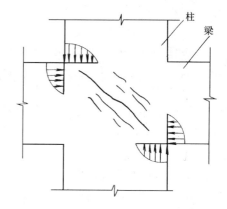

图 6-13　梁柱节点核心区斜裂缝图

6.4.1　核心区的剪力设计值

根据强核心区的抗震设计概念，在梁端钢筋屈服时，核心区不应剪切屈服。因此，取梁端截面达到受弯承载力时的核心区剪力作为其剪力设计值。图 6-14 为中柱节点受力简图，取上半部分为隔离体，由平衡条件可得核心区剪力 V_j，并由梁柱平衡求出 V_c 代入如下：

$$V_j = (f_{yk}A_s^b + f_{yk}A_s^t) - V_c$$
$$= \frac{M_b^t + M_b^r}{h_{b0} - a_s'} - \frac{M_c^b + M_c^t}{H_c - h_b} = \frac{M_b^t + M_b^r}{h_{b0} - a_s'}\left(1 - \frac{h_{b0} - a_s'}{H_c - h_b}\right) \quad (6-18)$$

式中　f_{yk}——钢筋抗拉强度标准值；

其余符号见图 6-14。

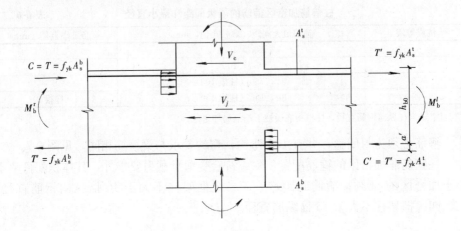

图 6-14　梁柱节点受力简图

工程设计中，仍然采用弯矩设计值代替受弯承载力，以简化计算。一、二、三级框架的梁柱核心区组合的剪力设计值用下式计算：

$$V_j = \frac{\eta_{jb} \sum M_b}{h_{b0} - a'_s} \left(1 - \frac{h_{b0} - a'_s}{H_c - h_b} \right) \qquad (6\text{-}19a)$$

一级框架结构和 9 度的一级框架可不按上式确定，但应符合下式：

$$V_j = \frac{1.15 \sum M_{bua}}{h_{b0} - a'_s} \left(1 - \frac{h_{b0} - a'_s}{H_c - h_b} \right) \qquad (6\text{-}19b)$$

式中　V_j——梁柱节点核心区组合的剪力设计值；

h_{b0}——梁截面的有效高度，节点两侧梁截面有效高度不等时可采用平均值；

h_b——梁的截面高度，节点两侧梁截面高度不等时可采用平均值；

a'_s——梁受压钢筋合力点至受压边缘的距离；

H_c——柱的计算高度，可采用节点上、下柱反弯点之间的距离；

η_{jb}——强核心区系数，对于框架结构，一级取 1.5 ，二级取 1.35，三级取 1.2，对于其他结构中的框架，一级取 1.35 ，二级取 1.2，三级取 1.1；

$\sum M_b$——节点左右梁端逆时针或顺时针方向组合弯矩设计值之和，一级框架节点左右梁端均为负弯矩时，绝对值较小的弯矩取零；

$\sum M_{bua}$——节点左右梁端逆时针或顺时针方向实配的抗震受弯承载力所对应的弯矩值之和，可根据实配钢筋面积（计入受压筋）和材料强度标准值确定。

6.4.2　核心区的受剪承载力验算

框架梁柱节点核心区截面的抗震受剪承载力按下式验算：

$$V_j \leqslant \frac{1}{\gamma_{RE}} \left(1.1 \eta_j f_t b_j h_j + 0.05 \eta_j N \frac{b_j}{b_c} + f_{yv} A_{svj} \frac{h_{b0} - a_s'}{s} \right) \tag{6-20a}$$

9度的一级框架

$$V_j \leqslant \frac{1}{\gamma_{RE}} \left(0.9 \eta_j f_t b_j h_j + f_{yv} A_{svj} \frac{h_{b0} - a_s'}{s} \right) \tag{6-20b}$$

式中　　N——对应于组合剪力设计值的上柱组合轴向压力较小值，当 $N >$ $0.5 f_c b_c h_c$ 时取 $N = 0.5 f_c b_c h_c$，当 N 为拉力时，取 $N = 0$；

b_j——节点核心区截面有效验算宽度，可按式（6-21）确定；

h_j——节点核心区截面高度，可采用验算方向的柱截面高度；

A_{svj}——节点核心区有效验算宽度范围内同一截面验算方向箍筋的总截面面积；

η_j——正交梁的约束影响系数，楼板为现浇、梁柱中线重合、四侧各梁截面宽度不小于该侧柱截面宽度的 1/2，且正交方向梁高度不小于框架梁高度的 3/4 时，可采用 1.5，9 度的一级采用 1.25，其他情况均采用 1.0。

节点核心区截面有效验算宽度，按下列规定采用。当验算方向的梁截面宽度不小于该侧柱截面宽度的 1/2 时，可采用该侧柱截面宽度，当小于该侧柱截面宽度的 1/2 时可采用下列二者的较小值：

$$b_j = b_b + 0.5 h_c \tag{6-21a}$$
$$b_j = b_c \tag{6-21b}$$

当梁、柱的中线不重合且偏心距不大于柱宽的 1/4 时，可采用上述两式和下式计算结果的较小值：

$$b_j = 0.5(b_b + b_c) + 0.25 h_c - e \tag{6-21c}$$

式中　　b_c、h_c——分别为验算方向柱截面宽度和高度；

e——梁与柱中线偏心距。

为了避免核心区过早出现斜裂缝、混凝土碎裂，核心区的平均剪应力不应过高。核心区组合的剪力设计值应符合下式要求：

$$V_j \leqslant \frac{1}{\gamma_{RE}} (0.30 \eta_j \beta_c f_c b_j h_j) \tag{6-22}$$

6.4.3　核心区的构造措施

抗震设计时，框架节点核心区箍筋的最大间距和最小直径宜符合柱端箍筋加密区的要求（表 6-6）。一、二、三级框架节点核心区配箍特征值分别不宜小于 0.12、0.10 和 0.08，且体积配箍率分别不宜小于 0.6%、0.5% 和 0.4%。柱剪跨比不大于 2 的框架节点核心区的体积配箍率不宜小于核心区上、下柱端体积配箍率的较大者。

四级框架和非抗震框架的节点核心区可不进行抗剪验算，但也要配置箍筋，可与柱端配置的箍筋相同，箍筋间距不宜大于 250mm。

6.5　钢筋的连接和锚固

由于钢筋长度不够或设置施工段时，构件内纵向钢筋需要连接。纵向钢筋的连接以及纵向钢筋在核心区的锚固都需要仔细设计，并保证施工质量。

6.5.1　钢 筋 的 连 接

受力钢筋的连接应能保证两根钢筋之间力的传递。建筑工程施工中常用的钢筋连接方法主要为下列三种：绑扎搭接、焊接连接与机械连接。绑扎搭接不但多用钢筋，而且对于直径较大的粗钢筋，传力性能不好。焊接连接应用虽然较多，但几次大地震中都发现焊接连接破坏的实例，由于依靠人工焊接，质量较难完全保证。机械连接接头以性能好、连接方便、质量可靠、综合经济效益高的特点得到了广泛应用，常用的机械连接方法主要有：滚轧直螺纹连接、镦粗直螺纹连接、冷挤压连接及锥螺纹连接。

受力钢筋的连接接头宜设置在构件受力较小的部位。抗震设计时，尽量不要在梁端、柱端箍筋加密区连接，若无法避开时，应采用机械连接，且同一截面钢筋接头面积百分率不宜超过 50%。

一些重要构件宜采用机械连接，如框支梁、框支柱、一级框架的梁。有些构件宜采用机械连接，也可采用绑扎搭接或焊接接头，例如抗震等级为一、二级的框架柱、三级框架的底层柱；三级框架底层以上各层柱和四级框架柱、二、三、四级框架梁可以采用绑扎搭接或焊接接头。抗震设计受拉钢筋直径大于 25mm、受压钢筋直径大于 28mm 时，尽可能不采用绑扎搭接的连接方法。

同一连接区段内受拉钢筋搭接接头面积百分率（该区段内有搭接接头的纵向受力钢筋与全部纵向受力钢筋截面面积的比值），对梁类、板类及墙类构件，不宜大于 25%，对柱类构件，不宜大于 50%。对板、墙、柱及预制构件的拼接处，可根据实际情况放宽。

纵向受力钢筋采用搭接连接时，在钢筋搭接长度范围内应配置箍筋，其直径不应小于搭接钢筋较大直径的 1/4。

持久、短暂设计状况时，纵向受拉钢筋绑扎搭接接头的搭接长度，不应小于下式的计算值，且不应小于 300mm：

$$l_l = \zeta_l l_a \tag{6-23}$$

式中　l_l——持久、短暂设计状况时受拉钢筋的搭接长度；

　　　l_a——持久、短暂设计状况时受拉钢筋的锚固长度，按现行《混凝土结构设计规范》 GB 50010（以下简称《混凝土规范》）的规定采用；

　　　ζ_l——纵向受拉钢筋搭接长度修正系数，按表 6-7 取用。当纵向搭接钢筋接头面积百分率为表的中间值时，修正系数可按内插取值。

纵向受拉钢筋搭接长度修正系数　　　　　　　　　　　　表 6-7

纵向搭接钢筋接头面积百分率（%）	≤25	50	100
ζ_l	1.2	1.4	1.6

抗震设计状况时，纵向受力钢筋的锚固和连接应符合下列要求：

最小锚固长度按下列规定采用：

一、二级　　　　　　　　　$l_{aE} = 1.15 l_a$ 　　　　　　　　（6-24a）

三级　　　　　　　　　　　$l_{aE} = 1.05 l_a$ 　　　　　　　　（6-24b）

四级　　　　　　　　　　　$l_{aE} = 1.00 l_a$ 　　　　　　　　（6-24c）

当采用搭接接头时，其搭接长度不应小于下式的计算值：

$$l_{lE} = \zeta_l l_{aE}$$ 　　　　　　　　（6-24d）

式中　l_{aE}——抗震设计状况时受拉钢筋的最小锚固长度。

6.5.2 核心区钢筋锚固

持久、短暂设计状况和抗震设计状况的框架，梁、柱纵向钢筋在核心区的锚固要求分别见图 6-15 和图 6-16。梁的上部钢筋应贯穿中间接点，梁的下部钢筋可以切断并锚固于节点核心区内。

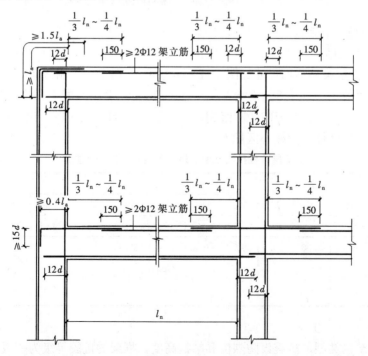

图 6-15　持久、短暂设计状况的框架梁、柱纵向钢筋在节点核心区的锚固要求

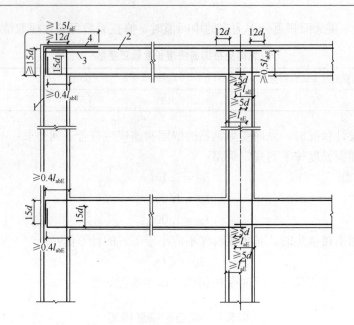

图 6-16 抗震设计状况的框架梁、柱纵向
钢筋在节点核心区的锚固要求

1—柱外侧纵向钢筋；2—梁上部纵向钢筋；3—伸入梁的柱外侧纵
向钢筋；4—不能伸入梁的柱外侧纵向钢筋，可伸入板

【例 6-1】 框架构件抗震设计算例。

10 层框架结构，总高 38m，8 度抗震设防，Ⅱ类场地。其中一榀框架的轴线
尺寸及 1、2 层梁柱截面尺寸如图 6-17 所示。1、2 层梁柱控制截面的最不利组合
的内力计算值示于表 6-8。梁端 $V_{Gb} = 125.0$kN。梁柱混凝土强度等级分别为
C30 和 C40，纵筋采用 HRB400 级钢，箍筋采用 HRB335 级钢。设计第 1 层 AB
跨梁、第 1 层中柱及其核心区配筋。

1、2 层梁柱控制截面的最不利组合的内力计算值　　　　表 6-8

层号	边柱				中柱				梁			
	$M_上$	$M_下$	N	V	$M_上$	$M_下$	N	V	M_A	$M_中$	M_B	V
	kN·m		kN		kN·m		kN		kN·m			kN
2	303.0	398.6	2500	120.1	260.0	375.2	2100	125.1	—	—	—	—
1	364.2	534.5	2800	128.2	295.0	430.1	2400 $N_{max}=$ 3500	130.5	-460.5 $+183.1$	$+274.7$	-614.6 $+216.5$	214.5

【解】

根据结构类型、抗震设防烈度和结构高度，框架的抗震等级为一级。

由《混凝土规范》，查得混凝土及钢筋的强度，见表 6-9。

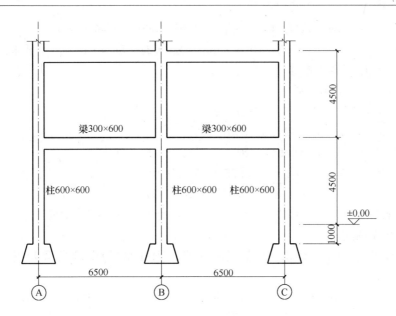

图 6-17　例 6-1 图

混凝土和钢筋的强度（单位：MPa）　　　　表 6-9

混凝土强度	f_c	f_{ck}	f_t	f_{tk}	钢筋强度	f_y	f_{yk}
C40	19.1	26.8	1.71	2.39	HRB400 级钢筋	360	400
C30	14.3	20.1	1.43	2.01	HRB335 级钢筋	300	335

1. AB 跨梁正截面抗弯配筋

（1）B 端负弯矩配筋

采用双筋截面，压筋用 2Φ20+2Φ22，即 $A_s^b = A_s' = 1388\text{mm}^2$，则

$$M' = A_s' f_y (h_{b0} - a') = 1388 \times 360 \times (540 - 40) = 249.8 \times 10^6 \text{N} \cdot \text{mm}$$

$$\alpha_s = \frac{\gamma_{RE} M - M'}{\alpha_1 f_c b_b h_{b0}^2} = \frac{(0.75 \times 614.6 - 249.8) \times 10^6}{1.0 \times 14.3 \times 300 \times 540^2} = 0.17 < \alpha_{s,max}$$

查表得 $\xi = 0.19$，$\gamma_s = 0.906$，则

$$A_{s1} = \frac{\gamma_{RE} M - M'}{\gamma_s f_y h_{b0}} = \frac{(0.75 \times 614.6 - 249.8) \times 10^6}{0.906 \times 360 \times 540} = 1198.9 \text{mm}^2$$

$$A_s^t = A_{s1} + A_s' = 1198.9 + 1388 = 2586.9 \text{mm}^2$$

取上部配筋 4Φ18+4Φ22，$A_s^t = 2537\text{mm}^2$，则

$$A_s^b / A_s^t = 0.55 > 0.5$$

$$\frac{x}{h_{b0}} = (\rho_s' - \rho_s) \frac{f_y}{\alpha_1 f_c} = \frac{2537 - 1388}{300 \times 540} \times \frac{360}{1.0 \times 14.3} = 0.18 < 0.25，满足要求。$$

（2）B 端正弯矩配筋

由上面的计算 $A_s' > A_s^b$，取 $x = 2a'$，则

$$M = A_s^b f_y (h_{b0} - a') = 1388 \times 360 \times (560 - 60)$$
$$= 249.8 \times 10^6 \, \text{N} \cdot \text{mm} > \gamma_{RE} \cdot 216.5 \text{kN} \cdot \text{m}，满足要求。$$

（3）跨中正弯矩配筋

设 $h_{b0} = 560$mm，则

$$\alpha_s = \frac{\gamma_{RE} M}{\alpha_1 f_c b h_{b0}^2} = \frac{0.75 \times 274.7 \times 10^6}{1.0 \times 14.3 \times 300 \times 560^2} = 0.153$$

查表得，$\xi = 0.17$，$\gamma_s = 0.917$，则

$$A_s = \frac{\gamma_{RE} M}{\gamma_s f_y h_{b0}} = \frac{0.75 \times 274.7 \times 10^6}{0.917 \times 360 \times 560} = 1114.4 \text{mm}^2$$

取下部配筋 $2 \, \Phi \, 20 + 2 \, \Phi \, 22$，$A_s^t = 1388 \text{mm}^2$；跨中上部为构造配筋。

（4）A 端配筋

底部 $2 \, \Phi \, 20 + 2 \, \Phi \, 22$ 钢筋直通 A 端，则在抵抗 A 端负弯矩时，$A'_s = 1388 \text{mm}^2$，因此

$$M' = A'_s f_y (h_{b0} - a') = 1388 \times 360 \times (540 - 40) = 249.8 \times 10^6 \, \text{N} \cdot \text{mm}$$

$$\alpha_s = \frac{\gamma_{RE} M - M'}{\alpha_1 f_c b_b h_{b0}^2} = \frac{(0.75 \times 460.5 - 248.8) \times 10^6}{1.0 \times 14.3 \times 300 \times 540^2} = 0.076$$

查表得 $\xi = 0.08$，$\gamma_s = 0.960$，则

$$A_{s1} = \frac{\gamma_{RE} M - M'}{\gamma_s f_y b_{b0}} = \frac{(0.75 \times 460.5 - 249.8) \times 10^6}{0.960 \times 360 \times 540} = 512.1 \text{mm}^2$$

$$A_s^t = A_{s1} + A'_s = 512.1 + 1388 = 1900.1 \text{mm}^2$$

取上部配筋 $5 \, \Phi \, 22$，$A_s^t = 1900 \text{mm}^2$

A 端正截面受弯承载力：

$$M = A_s^b \cdot f_y (h_{b0} - a') = 1388 \times 360 \times (540 - 40)$$
$$= 249.8 \times 10^6 \, \text{N} \cdot \text{mm} > \gamma_{RE} \cdot 183.1 \text{kN} \cdot \text{m}，$$

满足要求。

A 端截面

$$x / h_{b0} = 0.08 < 0.25$$
$$A_s^b / A_s^t = 0.73 > 0.5$$

均满足要求。

2. 梁箍筋计算及剪压比验算

梁端箍筋加密区剪力设计值由强剪弱弯要求计算，取左端（A 端）正弯矩及右端（B 端）负弯矩组合。

由梁端弯矩设计值计算剪力设计值：

$$V = \eta_{vb} (M_b^l + M_b^t) / l_n + V_{Gb} = 1.3 \times (183.1 + 614.6)/(6.5 - 0.6) + 125$$
$$= 300.8 \text{kN}$$

由梁端实配抗震受弯承载力计算剪力设计值：

$$M_{bua}^l = \frac{1}{\gamma_{RE}} [A_s^b f_{yk} (h_{b0} - a')] = \frac{1}{0.75} \times [1388 \times 400 \times (560 - 60)]$$

$$= 370.1 \times 10^6 \, \text{N} \cdot \text{mm}$$

$$M_{\text{bua}}^r = \frac{1}{0.75} \times [2537 \times 400 \times (540 - 40)] = 676.5 \times 10^6 \, \text{N} \cdot \text{mm}$$

$$V_b = 1.1 \frac{(M_{\text{bua}}^l + M_{\text{bua}}^r)}{l_n} + V_{Gb} = 1.1 \times \frac{370.1 + 676.5}{6.5 - 0.6} + 125$$

$$= 320.1 \text{kN} > 300.8 \text{kN}$$

按剪力设计值为 320.1kN 计算抗剪配筋：

$$\frac{A_{sv}}{s} = \frac{\gamma_{RE} V_b - 0.42 f_t b_b h_{b0}}{f_{yv} h_{b0}}$$

$$= \frac{0.85 \times 320.1 \times 10^3 - 0.42 \times 1.43 \times 300 \times 540}{300 \times 540} = 1.08$$

配双肢箍，直径 10mm，$A_{sv} = 157 \text{mm}^2$，则

$$s = \frac{A_{sv}}{1.08} = \frac{157}{1.08} = 145 \text{mm}$$

由构造要求（$h_b/4$、$6d$、100mm 的最小值），取 $\phi 10@100$。

非加密区由组合剪力值计算箍筋：

$$\frac{A_{sv}}{s} = \frac{0.85 \times 214.5 \times 10^3 - 0.42 \times 1.43 \times 300 \times 540}{300 \times 540} = 0.52$$

配双肢箍，直径 8mm，$A_{sv} = 101 \text{mm}^2$，则

$$s = \frac{A_{sv}}{0.52} = \frac{101}{0.52} = 194 \text{mm}$$

由箍筋的最小配筋率要求：

$$\rho_{sv} = \frac{A_{sv}}{bs} = 0.30 \frac{f_t}{f_{yv}} = 0.30 \times \frac{1.43}{300} = 0.143\%$$

$$s = \frac{A_{sv}}{b\rho_{sv}} = \frac{101 \times 100}{300 \times 0.143} = 235 \text{mm}$$

非加密区箍筋为 $\phi 8@200$。

梁端截面剪压比验算：

$$\frac{\gamma_{RE} V_b}{\beta_c f_c b_b h_{b0}} = \frac{0.85 \times 320.1 \times 10^3}{1.0 \times 14.3 \times 300 \times 540} = 0.117 < 0.2，满足要求。$$

3. 中柱轴压比验算及抗弯配筋计算

用最大轴力设计值验算轴压比：

$$n = \frac{N_{\text{max}}}{f_c b_c h_c} = \frac{3500 \times 10^3}{19.1 \times 600 \times 600} = 0.51 < 0.65，满足要求。$$

计算柱弯矩设计值：

由梁端弯矩设计值计算柱弯矩设计值：

$$\sum M_c = \eta_c \sum M_b = 1.7 \times (614.6 + 183.7) = 1356.1 \text{kN} \cdot \text{m}$$

由梁端实配抗震受弯承载力计算柱弯矩设计值：

$\Sigma M_c = 1.2\Sigma M_{bua} = 1.2 \times (370.1 + 676.5) = 1255.9\text{kN} \cdot \text{m} < 1356.1\text{kN} \cdot \text{m}$

柱弯矩设计值在 1 层柱顶和 2 层柱底分配：

1 层柱顶　　$M_c^t = 1356.1 \times \dfrac{295.0}{375.2 + 295.0} = 596.9\text{kN} \cdot \text{m}$

2 层柱底　　$M_c^b = 1356.1 \times \dfrac{375.2}{375.2 + 295.0} = 759.2\text{kN} \cdot \text{m}$

表 6-8 中第 1 层柱底截面弯矩值乘以增大系数 1.5 作为柱底截面弯矩设计值，即

$$M^b = 1.7 \times 430.1 = 731.2\text{kN} \cdot \text{m} > 596.9\text{kN} \cdot \text{m}$$

1 层柱按柱底截面弯矩设计配筋：

$$e_0 = \frac{731.2}{2400} = 0.305\text{m}$$

$$\frac{l_0}{i} = \frac{5500}{600/\sqrt{12}} = 31.75 < 34 - 12(M_1/M_2)$$

不考虑挠度对偏心距的影响，$\eta = 1.0$。

取附加偏心矩 $e_a = 20\text{mm}$，则 $\eta e_i = \eta(e_0 + e_a) = 0.325\text{m} > 0.343h_{c0} = 0.189\text{m}$。

$$e = \eta e_i + \frac{h_c}{2} - a = 0.325 + 0.3 - 0.05 = 0.575\text{m}$$

$N_b = \alpha_1 f_c b_c \xi_b h_{c0} = 1.0 \times 19.1 \times 600 \times 0.518 \times 550 = 3265\text{kN} > N = 2400\text{kN}$，为大偏压柱。

对称配筋　　$x = \dfrac{\gamma_{RE}N}{\alpha_1 f_c b_c} = \dfrac{0.8 \times 2400 \times 10^3}{1.0 \times 19.1 \times 600} = 167.5\text{mm}$

$$A_s = A_s' = \frac{\gamma_{RE}Ne - \alpha_1 f_c b_c x(h_{c0} - x/2)}{f_y(h_{c0} - a')}$$

$$= \frac{0.8 \times 2400 \times 10^3 \times 575 - 1.0 \times 19.1 \times 600 \times 167.5 \times (550 - 167.5/2)}{360 \times (550 - 50)}$$

$$= 1161.2\text{mm}^2$$

用 $2\Phi 20 + 2\Phi 22$，$A_s = A_s' = 1388\text{mm}^2$，配筋率为 0.39%，满足一侧配筋率不小于 0.2% 的要求。

柱截面纵向钢筋最小总配筋率为 1.05%，可得柱最小总配筋面积为：

$$\frac{1.05}{100} \times 600 \times 600 = 3780\text{mm}^2$$

全截面配筋为 $8\Phi 20 + 4\Phi 22$，纵向钢筋总面积为 4033mm^2，满足要求（注意，柱在另一方向的纵向钢筋还需根据另一方向的配筋计算结果确定，此处暂取 4 个侧面配筋相同）。

中柱在计算方向的抗弯配筋为：$A_s = A_s' = 2\Phi 20 + 2\Phi 22$。

4. 中柱箍筋计算及剪压比验算

按强剪弱弯要求，由柱端组合弯矩计算值计算柱剪力设计值：

$$V_c = 1.5 \left(\frac{M_c^t + M_c^b}{H_{c0}} \right) = 1.5 \times \frac{501.5 + 731.2}{5500 - 600} \times 10^6 = 377.4 \text{kN}$$

由柱在轴压力作用下的实配抗震受弯承载力计算剪力设计值：

$$x = \frac{N}{\alpha_1 f_{ck} b_c} = \frac{2400 \times 10^3}{1.0 \times 26.8 \times 600} = 149 \text{mm}$$

$$M_{cua}^b = M_{cua}^t = \frac{1}{\gamma_{RE}} \left[\alpha_1 f_{ck} b_c x (h_{c0} - 0.5x) + f_{yk} A_s (h_{c0} - a') - N \left(e_0 + \frac{h_c}{2} - a \right) \right]$$

$$= \frac{1}{0.8} \times [1.0 \times 26.8 \times 600 \times 149 \times (550 - 0.5 \times 149) + 400 \times 1388$$

$$\times (550 - 50) - 2400 \times 10^3 \times (20 + 300 - 50)] = 961.1 \times 10^6 \text{N} \cdot \text{mm}$$

$$V_c = 1.2 \left(\frac{M_{cua}^t + M_{cua}^b}{H_{c0}} \right) = 1.2 \times \frac{2 \times 961.1 \times 10^6}{5500 - 600} = 470.7 \text{kN} > 377.4 \text{kN}$$

用 470.7kN 进行抗剪配筋计算：

$$\gamma_{RE} = 0.85 , \lambda = \frac{M_{\Phi}}{V_c h_{c0}} = \frac{430.1 \times 10^6}{130.5 \times 10^3 \times 550} = 5.99 > 3 , 取 \lambda = 3$$

$$N = 0.3 f_c A = 0.3 \times 19.1 \times 600 \times 600 = 2062.8 \text{kN} , 取 N = 2062.8 \text{kN}$$

$$\frac{A_{sv}}{s} = \frac{1}{f_{yv} h_{c0}} \left[\gamma_{RE} V_c - \left(\frac{1.05}{\lambda + 1} f_t b_c h_{c0} + 0.056 N \right) \right]$$

$$= \frac{1}{300 \times 550} \times [0.85 \times 470.7 \times 10^3 - \frac{1.05}{3 + 1} \times 1.71$$

$$\times 600 \times 550 - 0.056 \times 2062.8 \times 10^3] = 0.83$$

取复式箍筋 4 肢 ϕ10（抗震构造要求最小直径为 10mm），则

$$A_{sv} = 4 \times 78.5 = 314 \text{mm}^2$$

$$s = \frac{A_{sv}}{0.83} = \frac{314}{0.83} = 378 \text{mm}$$

采用复合箍，最小配箍特征值 $\lambda_V = 0.13$，混凝土强度取 C40，计算体积配箍率：

$$\rho_V = \frac{0.13 \times 19.1}{300} = 0.83\%$$

$$s = \frac{a_k l_k}{\rho_V l_1 l_2} = \frac{78.5 \times 8 \times 550}{550 \times 550 \times 0.0083} = 137.6 \text{mm}$$

取加密区箍筋为 4 肢 ϕ10，间距 100mm。

长柱的柱端箍筋加密区长度取 $H_{c0}/6$、h_c 及 500mm 三者中较大值，取 $H_{c0}/6$，为 800mm。

非加密区，取 4 肢 ϕ10，间距 200mm。

柱剪压比验算：

$$\frac{\gamma_{RE} V_c}{\beta_c f_c b_c h_{c0}} = \frac{0.85 \times 470.7 \times 10^3}{1.0 \times 19.1 \times 600 \times 550} = 0.06 < 0.2 , 满足要求。$$

5. 中柱节点核心区箍筋计算

由梁端组合弯矩设计值计算核心区剪力设计值：

$$V_j = \frac{\eta_{jb} \Sigma M_b}{h_{b0} - a'_s}\left(1 - \frac{h_{b0} - a'_s}{H_c - h_b}\right)$$

$$= \frac{1.5 \times (183.1 + 614.6)}{540 - 40} \times 10^6 \times \left(1 - \frac{540 - 40}{5500 - 600}\right) = 2148.9 \text{kN}$$

由梁的实配抗震受弯承载力计算核心区剪力设计值：

$$V_c = 1.15\left(\frac{M^r_{bua} + M^l_{bua}}{h_{b0} - a'}\right)\left(1 - \frac{h_{b0} - a'_s}{H_c - h_b}\right)$$

$$= 1.15 \times \left(\frac{370.1 + 676.5}{540 - 40} \times 10^6\right) \times \left(1 - \frac{540 - 40}{5500 - 600}\right)$$

$$= 2161.5 \text{kN} > 2148.9 \text{kN}$$

核心区取 $\eta_j = 1.5$，取核心区混凝土等级与梁相同，为 C30。

因 $N < 0.5 f_c b_c h_c = 0.5 \times 14.3 \times 600 \times 600 = 2574 \text{kN}$

取 $b_j = b_c$，$h_j = h_c$。

用 2161.5kN 进行抗震受剪承载力验算：

$$f_{yv}\frac{A_{svj}}{s}(h_{b0} - a'_j) \geqslant \gamma_{RE}V_j - \left(1.1\eta_j f_t b_j h_j + 0.05\eta_j N \frac{b_j}{b_c}\right)$$

$$= 0.85 \times 2161.5 \times 10^3 - (1.1 \times 1.5 \times 1.43 \times 600 \times 600$$

$$+ 0.05 \times 1.5 \times 2400 \times 10^3 \times 1) = 807.9 \text{kN}$$

$$\frac{A_{svj}}{s} = \frac{807.9 \times 10^3}{f_{yv}(h_{b0} - a')} = \frac{807.9 \times 10^3}{300 \times (540 - 40)} = 5.39$$

核心区箍筋与柱端加密区相同，取 4 肢 $\phi 10$，则

$$s = \frac{4 \times 78.5}{5.39} = 58.3 \text{mm}$$

取核心区箍筋 4 肢 $\phi 10@55$

核心区剪压比验算：

$$\frac{\gamma_{RE}V_j}{\eta_j f_c b_j h_j} = \frac{0.85 \times 2161.5 \times 10^3}{1.5 \times 14.3 \times 600 \times 600} = 0.238 < 0.30，满足要求。$$

思　考　题

6.1　为了使钢筋混凝土框架成为延性耗能框架，应采用哪些抗震设计概念？

6.2　为什么梁铰机制比柱铰机制对抗震有利？

6.3　为什么减小梁端相对受压区高度可以增大梁的延性？设计中采取什么措施减小梁端相对受压区高度？梁端相对受压区高度的限值是多少？

6.4　什么是强剪弱弯？框架梁、柱如何实现强剪弱弯？

6.5 影响框架柱延性和耗能的主要因素有哪些？这些因素是如何影响框架柱的延性和耗能能力的？

6.6 什么是强柱弱梁？如何实现强柱弱梁？

6.7 除了通过强柱弱梁调整柱的弯矩设计值外，还有哪些情况需要调整柱的弯矩设计值？为什么在这些情况下要调整柱的弯矩设计值？

6.8 框架柱的箍筋有哪些作用？为什么轴压比大的柱配箍特征值也大？如何计算体积配箍率？

6.9 为什么要限制框架梁、柱和核心区的剪压比？为什么跨高比不大于2.5的梁、剪跨比不大于2的柱的剪压比限制要严一些？

6.10 梁柱核心区的可能破坏形态是什么？如何避免核心区破坏？

第7章　钢筋混凝土剪力墙设计

7.1　延性剪力墙的抗震设计概念

钢筋混凝土房屋建筑结构中，除框架结构外，其他结构体系都有剪力墙（抗震钢筋混凝土房屋建筑中的剪力墙也称为抗震墙）。剪力墙是高层建筑钢筋混凝土房屋的主要抗侧力结构单元。剪力墙刚度大，风或小震作用下的变形小，容易满足层间位移角的限值及风作用下的舒适度的要求；承载能力大；合理设计的剪力墙具有良好的延性和耗能能力，抗地震倒塌能力强；与框架一起抗侧力时，剪力墙是第一道抗震防线，框架是第二防线，对其抗震措施的要求可以比相同抗震等级的框架结构适当降低。

图 7-1 所示为剪力墙的类型：不开洞的实体墙，有一排或多排洞口的联肢

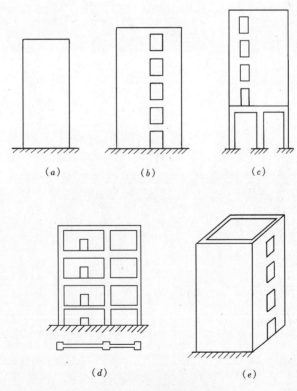

图 7-1　剪力墙的类型

(*a*) 实体墙；(*b*) 联肢墙；(*c*) 框支墙；(*d*) 有边框墙；(*e*) 井筒

墙，框支剪力墙，有端柱的剪力墙，以及由剪力墙围成的井筒。

剪力墙由两种构件组成：墙肢和连梁。在竖向力和水平力作用下，墙肢的内力有轴力、弯矩和剪力，连梁的内力主要是弯矩和剪力，轴力很小，可以忽略。墙肢的轴力可能是压力，也可能是拉力，墙肢应进行平面内的偏心受压或偏心受拉承载力验算和斜截面受剪承载力验算，连梁应进行受弯承载力验算和受剪承载力验算。墙肢和连梁的截面尺寸、配筋还应符合构造要求。

为了实现延性剪力墙，剪力墙的抗震设计应符合下述原则：

1. 强墙肢弱连梁

连梁屈服先于墙肢屈服，使塑性变形和耗能分散于连梁中，避免因墙肢过早屈服使塑性变形集中在某一层，使这一层的变形过大而形成倒塌机制。在进行小震作用下的弹性内力计算时，通过折减连梁的抗弯刚度（最多可折减 50%），减小连梁的弯矩设计值，实现连梁屈服先于墙肢。

2. 强剪弱弯

与框架的梁、柱相同，剪力墙的连梁和墙肢应为弯曲破坏，避免剪切破坏。在设计中，对于连梁，通过增大与弯矩设计值（或实配的抗震受弯承载力对应的弯矩值）所对应的梁端剪力，实现强剪弱弯；对于剪力墙，通过增大底部加强部位截面组合的剪力计算值等方法，实现强剪弱弯。

3. 限制墙肢轴压比和墙肢设置约束边缘构件

与钢筋混凝土柱相同，轴压比是影响墙肢抗震性能的主要因素之一。限制墙肢的轴压比，轴压比大于一定值的墙肢两端设置约束边缘构件，是提高剪力墙抗震性能的重要措施。

4. 设置底部加强部位

侧向力作用下变形曲线为弯曲型和弯剪型的剪力墙，其墙肢的塑性铰一般会在结构底部一定高度范围内形成，这个高度范围称为剪力墙底部加强部位。剪力墙底部加强部位的高度，采用下述规定确定：有地下室的房屋建筑，底部加强部位的高度从地下室顶板算起；部分框支剪力墙结构的剪力墙，底部加强部位的高度取框支层加框支层以上两层的高度及落地剪力墙总高度的 1/10 二者的较大值；其他结构的剪力墙，房屋高度大于 24m 时，底部加强部位的高度取底部两层和墙体总高度的 1/10 二者的较大值，房屋高度不大于 24m 时，取底部一层；当结构计算嵌固端位于地下一层的底板或以下时，底部加强部位向下延伸到计算嵌固端。

剪力墙底部加强部位是其重点部位，除了提高底部加强部位的受剪承载力、实现强剪弱弯外，还需要加强其抗震构造措施，轴压比大于一定值时，墙肢两端设置约束边缘构件，以提高整体结构的抗震能力。

5. 连梁特殊措施

普通配筋的、跨高比小的连梁很难成为延性构件，对抗震等级高的、跨高比小的连梁采取特殊措施，使其成为延性构件。

7.2 墙 肢 设 计

在轴压力和往复水平力作用下，墙肢的破坏形态与实体墙的破坏形态相同（图 7-2），可以归纳弯曲破坏、弯剪破坏、剪切破坏和滑移破坏等。部分框支剪力墙结构的一级落地剪力墙，当墙肢底截面出现偏心受拉时，通过在墙肢底截面另外附加交叉斜钢筋，防止地震时出现滑移，防滑交叉斜钢筋按承担墙肢底截面地震剪力设计值的 30％设置。

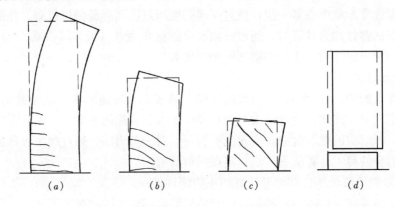

图 7-2　实体墙的破坏形态
(*a*) 弯曲破坏；(*b*) 弯剪破坏；(*c*) 剪切破坏；(*d*) 滑移破坏

7.2.1　内 力 设 计 值

非抗震和抗震设计的剪力墙应分别按无地震作用和有地震作用进行荷载效应组合，取控制截面的最不利组合内力值或对其调整后的组合内力值（统称为组合的内力设计值）进行截面承载力验算。墙肢的控制截面一般取墙底截面以及改变墙厚、改变混凝土强度等级、改变配筋量的截面。

对于抗震等级为一级的剪力墙，为了使墙肢的塑性铰出现在底部加强部位、避免底部加强部位以上的墙肢屈服，其弯矩设计值取法如下：底部加强部位采用墙肢截面组合的弯矩计算值，不增大；底部加强部位以上部位，取墙肢组合的弯矩计算值乘以增大系数，其值为 1.2，为了实现强剪弱弯，剪力设计值作相应调整。其他抗震等级和非抗震设计的剪力墙的弯矩设计值，采用墙肢截面组合的弯矩计算值。

小偏心受拉时墙肢全截面受拉，混凝土开裂贯通整个截面高度。部分框支剪力墙结构的落地剪力墙，不应出现小偏心受拉的墙肢。

双肢剪力墙的墙肢不宜出现小偏心受拉；当其中一个墙肢为小偏心受拉时，

另一墙肢的剪力设计值、弯矩设计应值乘以增大系数 1.25。原因是：当一个墙肢出现水平裂缝时，刚度降低，由于内力重分布而剪力向无裂缝的另一个墙肢转移，使另一个墙肢内力加大。

工程设计中，可通过调整剪力墙长度或连梁尺寸避免出现小偏心受拉的墙肢。剪力墙很长时，边墙肢拉（压）力很大，可以人为加大洞口或人为开洞口，减小连梁高度而成为对墙肢约束弯矩很小的连梁，地震时，该连梁两端比较容易屈服形成塑性铰，而将长墙分成长度较小的墙肢。墙肢的长度，一般不宜大于8m。此外，减小连梁高度也可减小墙肢轴力。

为了加强一、二、三级剪力墙墙肢底部加强部位的抗剪承载力，避免过早出现剪切破坏，实现强剪弱弯，墙肢截面的剪力组合计算值按下式调整：

$$V = \eta_{vw} V_w \tag{7-1a}$$

9 度的一级可不按上式调整，但应符合下式要求：

$$V = 1.1 \frac{M_{wua}}{M_w} V_w \tag{7-1b}$$

式中　V——底部加强部位墙肢截面组合的剪力设计值；

V_w——底部加强部位墙肢截面组合的剪力计算值；

M_{wua}——墙肢底部截面按实配纵向钢筋面积、材料强度标准值和轴力等计算的抗震受弯承载力所对应的弯矩值，有翼墙时应计入墙两侧各一倍翼墙厚度范围内的纵向钢筋；

M_w——墙肢底部截面最不利组合的弯矩计算值；

η_{vw}——墙肢剪力放大系数，一级为 1.6，二级为 1.4，三级为 1.2。

7.2.2　墙肢偏心受压承载力计算

剪力墙的墙肢在轴力和弯矩作用下的承载力计算与柱相似，区别在于墙肢除在端部配置竖向钢筋外，还在端部以外配置竖向分布钢筋，竖向分布钢筋参与抵抗弯矩，计算承载力时应包括部分受拉竖向分布钢筋的作用。分布钢筋的直径一般比较小，容易压曲，为简化计算，不考虑受压竖向分布钢筋的作用。

1. 大偏心受压承载力计算

在极限状态下，墙肢截面相对受压区高度不大于其相对界限受压区高度时，为大偏心受压破坏。

采用以下假定建立墙肢截面大偏心受压承载力计算公式：①截面变形符合平截面假定；②不考虑受拉混凝土的作用；③受压区混凝土的应力图用等效矩形应力图替换，应力达到 $\alpha_1 f_c$（f_c 为混凝土轴心抗压强度，α_1 为与混凝土等级有关的等效矩形应力图系数）；④墙肢端部的竖向受拉、受压钢筋屈服；⑤从受压区边缘算起 $1.5x$（x 为等效矩形应力图受压区高度）范围以外的受拉竖向分布钢筋全部屈服并参与受力计算，$1.5x$ 范围以内的竖向分布钢筋未受拉屈服或为受压，不参与受力计算。由上述假定，极限状态下矩形墙肢截面的应力图形如图 7-3 所示，根据 $\Sigma N=0$ 和 $\Sigma M=0$ 两个平衡条件，建立方程。

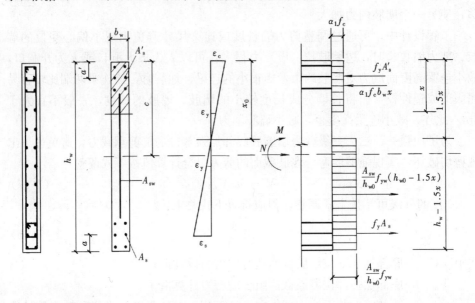

图 7-3　墙肢大偏心受压截面应变和应力分布

对称配筋时，$A_s = A'_s$，由 $\Sigma N=0$ 计算等效矩形应力图受压区高度 x：

$$N = \alpha_1 f_c b_w x - f_{yw}\frac{A_{sw}}{h_{w0}}(h_{w0} - 1.5x) \tag{7-2a}$$

得

$$x = \frac{N + f_{yw}A_{sw}}{\alpha_1 f_c b_w + 1.5 f_{yw}A_{sw}/h_{w0}} \tag{7-2b}$$

式中，系数 α_1，当混凝土强度等级不超过 C50 时，取 1.0，当混凝土强度等级为 C80 时，取 0.94，当混凝土强度等级在 C50～C80 之间时，按线性内插值取。

对受压区中心取矩，由 $\Sigma M=0$ 可得：

$$M = f_{yw}\frac{A_{sw}}{h_{w0}}(h_{w0} - 1.5x)\left(\frac{h_{w0}}{2} + \frac{x}{4}\right) + N\left(\frac{h_{w0}}{2} - \frac{x}{2}\right) + f_y A_s(h_{w0} - a') \tag{7-3a}$$

忽略式中 x^2 项，化简后得：

$$M = \frac{f_{yw}A_{sw}}{2}h_{w0}\left(1 - \frac{x}{h_{w0}}\right)\left(1 + \frac{N}{f_{yw}A_{sw}}\right) + f_y A_s(h_{w0} - a') \tag{7-3b}$$

上式第一项是竖向分布钢筋抵抗的弯矩，第二项是端部钢筋抵抗的弯矩，分别为：

$$M_{sw} = \frac{f_{yw}A_{sw}}{2}h_{w0}\left(1 - \frac{x}{h_{w0}}\right)\left(1 + \frac{N}{f_{yw}A_{sw}}\right) \tag{7-4a}$$

$$M_0 = f_y A_s(h_{w0} - a') \tag{7-4b}$$

截面承载力验算要求：

$$M \leqslant M_0 + M_{sw} \tag{7-5}$$

式中 M——墙肢的弯矩设计值。

工程设计时，先给定竖向分布钢筋的截面面积 A_{sw}，一般可按构造要求配置，由式（7-2b）计算 x 值，代入式（7-4a），得到 M_{sw}，然后按下式计算端部钢筋面积 A_s：

$$A_s \geqslant \frac{M - M_{sw}}{f_y(h_{w0} - a')} \tag{7-6}$$

不对称配筋时，$A_s \neq A'_s$，此时要先给定竖向分布钢筋 A_{sw}，并给定一端的端部钢筋面积 A_s 或 A'_s，求另一端钢筋面积。由 $\Sigma N = 0$，得：

$$N = \alpha_1 f_c b_w x + f_y A_s' - f_y A_s - \frac{h_{w0}}{2} f_{yw}(h_{w0} - 1.5x) \tag{7-7}$$

当已知受拉钢筋面积时，对受压钢筋重心取矩：

$$\begin{aligned}M \leqslant f_{yw}\frac{A_{sw}}{h_{w0}}(h_{w0} - 1.5x)\left(\frac{h_{w0}}{2} + \frac{3}{4}x - a'\right) - \alpha_1 f_c b_w x\left(\frac{x}{2} - a'\right) \\ + f_y A_s(h_{w0} - a') + N(c - a')\end{aligned} \tag{7-8a}$$

当已知受压钢筋面积时，对受拉钢筋重心取矩：

$$\begin{aligned}M \leqslant f_{yw}\frac{A_{sw}}{h_{w0}}(h_{w0} - 1.5x)\left(\frac{h_{w0}}{2} - \frac{3}{4}x - a\right) - \alpha_1 f_c b_w x\left(h_{w0} - \frac{x}{2}\right) \\ - f_y A'_s(h_{w0} - a') + N(h_{w0} - c - a)\end{aligned} \tag{7-8b}$$

由式（7-8a）或式（7-8b）可求得 x，再由式（7-7）求得另一端的端部钢筋面积。

当墙肢截面为 T 形或 I 形时，可参照 T 形或 I 形截面柱的偏心受压承载力的计算方法计算配筋。首先判断中和轴的位置，然后计算钢筋面积。计算中按上述原则考虑竖向分布钢筋的作用。

混凝土受压高度应符合 $x \geqslant 2a'$ 的条件，否则按 $x = 2a'$ 计算。

2. 小偏心受压承载力计算

在极限状态下，墙肢截面混凝土相对受压区高度大于其相对界限受压区高度时为小偏心受压。墙肢截面小偏心受压破坏与小偏心受压柱相同，截面大部分或全部受压，由于压应变较大一端的混凝土达到极限压应变而丧失承载力。压应变较大端的端部钢筋及竖向分布钢筋屈服，但计算中不考虑竖向分布受压钢筋的作用。受拉区的竖向分布钢筋未屈服，计算中也不考虑其作用。这样，墙肢截面极限状态的应力分布与小偏心受压柱完全相同（图 7-4），承载力计算方法也相同。

根据 $\Sigma N = 0$ 和 $\Sigma M = 0$ 两个平衡条件建立基本方程：

$$N = \alpha_1 f_c b_w x + f_y A'_s - \sigma_s A_s \tag{7-9a}$$

$$Ne = \alpha_1 f_c b_w x\left(h_{w0} - \frac{x}{2}\right) + f_y A'_s(h_{w0} - a') \tag{7-9b}$$

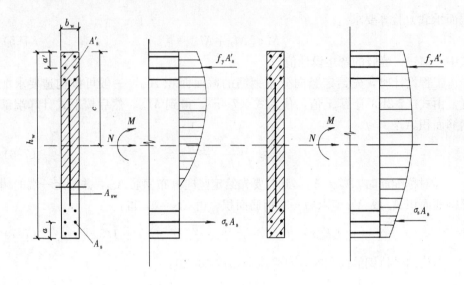

图 7-4　墙肢小偏心受压截面应力分布

$$e = e_0 + e_a + \frac{h_w}{2} - a \qquad (7\text{-}9c)$$

式中　e_0——轴向压力对截面重心的偏心距，$e_0 = M/N$；

　　　e_a——附加偏心距。

对称配筋、采用 HPB300 级和 HRB335 级热轧钢筋时，截面相对受压区高度 ζ 值可用下述近似公式计算：

$$\zeta = \frac{N - \alpha_1 \zeta_b f_c b_w h_{w0}}{\dfrac{Ne - 0.43\alpha_1 f_c b_w h_{w0}^2}{(0.8 - \zeta_b)(h_{w0} - a')} + \alpha_1 f_c b_w h_{w0}} + \xi_b \qquad (7\text{-}10)$$

由式 (7-8b) 和式 (7-9)，可得：

$$A_s = A'_s = \frac{Ne - \zeta(1 - 0.5\zeta)\alpha_1 f_c b_w h_{w0}^2}{f_y(h_{w0} - a')} \qquad (7\text{-}11)$$

非对称配筋时，可先按端部构造配筋要求给定 A_s，然后由式 (7-10) 和式 (7-9b) 求解 ζ 及 A'_s。如果 $\zeta \geqslant h_w/h_{w0}$，为全截面受压，取 $x = h_w$，A'_s 可由下式计算得到：

$$A'_s = \frac{Ne - \alpha_1 f_c b_w h_w (h_{w0} - h_w/2)}{f_y(h_{w0} - a')} \qquad (7\text{-}12)$$

竖向分布钢筋按构造要求设置。

小偏心受压时，还要验算墙肢平面外稳定。这时，可按轴心受压构件计算。

7.2.3　墙肢偏心受拉承载力计算

墙肢在弯矩 M 和轴向拉力 N 作用下，当 $M/N > h_w/2 - a$ 时，为大偏心受拉，墙肢截面大部分受拉、小部分受压。假定距受压区边缘 $1.5x$ 范围以外的受拉分布钢筋屈服并参与工作，截面应力分布图形如图 7-5 所示。由平衡条件可知，大偏心受拉承载力的计算公式与大偏心受压相同，只需将轴向力 N 变号。

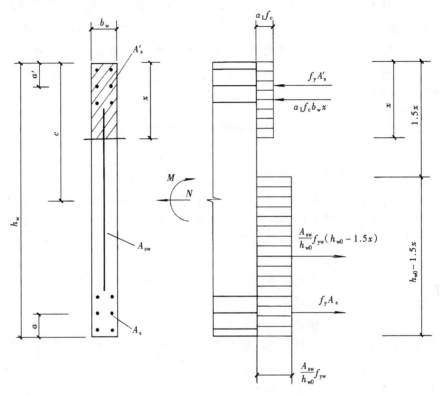

图 7-5　墙肢大偏心受拉截面应力分布

矩形截面对称配筋时，压区高度 x 可由下式确定：

$$x = \frac{f_{yw}A_{sw} - N}{\alpha_1 f_c b_w + 1.5 f_{yw}A_{sw}/h_{w0}} \tag{7-13}$$

与大偏压承载力公式类似，可得到竖向分布钢筋抵抗的弯矩为：

$$M_{sw} = \frac{f_{yw}A_{sw}}{2} h_{w0} \left(1 - \frac{x}{h_{w0}}\right) \left(1 - \frac{N}{f_{yw}A_{sw}}\right) \tag{7-14}$$

端部钢筋抵抗的弯矩为：

$$M_0 = f_y A_s (h_{w0} - a') \tag{7-15}$$

与大偏心受压相同，先给定竖向分布钢筋面积 A_{sw}。为保证截面有受压区，即要求 $x > 0$，由式（7-13）可得竖向分布钢筋面积：

$$A_{sw} \geqslant \frac{N}{f_{yw}} \tag{7-16}$$

同时，分布钢筋应满足最小配筋率要求，在两者中选择较大的 A_{sw}，然后按下式计算端部钢筋面积：

$$A_s \geqslant \frac{M - M_{sw}}{f_y(h_{w0} - a')} \tag{7-17}$$

当拉力较大、偏心距 $M/N < h_w/2 - a$ 时，全截面受拉，属于小偏心受拉。

抗震和非抗震设计的剪力墙的墙肢偏心受压和偏心受拉承载力的计算公式相同。抗震设计时，承载力计算公式应除以承载力抗震调整系数 γ_{RE}，偏心受压、受拉时 γ_{RE} 都取 0.85。注意，在计算受压区高度 x 和计算分布钢筋抵抗矩 M_{sw} 的公式中，N 要乘以 γ_{RE}。

7.2.4   墙肢斜截面受剪承载力计算

1. 墙肢斜截面剪切破坏形态

墙肢（实体墙）的斜截面剪切破坏大致可以归纳为三种破坏形态：

（1）剪拉破坏。剪跨比较大、无横向钢筋或横向钢筋很少的墙肢，可能发生剪拉破坏。斜裂缝出现后即形成一条主要的斜裂缝，并延伸至受压区边缘，使墙肢劈裂为两部分而破坏。竖向钢筋锚固不好时也会发生类似的破坏。剪拉破坏属脆性破坏，应避免。

（2）斜压破坏。斜裂缝将墙肢分割为多个斜的受压柱体，混凝土被压碎而破坏。斜压破坏发生在截面尺寸小、剪压比过大的墙肢。为防止斜压破坏，墙肢截面尺寸不应过小，应限制截面的剪压比。

（3）剪压破坏。这是最常见的墙肢剪切破坏形态。实体墙在竖向力和水平力共同作用下，首先出现水平裂缝或细的倾斜裂缝。水平力增加，出现一条主要斜裂缝，并延伸扩展，混凝土受压区减小，最后斜裂缝尽端的受压区混凝土在剪应力和压应力共同作用下破坏，横向钢筋屈服。

墙肢斜截面受剪承载力计算公式主要建立在剪压破坏的基础上。受剪承载力由两部分组成：混凝土的受剪承载力和横向钢筋的受剪承载力。作用在墙肢上的轴向压力加大了截面的受压区，提高受剪承载力；轴向拉力对抗剪不利，降低受剪承载力。计算墙肢斜截面受剪承载力时，应计入轴力的有利或不利影响。

2. 偏心受压斜截面受剪承载力

在轴压力和水平力共同作用下，剪跨比不大于 1.5 的墙肢以剪切变形为主，首先在腹部出现斜裂缝，形成腹剪斜裂缝，裂缝部分的混凝土即退出工作。偏于安全，取混凝土出现腹剪斜裂缝时的剪力作为混凝土部分的受剪承载力。

剪跨比大于 1.5 的墙肢在轴压力和水平力共同作用下，在截面边缘出现的水平裂缝向弯矩增大方向倾斜，形成弯剪裂缝，可能导致斜截面剪切破坏。出现弯剪裂缝时混凝土所承担的剪力作为混凝土受剪承载力偏于安全，实际上与混凝土出现腹剪斜裂缝时的剪力相似，只考虑剪力墙腹板部分混凝土的抗剪作用。

试验表明，斜裂缝出现后，穿过斜裂缝的横向钢筋拉应力突然增大，说明横向钢筋与混凝土共同抗剪。

在地震的反复作用下，抗剪承载力降低。

综合上述各作用，偏心受压墙肢的受剪承载力计算公式为：

持久、短暂设计状况

$$V \leqslant \frac{1}{\lambda-0.5}\left(0.5f_t b_w h_{w0}+0.13N\frac{A_w}{A}\right)+f_{yh}\frac{A_{sh}}{s}h_{w0} \qquad (7\text{-}18a)$$

地震设计状况

$$V \leqslant \frac{1}{\gamma_{RE}}\left[\frac{1}{\lambda-0.5}\left(0.4f_t b_w h_{w0}+0.1N\frac{A_w}{A}\right)+0.8f_{yh}\frac{A_{sh}}{s}h_{w0}\right] \qquad (7\text{-}18b)$$

式中 b_w、h_{w0}——分别为墙肢截面腹板厚度和有效高度；

A、A_w——分别为墙肢全截面面积和墙肢的腹板面积；矩形截面 $A_w=A$；

N——墙肢的轴向压力设计值，抗震设计时，应考虑地震作用效应组合，当 N 大于 $0.2f_c b_w h_w$ 时，取 $0.2f_c b_w h_w$；

f_{yh}——横向分布钢筋抗拉强度设计值；

s、A_{sh}——分别为横向分布钢筋间距及配置在同一截面内的横向钢筋面积之和；

λ——计算截面的剪跨比，当 λ 小于 1.5 时取 1.5，当 λ 大于 2.2 时取 2.2，当计算截面与墙肢底截面之间的距离小于 $0.5h_{w0}$ 时，λ 取距墙肢底截面 $0.5h_w$ 处的值。

3. 偏心受拉斜截面受剪承载力

大偏心受拉时，墙肢截面还有部分受压区，混凝土仍可以抗剪，但轴向拉力对抗剪不利。验算公式为：

持久、短暂设计状况

$$V \leqslant \frac{1}{\lambda-0.5}\left(0.5f_t b_w h_{w0}-0.13N\frac{A_w}{A}\right)+f_{yh}\frac{A_{sh}}{s}h_{w0} \qquad (7\text{-}19a)$$

地震设计状况

$$V \leqslant \frac{1}{\gamma_{RE}}\left[\frac{1}{\lambda-0.5}\left(0.4f_t b_w h_{w0}-0.1N\frac{A_w}{A}\right)+0.8f_{yh}\frac{A_{sh}}{s}h_{w0}\right] \qquad (7\text{-}19b)$$

式 (7-19a) 右端的计算值小于 $f_{yh}\dfrac{A_{sh}}{s}h_{w0}$ 时，取 $f_{yh}\dfrac{A_{sh}}{s}h_{w0}$；式 (7-19b) 右端方括号内的计算值小于 $0.8f_{yh}\dfrac{A_{sh}}{s}h_{w0}$ 时，取 $0.8f_{yh}\dfrac{A_{sh}}{s}h_{w0}$。

7.2.5 墙肢构造要求

1. 混凝土强度等级

筒体结构的核心筒和内筒的混凝土强度等级不低于C30，其他结构剪力墙的混凝土强度等级不低于C20。抗震设计时，剪力墙的混凝土强度等级不宜高于C60。

2. 最小截面尺寸

墙肢的截面尺寸，应满足承载力的要求，还要满足最小墙厚的要求和剪压比限值的要求。

为保证剪力墙在轴力和侧向力作用下平面外稳定，防止平面外失稳破坏以及有利于混凝土的浇筑质量，有端柱或有翼墙时，剪力墙的最小厚度列于表7-1，抗震设计时，取三个数值的最大者。

有端柱或有翼墙的剪力墙最小厚度　　　　　　　　　　　　　　　表 7-1

部　　位	抗　震　等　级		非抗震
	一、二级	三、四级	
底部加强部位	200mm，$h/16$，$l/16$	160mm，$h/20$，$l/20$	160mm
其他部位	160mm，$h/20$，$l/20$	140mm，$h/25$，$l/25$	

注：表中，h 为层高，l 为剪力墙的无支长度，无支长度是指与该剪力墙垂直的相邻两道剪力墙的间距（图7-6）。

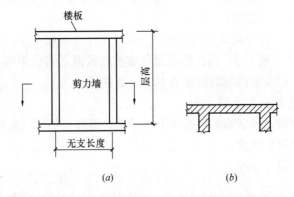

图 7-6　剪力墙无支长度示意图

（a）立面图；（b）剖面图

剪力墙结构无端柱或翼墙的剪力墙，底部加强部位的墙厚：一、二级不小于 220mm、$h/12$ 或 $l/12$，三、四不小于 180mm、$h/16$ 或 $l/16$；其他部位的墙厚：一、二级不小于 180mm、$h/16$ 或 $l/16$，三、四级不小于 160mm、$h/20$ 或 $l/20$。无端柱或翼墙是指墙的两端（不包括洞口两侧）为一字形的矩形截面。

框架-剪力墙结构中剪力墙厚度，底部加强部位不小于 200mm、$h/16$ 及 $l/16$，其他部位不小于 160mm、$h/20$ 及 $l/20$。

抗震设计的板柱-剪力墙结构中剪力墙的厚度，不小于 160mm、$h/20$ 及 $l/20$；房屋高度大于 12m 时，墙厚不小于 200mm。

试验表明，墙肢截面的剪压比超过一定值时，将过早出现斜裂缝，即使增加横向钢筋，也不能提高其受剪承载力，很可能在横向钢筋未屈服的情况下，墙肢混凝土发生斜压破坏。为了避免这种破坏，应限制墙肢截面的平均剪应力与混凝土轴心抗压强度的比值，即限制剪压比：

持久、短暂设计状况 $\qquad V \leqslant 0.25\beta_c f_c b_w h_{w0}$ (7-20a)

地震设计状况

剪跨比 $\lambda > 2.5$ 时 $\qquad V \leqslant \dfrac{1}{\gamma_{RE}} 0.2\beta_c f_c b_w h_{w0}$ (7-20b)

剪跨比 $\lambda \leqslant 2.5$ 时 $\qquad V \leqslant \dfrac{1}{\gamma_{RE}} 0.15\beta_c f_c b_w h_{w0}$ (7-20c)

式中 V——墙肢截面剪力设计值，一、二、三级剪力墙底部加强部位墙肢截面的剪力设计值按式（7-1）调整；

β_c——混凝土强度影响系数，混凝土强度等级不超过 C50 时取 1.0，混凝土强度等级为 C80 时取 0.8，其间取线性插值；

λ——计算截面处的剪跨比，即 $M^c / (V^c h_{w0})$，其中 M^c、V^c 应分别取与 V_w 同一组合的、未调整的弯矩和剪力计算值。

3. 分布钢筋

墙肢应配置竖向和横向分布钢筋，分布钢筋的作用是多方面的：抗剪、抗弯、减少收缩裂缝等。竖向分布钢筋过少，墙肢端的纵向受力钢筋屈服时，裂缝宽度大；横向分布钢筋过少时，斜裂缝一旦出现，就会发展成一条主要斜裂缝，使墙肢沿斜裂缝劈裂成两半；竖向分布钢筋也起到限制斜裂缝开展的作用。

剪力墙结构墙肢竖向和横向分布钢筋的最小配筋见表 7-2，表中，b_w 为墙肢的厚度。框架-剪力墙、板柱-剪力墙、筒中筒、框架-核心筒结构中，剪力墙墙肢的竖向和横向分布钢筋的最小配筋率，抗震设计时不小于 0.25%，非抗震设计时不小于 0.20%，钢筋直径不小于 10mm，间距不大于 300mm。

剪力墙结构墙肢竖向和横向分布钢筋的最小配筋　　　　表 7-2

抗震等级或部位	最小配筋率（%）	最大间距（mm）	最小直径（mm）	最大直径（mm）
一、二、三级	0.25	300	8	$b_w/10$
四级、非抗震	0.20			
部分框支剪力墙结构的落地剪力墙底部加强部位	0.30	200		

在温度热胀冷缩影响较大的部位，如房屋顶层的剪力墙、长矩形平面房屋的楼梯间和电梯间剪力墙、端开间纵向剪力墙以及端山墙等，墙肢的竖向和横向分布钢筋的最小配筋率都不小于 0.25%，钢筋间距不大于 200mm。

剪力墙墙肢竖向和横向分布钢筋的配筋率可分别按下式计算：

$$\rho_{sw} = A_{sw}/(b_w s)$$ (7-21a)

$$\rho_{sh} = A_{sh}/(b_w s)$$ (7-21b)

式中 ρ_{sw}、ρ_{sh}——分别为竖向、横向分布钢筋的配筋率；

A_{sw}、A_{sh}——分别为同一截面内竖向、横向钢筋各肢面积之和；

　　　　s——竖向或横向钢筋间距。

为避免墙表面的温度收缩裂缝，使混凝土均匀受力，墙肢分布钢筋不应单排配置，应采用双排或多排配筋。墙的厚度不大于 400mm 时，可采用双排配筋；大于 400mm、不大于 700mm 时，可采用 3 排配筋；大于 700mm 时，可采用 4 排配筋。各排分布钢筋之间设置拉筋，拉筋间距不大于 600mm，可按梅花形布置，直径不小于 6mm，在底部加强部位，拉筋间距适当加密。

4. 轴压比限值

随着建筑高度的增加，剪力墙墙肢的轴压力增大。与钢筋混凝土柱相同，轴压比是影响墙肢弹塑性变形能力的主要因素之一。相同情况的墙肢，轴压比低的，其弹塑性变形能力大，轴压比高的，其变形能力小。通过在墙肢端部一定长度范围内配置一定数量的箍筋、设置约束边缘构件，可以提高墙肢的弹塑性变形能力。但轴压比大于一定值后，即使在墙端设置约束边缘构件，在强地震作用下；墙肢仍有可能因混凝土压溃而丧失承载能力。因此，有必要限制抗震设计的墙肢的轴压比。一、二、三级剪力墙在重力荷载代表值作用下墙肢的轴压比限值见表 7-3。

剪力墙轴压比限值表 7-3

抗震等级	一级（9 度）	一级（6、7、8 度）	二、三级
轴压比限值	0.4	0.5	0.6

墙肢轴压比按 $\mu_N = N/(f_c A)$ 计算，N 为重力荷载代表值作用下墙肢的轴压力设计值（分项系数取 1.2），f_c 为混凝土轴心抗压强度设计值，A 为墙肢截面面积。一般情况下，底部加强部位高度范围内，墙肢厚度不变，混凝土强度等级不变，因此，只需计算墙肢底截面的轴压比；若底部加强部位的墙肢厚度或混凝土强度等级有变化，则还应验算变化截面的轴压比。底部加强部位以上，墙肢的轴压比也不宜大于表 7-3 的限值。

5. 边缘构件

剪力墙墙肢两端设置边缘构件是改善剪力墙延性的重要措施。边缘构件分为约束边缘构件和构造边缘构件两类。约束边缘构件是指用箍筋约束的暗柱、端柱和翼墙，其箍筋较多，对混凝土的约束较强，因而混凝土有比较大的受压变形能力；构造边缘构件的箍筋较少，对混凝土约束程度较差。

试验研究表明，轴压比低的墙肢，即使其端部不设置约束边缘构件，在水平力作用下仍然有比较大的塑性变形能力。一、二、三级剪力墙底层墙肢底截面的轴压比不大于表 7-4 的规定值时，以及四级剪力墙的墙肢，可不设约束边缘构件。

一、二、三级剪力墙底层墙肢底截面的轴压比大于表 7-4 的规定值时，以及部分框支剪力墙结构的剪力墙，应在底部加强部位及相邻的上一层设置约束边缘构件；除上述部位外，剪力墙应设置构造边缘构件；B级高度的高层建筑，其高度比较高，为避免边缘构件的箍筋急剧减少不利于抗震，剪力墙在约束边缘构件层与构造边缘构件层之间宜设置1～2层过渡层，过渡层剪力墙边缘构件箍筋的配置要求，可低于约束边缘构件的要求，应高于构造边缘构件的要求。

剪力墙可不设约束边缘构件的最大轴压比　　　表7-4

抗震等级	一级（9度）	一级（6、7、8度）	二、三级
轴压比	0.1	0.2	0.3

约束边缘构件包括暗柱（端部为矩形截面）、端柱和翼墙（图7-7）三种形式。端柱截面边长不应小于2倍墙厚，翼墙长度不应小于其3倍厚度，不足时视为无端柱或无翼墙，按暗柱要求设置约束边缘构件；部分框支剪力墙结构落地剪力墙（指整片墙，不是指墙肢）的两端应有端柱或与另一方向的剪力墙相连。

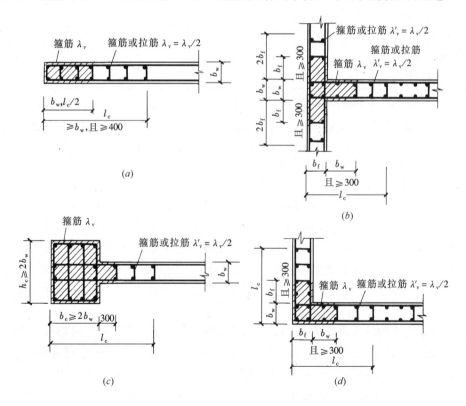

图7-7　剪力墙约束边缘构件
（a）暗柱；（b）有翼墙；（c）有端柱；（d）转角墙

约束边缘构件的构造要求主要包括三个方面：沿墙肢的长度 l_c、箍筋配箍特征值 λ_v 及竖向钢筋最小配筋率。表7-5列出了约束边缘构件沿墙肢的长度 l_c 及

箍筋配箍特征值 λ_v、竖向钢筋等配筋要求。约束边缘构件沿墙肢的长度除应符合表 7-5 的规定外，约束边缘构件为暗柱时，还不应小于墙厚和 400mm 的较大者，有翼墙或端柱时，还不应小于翼墙厚度或端柱沿墙肢方向截面高度加 300mm。计算约束边缘构件竖向钢筋面积时，A_c 为图 7-7 中阴影部分的面积。由表 7-5 可以看出，约束边缘构件沿墙肢长度、配箍特征值与设防烈度、剪力墙的抗震等级和墙肢轴压比有关，而约束边缘构件沿墙肢长度还与其形式有关。

剪力墙约束边缘构件沿墙肢长度及配筋要求　　　　表 7-5

项　　目	一级（9 度）		一级（6、7、8 度）		二、三级	
	$\mu_N \leqslant 0.2$	$\mu_N > 0.2$	$\mu_N \leqslant 0.3$	$\mu_N > 0.3$	$\mu_N \leqslant 0.4$	$\mu_N > 0.4$
l_c（暗柱）	$0.20\,h_w$	$0.25\,h_w$	$0.15\,h_w$	$0.20\,h_w$	$0.15\,h_w$	$0.20\,h_w$
l_c（翼墙或端柱）	$0.15\,h_w$	$0.20\,h_w$	$0.10\,h_w$	$0.15\,h_w$	$0.10\,h_w$	$0.15\,h_w$
λ_v	0.12	0.20	0.12	0.20	0.12	0.20
竖向钢筋（取较大值）	$0.012A_c$，$8\phi16$		$0.012A_c$，$8\phi16$		$0.010A_c$，$6\phi16$（三级 $6\phi14$）	
箍筋及拉筋沿竖向间距	100mm		100mm		150mm	

注：h_w 为墙肢截面长度；ϕ 表示构件直径。

　　由配箍特征值不能直接确定箍筋的配置，需要换算为体积配箍率，才能确定箍筋的直径、肢数和间距。箍筋体积配箍率 ρ_v 按下式计算：

$$\rho_v = \lambda_v \frac{f_c}{f_{yv}} \qquad (7\text{-}22)$$

　　计算 ρ_v 时，混凝土强度等级低于 C35 时，应取 C35 的混凝土轴心抗压强度设计值。计算约束边缘构件的实际体积配箍率时，除了计入箍筋、拉筋外，还可计入在墙端有可靠锚固的水平分布钢筋，水平分布钢筋之间应设置足够的拉筋形成复合箍。由于水平分布钢筋同时为抗剪钢筋，且竖向间距往往大于约束边缘构件的箍筋间距，因此，计入的水平分布钢筋的体积配箍率不应大于总体积配箍率的 30%。

　　约束边缘构件长度 l_c 范围内的箍筋配置分为两部分：图 7-7 中的阴影部分为墙肢端部，其轴向压应力大，要求的约束程度高，其配箍特征值应符合表 7-4 的规定，且应配置箍筋；图 7-7 中的无阴影部分，这部分的轴向压应力比较小，其配箍特征值可为表 7-5 规定值的一半即 $\lambda_v/2$，且不必全部为箍筋，可以配置拉筋。

　　一、二级筒体结构的核心筒或内筒转角部位的约束边缘构件要加强：底部加强部位，约束边缘构件沿墙肢的长度不小于墙肢截面长度的 1/4，约束边缘构件长度范围内宜全部采用箍筋；底部加强部位以上部位按图 7-7 转角墙的要求设置约束边缘构件。

除了要求设置约束边缘构件的各种情况外，在剪力墙墙肢两端要设置构造边缘构件。如：底层墙肢轴压比大于表7-4的一、二、三级剪力墙约束边缘构件的以上部分，底层墙肢轴压比不大于表7-4的一、二、三级剪力墙及四级剪力墙。

构造边缘构件沿墙肢的长度按图7-8阴影部分确定。构造边缘构件的配筋应符合承载力的要求，且不少于表7-6的构造要求，底部加强部位和底部加强部位以上的其他部位分别对待；箍筋、拉筋沿水平方向的间距不大于300mm，且不大于竖向钢筋间距的2倍；端柱承受集中荷载时，其竖向钢筋、箍筋直径和间距按框架柱的构造要求配置。非抗震设计的剪力墙，墙肢端应配置不少于4根直径12mm的竖向钢筋，沿竖向钢筋配置直径不小于6mm、间距为250mm的拉筋。

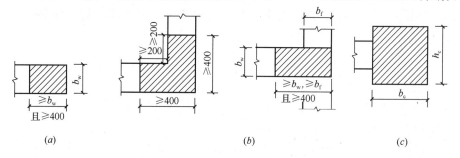

图 7-8　剪力墙墙肢构造边缘构件范围

(a) 暗柱；(b) 有翼墙；(c) 有端柱

墙肢构造边缘构件的构造配筋要求　　　表 7-6

抗震等级	底部加强部位			其 他 部 位		
	竖向钢筋最小量（取较大值）	箍　筋		竖向钢筋最小量（取较大值）	拉　筋	
		最小直径（mm）	沿竖向最大间距（mm）		最小直径（mm）	沿竖向最大间距（mm）
一	$0.010A_c$, $6\phi16$	8	100	$0.008A_c$, $6\phi14$	8	150
二	$0.008A_c$, $6\phi14$	8	150	$0.006A_c$, $6\phi12$	8	200
三	$0.006A_c$, $6\phi12$	6	150	$0.005A_c$, $4\phi12$	6	200
四	$0.005A_c$, $4\phi12$	6	200	$0.004A_c$, $4\phi12$	6	250

表中，A_c 为边缘构件的截面面积，即图7-8剪力墙墙肢的阴影部分；其他部位的拉筋，水平间距不应大于竖向钢筋间距的2倍，转角处宜用箍筋。

6. 钢筋锚固和连接

剪力墙纵向钢筋的锚固长度，非抗震设计时，不小于 l_a，抗震设计时不小于 l_{aE}。

墙肢竖向及水平分布钢筋通常采用搭接连接，一、二级剪力墙的底部加强部位，接头位置应错开，见图7-9，同一截面连接的钢筋数量不超过总数的50%，错开净距不小于 500mm；其他情况剪力墙的钢筋可以在同一截面连接。分布钢筋的搭接长度，非抗震设计时不小于 $1.2l_a$，抗震设计时不小于 $1.2l_{aE}$。暗柱及端柱内竖向钢筋锚固和连接要求，与框架柱相同。

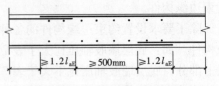

图 7-9　墙肢分布钢筋的搭接连接

7.3　连　梁　设　计

连梁的特点是跨高比小，住宅、旅馆剪力墙结构的连梁的跨高比往往小于 2.0，甚至不大于 1.0，在侧向力作用下，连梁比较容易出现剪切斜裂缝，见图 7-10。

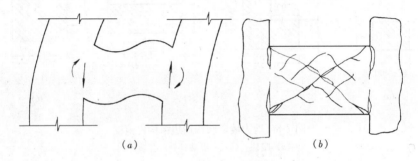

(a)　　　　　　　　　(b)

图 7-10　小跨高比连梁的变形和裂缝

(a) 变形图；(b) 裂缝图

按照延性剪力墙强墙肢弱连梁的要求，地震作用下连梁屈服应先于墙肢屈服，连梁首先形成塑性铰耗散地震能量；连梁应为强剪弱弯，避免剪切破坏。

一般情况下，可以在小震作用下的结构抗震计算时，降低连梁的刚度，从而降低连梁的弯矩设计值，使连梁先于墙肢屈服和实现弯曲屈服。对于跨高比小的高连梁，可以设水平缝，形成双连梁或多连梁，实现弯曲破坏。当连梁截面宽度比较大时，在设置普通箍筋的同时，可以另增设交叉暗柱，或增设斜向交叉构造钢筋，改善连梁受力性能。

7.3.1　连梁内力设计值

1. 弯矩设计值

为了使连梁弯曲屈服，可对连梁的弯矩进行调幅，降低连梁的弯矩设计值，调幅的方法有两个：

①折减连梁刚度。计算小震作用下连梁的内力时，连梁的刚度可折减，从而减小连梁的弯矩和剪力。折减系数不小于 0.5。

②将连梁的弯矩和剪力组合值乘以折减系数。按连梁的实际刚度计算小震作用下连梁的内力，然后对连梁的内力进行折减。6、7度时，折减系数不小于0.8；8、9度时，折减系数不小于0.5。采用这种方法时，剪力墙中其他连梁和墙肢的弯矩设计值应适当增大（图7-11），以达到静力平衡。

为了避免正常使用条件下或较小地震作用下连梁出现裂缝，采用上述两种方法对连梁内力调幅后，连梁的弯矩、剪力设计值不应低于使用状况下的值，也不宜低于比设防烈度低一度的地震作用组合所得的弯矩、剪力设计值。

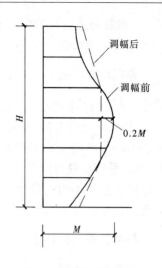

图 7-11 连梁弯矩调幅

2. 剪力设计值

非抗震设计及四级剪力墙的连梁，取最不利组合的剪力计算值作为其剪力设计值。一、二、三级剪力墙的连梁，按强剪弱弯要求调整连梁梁端截面组合的剪力计算值，调整后的剪力作为设计值，即连梁截面剪力设计值 V_b 按下式计算：

$$V_b = \eta_{vb}(M_b^l + M_b^r)/l_n + V_{Gb} \qquad (7\text{-}23a)$$

9度一级剪力墙的连梁可不按上式调整，但应符合下式要求：

$$V_b = 1.1(M_{bua}^l + M_{bua}^r)/l_n + V_{Gb} \qquad (7\text{-}23b)$$

式中　　V_b——连梁端截面组合的剪力设计值；

M_b^l、M_b^r——分别为连梁左右端逆时针或顺时针方向组合的弯矩设计值；

M_{bua}^l、M_{bua}^r——分别为连梁左右端逆时针或顺时针方向的实配的正截面抗震受弯承载力所对应的弯矩值（实配的正截面受弯承载力对应的弯矩值除以承载力抗震调整系数），根据实配钢筋面积（计入受压钢筋和相关楼板钢筋）和材料强度标准值确定；

l_n——连梁的净跨；

V_{Gb}——连梁在重力荷载代表值作用下，按简支梁分析的连梁端截面剪力设计值，在连梁跨度不大的情况下，V_{Gb} 比较小，可以忽略；

η_{vb}——连梁剪力增大系数，一级可取 1.3，二级可取 1.2，三级可取 1.1。

7.3.2 承载力验算

1. 受弯承载力验算

连梁可按普通梁的方法计算受弯承载力。连梁通常采用对称配筋（$A_s =$

A_s')，验算公式可以简化如下：

永久、短暂设计状况　　　$M_b \leqslant f_y A_s (h_{b0} - a')$　　　　(7-24a)

地震设计状况　　　$M_b \leqslant \dfrac{1}{\gamma_{RE}} f_y A_s (h_{b0} - a')$　　　(7-24b)

式中　M_b——连梁组合的弯矩设计值；

　　　A_s——受力纵向钢筋面积；

$(h_{b0} - a')$——连梁顶面和底面受力纵向钢筋重心之间的距离。

2. 受剪承载力验算

跨高比较小的连梁斜裂缝扩展到全对角线，在地震往复作用下，受剪承载力降低。连梁的受剪承载力按下式验算：

持久、短暂设计状况　　　$V_b \leqslant 0.7 f_t b_b h_{b0} + f_{yv} \dfrac{A_{sv}}{s} h_{b0}$　　　(7-25a)

地震设计状况

跨高比大于 2.5 时　　$V_b \leqslant \dfrac{1}{\gamma_{RE}} \left(0.42 f_t b_b h_{b0} + f_{yv} \dfrac{A_{sv}}{s} h_{b0} \right)$　　(7-25b)

跨高比不大于 2.5 时　$V_b \leqslant \dfrac{1}{\gamma_{RE}} \left(0.38 f_t b_b h_{b0} + 0.9 f_{yv} \dfrac{A_{sv}}{s} h_{b0} \right)$　(7-25c)

式中　　V_b——调整后连梁组合的剪力设计值；

　　　f_t——混凝土轴心抗拉强度设计值；

b_b、h_{b0}——分别为连梁截面宽度和有效高度；

　　A_{sv}——同一截面内竖向箍筋的全部截面面积；

　　　s——箍筋间距；

　　f_{yv}——箍筋抗拉强度设计值。

7.3.3　连梁构造要求

1. 最小截面尺寸

为避免斜裂缝过早出现和混凝土过早剪坏，连梁截面不宜过小，应限制截面名义剪应力。连梁截面的剪力设计值应符合下列规定：

持久、短暂设计状况　　　$V_b \leqslant 0.25 \beta_c f_c b_b h_{b0}$　　　　(7-26a)

地震设计状况

跨高比大于 2.5 的连梁　　$V_b \leqslant \dfrac{1}{\gamma_{RE}} (0.2 \beta_c f_c b_b h_{b0})$　　　(7-26b)

跨高比不大于 2.5 的连梁　$V_b \leqslant \dfrac{1}{\gamma_{RE}} (0.15 \beta_c f_c b_b h_{b0})$　　(7-26c)

2. 纵向钢筋配筋率

连梁的纵向钢筋配置，不宜小于最小配筋率，也不宜大于最大配筋率。

跨高比 l/h_b 不大于 1.5 的连梁，非抗震设计时，其纵向钢筋的最小配筋率为 0.2%，抗震设计时，其纵向钢筋的最小配筋率见表 7-7。跨高比大于 1.5 的连梁，其纵向钢筋的最小配筋率按框架梁的要求采用。

跨高比不大于 1.5 的连梁纵向钢筋最小配筋率（%） 表 7-7

跨高比	最小配筋率（采用较大值）
$l/h_b \leqslant 0.5$	$0.20, 45f_t/f_y$
$0.5 < l/h_b \leqslant 1.5$	$0.25, 55f_t/f_y$

非抗震设计时，连梁底面及顶面单侧纵向钢筋的最大配筋率为 2.5%；抗震设计时，连梁底面及顶面单侧纵向钢筋的最大配筋率见表 7-8，如不满足，应按实配钢筋进行强剪弱弯验算。

连梁纵向钢筋最大配筋率（%） 表 7-8

跨高比	最大配筋率
$l/h_b \leqslant 1.0$	0.6
$1.0 < l/h_b \leqslant 2.0$	1.2
$2.0 < l/h_b \leqslant 2.5$	1.5

3. 配筋构造

连梁配筋构造（图 7-12）应满足下列要求：

（1）连梁顶面、底面纵向水平钢筋伸入墙肢的长度，抗震设计时不应小于 l_{aE}，非抗震设计时不应小于 l_a，且均不应小于 600mm；

（2）抗震设计时，沿连梁全长箍筋的最大间距和最小直径应与框架梁端箍筋加密区的箍筋构造要求相同；非抗震设计时，箍筋间距不应大于 150mm，直径不应小于 6mm；

（3）顶层连梁纵向钢筋伸入墙肢的长度范围内，应配置间距不大于 150mm 的箍筋，其直径与该连梁的箍筋直径相同；

（4）截面比较高的连梁，要设置腰筋（图 7-13）。连梁截面高度大于 700mm 时，其两侧面设置的腰筋直径不小于 8mm，间距不大于 200mm；跨高比不大于 2.5 的连梁，两侧腰筋的总面积配筋率不小于 0.3%。连梁高度范围内的墙肢水平分布钢筋可拉通作为连梁的腰筋。

4. 交叉暗撑配筋连梁

试验研究表明，跨高比小的连梁内配置交叉暗撑或另增设斜向交叉构造钢筋，可以有效地改善连梁的抗剪性能，增大连梁的变形能力。

框架-核心筒结构核心筒的连梁、筒中筒结构的框筒梁和内筒连梁，当其跨高比不大于 2、截面宽度不小于 400mm 时，除配置普通箍筋外，可配置交叉暗斜撑；截面宽度小于 400mm、但不小于 200mm 时，可增设斜向交叉构造钢筋。

图 7-14 所示为交叉暗斜撑的配筋构造示意图。每根暗撑应配置不少于 4 根纵向钢筋，纵筋直径不小于 14mm，地震设计状况时，其总面积 A_s 按下式计算：

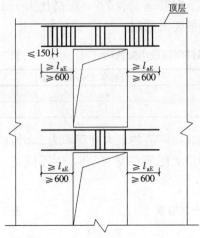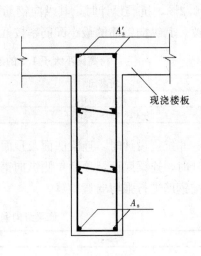

图 7-12　连梁配筋构造示意图　　　　　图 7-13　连梁截面配筋

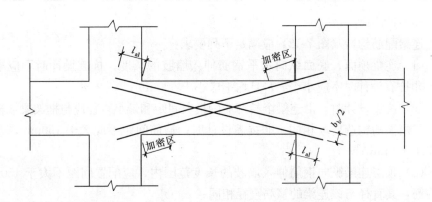

图 7-14　连梁内交叉暗斜撑的配筋构造示意图

$$A_s \geqslant \frac{\gamma_{RE} V_b}{2 f_y \sin \alpha} \tag{7-27}$$

式中　α——暗撑与水平线的夹角。

　　为防止暗撑纵筋压屈，必须配置矩形箍筋或螺旋箍筋，箍筋直径不小于 8mm，间距不大于 150mm。纵筋伸入墙肢的长度，非抗震设计时不小于 l_a，抗震设计时不小于 $1.15 l_a$，纵筋伸入墙肢的范围内，可不配箍筋。

　　【例 7-1】　墙肢和连梁截面配筋算例。

　　16 层剪力墙结构，层高 3.2m，8 度抗震设防，设计基本地震加速度 0.2g，设计地震分组为第一组，Ⅱ类场地，C30 级混凝土，墙肢端部竖向钢筋和分布钢筋、连梁抗弯钢筋和箍筋采用 HRB400 级钢筋。图 7-15 所示为该结构一片剪力墙的截面，墙厚为 200mm。墙肢 1 在重力荷载代表值作用下底截面的轴压力为

4536.2kN，底截面有两组最不利组合的内力计算值：①$M = 2684.6$kN · m，$N = -551.8$kN，$V = 190.5$kN；②$M = 2684.6$kN · m，$N = -6830.2$ kN，$V = 190.5$ kN。连梁 1 的高度为 900mm，最不利内力组合计算值为：$M_b = 68.5$kN · m，$V_b = 152$kN。计算墙肢 1 底部加强部位的配筋和连梁 1 的配筋，画配筋图。

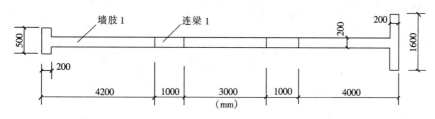

图 7-15　剪力墙截面图

【解】

由结构类型、抗震设防烈度和结构高度，查本书表 4-7，该结构剪力墙的抗震等级为二级。底部加强部位的墙厚满足最小厚度的要求（不小于 200mm）。

1. 墙肢 1 底截面的轴压比及边缘构件

轴压比：

$$\mu_N = \frac{N}{f_c A} = 4536.2 \times 10^3 / (14.3 \times 200 \times 4200) = 0.378 > 0.3$$

轴压比大于 0.3，由本书表 7-4，二级剪力墙底部加强部位墙肢两端应设置约束边缘构件。墙肢左端有翼墙，但其长度为 500mm，小于翼墙厚的 3 倍（600mm），视为无翼墙。由表 7-5，轴压比小于 0.4 时，约束边缘构件的长度 $l_c = 0.15h_w = 630$mm；设置箍筋的长度范围为 $0.075h_w = 320$mm，在此长度范围内竖向钢筋的配筋率不小于 1.0%；纵向钢筋的合力点至截面近边缘的距离取 $a = 160$mm，因此 $h_{w0} = (4200 - 160) = 4040$mm。

2. 墙肢竖向钢筋计算

竖向和水平分布钢筋都取 $\phi 8@200$，双层钢筋网，配筋率为：

$$\rho_v = \frac{2 \times 50.3}{200 \times 200} = 0.25\%$$

满足二级剪力墙竖向和水平分布钢筋配筋率不小于 0.25% 的要求。

$$A_{sw} = 4200 \times 200 \times 0.25\% = 2100 \text{mm}^2$$

第一组轴压力设计值较小，取为配筋设计依据。由式（7-2b）：

$$x = \frac{\gamma_{RE} N + f_{yw} A_{sw}}{\alpha_1 f_c b_w + 1.5 f_{yw} A_{sw}/h_{w0}} = \frac{0.85 \times 551.8 \times 10^3 + 360 \times 2100}{1.0 \times 14.3 \times 200 + 1.5 \times 360 \times 2100/40400}$$

$$= 390.1 \text{mm}$$

$$x > 2a'$$

$$\zeta = 390.1/4040 = 0.097 < 0.55$$

$\zeta < \zeta_b$，为大偏心受压。

由式（7-4a）计算分布钢筋抵抗弯矩值：

$$M_{sw} = \frac{f_{yw}A_{sw}}{2}h_{w0}\left(1 - \frac{x}{h_{w0}}\right)\left(1 + \frac{\gamma_{RE}N}{f_{yw}A_{sw}}\right)$$

$$= \frac{360 \times 2100 \times 4040}{2} \times \left(1 - \frac{390.1}{4040}\right) \times \left(1 + \frac{0.85 \times 551.8 \times 10^3}{360 \times 2100}\right)$$

$$= 2235.6 \text{kN} \cdot \text{m}$$

由式（7-6），端部配筋为：

$$As = \frac{\gamma_{RE}M - M_{sw}}{f_y(h_{w0} - a')} = \frac{(0.85 \times 2684.6 - 2235.6) \times 10^6}{360 \times (4040 - 160)} = 33 \text{mm}^2$$

在约束边缘构件 $0.075h_w = 320$mm 长度范围内，纵向钢筋的配筋率不小于 1.0%，按此要求计算端部配筋为：

$$A_s = 200 \times 320 \times 0.01 = 640 \text{mm}^2$$

大于按承载力要求的配筋 33mm²。选用 6 Φ 16，面积为 1206mm²，大于 640mm²，也满足构造边缘构件纵向钢筋最小量（表 7-5）的要求（$0.010A_c$，6φ16 中取较大值）。

3. 墙肢水平钢筋计算

水平分布钢筋取 φ8@200，双排，$A_{sh} = 101$mm²。

由式（7-1a）计算剪力设计值：

$$V = \eta_{vw}V_w = 1.4 \times 190.5 = 266.7 \text{kN}$$

按剪压比校核截面尺寸：

剪跨比 $\lambda = M^c/(V^ch_{w0}) = 2684.6 \times 10^3/(190.5 \times 4040) = 3.49 > 2.2$

用式（7-20b）校核截面尺寸：

$$\frac{1}{\gamma_{RE}}(0.2\beta_c f_c b_w h_{w0}) = (0.2 \times 1.0 \times 14.3 \times 200 \times 4040)/0.85 = 2719 \text{kN}$$

$$> 266.7 \text{kN}$$

满足要求。

用式（7-18b）验算截面抗剪承载力：

$$\frac{1}{\gamma_{RE}}\left[\frac{1}{\lambda - 0.5}\left(0.4f_t b_w h_{w0} + 0.1N\frac{A_w}{A}\right) + 0.8f_{yh}\frac{A_{sh}}{s}h_{w0}\right] = \frac{1}{0.85}$$

$$\times \left[\frac{1}{2.2 - 0.5} \times (0.4 \times 1.43 \times 200 \times 4040 + 0.1 \times 551.8 \times 10^3)\right.$$

$$+0.8 \times 360 \times \frac{101}{200} \times 4040 \Big]$$

$=1049.3\text{kN} > 266.7\text{kN}$，满足要求。

4. 约束边缘构件配箍

约束边缘构件端部 320mm 长度内的配箍特征值 $\lambda_v = 0.12$，由式（7-22），体积配箍率为：

$$\rho_v = \lambda_v \frac{f_c}{f_{yv}} = 0.12 \times 14.3/360 = 0.48\%$$

采用双肢箍，$\phi8@100$，体积配箍率为 1.01%，满足要求。

5. 连梁抗弯钢筋计算（连梁弯矩不调幅）

$$h_b = 900\text{mm}, \ h_{b0} = 900 - 40 = 860\text{mm}$$

由式（7-24b）：

$$A_s = \frac{\gamma_{RE}M_b}{f_y(h_{b0}-a')} = \frac{0.75 \times 68.5 \times 10^6}{360 \times (860-40)} = 174\text{mm}^2$$

选用 $2\phi12$，$A_s = 226\text{mm}^2$。

两侧应配置腰筋，面积配筋率不小于 0.3%：

$A = 0.003 \times 200 \times 900 = 540\text{mm}^2$ 每侧配置 $4\phi10$，总面积 628mm²，间距不大于 200mm。

6. 连梁抗剪箍筋计算

用式（7-23a）计算剪力设计值（忽略重力荷载代表值产生的剪力 V_{Gb}）：

$$V = \eta_{vb}(M_b^l + M_b^r)/l_n + V_{Gb} = 1.2 \times (68.5+68.5) \times 10^3/1000 = 164.4\text{kN} > 152\text{kN}$$

按剪压比验算截面尺寸：

跨高比不大于 2.5，按式（7-26c）验算：

$$\frac{1}{\gamma_{RE}}(0.15\beta_c f_c b_b h_{b0}) = (0.15 \times 1.0 \times 14.3 \times 200 \times 860)/0.85 = 434\text{kN} >$$

164.4kN，满足要求。

按式（7-25c）计算箍筋：

$$\frac{A_{sv}}{s} = (\gamma_{RE}V_b - 0.38f_t b_b h_{b0})\frac{1}{0.9f_{yv}h_{b0}}$$

$$= (0.85 \times 164.4 \times 10^3 - 0.38 \times 1.43 \times 200 \times 860)/(0.9 \times 360 \times 860)$$

$$= 0.166$$

配置 $\phi8$ 箍筋：$A_{sv} = 101\text{mm}^2$，则 $s = 101/0.166 = 608\text{mm}$

按梁端箍筋加密区的构造要求配箍：$\phi8@100$

图 7-16 为墙肢 1 截面配筋图和连梁 1 配筋立面图。

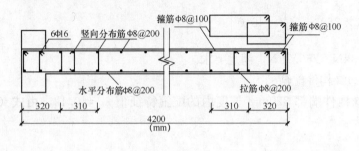

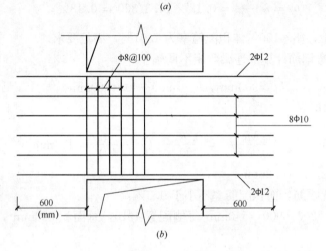

图 7-16   墙肢 1 剪力墙算例配筋图

(a) 墙肢 1 截面配筋图；(b) 连梁 1 配筋立面图

思 考 题

7.1   剪力墙抗震设计的原则是什么？为什么要按强墙肢弱连梁设计剪力墙？什么是强墙肢弱连梁？

7.2   简述墙肢在轴力、弯矩和剪力作用下可能出现的正截面破坏形态和斜截面破坏形态。

7.3   为什么剪力墙要设置底部加强部位？剪力墙结构、部分框支剪力墙结构底部加强部位的高度为多高？一栋 22 层、层高 2.9m 的剪力墙结构，3 层地下室，地下室层高 2.6m，若计算嵌固端在地下室顶板，其底部加强部位的总高度为多高？若计算嵌固端在地下室二层的顶板，其底部加强部位的总高度为多高？

7.4   如何调整一级剪力墙墙肢组合的弯矩设计值？为什么要调整？

7.5   为什么要调整抗震设计的剪力墙墙肢和连梁组合的剪力计算值？如何调整？

7.6   在墙肢大、小偏心受压和大偏心受拉承载力验算中，做了哪些假定？

忽略哪一范围内的竖向分布钢筋对承载力贡献？为什么？

7.7　简述对称配筋和不对称配筋大偏心受压墙肢的竖向钢筋计算过程。

7.8　什么情况下的墙肢要设置约束边缘构件？为什么要设置约束边缘构件？约束边缘构件有哪些类型？不同类型约束边缘构件沿墙肢的长度及配箍特征值各是多少？

7.9　什么情况下的墙肢要设置构造边缘构件？构造边缘构件与约束边缘构件有什么不同？

7.10　如何计算墙肢的剪跨比？剪跨比大于2的墙肢和不大于2的墙肢的剪压比限值有什么不同？为什么剪跨比不大于2的墙肢的剪压比限值要严一些？

7.11　为什么要对连梁的弯矩设计值进行调幅？如何调幅？

第8章　结构程序计算及简体结构设计要点

房屋建筑的高度不断增加，不规则建筑、复杂建筑结构越来越多，手算方法与现代工程建设已不相适应，平面结构的假定已不能满足现代高层建筑结构计算的需要，计算机技术迅速发展，结构计算程序不断更新，使空间计算成为结构的主要计算方法。

目前，结构工程师一般都能掌握结构计算技术，熟练应用计算程序。但是，应当注意的是：第一，手算仍然是工程师的基本功，手算概念清楚，计算结果简单明了，常常能为工程师判断程序计算结果是否正确合理提供依据。第二，计算程序多种多样，其计算原理及方法各异，计算结果的表达方式也各不相同。因此，在结构计算时，首先要选用可信度高、经过应用考验的计算程序，还要判断程序采用的计算假定及结构计算简图是否符合所计算结构的实际情况，要了解其计算内容是否满足设计需要，其结果表达形式是否简明并方便用于结构设计。了解计算程序、掌握其原理和计算方法、善于选择及运用程序、判断程序的计算结果正确与否，是结构工程师的又一个基本功。

本章主要介绍高层建筑结构空间计算程序的原理，同时对一些复杂高层建筑结构体系，如简体结构等的设计概念作进一步的分析与介绍。

8.1　建筑结构有限元计算方法及计算假定

建筑结构的形式多种多样，例如框架结构、剪力墙结构、框架-剪力墙结构、框架-支撑框架结构、简体结构等，其基本结构构件包括梁、柱、支撑等一维受力构件，楼板、剪力墙等二维受力构件，转换厚板、各种曲面薄壳等三维受力构件，阻尼器以及不同构件之间的连接节点，对应的分析单元有一维的杆单元（包括空间桁架单元、平面杆单元、平面桁架单元、弹簧单元等）、平面单元（包括平面应力单元、轴对称单元、平面膜单元等）、板单元（包括薄板与厚板等）、壳单元（包括薄壳与厚壳等）、三维实体单元、阻尼器单元以及连接单元等。通过合理选择上述不同单元的集成，可以模拟实际结构的特性。

建筑结构计算方法大体上分为三种：（1）矩阵位移法，将结构离散为杆单元、平面的或空间的连续单元或实体单元，运用有限元方法计算整体结构；（2）有限条法，将结构离散为平面或空间的连续条元，采用有限条法计算整体结构；（3）有限元法，将结构离散为平面或空间的不同方向的连续线元，建立不同线元的微分方程组，利用求解器求解微分方程组，计算整体结构的响应。在这三种方法中，有限条法是一种较精确而可行的方法，单元数量少，计算效率高，但是要求被分析的结构比较规则，当结构不规则，或结构规则但沿结构高度方向几何参数与材料强度参数变化较多时，需要分块分段划分条元，导致数值求解难度增大。基于有限条法的成熟软件较少，目前应用不普遍。有限元法是有限条法与有限元方法的结合，基于专用常微分方程求解器求解，与有限条法类似，目前应用尚不普遍。

基于矩阵位移法的有限元法是目前工程结构计算分析中普遍使用的方法。随着结构通用分析软件与专用分析软件的成熟与普及推广，特别是计算机硬件的不断改进与数值分析技术的提高，相关软件越来越方便实用。部分建筑结构专业软件为用户提供通用型材的截面数据库，对工程结构中常用的构件截面形式提供截面类型库供用户选择与修改，按照结构设计规范的要求自动提取审查指标汇总文件等，使用十分方便，提高了工程结构设计的工作效率。

常规结构的计算分析与设计离不开相关有限元软件，大型复杂结构的计算分析与设计更依赖于商业有限元软件，学习结构有限元分析的基本知识、基本方法与不同结构构件的有限元模型的选取原则，对正确使用有限元软件，合理建立工程结构的有限元计算模型，准确获得结构响应并完成结构设计十分重要。掌握相关结构计算分析软件的使用已经是工程结构设计人员的基本要求。

8.1.1 有限元方法计算高层建筑结构的基本假定

矩阵位移法的要点如下：

（1）将结构离散为基本单元，取节点位移为基本未知量，采用局部坐标建立单元刚度方程，即单元节点力向量与节点位移向量间的平衡方程：

$$\{F\}^e = [k]^e \{\delta\}^e \tag{8-1}$$

式中　　$\{F\}^e$——单元 e 的节点力向量；

　　　　$[k]^e$——单元 e 的刚度矩阵；

　　　　$\{\delta\}^e$——单元 e 的节点位移向量。

（2）将单元在整体坐标系内集合成整体结构模型，并使其满足节点处的位移连续条件和平衡条件，将局部坐标转换为整体坐标，建立结构的整体刚度方程，即结构节点变形向量与节点荷载向量间的平衡方程：

$$[K]\{\Delta\} = \{P\} \tag{8-2}$$

式中　　$\{P\}$——结构的节点荷载向量；

　　　　$[K]$——结构的整体刚度矩阵；

　　　　$\{\Delta\}$——结构的节点位移向量。

（3）代入支座条件及其他位移约束条件，简化式（8-2）。

（4）解式（8-2）方程组，得到节点位移，然后分别回代入式（8-1），计算各单元杆的节点力与内力。

上述计算过程是一种静力计算，计算竖向恒载与活荷载、风荷载等荷载作用下构件的内力与结构变形，不考虑动力荷载及结构的动力响应，不计惯性作用与阻尼的影响，完全按照静力学方法求解静力方程。如果荷载作用下结构有显著的动力响应，例如地震作用或高层建筑考虑风振效应等，需要按照结构的动力分析要求，考虑惯性质量与阻尼影响，建立结构的运动方程，通过求解动力方程获得结构的动力特征参数（频率、周期与振型等）与动力响应（结构的加速度、速度、位移等动力时程以及单元的内力时程等）。

反应谱方法计算结构的地震响应，已经将地震作用下结构的动力响应等效为水平地震作用或竖向地震作用，按照静力方法施加在结构上，然后按照静力问题求解其作用效应，所以，这种计算又称为拟静力计算。

采用矩阵位移法计算高层建筑结构时，有以下几方面的基本假定，采用的假定不同，形成了不同类型的计算程序。

（1）平面结构和空间结构

房屋结构都是空间结构，因为结构是由不同方向的构件组成，它能抵抗任意方向的力。但是在结构计算时，可以采用不同的假定以简化计算。这里所说的平面结构和空间结构是指计算假定。

平面结构：当把位于同一平面内的杆件组成的结构作为平面结构计算时，只考虑其在平面内变形和受力，即假定结构只在其平面内有刚度，不考虑结构平面外刚度，这时结构是二维的，每个节点有 3 个独立的位移（u、w、θ），即每个节点有 3 个自由度，见图 8-1（a）。

空间结构：把结构视为空间结构时，构件在平面内、平面外都有刚度，成为空间构件，结构是三维的，每个节点有 6 个独立的位移（沿 3 个轴的位移 u、v、w 及绕 3 个轴的转角 θ_x、θ_y、θ_z），见图 8-1（b），即每个节点有 6 个自由度，结构计算自由度将大大增加，但较符合实际。

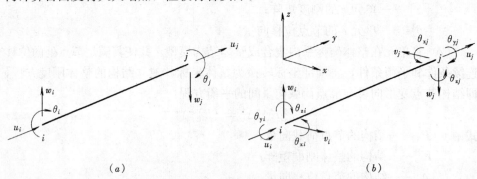

（a）　　　　　　　　　　　　　（b）

图 8-1　平面杆件及空间杆件

（a）平面杆件；（b）空间杆件

（2）刚性楼板和弹性楼板

楼板的作用除了承受竖向荷载外（楼板和受弯产生竖向挠度），在水平荷载作用下，楼板把各个抗侧力结构联系在一起，共同受力。这里所说的刚性楼板和弹性楼板，是指在水平荷载作用下楼板在其自身平面内的性质，因此也是计算的假定。

在水平荷载作用下，楼板相当于一个水平放置的梁，它具有有限刚度，它会有水平方向的弯曲变形、拉压变形与剪切变形（楼板平面内），称为弹性楼板。弹性楼板假定下，在同一楼板平面内的杆件两端有相对变形，节点的计算自由度（或未知量）都是独立的。

为了简化计算，通常假定楼板在其平面内为无限刚性，即楼板在其自身平面内没有变形，称为刚性楼板假定。由于这个假定，在同一楼板平面内的杆件没有相对位移，即平移自由度不独立，可大大减少计算未知量。通常房屋建筑楼板面积很大，楼板的变形很小，这个假定符合实际情况。对于多塔楼或超长超宽结构以及楼板局部开洞较大的情况，也可引入楼板局部无限刚性的假定：指局部区域内的楼板在其自身平面内没有变形，但是，区域之间的楼板需要按照有限刚度计算，考虑楼板变形的影响。楼板刚性有两种情况，见图8-2。

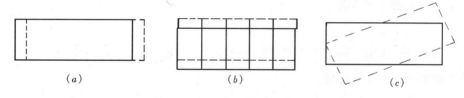

图 8-2 楼板平面无限刚性假定

（a）楼板 x 方向平移；（b）楼板 y 方向平移；（c）楼板 x、y 方向平移及绕 z 轴转动

1）平面结构与刚性楼板假定下结构单向受力计算。楼板只能在其自身平面内沿受力方向刚体平移，即每个楼层平面只有一个公共平移自由度 u（或 v），同一楼板上的所有节点除共用该平移自由度外，每个节点还有两个独立的面外自由度（竖向平移自由度 w 与绕垂直加载方向的转动自由度 θ_x 或 θ_y）；

2）刚性楼板假定下结构的空间受力计算。楼板在其自身平面内发生刚体转动，即在每个楼层平面有三个公共自由度 u、v、θ。同一楼板上的所有节点共用该三个自由度，每个节点还有三个独立的面外自由度（竖向平移自由度 w 与绕 x，y 轴方向的转动自由度 θ_x、θ_y）。

通常都同时假定在水平荷载作用下，楼板平面外没有刚度。

（3）杆件具有轴向、弯曲、剪切、扭转刚度，对应于杆件的轴向、弯曲、剪切及扭转变形及相应内力，计算时输入杆件的有关刚度。

8.1.2 高层建筑结构基本计算类型及其适用范围

根据所采用的基本假定，高层建筑结构计算的基本类型大体分为四类，其适用范围有所不同。

1. 平面协同计算

采用平面结构假定及楼板平面内无限刚性假定，且楼板只能平移，将空间框架中梁柱杆件简化为平面杆件，每个节点有 3 个自由度，两端共有 6 个自由度，其单元刚度矩阵为：

$$[k]^e = \begin{bmatrix} \dfrac{EA}{l} & 0 & 0 & -\dfrac{EA}{l} & 0 & 0 \\[2mm] 0 & \dfrac{12i}{l^2} & -\dfrac{6i}{l} & 0 & -\dfrac{12i}{l^2} & -\dfrac{6i}{l} \\[2mm] 0 & -\dfrac{6i}{l} & 4i & 0 & \dfrac{6i}{l} & 2i \\[2mm] -\dfrac{EA}{l} & 0 & 0 & \dfrac{EA}{l} & 0 & 0 \\[2mm] 0 & -\dfrac{12i}{l^2} & \dfrac{6i}{l} & 0 & \dfrac{12i}{l^2} & \dfrac{6i}{l} \\[2mm] 0 & -\dfrac{6i}{l} & 2i & 0 & \dfrac{6i}{l} & 4i \end{bmatrix} \tag{8-3}$$

式中　　i——单元线刚度，$i = \dfrac{EI}{l}$；

　　　　l——杆件长度。

剪力墙简化为平面应力问题或平面膜问题，分别选取不同的平面应力单元或平面膜单元建立计算模型。

根据平面结构假定，沿水平荷载作用方向将结构拆分为若干个平面结构，平面结构通过楼板联系成整体，在同一楼层具有相同的侧移，也就是说，在水平荷载作用方向每个楼层有一个公共的平移未知量，结构没有整体扭转变形。因此，第 j 楼层各平面结构的梁柱节点，除共享该层对应的共用平移自由度外，每个节点还有两个独立的自由度：竖向自由度 w 与沿平面法线方向的转角自由度 θ。若第 j 楼层沿水平荷载作用方向共有 m 个梁柱节点，则该层的总未知量为 $2m+1$。有 n 个楼层，就有 $n(2m+1)$ 个基本未知量，见图 8-2（a）、（b）。两个方向的平面结构各自独立，分别计算。

平面协同计算与手算方法类似，不考虑与水平力作用方向相垂直的结构承受水平力。虽然它比手算方法略为精确一些，但是不考虑扭转，不能计算平面复杂的结构，这种计算方法在工程设计中已基本不用。

2. 空间协同计算

采用平面结构假定和楼板平面内无限刚性假定，楼板有整体平移位移与整体扭转角，每个楼层有三个公共自由度。

与平面协同计算相同，将结构分为若干个平面子结构，杆件单元刚度矩阵同式（8-3）。

计算方法与平面协同计算基本相同，不同之处在于空间协同计算时每个楼层有三个共用自由度（u、v、θ）。当第 j 楼层有刚体位移 u_j、v_j、θ_j 时，坐标原点 o 点位移至 o' 点，且扭转一个角度，如图 8-3 所示，由几何关系可以得到各平面结构 s 在该楼层的位移值如下（注意正负方向）：

$$u_j^s = u_j - y_s \theta_j$$
$$v_j^s = v_j + x_s \theta_j \tag{8-4}$$

每楼层各平面结构的梁柱节点除共享该层对应的平移自由度 u_j^s 或 v_j^s 外，每个梁柱节点还有两个独立的自由度：竖向自由度 w 与沿平面法线方向的转角自由度 θ。若第 j 楼层有 m 个梁柱节点，每个节点均是两个正交平面结构的交点，由于同一梁柱节点在每个平面结构内有两个独立的自由度，每一个梁柱节点除共享 3 个楼层共用自由度外，还有 4 个独立的自由度（两个竖向自由度与两个转角自由度），则该层的基本未知量为 $4m+3$，有 n 个楼层就有 $n(4m+3)$ 个基本未知量。

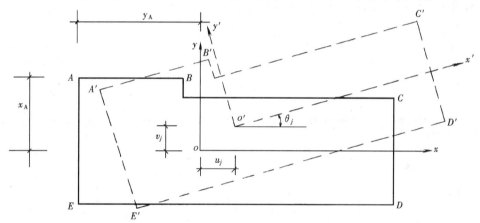

图 8-3 平面结构空间协同计算

空间协同计算可以计算不对称结构，可以计算结构扭转，比平面协同计算方法适用面广。但是，由于采用了平面结构假定，必须把结构分解成多榀平面结构，相互垂直的各个平面结构即使相交，共用交线处单元的竖向平动自由度也互相独立，结构同一点在不同方向的平面结构计算模型中的竖向位移不一致，与实际结构受力的情况有差异；与水平荷载方向垂直的平面结构只参与抗扭。空间协同计算只在结构可以划分成明确的互相正交的平面结构时才可以应用。

实际上，在许多情况下，空间结构无法分成明确的平面结构，如果一定要分成平面结构，各平面结构相交处的竖向位移不相同，造成计算误差。图 8-4 中的结构都不能采用平面结构假定。以平面为三角形的结构为例，如果将三角形的 3 个边框架分成①、②、③三榀平面框架，则 A、B、C 三根柱将各有两个不同的竖向位移，造成结构不连续，计算结果误差较大。因此，在计算机计算能力发展极为迅速的今天，这类结构完全可以采用更为精确的方法进行计算。下面介绍的空间结构计算方法，已经成为目前高层建筑结构计算的主要方法。

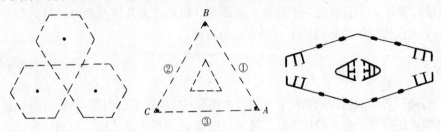

图 8-4　不能采用空间协同计算的结构平面

3. 空间结构计算（楼板平面内无限刚性）

框架杆件为空间杆件，每个节点有 6 个自由度，两端共有 12 个杆端位移及节点力，构件单元刚度矩阵为 12×12 阶，其刚度矩阵如下：

$$
\begin{bmatrix}
\dfrac{EA}{l} & 0 & 0 & 0 & 0 & 0 & -\dfrac{EA}{l} & 0 & 0 & 0 & 0 & 0 \\[2mm]
0 & \dfrac{12i_z}{l^2} & 0 & 0 & 0 & \dfrac{6i_z}{l} & 0 & -\dfrac{12i_z}{l^2} & 0 & 0 & 0 & \dfrac{6i_z}{l} \\[2mm]
0 & 0 & \dfrac{12i_y}{l^2} & 0 & \dfrac{6i_y}{l} & 0 & 0 & 0 & \dfrac{-12i_y}{l^2} & 0 & \dfrac{-6i_y}{l} & 0 \\[2mm]
0 & 0 & 0 & \dfrac{GI_t}{l} & 0 & 0 & 0 & 0 & 0 & -\dfrac{GI_t}{l} & 0 & 0 \\[2mm]
0 & 0 & \dfrac{-6i_y}{l} & 0 & (4+\beta_y)i_y & 0 & 0 & 0 & \dfrac{6i_y}{l} & 0 & (2-\beta_y)i_y & 0 \\[2mm]
0 & \dfrac{6i_z}{l} & 0 & 0 & 0 & (4+\beta_z)i_z & 0 & \dfrac{-6i_z}{l} & 0 & 0 & 0 & (2-\beta_z)i_z \\[2mm]
-\dfrac{EA}{l} & 0 & 0 & 0 & 0 & 0 & \dfrac{EA}{l} & 0 & 0 & 0 & 0 & 0 \\[2mm]
0 & \dfrac{-12i_z}{l^2} & 0 & 0 & 0 & \dfrac{6i_z}{l} & 0 & \dfrac{12i_z}{l^2} & 0 & 0 & 0 & \dfrac{-6i_z}{l} \\[2mm]
0 & 0 & \dfrac{-12i_y}{l^2} & 0 & \dfrac{6i_y}{l} & 0 & 0 & 0 & \dfrac{12i_y}{l^2} & 0 & \dfrac{6i_y}{l} & 0 \\[2mm]
0 & 0 & 0 & \dfrac{-GI_t}{l} & 0 & 0 & 0 & 0 & 0 & \dfrac{GI_t}{l} & 0 & 0 \\[2mm]
0 & 0 & \dfrac{-6i_y}{l} & 0 & (2-\beta_y)i_y & 0 & 0 & 0 & \dfrac{6i_y}{l} & 0 & (4+\beta_y)i_y & 0 \\[2mm]
0 & \dfrac{6i_z}{l} & 0 & 0 & 0 & (2-\beta_z)i_z & 0 & \dfrac{-6i_z}{l} & 0 & 0 & 0 & (4+\beta_z)i_z
\end{bmatrix}
$$

$$\text{(8-5a)}$$

式中　i_y、i_z——分别为杆件截面绕 y 轴和 z 轴的线刚度，如果考虑剪切变形，其表达式如下：

$$i_y = \frac{EI_y}{(1+\beta_y)l}, \quad \beta_y = \frac{12\mu EI_y}{GAl^2} \tag{8-5b}$$

$$i_z = \frac{EI_z}{(1+\beta_z)l}, \quad \beta_z = \frac{12\mu EI_z}{GAl^2} \tag{8-5c}$$

剪力墙或实腹筒体可以采用平面单元（忽略平面外刚度）或壳单元（考虑平面外刚度）或三维实体单元模拟。楼板平面内无限刚性，平面外按照薄板单元模拟，对转换厚板等特殊构件，可以用厚板单元或三维实体单元模拟。

由于假定楼板平面内无限刚性，每个楼层有三个共用自由度（u、v、θ_z），梁柱节点的独立自由度数量减少，可大大减少结构自由度及未知量。每层梁柱节点除共享该层的三个共用自由度外，每个梁柱节点还有三个独立的自由度：竖向自由度 w 与沿 x、y 方向的转角自由度 θ_y 和 θ_x。若每层有 m 个梁柱节点，则该层的基本未知量为 $3m+3$，有 n 个楼层就有 $n（3m+3）$ 个基本未知量。

空间结构计算与空间协同计算不同，空间结构是整体计算，凡是相交的各个杆件都互相关联。空间计算要求节点位移连续，水平荷载作用下无论哪个方向的杆件在相交的节点变形必须一致，杆端竖向位移也必须协调。不过，由于刚性楼板假定，在楼板平面内的杆件两端仍然没有相对位移，无法计算这些杆件的轴向变形和轴力大小。

应当说明的是，在大多数建筑结构中，楼板平面内无限刚性假定是符合实际情况的，计算结果误差不大，楼板平面内梁的轴向力也很小，可以忽略。这种空间结构计算应用十分广泛，可以满足工程设计需要。只在下列两种情况下需要考虑更精确的、弹性楼板假定的计算方法。

（1）结构平面狭长，或由于楼板开大洞或局部凸出，造成楼板有狭长部分，在水平荷载作用下楼板作为水平梁有较大变形，见图 8-5，这时必须采用弹性楼板假定进行计算。

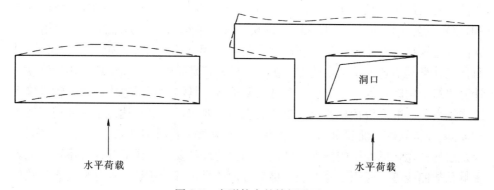

图 8-5 变形较大的楼板平面

（2）结构有转换层，或有伸臂结构，必须得到转换结构及伸臂结构上、下弦杆轴向力，而上、下弦杆都在楼板平面内，忽略其轴向变形将造成较大误差。对于这种情况，方法之一是不采用楼板无限刚性假定，按计算类型 4 进行计算，此时计算工作量将大大增加；方法之二是在用本方法作整体计算后，再采用局部计算方法对转换结构或伸臂结构作补充计算。

4. 完全空间结构计算（弹性楼板假定）

空间杆件，每个节点有 6 个独立的自由度，楼板在其平面内有变形。若每层有 m 个节点，则该层的基本未知量为 $6m$，有 n 个楼层就有 $6nm$ 个基本未知量。这种计算方法既可得到梁、柱、剪力墙等构件的所有变形和内力，又可以计算结构扭转和楼板变形，是相对更为精确的一种计算方法。但由于自由度大大增加，致使数据处理工作量大。

随着计算机硬件的发展，结合矩阵存储技术与求解技术的提高，所有商用分析软件均支持用户使用这种计算方法。

上述四类计算由简到繁，相对精确度也随之增加。但是在选择计算方法及计算软件时，不是越精确越好，精确是相对的，由于基于矩阵位移法的有限元方法本身的局限，又对构件刚域及剪力墙都作了很多假定，即便是最后一种计算方法也不是绝对精确的。在选择计算类型时，要根据需要和可能，结合结构的实际情况，分析简化可能造成的误差，确定所花的代价是否值得。目前，第一种与第二种分析类型很少使用，主要以第三种与第四种分析类型为主。如果采用现浇楼盖或装配整体式楼盖，楼板无限刚性的假定可以满足，用计算类型 3 可以满足要求时，建议采用计算类型 3。

8.1.3　计算软件应用简介

实际工程设计时，主要采用商用计算软件，例如中国建筑科学研究院开发的 SATWE 软件，北京金土木软件技术有限公司引进开发的 SAP2000 与 ETABS 软件，北京迈达斯公司开发的 Midas Building 软件，达索 SIMULIA 公司（原 ABAQUS 公司）开发的 Abaqus 分析软件等。结构商用计算软件又有通用计算软件和建筑结构专业专用计算软件两大类，通用计算软件不但能计算建筑结构，而且能计算其他各种结构，例如飞机、机械、特殊结构等，当采用通用计算软件计算建筑结构时，需要用户按照自己的要求输入具体内容与输出内容，输入输出工作量大，一般不包括相关设计规范的内容与要求，例如，达索系统公司开发的 Abaqus 分析软件。而建筑结构专业专用计算程序专门针对建筑结构特点，例如，建筑层的概念，标准层的概念，结构与构件的设计要求，风荷载体型系数，地震影响系数曲线等，应用十分方便。更为方便的是，部分建筑结构分析与设计软件不仅有力学分析部分，还包括了符合我国、美国等相关设计规范的荷载分布图形、默认荷载效应组合和截面设计计算、构造规定等，有些程序还和施工图程序接力，自动绘制施工图，如 SATWE 软件利用 PMCAD 图形平台，自动生成相关施工图，并参照设计人员的要求生成结构设计计算书等文档文件，大大减轻了结构设计人员的劳动强度，提高了设计效率。

下面分别简单介绍我国国内建筑结构专业专用计算软件的输入、力学分析、截面设计和输出部分。各程序大同小异，但其细节有差别，各有优缺点，在应用前必须仔细阅读使用说明书。

1. 输入部分

主要是输入原始数据及计算要求，基本以图形交互方式及表格补充方式输入，主要包括以下内容：

总信息：层数及总高度，计算要求，输出要求等。

几何信息：平面图形及轴线尺寸，构件位置、类型，截面尺寸，材料类型与材料力学参数选取等。

荷载信息：分别输入竖向荷载、风荷载和地震作用参数，例如竖向活荷载折减系数，风荷载标准值及体型系数（沿高度分段分别输入以考虑建筑体型的变化），计算地震作用的基本设防烈度、建筑场地类别、场地土特征周期、计算振型数、阻尼系数及计算地震作用的结构周期折减系数等。还要输入荷载效应组合要求，包括组合工况要求、组合系数等。

其他设计需要的系数：例如塑性调幅系数、各类截面验算调整系数等，分别在有关信息中输入。

2. 力学分析及荷载效应组合部分

分为两个部分：

动力特性计算：可得到结构的计算周期及对应振型，程序可自动按输入要求的振型数计算振型及周期；弹性结构计算周期要乘以周期折减系数；振型质量参与系数应达到 0.9。

内力和位移计算与组合：分别完成每一种荷载作用下的内力及位移分析，然后按所要求的荷载效应组合类型分别组合，可得到指定组合工况下的位移、内力及各种组合工况的最大位移与最大内力等。

设计荷载下的内力与位移计算都是弹性计算，必要的内力调整在程序计算过程中都应执行。例如：框架梁在竖向荷载下的塑性内力重分布应在荷载组合前；钢筋混凝土剪力墙连梁的抗弯刚度在计算地震作用前折减；框架-剪力墙结构在地震作用下先对框架杆件进行剪力与弯矩的调整，然后与其他荷载效应进行组合等。

3. 截面设计部分

截面设计包括钢筋混凝土梁、柱、墙、楼板的配筋计算与钢结构构件的稳定校核与截面强度验算等，有的软件有型钢（钢骨）混凝土构件的截面验算及配筋计算和钢管混凝土柱截面验算等。这部分计算和相关的设计规范、规程的规定密切相关，不同国家的设计规范有不同的具体规定与要求，软件中除包含部分基本要求的内容外，用户可指定设计规范与具体要求，很多选择或参数设置需要用户完成。

4. 输出部分

一般是用文件方式与图形方式输出计算与设计结果，图形输出功能发挥着更加重要的作用。通过直观的二维或三维图形的方式输出，特别是动画显示功能等，方便用户判断结构的响应与设计结果是否合理。部分软件考虑建筑结构设计专业的需求，直接形成完整的结构设计计算书，并提供控制参数的列表输出或图形输出，提供不能满足规范要求的构件或节点的信息与具体原因等。

输出的内容根据用户的选择确定，各种软件输出文件的格式不尽相同。

8.1.4　程序计算结果的分析与采用

对结构分析软件的计算结果，应进行分析判断，确认其合理、有效后方可作为工程设计的依据。

例如自振周期，可以用经验公式作比较，如果出入较大，那么有两种可能，一是建模出错导致结果不正确，另一种是原定的结构刚度不恰当，需要修改设计。

由于内力、位移输出结果都经过组合，已经不符合平衡条件，很难从是否满足平衡来直接检查其正确与否，特别是地震作用效应的计算结果，因为地震作用效应经过振型组合，有时没有规律。对于不符合常规的计算结果要检查校对，直到能做出合理的解释。必要时可以用单种荷载（风荷载或第一振型）对程序进行节点平衡校核，或置换某些输入数据，比较计算结果以检验其正确性。

体型复杂、结构布置复杂以及 B 级高度的高层建筑结构，应采用至少两个不同力学模型的结构分析软件进行整体计算。

有时，在进行概念分析的基础上，有足够的经验和依据时，需要对某些计算结果进行修正，加强某些部分，或减弱某些局部。

总之，计算只是结构设计的一个部分，在计算机和计算程序发达的今天，要防止过分依赖计算机而忽视结果分析，忽视概念设计等倾向。

8.2　框架结构计算模型的影响

框架由梁、柱两类构件组成，一般采用杆件有限元方法计算，弹塑性计算时，也可采用纤维模型进行计算。所有的结构专用计算程序中，凡是框架，包括框架结构和框架－剪力墙结构以及其他结构体系中的框架，采用杆件模型计算时，其弹性计算结果相差不大。本节通过几个问题的对比分析，说明框架结构计算模型对计算结果的影响。

8.2.1　空间框架与平面框架计算结果比较

图 8-6 所示为 10 层框架结构的平面图，比较水平荷载作用下空间结构计算模型及平面结构计算模型的计算结果。该框架结构层高 4.0m，跨度均为 6.0m，所有梁的截面尺寸相同，为 $300mm \times 600mm$，所有柱的截面尺寸相同，为

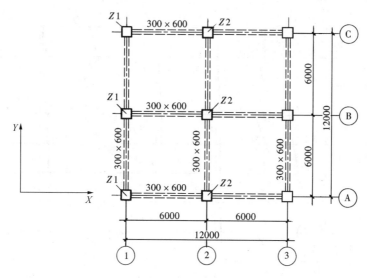

图 8-6　10 层框架结构平面图

800mm×800mm。在楼盖高度沿 X 方向作用水平力，水平力作用在楼盖的质心位置。水平力的大小，从 10 层楼盖至 1 层楼盖分别为：20.3kN、19.2kN、18.1kN、16.9kN、15.7kN、14.4kN、13.0kN、11.4kN、9.6kN、7.3kN。

　　该框架结构是空间结构，但也可以在两个主轴方向分别简化为三榀几何尺寸完全相同的平面框架。因此，可以采用空间框架计算模型，也可以采用不考虑扭转的平面框架协同计算模型。在相同水平荷载作用下，两种计算模型得到的位移与内力分布基本相同，见图 8-7。因为本例结构两个方向都对称，没有扭转，水平荷载没有偏心，三榀框架的水平位移相同，相同位置对应的柱轴向变形也相同，Y 方向的框架梁几乎没有内力，在平面协同计算模型中忽略 Y 方向梁的刚度对计算结果没有影响。只要类似矩形的规则结构，且分成的各榀平面框架没有共用柱，空间框架计算模型和平面框架计算模型的计算结果差别不大。不对称结构或水平荷载偏心的结构等其他情况下，两个计算模型所得结果不相同。

　　采用两个计算模型进行动力分析。空间结构计算模型可同时得到两个方向的平移振型与扭转振型，而一个方向平面协同计算模型得不到扭转周期和另一方向的周期；由于结构两个方向均对称，所以对于 X 方向而言，两个计算模型所得周期相同，见周期比较（1）和（2）。注意，空间计算模型得到的 6 个周期包括 2 个 X 方向的周期、2 个 Y 方向的周期和 2 个扭转周期。

　　在平面结构假定情况下，如果将结构拆成三榀框架分别计算，忽略现浇楼板对框架梁抗弯刚度的影响，将水平荷载平均分配给三榀框架，其内力与上述两个模型计算结果也相同（图 8-7），但是所得周期则完全不同。因为周期和总刚度及质量有关，三榀框架和一榀框架的总刚度、质量都相差甚多，计算周期必然不相同，周期比较见（2）、（3）、（4）。虽然 A 轴线与 B 轴线框架刚度相同，但质

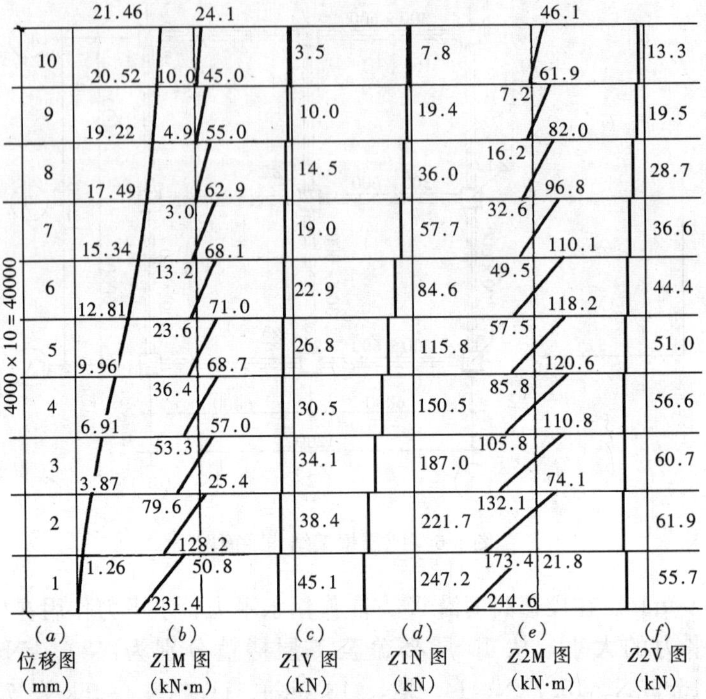

图中数据（按列）：

位移图 (a)：10层 21.46/20.52；9层 19.22；8层 17.49；7层 15.34；6层 12.81；5层 9.96；4层 6.91；3层 3.87；2层 1.26

Z1M图 (b)：24.1/10.0；4.9；3.0；13.2；23.6；36.4；53.3；79.6；128.2；50.8；231.4

Z1V图 (c)：3.5；10.0；14.5；19.0；22.9；26.8；30.5；34.1；38.4；45.1

Z1N图 (d)：7.8；19.4；36.0；57.7；84.6；115.8；150.5；187.0；221.7；247.2

Z2M图 (e)：46.1/61.9；7.2/82.0；16.2/96.8；32.6/110.1；49.5/118.2；57.5/120.6；85.8/110.8；105.8/74.1；132.1；173.4/21.8；244.6

Z2V图 (f)：13.3；19.5；28.7；36.6；44.4；51.0；56.6；60.7；61.9；55.7

左侧竖标注：4000×10＝40000

(a)	(b)	(c)	(d)	(e)	(f)
位移图 (mm)	Z1M图 (kN·m)	Z1V图 (kN)	Z1N图 (kN)	Z2M图 (kN·m)	Z2V图 (kN)

图 8-7　10 层框架结构侧移及 Z1、Z2 内力

(a) 侧移；(b) Z1 弯矩；(c) Z1 剪力；(d) Z1 轴力；(e) Z2 弯矩；(f) Z2 剪力

量并不相同（B 轴框架的质量大），因此 A 轴线与 B 轴线的计算周期也不相同（B 轴框架周期长一些）。这里要特别注意，由于动力性能不同，抗震设计时不能用单榀框架代替整个框架结构进行计算，一定要用整体结构的模型计算结构的动力特性与地震响应，在整体结构地震作用计算完成后，按照各榀框架的抗侧刚度分配地震作用，然后，按照平面框架分别计算内力。

周期计算结果比较如下，注意 T_1、T_2 等和振型方向（X、Y、扭转）的关系，以及互相对应关系：

(1) 按空间结构计算模型：$T_1=1.60$s（X 向），$T_2=1.60$s（Y 向），$T_3=1.27$s（扭转），$T_4=0.49$s（X 向），$T_5=0.49$s（Y 向），$T_6=0.26$s（扭转）

(2) 按平面协同计算模型（X 向）：$T_1=1.60$s，$T_2=0.49$s，$T_3=0.16$s

(3) 按轴线 A 单榀计算（X 向）：$T_1=1.47$s，$T_2=0.4$s，$T_3=0.24$s

(4) 按轴线 B 单榀计算（X 向）：$T_1=1.84$s，$T_2=0.57$s，$T_3=0.30$s

8.2.2　柱轴向变形的影响

高层建筑结构采用手算方法的主要问题之一，就是忽略了柱的轴向变形，不仅使水平位移计算值偏小，还引起内力分布改变。现以一榀 10 层、2 跨框架为例进行说明。框架层高 4m，梁跨度 6m，边柱与中柱截面尺寸均为 800mm×800m，框架梁截面为 300mm×600mm。为简单明了，只在框架梁柱节点施加竖向荷载。方案 1 各节点的竖向荷载均为 500kN，方案 2 为在各层总竖向荷载不变的前提下，中柱分担各层一半竖向荷载，其余荷载两边柱均分，即中柱节点 750kN，边柱节点 375kN。图 8-8（a）为方案 1 计入柱轴向变形的变形图与柱轴力图。由于同一层梁柱节点的竖向位移相等，除了柱轴力外，该框架梁、柱都没有弯矩。图 8-8（b）是方案 2 计入柱轴向变形的变形与内力图。与图 8-8（a）比较可见，由于中柱与边柱的轴向变形不同，同一楼层的梁柱节点的竖向位移不相同，中柱节点的竖向位移大于边柱节点。除了柱轴力发生变化外，梁、柱都有弯矩（也有剪力，未画）。这是因为中柱截面轴向应力大，压缩变形大；边柱截面轴向应力小，压缩变形小；轴力通过框架梁转移到轴向变形较小的柱上，因此边柱轴力加大，梁和边柱产生了弯矩和剪力。

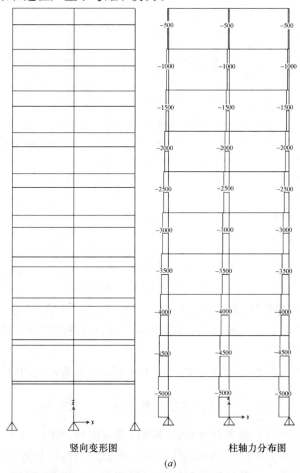

竖向变形图　　　　　　　柱轴力分布图

(a)

图 8-8　10 层框架内力比较（一）

(a) 节点竖向荷载方案 1

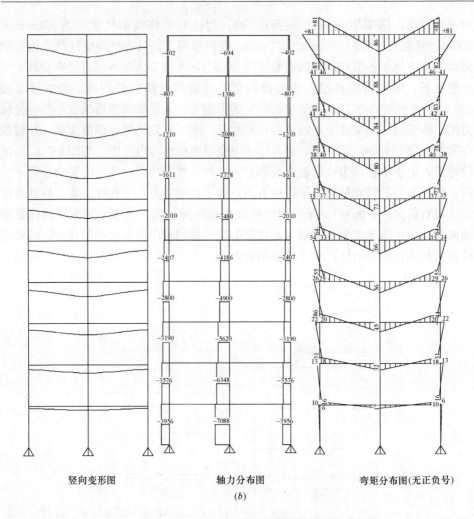

竖向变形图   轴力分布图   弯矩分布图(无正负号)

(b)

图 8-8   10 层框架内力比较（二）

(b) 节点竖向荷载方案 2

因此，高层建筑结构计算时忽略竖向构件（柱、墙）的轴向变形会造成计算误差。只有在多层结构或高层建筑结构进行初步设计计算时可以忽略竖向构件（柱、墙）轴向变形。

在各种结构计算的商用程序中，都计算了竖向承重柱的轴向变形。

8.2.3 竖向荷载加载次序——施工模拟

建筑结构的竖向荷载大部分是由结构自重等恒载产生，由于施工过程，结构自重产生的竖向荷载是逐步加到结构上的，先施工结构的自重不会对后施工的结构产生内力与影响。不考虑施工过程的一致加载（在整体结构模型上一次施加竖向荷载）与考虑施工过程的分步加载（按施工过程在不同结构模型上施加对应的竖向荷载），计算结果的差异随结构高度的增加而越来越大，对顶部构件影响最大甚至内力完全失真。

图 8-9 为框架施工过程计算简图。第 1 层施工后，柱有轴力和竖向压缩变形（如果相邻柱压缩量不同，梁也可能有内力），而第 2 层施工浇筑混凝土时会把第 1 层的压缩量找平，因此第 2 层施工完成后，虽有两层框架，但不能再计算第 1 层荷载对第 2 层的影响，而第 2 层的荷载还会使第 1 层柱受压，因此仅由第 2 层荷载计算下两层柱的压缩和横梁变形，依此类推，可得到图 8-9 (b) 的计算简图；在主体结构施工完成后，还有部分次要结构、非结构构件与建筑做法等竖向荷载以及使用阶段施加的部分活荷载，这部分荷载应按整体框架进行分析，即图 8-9 (a)。这样的施工过程模拟计算反映了由下至上逐步形成重力荷载，逐步形成结构刚度的全过程，最后叠加得到的才是最终内力和变形。

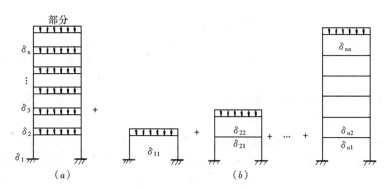

图 8-9　施工过程计算简图

上述考虑施工过程的计算比较符合实际，但十分烦琐，计算过程中每加一层都要形成新的刚度矩阵，分别计算对应的内力和变形，最后叠加得到结构的内力和变形。

目前，常用的施工过程模拟有三种方法，这三种方法都已经被不同的通用软件所采用。

方法一：引入"生死单元"进行施工过程模拟。建立已经施工完成的结构模型，分步"杀死"或"激活"一些构件或部分结构，使结构发生变化，从而实现模拟结构施工过程。单元的"生死"不是添加或删除单元，而是根据装、拆构件的过程使单元失效（将其刚度或其他分析特征矩阵乘以一个足够小的数，同时，"死"单元的单元荷载、质量、阻尼等类似参数设置为 0）和重新激活（单元刚度矩阵、质量、单元荷载都将恢复原来的数值，单元会有应变残余但初应力为零）。这种方法也可以模拟结构拆除过程。

方法二：实际是精确的施工模拟计算，但是考虑到程序编写及运行的方便，对施工过程作了重新安排，见图 8-10。该方法一次形成总刚度矩阵，然后由上至下逐层置 0 修正总刚度矩阵，逐层求解施工阶段的内力和变形，逐层叠加，得到施工过程的内力和变形。然后按一般方法参加内力和位移组合。这样处理使总刚度矩阵变换方便简洁，不需多占计算空间，计算机时增加有限，而计算结果误差相对较小。

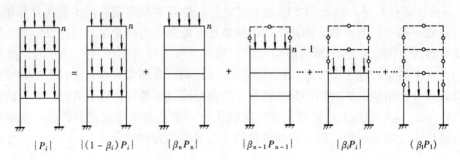

图 8-10　施工模拟方法二

P_i—第 i 层总竖向荷载；$\{\beta_iP_i\}$—第 i 层主体结构施工阶段施加的竖向荷载，一般 $\beta_i=0.6\sim$
0.9；$\{P_i\}$—所有层总竖向荷载；$\{(1-\beta_i)P_i\}$—主体结构施工完成后第 i 层总竖向荷载

方法三：施工过程计算如图 8-11 所示。结构刚度矩阵一次形成，分成 n 种荷载分别计算。图 8-11（b）计算结果只取第 1 层的变形和内力，图 8-11（c）计算结果只取第 1、2 层的变形和内力，依次类推，最后将分别取出的结果叠加得到计算结果。这种方法是假定第 i 层以下的竖向荷载对第 i 层以上没有影响，第 n 层的内力和变形只由第 n 个图形计算得到。这种方法的底层计算内力与一次加荷计算结果相同，往上则逐渐与精确模拟施工过程接近，顶层内力与精确模拟施工过程相同。由于不需要修改整体刚度矩阵，是一种相对比较适用的方法。

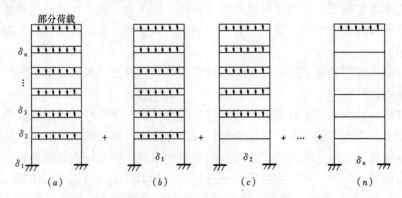

图 8-11　施工模拟方法三

上述三种方法中，方法二、三都作了一定的简化，给计算结果带来一些误差，在应用时需要了解其简化原理，判断其是否适用。

8.3　剪力墙计算模型

剪力墙是高层建筑结构常用的抗侧力结构单元,其计算模型是程序必不可少的部分。

剪力墙的高度与截面长度远大于其截面厚度,是二维构件,其受力性能较一维杆件的受力性能复杂得多。根据是否开洞,剪力墙可以分为不开洞实体剪力墙与开洞联肢剪力墙。由于洞口的大小与位置变化多样,造成计算分析的难度更大。剪力墙不仅有平面内刚度,也有平面外刚度,但剪力墙的平面内刚度远大于平面外刚度。因此,剪力墙的计算模型有忽略平面外刚度的平面单元分析模型与计入平面外刚度的空间单元分析模型两类。平面单元模型包括将剪力墙视为壁式框架的带刚域杆件模型,平面应力单元模型,平面膜单元模型以及多弹簧模型;空间分析模型有薄壳单元模型,三维实体单元模型和纤维模型。

8.3.1　带刚域杆件模型

带刚域杆件是杆件类计算模型,可用于联肢剪力墙的计算分析,截面大的梁、柱也可以采用带刚域杆件作为其计算模型。

图 8-12 (a) 所示为联肢剪力墙的立面。墙肢截面宽,连梁跨度与其高度的比值小,将墙肢视为柱、连梁视为梁,取轴线作为计算模型时,杆件端部刚度比杆件本身刚度大很多,荷载作用下杆端的变形比杆件的变形小很多。假定杆端不变形(无弯曲、剪切、轴向变形),杆件即为带刚域杆件。联肢剪力墙采用带刚域杆件的计算模型称为壁式框架计算模型(图 8-12b)。

图 8-13 所示的粗黑线为杆端刚域,其长度取法为:

$$左梁刚域 = h_{z1} - \frac{h_l}{4},\quad 右梁刚域 = h_{z2} - \frac{h_l}{4}$$

$$(8\text{-}6a)$$

$$下柱刚域 = h_{l1} - \frac{h_z}{4},\quad 上柱刚域 = h_{l2} - \frac{h_z}{4}$$

$$(8\text{-}6b)$$

带刚域杆件单元的内力-变形关系如图 8-14 所示,其特点是杆端刚域没有变形,非刚域部分有弯曲、剪切、轴向变形。

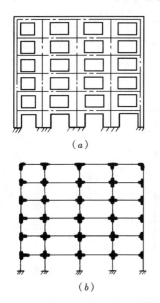

图 8-12　联肢墙带刚域
杆件计算模型
(a) 联肢墙立面图;
(b) 带刚域杆件计算模型

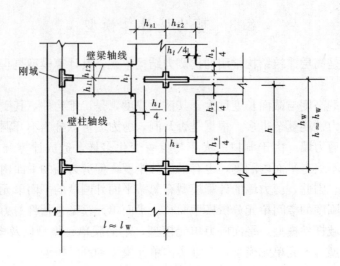

图 8-13　刚域长度

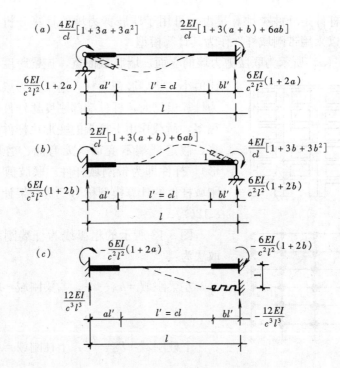

图 8-14　带刚域杆件的弯曲刚度系数

采用结构力学方法，可以推导出带刚域杆件的刚度系数。其弯曲刚度系数示于图 8-14，考虑剪切及轴向变形后，其刚度矩阵见式（8-7）。

$[k]^e =$

$$\begin{bmatrix} \dfrac{EA}{cl} & 0 & 0 & -\dfrac{EA}{cl} & 0 & 0 \\[2mm] 0 & \dfrac{12}{1+\beta}\dfrac{EI}{c^3l^3} & \dfrac{-6}{1+\beta}\dfrac{EI}{c^2l^2}(1+2a) & 0 & \dfrac{-12}{1+\beta}\dfrac{EI}{c^3l^3} & \dfrac{-6}{1+\beta}\dfrac{EI}{c^2l^2}(1+2b) \\[2mm] 0 & \dfrac{-6}{1+\beta}\dfrac{EI}{c^2l^2}(1+2a) & \dfrac{4+\beta}{1+\beta}\dfrac{EI}{cl}(1+3a+3a^2) & 0 & \dfrac{6}{1+\beta}\dfrac{EI}{c^2l^2}(1+2a) & \dfrac{2-\beta}{1+\beta}\dfrac{EI}{cl}[1+3(a+b)+6ab] \\[2mm] -\dfrac{EA}{cl} & 0 & 0 & \dfrac{EA}{cl} & 0 & 0 \\[2mm] 0 & \dfrac{-12}{(1+\beta)}\dfrac{EI}{c^3l^3} & \dfrac{6}{1+\beta}\dfrac{EI}{c^2l^2}(1+2a) & 0 & \dfrac{12}{(1+\beta)}\dfrac{EI}{c^3l^3} & \dfrac{6}{1+\beta}\dfrac{EI}{c^2l^2}(1+2b) \\[2mm] 0 & \dfrac{-6}{1+\beta}\dfrac{EI}{c^2l^2}(1+2b) & \dfrac{2-\beta}{1+\beta}\dfrac{EI}{cl}[1+3(a+b)+6ab] & 0 & \dfrac{6}{1+\beta}\dfrac{EI}{c^2l^2}(1+2b) & \dfrac{4+\beta}{1+\beta}\dfrac{EI}{cl}[1+3b+3b^2+6ab] \end{bmatrix}$$

$$(8\text{-}7)$$

式中，$\beta = \dfrac{12\mu EI}{GAc^2l^2}$，其中 I、A 分别是杆件截面（非刚域）的惯性矩和面积，l 为杆件全长（包括刚域），cl 为刚域以外部分的长度，μ 为截面剪应力分布不均匀系数。

带刚域杆件的刚度矩阵与一般杆件的刚度矩阵具有同样性质，在取框架轴线为计算简图，采用有限元矩阵位移法计算时，只需采用带刚域杆件的刚度矩阵，其他计算完全相同。但是要注意，由节点位移直接得到的是节点处的内力，而设计构件时需要非刚域部分端部的内力，要经过换算才能得到。因此，计算时必须注意程序给出的内力是哪个截面的。

带刚域杆件计算模型较为适用于规则开洞的联肢剪力墙，开洞不规则的剪力墙，其刚域的确定会有很大出入，计算结果误差较大。

8.3.2 平面应力单元

如果忽略剪力墙墙肢的平面外刚度，墙肢只能承受自身平面内的荷载与作用，其受力就是一个平面问题，可以采用平面应力单元进行计算分析。常用的平面应力单元有 3 节点三角形单元，4 节点四边形单元，6 节点三角形单元和 8 节点四边形单元等（图 8-15），单元的每个节点有两个平面内平动自由度。

3 节点三角形平面应力单元是一种常应变的低精度单元，其单元内的位移场是线性变化，单元内各点应变相等，是常应变单元，不能反映单元内不同点的应变变化。为了模拟洞口周围或截面特性变化局部区域内应力集中现象，需要将分析对象细分，提高其计算精度。

4 节点四边形单元的位移模式是具有完全一次式的非完全二次式或双线性位移模式，可以反映单元中应变的线性变化，其计算精度高于 3 节点三角形单元。在某些条件下，如当其中两个相邻节点的位移满足线性变化时，基于剪应力互等

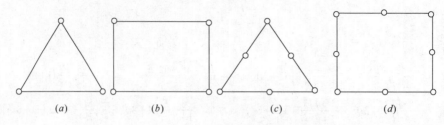

图 8-15　墙肢的平面应力单元

(a) 3 节点三角形单元；(b) 4 节点四边形单元；(c) 6 节点三角形单元；

(d) 8 节点四边形单元

原理与假设的位移场，垂直该边方向上不会产生剪切变形，发生单元"剪切自锁"，从而高估了单元的抗剪刚度，导致计算位移偏小，且该单元不能适应单元曲线边界情况。

随着求解问题的复杂，通常需要采用高精度的较少数目的单元求解复杂问题，利用较少的形状规则的单元离散几何形状比较复杂的问题会遇到困难，解决的办法就是寻找适当的方法将局部坐标下形状规则的单元转换到形状任意的单元，如果二者满足特定条件：坐标变换与函数插值采用相同的节点，坐标变换形式与插值函数也相同，则这种变换就是等参变换。

利用等参变换技术，只要构造出满足条件的形函数，就可以构造出高精度的单元。例如 6 节点三角形单元与 8 节点四边形单元是高精度的等参协调单元，由于多了 3 个边中点，位移函数不仅包括普通 3 节点三角形单元位移函数的常数项和完整的一次项 $[1, x, y]$，还包括完全的二次项 $[xy, x^2, y^2]$，在边界上位移按照二阶抛物线分布，而边界上 3 个公共节点正好保证相邻单元位移的连续性，满足了二维单元的协调性要求，是协调单元。

这种单元的应变在两个方向上呈线性变化，应力也呈线性变化，消除了 4 节点四边形单元的剪切自锁问题，其精度高于 3 节点三角形单元与 4 节点四边形单元，且可以提高计算效率。

8.3.3　平面应力膜单元

平面应力膜单元是在平面应力单元的基础上，采用广义协调构造的具有旋转自由度的 4 边形膜元，每个节点有 3 个自由度：2 个平面内平动自由度与 1 个节点转角自由度，对应的有 2 个节点力与 1 个节点弯矩。平面应力膜单元比 4 节点四边形平面应力单元的精度高，其单元的位移函数包含常数项和完整的一次项，单元的应变在两个坐标轴方向都呈线性变化，应力也呈线性变化，消除了 4 节点四边形单元的剪切自锁问题。

不同的程序采用不同的构造方法。例如，SATWE 软件剪力墙墙肢的墙元模型是一种包含平面应力膜单元的四边形协调元与薄板单元叠加后构造而成。其平面应力膜的构成如下：

单元的节点位移向量为：$\{\delta\}^e = [\{\delta_1\}\{\delta_2\}\{\delta_3\}\{\delta_4\}]^T$

每个节点的位移向量为：$\{\delta_i\} = [u_i \quad v_i \quad \theta_i]^T$ $(i=1,2,3,4)$

其中，u_i，v_i 为节点平移自由度，θ_i 为节点的平面内转动自由度（图 8-16a）。由于在平面应力 4 节点等参元的基础上引入了节点平面内转动自由度，需要构造满足协调条件的位移场，特引入单元节点刚体转动引起的附加位移场（图 8-16b）。

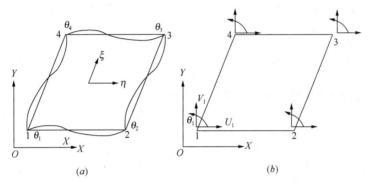

图 8-16 平面膜单元

(a) 四边形膜元；(b) 附加位移场

单元的位移场包括下面三个部分：

$$U = U_0 + U_\theta + U_P \tag{8-8}$$

式中，$U_0 = [U_0, V_0]^T$，为双线性协调位移场，由节点平移自由度计算确定。

$$U_0 = \begin{Bmatrix} u_0 \\ v_0 \end{Bmatrix} = \sum_{i=1}^4 \begin{bmatrix} N_{0i} & 0 \\ 0 & N_{0i} \end{bmatrix} \begin{Bmatrix} u_i \\ v_i \end{Bmatrix} \tag{8-9}$$

$$N_{0i} = \frac{1}{4}(1+\zeta_i\zeta)(1+\eta_i\eta) \tag{8-10}$$

ζ，η 与 ζ_i，η_i 分别为等参变换后单元对应点与节点 i 的局部坐标。

U_θ 是由单元节点刚体转动 θ_i $(i=1,2,3,4)$ 引起的附加位移场。根据广义协调条件，有：

$$U_\theta = \begin{Bmatrix} u_\theta \\ v_\theta \end{Bmatrix} = \sum_{i=1}^4 \begin{bmatrix} N_{u_{\theta i}} \\ N_{v_{\theta i}} \end{bmatrix} \theta_i \tag{8-11}$$

式中 $N_{u_{\theta ii}} = \frac{1}{8}[\zeta_i(1-\zeta^2)(b_1-b_3\eta_i)(1+\eta_i\eta)+\eta_i(1-\eta^2)(b_2+b_3\zeta_i)(1+\zeta_i\zeta)]$

$$N_{v_{\theta ii}} = \frac{1}{8}[\zeta_i(1-\zeta^2)(a_1+a_3\eta_i)(1+\eta_i\eta)+\eta_i(1-\eta^2)(a_2+a_3\zeta_i)(1+\zeta_i\zeta)]$$

$a_1 = \frac{1}{4}\sum_{i=1}^4 \zeta_i x_i, a_2 = \frac{1}{4}\sum_{i=1}^4 \eta_i x_i, a_3 = \frac{1}{4}\sum_{i=1}^4 \zeta_i\eta_i x_i, b_1 = \frac{1}{4}\sum_{i=1}^4 \zeta_i y_i, b_2 = \frac{1}{4}\sum_{i=1}^4 \eta_i y_i,$

$$b_3 = \frac{1}{4}\sum_{i=1}^{4} \zeta_i \eta_i y_i$$

x_i，y_i 为单元节点坐标（$i=1$，2，3，4）。

U_P 是为提高单元计算精度而引入的泡状位移场：

$$U_P = \left\{ \begin{matrix} u_P \\ v_P \end{matrix} \right\} = \begin{bmatrix} N_P & 0 \\ 0 & N_P \end{bmatrix} \left\{ \begin{matrix} P_1 \\ P_2 \end{matrix} \right\} \tag{8-12}$$

式中，P_1，P_2 为任意参数。

记 $[N_i] = \begin{bmatrix} N_{0i} & 0 & N_{u\theta i} \\ 0 & N_{0i} & N_{v\theta i} \end{bmatrix}$，则单元的应变场可写为：

$$\{\varepsilon\} = [B]\{\delta\}^e + [B_P]\{P\} \tag{8-13}$$

按照上述条件构造的单元刚度矩阵可写为：

$$[K]^e = [K_{\delta\delta}] - [K_{P\delta}]^T [K_{PP}] [K_{P\delta}] \tag{8-14}$$

式中

$$[K_{\delta\delta}] = t \int_{-1}^{1}\int_{-1}^{1} [B]^T [D] [B] |J| d\zeta d\eta$$

$$[K_{P\delta}] = t \int_{-1}^{1}\int_{-1}^{1} [B_P]^T [D] [B] |J| d\zeta d\eta$$

$$[K_{PP}] = t \int_{-1}^{1}\int_{-1}^{1} [B_P]^T [D] [B_P] |J| d\zeta d\eta$$

t——单元厚度。

8.3.4 多弹簧模型

多竖向弹簧模型是一种平面剪力墙墙肢的简化计算模型。其基本原理如下：将一片剪力墙沿高度划分为若干个单元，每个单元的高度不一定相同，剪力墙底部可以适当细化，上部可以略粗；对每个单元，沿截面长度方向划分为若干个区域，每个区域分别采用竖向拉压弹簧模拟（简称竖向弹簧）（图 8-17），弹簧的刚度取决于该区域剪力墙的截面面积、材料的力学特征以及单元的高度。所有弹簧单元的两端分别连接在一个假想的刚性杆件上，保证单元受力过程中不同竖向弹簧之间满足平截面假定。每个区域可以包含混凝土、钢筋、钢骨、钢管等材料。根据剪力墙两端边缘构件的不同构造做法与约束情况，采用不同的混凝土应力-应变关系，以模拟非约束混凝土或约束混凝土的力学性能。假定混凝土与钢筋或钢骨完全粘结，不会发生粘结滑移破坏。

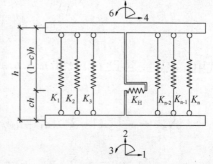

图 8-17 竖向弹簧模型

钢筋混凝土剪力墙的破坏形态有压/拉弯破坏、压/拉剪破坏及其耦合等多种形式，多竖向弹簧不能反映剪力墙的受剪性能，所以，每个单元在高度 ch 的位置设置一个沿水平方向布置的弹簧模拟剪力墙的受剪行为。该弹簧两端分别通过一刚性竖杆连接在单元上、下端的刚性杆上，模拟单元受剪后弯矩沿高度的变化情况。水平弹簧的高度系数 c 取 0.4 左右，与实际受力特征比较接近，也可根据墙单元沿高度的曲率分布确定。

单元内部的压弯变形与剪切变形不相关。压弯下的受力性能变化不直接影响受剪刚度的变化。压弯性能变化单元可以自动分析计算，但水平弹簧的力-位移关系曲线需要用户根据剪力墙的几何尺寸、材料特征、轴力大小等，确定斜截面受剪开裂荷载、峰值荷载以及压弯屈服弯矩对应的剪力等，从而确定水平弹簧的力-位移关系。

对于受弯破坏的剪力墙，如果忽略剪力墙受弯屈服后水平抗剪刚度有变化，则水平弹簧的力-位移关系可以按照线弹性关系输入，通过控制水平弹簧的力-位移关系，实现剪力墙是压弯破坏（考虑或不考虑弯曲屈服后抗剪刚度的降低）、压/拉剪破坏、弯曲屈服后剪切破坏等。多弹簧模型是目前剪力墙结构弹性特别弹塑性分析中普遍使用的模型之一。

8.3.5 壳单元

壳单元的每个节点有 6 个位移分量，包括 3 个平移分量和 3 个转动分量，因而其有平面内刚度，也有平面外刚度。壳单元可以与空间杆单元连接，不需任何附加的约束条件。在空间壳单元中，以能够模拟平面内、外刚度的平板薄壳单元应用最广，该单元忽略了沿墙厚方向的剪切变形影响，受力特征是平面膜单元（只有平面内自由度，包括两个平移自由度与一个转角自由度）与薄板单元（只有平面外抗弯刚度，包括两个转角自由度与一个平面外位移自由度）的组合。如果其平面外刚度与平面内刚度相比小很多，忽略平面外刚度即退化为平面应力膜单元或平面应力单元。

如果墙的厚度方向材料均匀，可以用单层薄壳单元模拟，通常采用四边形单元或三角形单元等壳单元。沿墙厚度材料不均匀或采用不同材料时，例如配置双层或多层钢筋网的钢筋混凝土剪力墙，配置钢板的钢板混凝土剪力墙，为了分析钢筋或钢板的内力及其对剪力墙性能的影响，可以通过沿厚度对壳单元细分，成为分层壳模型。分层壳模型的混凝土可以分成若干层，一层钢筋网或钢板为一个钢筋层或一个钢板层（图 8-18）。

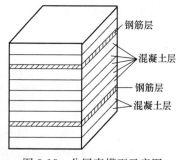

钢筋层
混凝土层
钢筋层
混凝土层

图 8-18 分层壳模型示意图

8.3.6 实 体 单 元

除薄壳单元外，还可以采用实体单元模型对剪力墙进行计算分析。通常采用的实体单元为消除剪切自锁影响的六面体单元（图 8-19），每个节点有三个自由度。由于墙肢厚度尺寸较高宽小很多，为了保证计算精度，沿墙肢高宽方向的单元划分比壳单元的单元划分更加密集。对于一栋高层建筑剪力墙结构，节点数和未知量太多，计算结果也以单元应力、应变的方式输出，难以直接用于承载力计算。因此实体单元模型一般用于构件受力性能分析，或结构关键部位的局部采用实体单元模型。

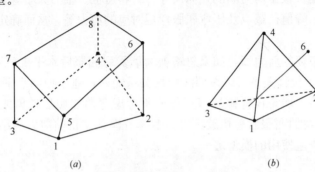

图 8-19　实体单元模型

(*a*) 六面体单元；(*b*) 四面体单元

8.3.7 连 梁 计 算 模 型

剪力墙墙肢采用平面应力单元模型、平面膜单元模型或空间分析模型时，连接墙肢的连梁可以采用相同类型的单元如平面应力单元、壳单元或杆单元（图 8-20）。当采用杆单元时（图 8-20*c*），采用连梁截面的惯性矩，适当考虑现浇楼板的影响。由于连梁两端节点分别只与相邻壳单元的一个节点连接，壳单元对应节点的抗弯约束刚度有限，需要沿杆单元轴线方向向墙内或沿竖向分别延伸不小于连梁截面高度并与相交单元节点耦合（图 8-20*c* 中的点划线），以弥补杆单元与壳单元间转动约束不足。

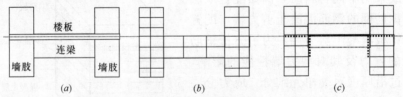

图 8-20　连梁计算模型

(*a*) 墙肢、连梁与楼板；(*b*) 壳单元；(*c*) 空间杆单元

高层建筑结构构件多，如果采用密集网格划分，计算单元数量与总自由度数量巨大，要求计算机有足够大的内存以及外存，高计算速度。同时，不同结构单元的几何尺寸相差较大，造成整体刚度矩阵中元素数值差异大，可能出现"病态"矩阵，从而，对计算机的数值计算精度与有限元数值计算方法的稳定性提出特别要求，计算结果的分析处理也需要高效方法。因此，对普通高层建筑结构，全部采用细分的有限元方法计算是不适合的，需要采用"多尺度"的概念，关键部位采用比较精细的分析模型，一般部位采用简化的或粗略的计算模型。

剪力墙的不同计算模型各有优缺点，有各自的适用对象，对同一对象采用不同计算模型，得到的计算结果会有所不同。而现有各种程序中采用的方法不同，应用时须了解所用的程序采用了哪种方法，是否适合所分析的结构。对于高度较高，或比较复杂的高层建筑结构，需要采用两种不同力学模型的程序进行计算，并对计算结果的合理性进行判断。

8.4 筒体结构的受力特点及设计要点

由建筑周边四榀密柱深梁框架组成的结构称为框筒结构，框筒与平面中部的内筒组成筒中筒结构，多个框筒组成束筒结构。框筒、筒中筒和束筒统称为筒体结构，8.5节介绍的框架-核心筒也属于筒体结构。框筒的框架布置在建筑的周边，是空间受力结构，在水平力作用下，其腹板框架抵抗水平剪力及部分倾覆力矩，其翼缘框架柱承受拉、压力，抵抗部分倾覆力矩。框筒结构的抗侧刚度和抗扭刚度都比较大，内部空间使用灵活性。框筒、筒中筒和束筒都是高层建筑高效的抗侧力结构体系。

8.4.1 框筒结构的剪力滞后

框筒也可看成在实腹筒上开了很多孔洞，但其受力性能比实腹筒复杂得多。剪力滞后是水平力作用下框筒结构受力性能的主要特点之一。剪力滞后使水平力作用下翼缘框架各柱的轴力不均匀，中部柱的轴力小，角柱的轴力大，见图8-21。腹板框架与一般平面框架相似，但由于剪力滞后，柱轴力也不是直线分布。减少翼缘框架剪力滞后的影响，是框筒结构设计需要解决的主要问题之一。

（1）剪力滞后及内力分布

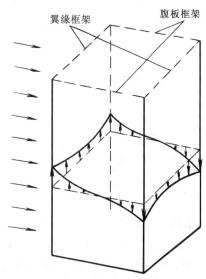

图 8-21 框筒结构的剪力滞后现象

与水平力方向平行的腹板框架一端受拉，另一端受压。翼缘框架的轴力是通过与腹板框架共用的角柱传递过来的。图8-22是翼缘框架变形示意，角柱受压力缩短，使与其相连的裙梁产生剪力与弯矩，同时，与裙梁另一端相连的柱也承受弯矩与轴力；第2个柱受压又使第二跨裙梁受弯剪作用，引起相邻柱承受轴力，从两端的角柱向翼缘中部柱如此传递，使翼缘框架柱承受轴力，裙梁、柱都承受其平面内的弯矩与剪力。由于裙梁的抗弯刚度不是无限大，裙梁剪切变形，使翼缘框架各柱压缩变形向中心逐渐递减，柱轴力也逐渐减小，这种翼缘框架柱轴力两端大、中部小的不均匀分布现象就是剪力滞后；同理，受拉（受压）的翼缘框架也产生柱的拉力（压力）剪力滞后现象。

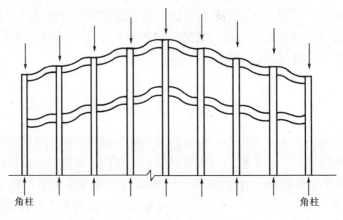

图 8-22 翼缘框架变形示意

由于翼缘框架各柱和窗裙梁的内力是由角柱传来，其内力和变形都在翼缘框架平面内，腹板框架的内力和变形也在其平面内，这是框筒在水平荷载作用下内力分布形成"筒"的空间特性。如果楼板是平板，或者楼面梁和框筒柱铰接，那么楼板的竖向荷载对于柱就只产生轴力，不产生平面外的弯矩和剪力。如果楼面梁与框筒柱刚接，楼板的竖向荷载产生的梁端弯矩会使柱产生框筒平面外的弯矩和剪力。通常，框筒结构要尽量减少柱平面外的弯矩和剪力，除角柱外，其他柱主要是单向受弯，受力性能较好。

框筒形成空间结构作用，角柱是形成框筒结构空间作用的重要构件；各层楼盖形成隔板，使框筒的平面形状在水平荷载作用下保持不变，楼盖也是形成框筒空间作用的重要构件。

设计时要考虑如何减小翼缘框架剪力滞后，若能使翼缘框架中间柱的轴力增大，就会提高其抗倾覆力矩的能力，提高结构抗侧刚度，也就是提高了结构的抗侧效率。

影响框筒剪力滞后的因素很多，主要因素有：①柱距与窗裙梁高度，②角柱截面面积，③结构高度，④框筒平面形状。下面采用图8-23的框筒结构平面，分析各因素对剪力滞后的影响。该框筒结构55层，层高3.4m，作用水平荷载。

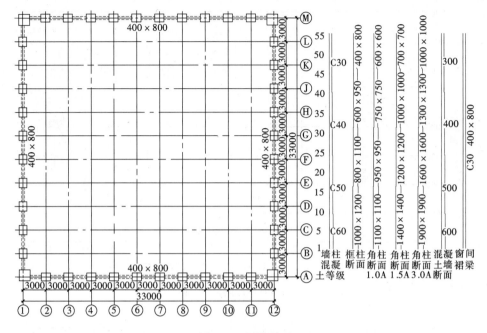

图 8-23 框筒平面

1）柱距与窗裙梁高度

影响剪力滞后的主要因素之一是窗裙梁剪切刚度与柱轴向刚度的比值。采用密柱（小柱距），目的是减小窗裙梁的跨度。减小窗裙梁跨度或加大其截面高度，都能增大窗裙梁的剪切刚度。梁的剪切刚度越大，剪力滞后越小。

梁剪切刚度
$$S_b = \frac{12EI_b}{l^3} \tag{8-15a}$$

柱轴向刚度
$$S_c = \frac{EA_c}{h} \tag{8-15b}$$

式中　l、I_b——分别为窗裙梁净跨及截面惯性矩；

　　　h、A_c——分别为柱净高及柱截面面积；

　　　E——材料弹性模量。

图 8-24 比较了在柱截面相同时，改变窗裙梁高度的 5 种情况（窗裙梁净跨 1800mm），图中各曲线是翼缘框架柱轴力值的连线，并分别列出了 5 种窗裙梁高度及其 S_b/S_c 的值。窗裙梁高度为 300mm 时（跨高比 $l/h = 6$），剪力滞后现象严重；窗裙梁高度为 600mm 时（$l/h = 3$），剪力滞后现象大为改善。可见，框筒必须采用密柱深梁，否则起不到"筒"的作用。窗裙梁高度继续加大，中间柱轴力仍可增大；但当窗裙梁高度由 1200mm（$l/h = 1.5$）加高到 1600mm（$l/h = 1.1$）时，剪力滞后现象改善不大，也就是说，窗裙梁高度也没有必要太大。

2）角柱面积

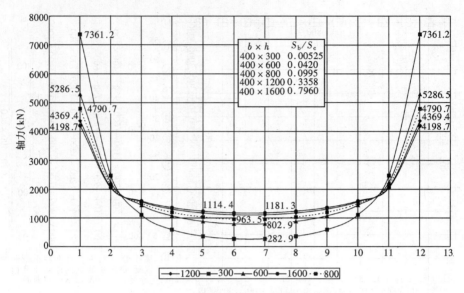

图 8-24　窗裙梁高度对剪力滞后影响

　　角柱面积越大，其轴向刚度也越大，承受的轴力也越大，使翼缘框架的角柱与中柱轴力差越大。图 8-25 比较了 3 种不同大小的角柱，角柱的轴力随角柱面积加大而加大，但只要窗裙梁保持一定高度（窗裙梁高 800mm），中柱轴力没有明显变化。提高角柱及其相邻柱的轴力，翼缘框架的抗倾覆力矩增大，但是带来的问题是在水平荷载作用下角柱出现很大拉力，需要更多的竖向荷载去平衡角柱的拉力。出现拉力对柱是非常不利的。

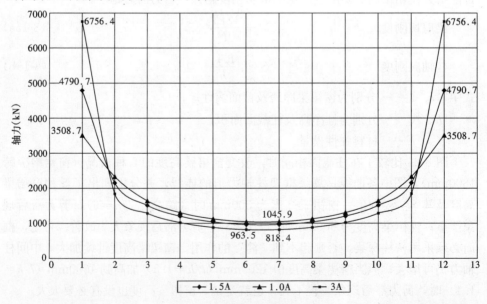

图 8-25　角柱对剪力滞后影响

3) 高度

剪力滞后现象沿框筒高度是变化的,图 8-26 中给出了图 8-23 所示框筒静力分析得到的第 1 层、第 10 层与第 20 层翼缘框架轴力分布图。底部剪力滞后现象相对严重一些,愈向上柱轴力绝对值减小,剪力滞后现象缓和,轴力分布趋于平均。因此,框筒结构要达到相当高度,才能充分发挥其空间的作用,高度不大的框筒,剪力滞后影响相对较大。

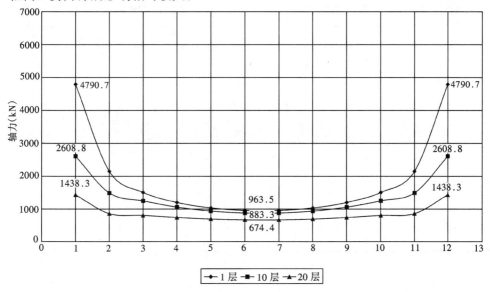

图 8-26 框筒翼缘框架轴力分布沿高度变化

4) 平面形状

另一个影响剪力滞后的重要因素是平面形状和边长,翼缘框架越长,翼缘框架中部柱的轴力会越小,剪力滞后越严重,见图 8-27。因此,框筒平面尺寸过大或长方形平面都是不利的,正方形、圆形、正多边形是框筒结构理想的平面形状。

如果在长边的中部加一道横向密柱,就像增加一道加劲肋,就能大大减小剪力滞后效应,提高中柱的轴力,图 8-28 是加一道横向密柱框架后翼缘框架柱的轴力分布,与图 8-27 比较可见各柱轴力都大大提高,密柱框架端柱越大,各柱轴力也越大。

加一道横向密柱框架后形成两个正方形框筒,成为束筒。在设计边长较大或平面不规则的建筑时,可增设密柱框架形成束筒。图 2-24 给出了美国芝加哥 Sears 大厦翼缘框架轴力分布图,该大楼高度达 443m,正方形平面,由于高宽比要求,它的边长达到 69m,每个方向加两道加劲框架,形成 9 个正方形框筒组成的束筒,使翼缘框架的轴力分布比较均匀。

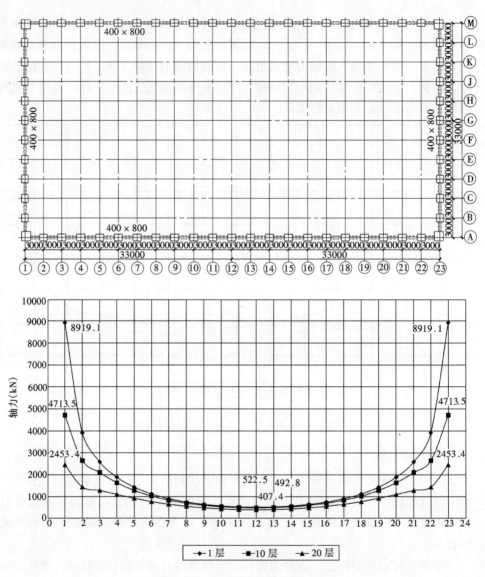

图 8-27 长方形平面的剪力滞后

（2）侧移曲线

水平力作用下框筒结构的侧移由两部分组成：腹板框架的变形和翼缘框架的变形。腹板框架与一般框架类似，由梁柱弯曲及剪切变形产生的层间位移下部大、上部小，侧移曲线呈剪切型；翼缘框架柱的拉、压轴向变形使其侧移曲线呈弯曲型。作为一个整体，水平力作用下框筒结构的侧移曲线包含了弯曲型与剪切型成分，大多数情况下框筒侧移曲线偏向于剪切型。

楼板除满足承受竖向荷载的要求外，楼板又是保证框筒空间作用的一个重要

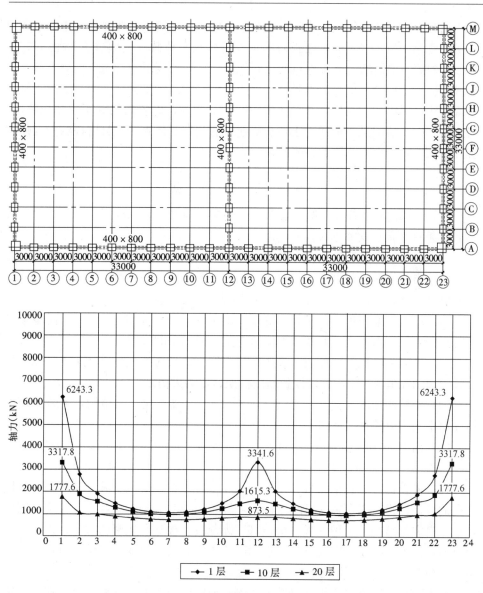

图 8-28 长方形平面做成双框筒后的剪力滞后

构件，楼板的跨度及布置形式必须考虑这两方面的作用。由于框筒各个柱承受的轴力不同，轴向变形也不同，角柱轴力及轴向变形最大（拉伸或压缩），中部柱的轴力小，轴向变形也小，可能使楼板产生翘曲，底部翘曲严重，向上逐渐减小。

8.4.2 筒 中 筒 结 构

框筒与位于截面中部的内筒组成的筒中筒结构，不仅增大了结构的抗侧刚度，还有协同工作的优点，成为双重抗侧力体系。内筒以弯曲变形为主，框筒以剪切型变形为主，二者通过楼板协同工作抵抗水平荷载。与框-剪结构协同工作类似，框筒与内筒的协同工作可使层间位移沿结构高度更加均匀；框筒上部、下部内力也趋于均匀；框筒以承受倾覆力矩为主，内筒承受大部分剪力；由于框筒布置在建筑周边，使结构具有大的抗扭刚度；此外，设置内筒减小了楼板跨度。因此，筒中筒结构是一种适用于超高层建筑的较好的体系。但其密柱深梁常使建筑外形呆板，窗户小，影响采光与视野。

8.4.3　布　置　要　点

筒体结构的布置应符合高层建筑的一般布置原则，特别要通过结构布置，减小剪力滞后，充分发挥所有柱的作用。

下面列出的框筒和筒中筒结构的布置要点对形成高效框筒、筒中筒是重要的，但给出的值是工程设计的经验值，并不是形成框筒的必要条件，不符合这些布置要点，空间作用仍然存在，只是剪力滞后会大一些。

（1）周边框架采用密柱深梁，柱距一般为 $1\sim3m$，不大于 $4.5m$，窗裙梁净跨与高度之比不大于 $3\sim4$。窗洞面积不超过立面面积的 60%。

（2）平面为方形、圆形或正多边形，矩形平面长短边的比值不宜大于 2。如果长短边的比值大于 2，可以设置横向框架，成为束筒结构。

（3）建筑的高度与宽度之比（H/B）大于 3，高宽比小的结构，不宜采用框筒、筒中筒或束筒结构体系。

（4）筒中筒结构内筒边长为外筒边长的 $1/2$ 左右较好，内筒面积约为结构平面面积的 $25\%\sim30\%$ 左右，内外筒间距通常为 $10\sim12m$，内筒的高宽比不大于 12 左右。

（5）楼盖构件（包括楼板和梁）的高度不宜太大，要尽量减小楼盖构件与柱之间的弯矩传递。采用钢-混凝土组合楼盖时，钢梁与柱的连接可为铰接。钢筋混凝土筒中筒结构可采用平板式楼盖（可为预应力楼盖）或密肋楼盖，以减小梁端弯矩，使框筒结构的空间作用更加明确。框筒、筒中筒及束筒结构可设置只承担竖向荷载的内柱，以减小楼面梁的跨度。

楼盖结构尽量不采用楼面梁而采用平板或密肋楼盖的另一原因是，在保证建筑净空的条件下，可以减小楼层层高。高层建筑减小层高可以减小建筑总高度或增加建筑层数，对减少造价有明显效果。此外，由于筒中筒结构的抗侧刚度较大，设置楼面梁对增加刚度的作用较小。如果要在内外筒之间设置两端刚接、截面较高的楼面梁，那么外框架柱在其平面外有较大弯矩，楼面梁也使内筒剪力墙平面外受到较大弯矩，对剪力墙不利。

（6）楼面梁的布置方式，宜使角柱承受较大的竖向荷载，以平衡水平力作用下角柱的拉力。图 8-29 给出了几种筒中筒结构的楼盖布置形式。

（7）外框架的柱截面宜为正方形、扁矩形或 T 形。框筒空间作用产生的梁、

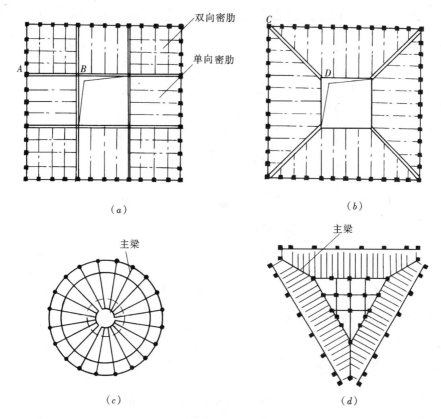

图 8-29　筒中筒结构楼盖布置示例

柱弯矩主要是在腹板框架和翼缘框架的平面内,当内、外筒之间只有平板或小梁连系时,框架柱平面外的弯矩较小,矩形柱截面的长边应与外框架的方向一致。当内、外筒之间有较大的楼面梁时,柱在两个方向受弯,可采用正方形或 T 形柱。

(8) 角柱截面要适当大于其他柱的截面,以减少其压缩变形。截面太大的角柱也不利,会导致过大的轴力,特别是重力荷载不足以平衡水平力产生的拉力时,成为偏拉柱。一般情况下,角柱面积宜取为中柱面积的 1.5 倍左右。

(9) 水平力作用下,筒中筒结构外框筒的柱承受较大轴力、抵抗较大倾覆弯矩,有显著的空间结构作用,因此,内外筒之间不设伸臂构件,即筒中筒结构不设加强层,加强层对增大结构刚度的效果并不明显,反而受柱的内力发生突变。

8.5　框架-核心筒结构的受力特点及设计要点

由周边框架与平面中部的内筒组成的结构为框架-核心筒结构,是目前我国高层建筑广为应用的一种结构体系。框架-核心筒结构 (图 8-30) 与筒中筒结构 (图 8-31) 在平面形式上相似,但实质上是两种受力性能不同的结构体系。

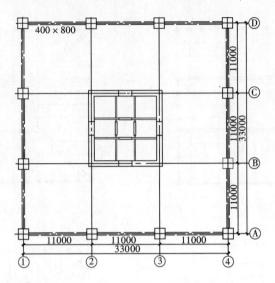

图 8-30 框架-核心筒结构

框架-核心筒结构常常在某些层设置水平伸臂构件，连接内筒与外柱，以增大结构抗侧刚度，称为框架-核心筒-伸臂结构。本节主要介绍框架-核心筒结构及框架-核心筒-伸臂结构在水平荷载作用下的受力特点及设计要点。

8.5.1 框架-核心筒结构的受力特点

由于空间作用，在水平荷载作用下，密柱深梁框筒结构的翼缘框架柱承受较大轴力，柱距加大、窗裙梁的跨高比加大时，梁柱线刚度比降低，剪力滞后加重，翼缘框架柱的轴力减小。当柱距增大到一定值时，除角柱外，翼缘框架其他柱的轴力很小，翼缘框架已经不能抵抗倾覆力矩，周边框架不能起到空间结构的作用，成为真正意义上的框架。我国规范将框架-核心筒结构归入"简体结构"类，但其水平荷载作用下的性能接近于框架-剪力墙结构的性能，与简中简结构有很大的不同。

通过图 8-30、图 8-31 所示的框架-核心筒结构和简中简结构的比较，进一步说明两种结构类型的区别。两个结构平面尺寸、结构高度、所受水平荷载都相同，楼板都采用平板。表 8-1 给出了两个结构的基本自振周期及侧移，图 8-32 给出了两个结构翼缘框架柱的轴力分布。

由表 8-1 可见，框架-核心筒结构的自振周期比简中简结构的自振周期长，顶点位移及层间位移都大，表明框架-核心筒结构的抗侧刚度比简中简结构的抗侧刚度小。

框架-核心筒结构翼缘框架柱的数量少，除角柱的轴力较大外，其他柱的轴力都很小，承受的总轴力比框筒结构翼缘框架柱的总轴力小得多，主要依靠①、

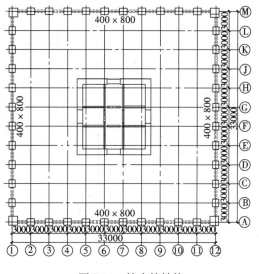

图 8-31 筒中筒结构

④轴两榀腹板框架和核心筒抵抗水平力。腹板框架的抗侧刚度和抗弯、抗剪能力比筒中筒结构的腹板框架小得多。

比较表 8-2 中给出的框架-核心筒结构与筒中筒结构的内力分配：①框架-核心筒中的核心筒承受的剪力占基底总剪力的 80.6%，倾覆力矩占总倾覆力矩的 73.6%，比筒中筒结构内筒承受的剪力和倾覆力矩都大；②框架-核心筒结构外框架承受的倾覆力矩占总倾覆力矩的 26.4%，筒中筒结构的外框筒承受的倾覆力矩占总倾覆力矩的 66%。上述比较说明，框架-核心筒结构的核心筒是主要抗侧力结构单元，而筒中筒结构抗剪力以内筒为主，抗倾覆力矩则以外框筒为主。

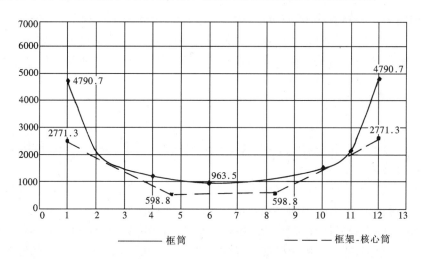

图 8-32 框架-核心筒与筒中筒翼缘框架承受轴力的比较

框架-核心筒结构与筒中筒结构比较　　表 8-1

结构类型	周期（s）	顶点位移		最大层间位移角
		Δ（mm）	Δ/H	
框架-核心筒	6.65	219.49	1/852	1/647
筒中筒	3.87	70.78	1/2642	1/2106

框架-核心筒结构与筒中筒结构内力分配比较（%）　　表 8-2

结构类型	基底剪力		倾覆力矩	
	内筒	周边框架	内筒	周边框架
框架-核心筒	80.6	19.4	73.6	26.4
筒中筒	72.6	27.4	34.0	66.0

图 8-30 所示框架-核心筒结构的楼盖是平板，抗弯刚度有限，其主要作用是承受竖向荷载，协调核心筒与周边框架的水平侧移。翼缘框架中间两根柱的轴力是通过角柱传过来的（空间作用），轴力不大。要提高中间柱的轴力，从而提高其抗倾覆力矩能力的方法之一，是设置连接外柱与内筒的楼面梁，如图 8-33 所示。与楼面梁连接的外框架柱与中部的剪力墙形成框架-剪力墙，二者共同抵抗侧向力，其抗侧刚度的贡献

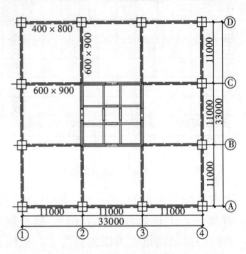

图 8-33　梁板楼盖体系的框架-核心筒

超过①、④轴翼缘框架对整体结构抗侧刚度的贡献。有楼面梁的框架-核心筒结构的主要抗侧力结构单元是与水平荷载方向平行的 2 榀边框架及中间 2 榀框架-剪力墙。图 8-34 给出了楼盖为平板与楼盖为梁板的框架-核心筒翼缘框架所受轴力的比较，两个结构除了楼盖体系不同外，其他尺寸、荷载均相同。

由图 8-34 可见，采用平板楼盖的框架-核心筒结构，其翼缘框架中间柱的轴力很小，而采用梁板楼盖的框架-核心筒结构，翼缘框架②、③轴柱的轴力比角柱的轴力还大。

表 8-3 给出了两个结构的基本自振周期及顶点位移。可以看到，梁板楼盖使结构的抗侧刚度增大，周期缩短，虽然总基底剪力增加，但顶点位移减小。由表 8-4 给出的内力分配比较可见，采用梁板楼盖的框架-核心筒结构，由于翼缘框架柱承受了较大的轴力，周边框架承受的倾覆力矩加大，而核心筒承受的倾覆力矩减少，核心筒承受的剪力略有增加。

不同楼盖的框架-核心筒结构比较　　表 8-3

楼盖类型	周期（s）	顶点位移		最大层间位移角
		Δ（mm）	Δ/H	
平板楼盖	6.65	219.49	1/852	1/647
梁板楼盖	5.14	132.17	1/1415	1/1114

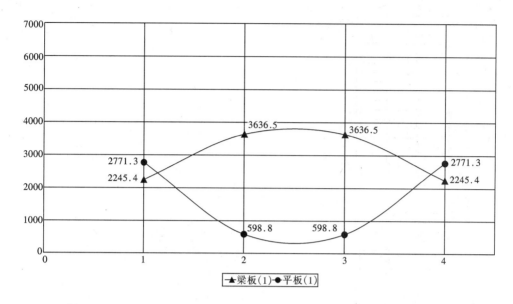

图 8-34 框架-核心筒结构翼缘框架轴力分布比较

不同楼盖的框架-核心筒结构内力分配比较（％） 表 8-4

楼盖类型	基底剪力		倾覆力矩	
	内筒	周边框架	内筒	周边框架
平板楼盖	80.6	19.4	73.6	26.4
梁板楼盖	85.8	14.2	54.4	45.6

采用平板楼盖的框架-核心筒结构，其框架虽然也有空间作用而使翼缘框架柱产生轴力，但柱数量少，轴力也小，远远达不到外框筒的作用。采用梁板楼盖，使翼缘框架中间柱的轴力增大，从而发挥翼缘框架柱的作用。但当框架与内筒的间距较大时，楼面梁的截面高度大，为了保持楼层的净空，需要加大层高。对于高层建筑，加大层高并不经济。采用平板楼盖，同时使翼缘框架中间柱承受大的轴力，可以采用框架-核心筒-伸臂结构。

8.5.2 框架-核心筒-伸臂结构的受力特点

1. 伸臂的作用

图 8-35 所示为框架-核心筒-伸臂结构的剖面图及水平力作用下的侧移曲线。伸臂是指刚度很大、连接内筒和外柱的结构构件，通常是沿高度布置一层、两层或几层伸臂构件，伸臂构件的高度一般为一层或两层，伸臂构件可以采用实腹梁或桁架等。由于伸臂的刚度很大，在水平力作用下，伸臂使外柱拉伸或压缩，从而承受较大的轴力，增大了外柱抵抗的倾覆力矩，同时使内筒承受反向弯矩，减

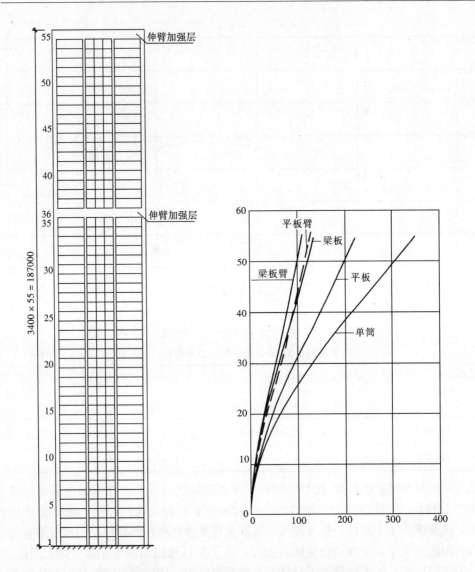

图 8-35　框架-核心筒-伸臂结构剖面示意及侧移比较

小结构的侧移。图中给出了几种情况下结构侧移曲线的比较。由于伸臂本身刚度大，又加强了结构的抗侧刚度，有时把设置伸臂的楼层称为加强层。

图 8-36 给出了两个框架-核心筒结构翼缘框架柱轴力分布比较，图 8-36（a）是楼盖为平板的框架-核心筒结构与框架-核心筒-伸臂（伸臂在 36 层、55 层）结构的比较，图 8-36（b）是楼盖为梁板的框架-核心筒结构与框架-核心筒-伸臂（伸臂层数相同）结构的比较。由图 8-36 可见，伸臂可以增大翼缘框架中间柱的轴力。

"平板＋伸臂"结构翼缘框架中间柱的轴力是由伸臂作用产生的（没有楼面

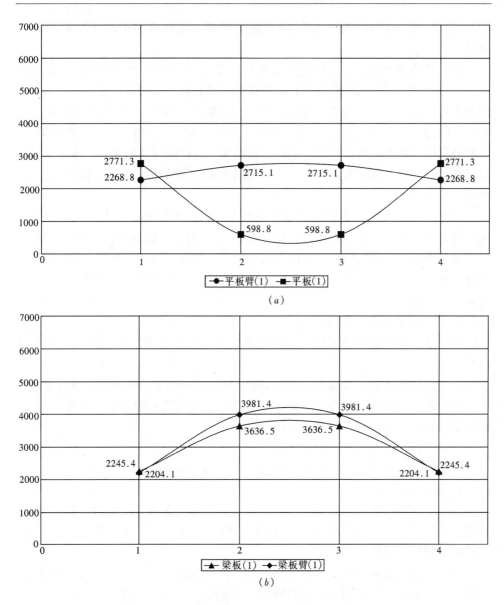

图 8-36 框架-核心筒-伸臂结构翼缘框架柱轴力分布

(a) "平板"与"平板＋伸臂"比较；(b) "梁板"与"梁板＋伸臂"比较

梁,就不存在②、③轴带剪力墙的框架)。在增加柱轴力的作用方面,伸臂可以代替楼面梁,而楼盖可采用平板,减小楼层高度或增加净高。

从"梁板"结构和"梁板＋伸臂"结构的比较可见,设置楼面梁的结构,设置伸臂还可增大中间柱的轴力,但增大不多。

通常,框架-核心筒结构楼盖的跨度大,很可能需要设置楼面梁,一般情况下,设置伸臂的框架-核心筒结构,楼面梁的高度可小一些,或采用预应力梁、减小梁间距等方法以满足承受竖向荷载的要求，这样有利于减小层高或增加净高。

伸臂对结构受力性能影响是多方面的，增大翼缘框架中间柱轴力、增加刚度、减小侧移、减小内筒弯矩是其主要作用。但是伸臂对结构也有不利影响：柱内力沿高度发生突变，不利于抗震。图 8-37 给出了框架-核心筒结构有无伸臂时，柱内力沿高度变化的比较。由图 8-37 可见，设置伸臂时，伸臂所在层的上、下相邻层的柱弯矩、剪力都有突变，不仅增加了柱配筋设计的困难，更主要是刚度突变，对抗震不利，上、下柱与一个刚度很大的伸臂相连，地震作用下这些柱容易出铰或剪坏。

伸臂层的柱内力突变的程度与伸臂刚度有关。伸臂刚度越大，内力突变越大；伸臂刚度与柱刚度相差越大，越容易形成薄弱层（柱端出铰或剪坏）。因此，尽可能采用桁架、空腹桁架等刚度大而杆件不大的伸臂构件，桁架上下弦杆和柱连接，可以减小不利影响。采用混凝土实腹大梁，虽然刚度大，容易施工，但对抗震十分不利。

2. 伸臂设置位置及数量

高层建筑结构是否设置伸臂、伸臂数量及刚度大小都应根据工程实际具体分析。

高层建筑都需要设置避难层和设备层，通常将伸臂层、避难层、设备层合在同一层。因此，结构工程师布置伸臂时要考虑建筑布置和设备层的位置，同时，也要从结构合理的角度与建筑师协商。

伸臂设置位置及数量要求如下：

(1) 设置一道伸臂时，最佳位置是在底部嵌固端以上（0.60～0.67）H 之间，H 为结构总高度。

(2) 设置两道伸臂的效果优于一道伸臂，侧移会更减小。设置两道伸臂时，如果其中一道设置在 0.7H 以上（也可在顶层），则另一道设置在 0.5H 附近，可以得到较好的效果。

(3) 设置多道伸臂会进一步减小侧移，但侧移减小并不与伸臂数量成正比。伸臂多于 4 道时，继续减小侧移的效果就不明显了。因此，伸臂不宜多于 4 道。当设置多道伸臂时，一般可沿高度均匀布置。

(4) 筒中筒结构设置伸臂的作用小，减小侧移的效果不明显，因为外框筒主要靠密柱深梁使翼缘框架各柱受力。因此，筒中筒结构不设置伸臂。

8.5.3　结构布置要点

框架-核心筒结构是目前高层公共建筑应用最为广泛的一种结构体系，可以为钢筋混凝土结构、钢结构或混合结构。

由于框架-核心筒结构的柱数量少，内力大，通常柱的截面比较大。为了减

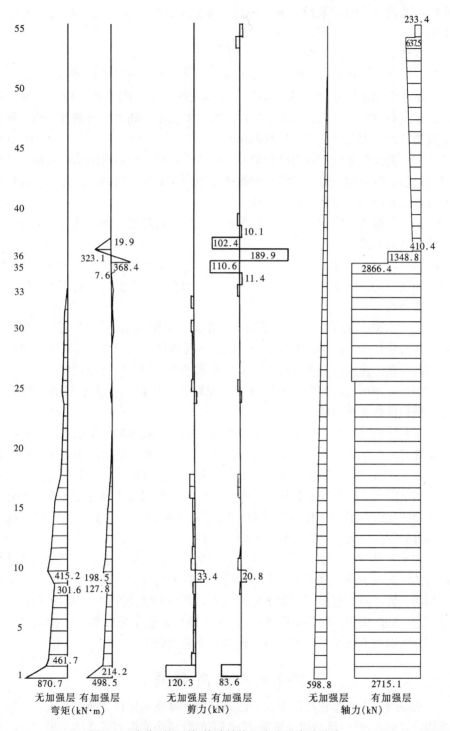

图 8-37 框架-核心筒-伸臂结构柱内力沿高度分布

小柱截面尺寸，常常采用型钢（钢骨）混凝土、钢管混凝土等组合构件作为框架柱。

在结构布置方面，有以下一些要点：

(1) 平面形状没有限制，可以为方形、长方形、圆形或其他形状。

结构平面布置刚度对称、均匀，减小扭转影响。内筒在平面的中部，使质量、刚度布置均匀。周边框架的抗扭刚度相对较小，如果内筒偏置一边，则角柱会因扭转而增大层间位移，导致破坏。

(2) 内筒是主要抗侧力结构单元。抗震设计时，对内筒的承载力和延性要求都高，通过抗震构造措施，提高内筒抗震能力。要控制内筒的高宽比。内筒墙体不宜连续开洞而过分削弱其整体性。

(3) 外框架应能承受一定的水平剪力，抗震设计时，楼层的最大剪力不小于结构基底剪力的 10%。

(4) 内筒、外柱的间距以 10～12m 为宜。如果间距很大，则要另设内柱，或采用预应力混凝土楼盖，可采用现浇预应力空心板楼盖，以减小楼盖自重及减小楼盖高度。

(5) 框架-核心筒结构的楼盖类型及布置与筒中筒结构相似。但框架-核心筒结构柱的数量少，水平力产生的拉力大，为了抵消柱的拉力，楼盖布置更要注意使竖向荷载传递到拉力大的柱上，避免在水平力作用下出现受拉柱。

(6) 在平面上，伸臂布置要对称，伸臂要与内筒的剪力墙对齐，伸臂的钢筋、钢构件伸进剪力墙。

(7) 伸臂可采用实腹梁、桁架、空腹桁架等，高度为一层层高或两层层高。

伸臂所在层无论是设备层，还是避难层，都要布置通道，也就是在伸臂杆件要开洞。实腹梁需要开较大洞口，而桁架和空腹桁架则可利用其原有孔洞设置通道。钢筋混凝土桁架和空腹桁架的模板制作和浇筑混凝土都比较困难，因此，混凝土结构也经常采用钢桁架作伸臂，既可减小重量，又可工厂制作后在现场拼装，自然形成通道，是较为理想的伸臂构件。

如果伸臂与柱、墙在施工过程中就完全连接，则随着建筑高度增大，外柱和内筒的压缩量不同，竖向变形差使伸臂产生较大的应力，这对伸臂构件受力是很不利的。为了减小竖向变形差引起的应力，可将伸臂构件的一端与竖向构件不完全固定（临时固定或作椭圆孔连接），在主体结构施工完成后，结构在自重下的大部分竖向变形已基本稳定，再将连接节点完全固定。

8.5.4　结构计算要点

在空间通用计算程序已普及、建筑结构计算技术比较成熟的今天，采用空间结构计算框架-核心筒结构或框架-核心筒-伸臂结构能得到满意的结果。空间结构计算才能得到结构的扭转周期和扭转效应，能对所计算的结构是否符合抗震要求做出正确判断。不规则的框架-核心筒结构或框架-核心筒-伸臂结构必须采用空间计算模型进行结构分析。

　　框架-核心筒-伸臂结构的计算分析还要注意，假定楼板为无限刚性时，由于楼板不能变形，伸臂桁架的上下弦没有伸长和缩短，不能得到弦杆、腹杆的正确内力，还可能高估了伸臂桁架的刚度与贡献。因此，整体结构分析模型中，弦杆所在楼层的楼板按弹性楼板计算，并宜取整体分析中的变形作为边界条件及竖向荷载，对伸臂进行单独的计算分析。这时，一定要注意局部结构分析边界的选取。例如，对伸臂与核心筒连接节点的分析，宜选取包括连接节点所在层上下至少各一层的局部结构为分析对象，引入整体分析计算的边界点位移作为约束条件，以准确模拟节点区的内力与变形特征。

思　考　题

　　8.1　什么是静力计算？什么是动力计算？在竖向荷载、风荷载、地震作用下所作的内力及位移计算是静力计算还是动力计算？为什么地震作用的计算称为拟静力计算？

　　8.2　什么是杆件有限元方法？什么是单元刚度？典型的杆件有哪些？

　　8.3　解释下列高层建筑结构的计算类型：（1）平面协同计算，（2）空间协同计算，（3）空间结构计算（楼板平面内无限刚性假定），（4）完全空间结构计算（弹性楼板假定）。各计算类型在什么情况下使用？

　　8.4　一个窄而长的框架-剪力墙结构，剪力墙间距超过限值，或楼板有很大的开洞，采用楼板在其平面内无限刚性的假定进行结构计算存在哪些问题？

　　8.5　对于平面结构假定，各片平面结构"竖向位移不协调"是什么意思？为什么空间结构计算模型不存在这个问题？

　　8.6　水平力作用下框架梁的弯曲变形、柱的弯曲和轴向变形对框架的侧移曲线形状有什么影响？如果忽略柱的轴向变形，框架的计算位移偏大还是偏小？

　　8.7　楼板平面内无限刚性的假定对楼板平面内杆件的变形和内力有哪些影响？举例说明。为什么又同时要假定楼板平面外没有刚度？

　　8.8　为什么要对程序计算结果的合理性进行分析判断？

　　8.9　为什么图 8-9 所示框架结构的空间分析和平面协同分析结果完全一样？空间协同分析的结果会一样吗？

　　8.10　带刚域杆件和一般等截面杆件的区别是什么？什么情况下需采用带刚域杆件？带刚域杆件和一般等截面杆件的刚度矩阵有什么异同。

　　8.11　为什么框筒及筒中筒结构要采用三维空间结构模型计算？是否可采用平面结构模型做近似计算？

　　8.12　水平力作用下框筒结构的翼缘框架柱为什么有轴力？是否有弯矩和剪

力？柱轴力是怎样分布的？井筒的翼缘剪力墙和框筒的翼缘框架的轴力分布有何不同？

8.13　筒中筒结构外框筒和内筒之间的楼面梁对水平荷载下的内力及位移有什么影响？如果有楼面梁，设计中应注意什么问题？

8.14　什么是剪力滞后？是怎样造成的？有哪些影响因素？设计框筒结构时可采取那些措施减小剪力滞后？结构布置要注意些什么？

8.15　框筒结构的角柱截面为什么要适当加大？如果不允许设角柱，或角柱很小，对框筒结构的受力性能有什么影响？

8.16　框筒及筒中筒结构的楼盖起什么作用？不同楼盖体系对筒中筒结构受力有什么影响？

8.17　楼面梁与剪力墙相交时要注意什么问题？

8.18　水平力作用下框架-核心筒结构与筒中筒结构受力性能的最大区别是什么？是什么造成的？

8.19　计算框架-核心筒结构、框架-核心筒-伸臂结构可以用平面结构计算模型吗？为什么？

8.20　伸臂为什么可以加大结构侧向刚度、减小侧移？伸臂布置有哪些要求？

8.21　比较框架-核心筒结构中每层设置楼面梁和框架-核心筒-伸臂结构的内力有什么异同？

8.22　为什么筒中筒结构不需要布置伸臂构件？

第9章 民用建筑钢结构设计

建筑结构的受力性能，特别是抗震性能，除了与建筑形体、结构体系和结构布置、构件和连接的性能、施工技术等因素有关外，在一定程度上还取决于结构材料。钢材具有匀质、拉压等强、延性好、易加工、强度重量比大、连接的整体性好等特点，是抗震房屋建筑结构的理想材料。

房屋建筑钢结构也有在强烈地震中破坏的实例。钢结构的常见地震破坏形式主要有三种：连接破坏、构件破坏、结构倒塌。连接破坏主要是支撑的连接破坏以及梁与柱的连接破坏；构件破坏有支撑杆件压屈、梁柱翼缘板件局部失稳、柱水平裂缝甚至断裂破坏等；结构倒塌是最严重的震害。但与其他材料的结构相比，钢结构建筑的抗震性能好，震害少。

自 20 世纪 80 年代以来，随着国民经济的发展和综合国力的提高，我国陆续建造了上百栋以钢结构为主要抗侧力结构的高层建筑和以混凝土构件为主要抗侧力结构的钢-混凝土混合结构。目前，不但越来越多的高层公共建筑采用钢结构或混合结构，而且住宅建筑也开始采用钢结构。

我国钢结构房屋建筑主要用于地震区，因此，本章以介绍民用建筑钢结构的抗震设计为主。

9.1 一 般 规 定

9.1.1 结 构 布 置

民用建筑钢结构的抗侧力结构类型主要有框架结构、框架-支撑结构（包括中心支撑、偏心支撑和屈曲约束支撑）、框架-延性墙板结构、筒体结构（包括框筒、筒中筒、桁架筒和束筒）以及巨型框架结构等，各结构类型适用的最大高度、适用的最大高宽比以及抗震等级等已分别在第 2 章及第 4 章介绍。

民用建筑钢结构的建筑形体要求、布置原则和抗震概念设计等已在第 4 章介绍。抗震设计的民用建筑结构尽可能采用简单的建筑形体（平面和立面）和规则的结构布置（平面布置对称、均匀，竖向布置连续、均匀等）。对于不规则和特别不规则的钢结构房屋建筑，要采取有效的加强措施，避免或减轻由于不规则引起的可能的地震破坏。例如：加强结构之间的连接；加强结构整体性；提高关键构件或薄弱部位的承载力，使其在中震或大震时处于弹性；形成合理的屈服机制；从上到下设置能起"脊椎"作用的抗侧力结构或构件；设置多道抗震防线等。

抗震设计的民用建筑钢结构的布置还应注意以下几点：

(1) 采用框架结构时，甲、乙类建筑和高度大于 50m 的丙类建筑不应采用单跨框架，高度不大于 50m 的丙类建筑不宜采用单跨框架。

(2) 支撑在两个方向的布置均宜基本对称，支撑框架之间楼盖的长宽比不宜大于 3。

(3) 抗震等级为一、二级的钢结构民用建筑，宜采用含偏心支撑、屈曲约束支撑、延性墙板的框架-支撑（延性墙板）结构或筒体结构。适用于民用建筑钢结构的延性墙板主要有：带竖缝钢筋混凝土墙板，无粘结内藏钢板支撑钢筋混凝土墙板，钢板墙，带缝钢板墙等。

(4) 三、四级且高度不大于 50m 的民用建筑钢结构可采用中心支撑，也可采用偏心支撑、屈曲约束支撑或延性墙板。

(5) 民用建筑钢结构宜采用压型钢板现浇钢筋混凝土组合楼板或钢筋混凝土楼板，楼板与钢梁应有可靠连接。

(6) 6、7 度时高度不大于 50m 的钢结构房屋，可采用装配整体式钢筋混凝土楼板，也可采用装配式楼板或其他轻型楼盖，应采取保证楼盖整体性的措施。

(7) 转换层楼盖、楼板开洞比较大或比较多的情况，可设置水平支撑，加强楼板平面内的承载力和刚度。

(8) 高度大于 50m 的钢结构房屋应设置地下室。其基础埋置深度，当采用天然地基时不宜小于房屋总高度的 1/15；当采用桩基础时，桩承台埋深不宜小于房屋总高度的 1/20。

(9) 支撑（延性墙板）应沿建筑高度连续布置。设置地下室时，支撑（延性墙板）延深至基础；钢框架柱至少延伸至地下一层，其竖向荷载应直接传至基础。

9.1.2 结 构 计 算

民用建筑钢结构在水平荷载作用下的内力和位移的弹性计算，其力学模型、数学方法等与其他结构类似或相同，不再赘述，但需要注意下述几点：

1. 阻尼比

多遇地震下的计算，高度不大于 50m 时取 0.04，高度大于 50m 且小于 200m 时取 0.03，高度不小于 200m 时取 0.02；当偏心支撑框架部分承担的地震倾覆力矩大于结构总地震倾覆力矩的 50% 时，其阻尼比可相应增加 0.005。

罕遇地震作用下，钢筋混凝土楼板开裂，非结构构件损坏，结构构件屈服，连接松动，结构的阻尼增大。因此，民用建筑钢结构罕遇地震作用下的弹塑性分析，阻尼比可以取为 0.05。

2. 基本周期

初步设计时也可以用底部剪力法估算地震基底剪力，结构的基本周期可用经验公式计算。根据对国内外 36 栋高层建筑钢结构的实测周期和计算周期的统计，民用建筑钢结构基本周期 T_1 可按 $0.1N$ 计算，N 为建筑物地面以上的层数，不包括出屋面的电梯间、水箱等。

3. 梁柱节点域剪切变形对侧移的影响

对工字形截面柱，宜计入梁柱节点域剪切变形对结构侧移的影响；对箱形截面柱框架、中心支撑框架和不超过 50m 的钢结构，其层间位移计算可不计入梁柱节点域剪切变形的影响，近似按框架轴线进行分析。

钢框架考虑节点域剪切变形对侧移的影响时，可将节点域作为一个单独的剪切单元进行结构分析，也可按下述方法作近似计算：H 形截面柱钢框架，可按框架轴线尺寸进行分析；箱形柱框架，可将节点域作为刚域进行分析，刚域尺寸取节点域的一半；将上述分析得到的层间位移角与该楼层节点域在弯矩设计值作用下的剪切变形角平均值相加，得到考虑节点域剪切变形影响的层间位移角。楼层节点域在弯矩设计值作用下的剪切变形角的计算，可按现行《高层民用建筑钢结构技术规程》JGJ 99（简称《高钢规》）的规定计算。

4. 混凝土楼板对钢梁刚度和承载力的影响

民用建筑钢结构采用压型钢板混凝土组合楼盖或现浇钢筋混凝土楼板、楼板与钢梁之间有可靠连接时，结构弹性计算可考虑钢梁与混凝土楼板共同工作，取部分楼板宽作为钢梁的翼缘计算梁的惯性矩。两侧有楼板的梁可取钢梁惯性矩的 1.5 倍，一侧有楼板的梁可取钢梁惯性矩的 1.2 倍。大震作用下弹塑性计算时，不考虑楼板对钢梁刚度的增大作用。

在与柱连接的框架梁端部，即框架梁的负弯矩区，一般不计入钢筋混凝土楼板对梁的承载力的增大作用；简支梁及框架梁的跨中，可以计入钢筋混凝土楼板对梁的受弯承载力的增大作用。

5. $P-\Delta$ 效应

民用建筑钢结构的侧向刚度比较小，结构弹性和弹塑性分析时，要计入 $P-\Delta$ 重力二阶效应的影响，即重力荷载对结构产生的附加弯矩和对侧向位移的增大作用。

6. 支撑斜杆的处理

支撑框架的支撑斜杆与框架构件采用全熔透坡口焊缝焊接连接，但结构计算时，支撑斜杆的两端按铰接处理。中心支撑框架的斜杆轴线偏离梁柱轴线交点不超过支撑杆件的宽度时，仍可按中心支撑框架分析，但应计入由于轴线偏离产生的附加弯矩。

7. 延性墙板的计算模型

延性墙板嵌入钢框架内，应尽量避免承担竖向荷载，尽可能只承受水平荷载产生的剪力。水平力作用下，延性墙板的变形为剪切变形。延性墙板可按侧向刚度相等的原则折算为等效墙板或等效支撑杆件,等效模型应与原构件具有相同的刚度和承载能力。

9.1.3　框架-支撑结构框架部分地震剪力调整

框架-支撑结构是双重结构体系,多遇地震作用下按协同工作计算,底部若干层框架部分计算得到的地震剪力很小。在罕遇地震作用下,一般情况为支撑先屈服,支撑-框架的刚度降低,地震剪力重分布,框架部分的地震剪力增大。为了避免框架部分破坏严重、出现局部倒塌而引起结构整体倒塌,在多遇地震作用下框架部分的地震层剪力标准值不能太小。对于框架部分按刚度分配计算得到的地震层剪力标准值不小于结构底部总地震剪力标准值 25% 的楼层,采用计算结果进行结构设计;小于结构底部总地震剪力标准值 25% 的楼层,应乘以调整系数放大地震层剪力,达到不小于结构底部总地震剪力的 25% 和框架部分计算最大层剪力 1.8 倍二者的较小值,即取下面两个公式计算的较小值:

$$V_{f,i} = 0.25V_0 \tag{9-1a}$$
$$V_{f,i} = 1.8V_{f,max} \tag{9-1b}$$

式中　$V_{f,i}$——第 i 层框架部分地震层剪力标准值;

　　　V_0——地震作用下框架-支撑结构底部总地震剪力标准值;

　　　$V_{f,max}$——按协同工作计算得到的框架部分地震层剪力最大值的标准值。

9.2　钢框架构件验算

9.2.1　验　算　原　则

钢框架由钢梁、钢柱和节点域三种构件组成。钢构件长细比较大,除了要进行梁柱构件的强度验算(承载力验算)外,还要进行稳定验算,节点域要进行抗剪验算。抗震设计的钢框架,还需要考虑罕遇地震时的屈服机制,进行强柱弱梁和节点域的验算。

构件强度和稳定验算时,采用组合的最不利内力值(组合类型和验算要求见第 4 章),框架梁取梁端内力而不是轴线处的内力;验算抗震框架构件的强度和稳定时,钢材的强度设计值要除以承载力抗震调整系数 γ_{RE}。

罕遇地震作用下,梁和柱弯曲屈服,节点域可能达到其受剪承载力。钢筋混凝土框架强柱弱梁的抗震设计原则也适用于钢框架。某一层所有框架柱的上下端都屈服形成薄弱层的弱柱框架可能使结构倒塌;另一方面,在实际工程中,除底层柱的柱脚外,很难实现其他柱都不屈服的机制。研究表明,钢框架柱在比较大的塑性转角的情况下,仍能保持其承载力。此外,钢框架的梁柱节点域与混凝土框架梁柱节点核心区的受力性能也有所不同。在往复荷载作用下,钢框架节点域板件即使多次达到其抗剪强度，仍具有很好的耗能能力和仍能保持其承载力，不会发生脆性破坏。钢框架的屈服耗能机制是以梁屈服耗能和节点域板件耗能为主，允许部分柱屈服，是混合塑性铰机制。构件屈服的先后次序应是：节点域首先达到其抗剪强度，然后梁屈服，最后部分柱屈服，不同于钢筋混凝土框架避免核心区剪切破坏的屈服机制。

9.2.2　框架梁、柱强度及稳定验算

梁的抗弯强度按下式验算：

$$\frac{M_{\mathrm{x}}}{\gamma_{\mathrm{x}} W_{\mathrm{nx}}} \leqslant f \qquad (9\text{-}2)$$

式中　M_{x}——梁对 x 轴的弯矩设计值；

γ_{x}——截面塑性发展系数，抗震设计时取 1.0；

W_{nx}——梁对 x 轴的净截面模量；

f——钢材强度设计值，抗震设计时除以承载力抗震调整系数 0.75。

框架梁上有压型钢板混凝土组合楼盖或现浇钢筋混凝土楼板时，可不验算稳定，否则按下式验算框架梁的稳定：

$$\frac{M_{\mathrm{x}}}{\varphi_{\mathrm{b}} W_{\mathrm{x}}} \leqslant f \qquad (9\text{-}3)$$

式中　W_{x}——梁的毛截面模量，单轴对称者以受压翼缘为准；

φ_{b}——梁的整体稳定系数。

在主平面内受弯的实腹构件，其抗剪强度按下式验算：

$$\frac{VS}{It_{\mathrm{w}}} \leqslant f_{\mathrm{v}} \qquad (9\text{-}4\mathrm{a})$$

框架梁端截面的抗剪强度按下式验算：

$$\frac{V}{A_{\mathrm{wn}}} \leqslant f_{\mathrm{v}} \qquad (9\text{-}4\mathrm{b})$$

式中　V——计算截面沿腹板平面作用的剪力设计值；

S——计算剪应力处以上毛截面对中和轴的面积矩；

I——毛截面惯性矩；

t_{w}——腹板厚度；

A_{wn}——扣除焊接孔和螺栓孔后的腹板受剪面积；

f_{v}——钢材抗剪强度设计值，抗震设计时，应除以承载力抗震调整系数 0.75。

框架柱的强度和稳定计算公式以及式（9-2）、式（9-3）中的系数，见现行《钢结构设计规范》GB 50017（以下简称《钢结构规范》）及《高钢规》的有关规定。

9.2.3　强 柱 弱 梁 验 算

为了使梁屈服先于柱屈服，实现强柱弱梁，节点左右梁端和上下柱端的全塑性承载力应符合式（9-5）的要求：

等截面梁

$$\Sigma W_{pc}(f_{yc} - N/A_c) \geqslant \eta \Sigma W_{pb} f_{yb} \tag{9-5a}$$

端部翼缘变截面梁

$$\Sigma W_{pc}(f_{yc} - N/A_c) \geqslant \Sigma (\eta W_{pb1} f_{yb} + V_{pb}s) \tag{9-5b}$$

式中　W_{pc}、W_{pb}——分别为交汇于节点的柱和梁的塑性截面模量；

　　　　W_{pb1}——梁塑性铰所在截面的梁塑性截面模量；

　　f_{yc}、f_{yb}——分别为柱和梁的钢材屈服强度；

　　　　　N——地震组合的柱轴力设计值；

　　　　　A_c——框架柱的截面面积；

　　　　　η——强柱系数，一级取 1.15，二级取 1.10，三级取 1.05；

　　　　V_{pb}——梁塑性铰剪力；

　　　　　s——塑性铰至柱面的距离，塑性铰可取梁端部变截面翼缘的最小处。

下列情况之一时，钢框架可以不验算强柱弱梁：

（1）柱所在楼层的受剪承载力比相邻上一层的受剪承载力大 25％。由于所在层受剪承载力高，地震作用下，该楼层的柱不容易屈服。

（2）柱轴压比不大于 0.4。符合这一条件的钢柱，由于轴压比小，其屈服后的变形能力大。

（3）$N_2 \leqslant \varphi A f_c$（$N_2$ 为 2 倍小震地震作用下的组合轴力设计值，φ 为柱作为轴心受压构件时的稳定系数）。满足该式的要求时，作为轴心受压柱的稳定性得到保证。

（4）与支撑斜杆相连的节点。

（5）框筒结构的框架、筒中筒结构的外框筒框架。

9.2.4　框架节点域验算

在小震作用下，框架梁-柱节点域应满足抗剪强度要求；在罕遇地震作用下，节点域达到抗剪强度、剪切变形耗能。节点域的板件不能太厚，也不能太薄。若节点域板件太厚，则其抗剪强度比框架梁的屈服承载力低得不多，节点域的塑性变形小，吸收能量少，且用钢量大；若节点域板件太薄，不仅会由于节点域剪切变形太大导致框架的层间位移过大，而且可能会引起节点域板件达到抗剪强度后局部失稳破坏。节点域的抗震验算包括三个方面:承载力验算,避免节点域板件局部失稳破坏的板件厚度验算,抗剪强度验算。节点域的受力状态如图 9-1 所示。

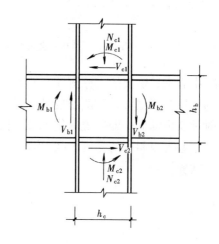

图 9-1 节点域的受力状态

节点域的承载力应符合下式要求:

$$\psi(M_{\mathrm{pb1}} + M_{\mathrm{pb2}})/V_{\mathrm{p}} \leqslant (4/3)f_{\mathrm{yv}}$$

$$(9\text{-}6a)$$

工字形截面柱和箱形截面柱避免节点域板件局部失稳破坏的板件厚度按下式验算:

$$t_{\mathrm{w}} \geqslant (h_{\mathrm{b}} + h_{\mathrm{c}})/90 \qquad (9\text{-}6b)$$

小震作用下的抗剪强度按下式验算:

$$(M_{\mathrm{b1}} + M_{\mathrm{b2}})/V_{\mathrm{p}} \leqslant (4/3)f_{\mathrm{v}}/\gamma_{\mathrm{RE}} \qquad (9\text{-}6c)$$

式中 M_{pb1}、M_{pb2} ——分别为节点域两侧梁端截面全塑性受弯承载力;

     V_{p} ——节点域板件的体积,工字形截面柱 $V_{\mathrm{p}} = h_{\mathrm{b1}}h_{\mathrm{c1}}t_{\mathrm{w}}$,箱形截面柱 $V_{\mathrm{p}} = 1.8h_{\mathrm{b1}}h_{\mathrm{c1}}t_{\mathrm{w}}$;

     f_{v} ——钢材的抗剪强度设计值;

     f_{yv} ——钢材的屈服抗剪强度,取钢材屈服强度的 0.58 倍;

     ψ ——折减系数,一、二级取 0.7,三、四级取 0.6;

     h_{b1}、h_{c1} ——分别为梁翼缘厚度中心线之间的距离和柱翼缘厚度中心线之间的距离;

     t_{w} ——柱在节点域的腹板厚度,箱形截面柱为一块腹板的厚度;

     M_{b1}、M_{b2} ——分别为节点域两侧梁端截面弯矩设计值;

     γ_{RE} ——节点域承载力抗震调整系数,取 0.75。

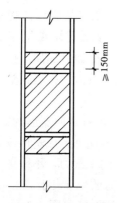

图 9-2 节点域板件加厚

若节点域不满足式(9-6a、b、c)的要求,对焊接组合柱,可以采取加厚节点域板件的方法,将柱腹板在节点域范围更换为较厚的板件,加厚板件应伸出柱横向加劲肋之外各 150mm,并采用对接焊缝与柱腹板相连;对轧制 H 形截面柱,可在节点域贴焊补强板加强,补强板上下边缘应伸出柱横向加劲肋以外不小于 150mm(图 9-2),加劲肋仅与补强板焊接,此焊缝应能将加劲肋传来的力传递给补强板,补强板的厚度及其焊缝应按传递该力的要求设计。补强板侧边可采用角焊缝与柱翼缘相连,其板面尚应采用塞焊与柱腹板连成整体。

9.3　中心支撑斜杆受压承载力验算

中心支撑框架的支撑斜杆在地震作用下反复受拉压，一旦杆件受压屈曲，杆件的压屈变形很大，重新受拉时变形不能完全恢复，杆件不能完全拉直，再次受压时承载力降低，即出现退化现象。长细比越大，退化现象越严重。验算小震作用下中心支撑斜杆的受压承载力时，要考虑罕遇地震下受压承载力退化的影响，按下式验算：

$$\frac{N}{\varphi A_{\mathrm{br}}} \leqslant \psi \frac{f}{\gamma_{\mathrm{RE}}} \tag{9-7a}$$

$$\psi = \frac{1}{1 + 0.35\lambda_{\mathrm{n}}} \tag{9-7b}$$

$$\lambda_{\mathrm{n}} = \frac{\lambda}{\pi} \sqrt{f_{\mathrm{ay}}/E} \tag{9-7c}$$

式中　N——支撑斜杆的轴压力设计值；

A_{br}——支撑斜杆的毛截面面积；

φ——轴心受压杆件稳定系数；

ψ——受循环荷载时的强度降低系数；

λ、λ_{n}——分别为支撑斜杆的长细比和正则化长细比；

E——支撑斜杆钢材的弹性模量；

f、f_{ay}——分别为支撑斜杆钢材强度设计值和屈服强度；

γ_{RE}——支撑斜杆稳定破坏承载力抗震调整系数，取 0.8。

如果人字形支撑或 V 形支撑的一根杆受压屈曲，另一根受拉斜杆的内力将大于受压屈曲斜杆的内力，这两个力的合力将使横梁产生大的竖向变形，人字形支撑使梁下塌，V 形支撑使梁上鼓。如果人字形或 V 形支撑的尖端处横梁铰接，就不能抵抗这种竖向变形，因此，横梁必须是连续的。在相反方向的水平地震剪力作用下，受压屈曲的斜杆不能恢复到原始位置，受拉杆变成受压杆并受压屈曲。人字形和 V 形支撑框架屈曲后承载力迅速降低。在人字形支撑或 V 形支撑斜杆的尖端附近，会出现非弹性转动，应采取措施防止斜杆平面外屈曲。措施之一是限制支撑斜杆的长细比，措施之二是提高斜杆的轴向承载力，推迟其受压屈曲，提高支撑框架的抗震能力。

人字形支撑和 V 形支撑的横梁在支撑连接处保持连续，有竖向变形的能力；还要验算两根支撑都压屈后支撑不能作为梁的支点、梁的两端都形成塑性铰将梁视为简支梁，在重力荷载和支撑屈曲时不平衡力作用下梁的承载力，不平衡力应按受拉支撑的最小屈服承载力和受压支撑最大屈曲承载力的 0.3 倍计算。必要时，人字形支撑和 V 形支撑可沿竖向交替设置或采用"拉链柱"（图 9-3）。

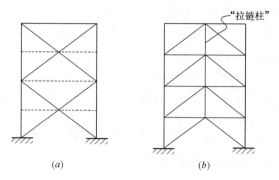

图 9-3 人字形支撑的加强

（a）人字形支撑和 V 形支撑交替布置；（b）拉链柱

9.4 偏心支撑框架杆件承载力验算

9.4.1 消能梁段的长度

消能梁段是偏心支撑框架塑性变形耗散能量的唯一构件，消能梁段的耗能能力与梁段的长度和构造有关。短梁段的非弹性变形为腹板达到剪切强度后产生的剪切变形，长梁段的非弹性变形为翼缘拉压屈服产生的弯曲变形。腹板剪切变形的滞回耗能稳定，滞回曲线饱满，优于弯曲屈服。偏心支撑钢框架应尽可能采用短梁段。但要注意，梁段越短，塑性变形越大，有可能导致较早的塑性破坏。弯曲屈服型长消能梁段可以用于梁的跨中，不能用于与柱连接的梁端。其主要原因是，目前采用的梁与柱的连接的方式，用于长梁段与柱连接时，性能较差，长梁段的非弹性变形尚未充分发挥，翼缘连接处就可能出现裂缝。

梁段净长符合下式者为剪切屈服型短梁段：

$$a \leqslant 1.6 M_{lp}/V_l \tag{9-8}$$

式中　a——消能梁段净长；

M_{lp}、V_l——分别为消能梁段的全塑性受弯承载力和受剪承载力。

在地震水平剪力作用下，偏心支撑框架的支撑斜杆产生轴向力，轴力的水平分量成为消能梁段的轴压力，轴压力较大时，不利于梁段的屈服后性能。因此，轴力较大时，应减小消能梁段的长度，即：

当 $N>0.16Af$ 时，消能梁段的长度宜符合下列规定：

当 $\rho(A_w/A) < 0.3$ 时，　　$a < 1.6 M_{lp}/V_l \tag{9-9a}$

当 $\rho(A_w/A) \geqslant 0.3$ 时，　　$a \leqslant [1.15 - 0.5\rho(A_w/A)]1.6 M_{lp}/V_l \tag{9-9b}$

$$\rho = N/V \tag{9-9c}$$

式中　a——消能梁段的长度；

ρ——消能梁段轴力设计值与剪力设计值之比；

N、V——分别为消能梁段的轴力设计值和剪力设计值；

A——消能梁段的全截面面积；

A_w——消能梁段腹板的截面面积，$A_w = (h - 2t_f)t_w$；

h、t_w、t_f——分别为消能梁段的截面高度、腹板厚度和翼缘厚度。

9.4.2　消能梁段承载力验算

消能梁段的受剪承载力按下列公式验算：

当 $N \leqslant 0.15Af$ 时，　　　　　　$V \leqslant \phi V_l$　　　　　　　　　　　　(9-10a)

当 $N > 0.15Af$ 时，　　　　　　　$V \leqslant \phi V_{lc}$　　　　　　　　　　　　(9-10b)

有地震作用组合时，式（9-10a）和式（9-10b）的右端除以承载力抗震调整系数 γ_{RE}，可取 0.75。

式中　V——消能梁段的剪力设计值；

ϕ——系数，可取 0.9；

f——消能梁段钢材的抗压强度设计值；

V_l——轴力 $N \leqslant 0.15Af$ 时，消能梁段不计轴力影响的受剪承载力，取式（9-11a）和式（9-11b）的较小值：

$$V_l = 0.58A_w f_{ay} \qquad\qquad (9\text{-}11a)$$

$$V_l = 2M_{lp}/a \qquad\qquad (9\text{-}11b)$$

V_l——轴力 $N > 0.15Af$ 时，消能梁段计入轴力影响的受剪承载力，取式（9-12a）和式（9-12b）的较小值：

$$V_{lc} = 0.58A_w f_{ay}\sqrt{1 - \left[N/(fA)\right]^2} \qquad (9\text{-}12a)$$

$$V_{lc} = 2.4M_{lp}\left[1 - N/(fA)\right]/a \qquad (9\text{-}12b)$$

式中　M_{lp}——消能梁段的全塑性受弯承载力，$M_{lp} = W_p f$；

W_p——消能梁段对其截面水平轴的塑性净截面模量；

f_{ay}——消能梁段钢材的屈服强度。

9.4.3　偏心支撑框架其他构件内力设计值

为了实现强柱、强梁、强支撑、弱消能梁段的抗震设计目标，柱、梁和支撑的内力设计值取消能梁段达到受剪承载力时对应的内力并乘以增大系数，具体计算方法如下：

支撑斜杆的轴力设计值：

$$N_{br} = \eta_{br}\frac{V_l}{V}N_{br,com} \qquad\qquad (9\text{-}13)$$

位于消能梁段同一跨的框架梁的弯矩设计值：

$$M_{\mathrm{b}} = \eta_{\mathrm{b}} \frac{V_l}{V} M_{\mathrm{b,com}} \qquad (9\text{-}14)$$

柱的弯矩、轴力设计值：

$$M_{\mathrm{c}} = \eta_{\mathrm{c}} \frac{V_l}{V} M_{\mathrm{c,com}} \qquad (9\text{-}15\mathrm{a})$$

$$N_{\mathrm{c}} = \eta_{\mathrm{c}} \frac{V_l}{V} N_{\mathrm{c,com}} \qquad (9\text{-}15\mathrm{b})$$

式中　　N_{br}——支撑斜杆的轴力设计值；

　　　　M_{b}——为与消能梁段同一跨的框架梁的弯矩设计值；

M_{c}、N_{c}——分别为柱的弯矩、轴力设计值；

　　　　V_l——消能梁段不计入轴力影响的受剪承载力，取式（9-11）中的较大值；

　$N_{\mathrm{br,com}}$——对应于消能梁段剪力设计值 V 的支撑组合的轴力计算值；

　$M_{\mathrm{b,com}}$——对应于消能梁段剪力设计值 V 的位于消能梁段同一跨框架梁组合的弯矩计算值；

$M_{\mathrm{c,com}}$、$N_{\mathrm{c,com}}$——分别为对应于消能梁段剪力设计值 V 的柱组合的弯矩、轴力计算值；

　　　η_{br}——支撑斜杆轴力设计值增大系数，一级时不小于 1.4，二级时不小于 1.3，三级时不小于 1.2；

　η_{b}、η_{c}——分别为与消能梁段同一跨的框架梁的弯矩设计值增大系数和柱内力设计值增大系数，一级时不小于 1.3，二级时不小于 1.2，三级时不小于 1.1。

9.4.4　偏心支撑框架其他构件承载力验算

偏心支撑的轴向承载力应符合下列要求：

$$N_{\mathrm{br}} \leqslant \varphi f A_{\mathrm{br}} \qquad (9\text{-}16)$$

式中　φ——由支撑长细比确定的轴心受压构件稳定系数；

　　A_{br}——支撑截面面积。偏心支撑框架中，与消能梁段同一跨内的框架梁的强度和整体稳定按式（9-2）～式（9-4）验算，柱的强度和整体稳定按《钢结构规范》的有关规定验算。

9.5　构件长细比和板件宽厚比限值

9.5.1　构件长细比限值

框架柱是高层建筑钢结构的主要抗侧力竖向构件，地震时不应出现整体失稳破坏，因此应限制框架柱的长细比。抗震等级高的民用建筑钢结构，柱长细比的限值严一些。框架柱的长细比，抗震等级为一级时不应大于 $60\sqrt{235/f_{ay}}$，二级时不应大于 $80\sqrt{235/f_a}$，三级时不应大于 $100\sqrt{235/f_a}$，四级时不应大于 $120\sqrt{235/f_{ay}}$，f_{ay} 为钢材的屈服强度，单位为 N/mm²。

中心支撑框架的支撑杆件是轴心受力构件，支撑杆件的滞回耗能取决于其受压性能，支撑的长细比大，容易压屈，滞回耗能能力差。支撑杆件的长细比，按压杆设计时，不应大于 $120\sqrt{235/f_{ay}}$；一、二、三级中心支撑框架的支撑杆件不得采用拉杆设计，四级采用拉杆设计时，其长细比不应大于 180。

偏心支撑框架的支撑杆件的长细比不应大于 $120\sqrt{235/f_{ay}}$。

9.5.2　板件宽厚比限值

按强柱弱梁抗震设计的钢框架，塑性铰出现在梁端，部分柱端也会出塑性铰，梁端屈服程度比柱端严重，梁端塑性转动能力应高于柱端。为了保证梁柱出现塑性铰后板件的局部稳定，梁柱板件的宽厚比不应大于表 9-1 的要求。

框架梁、柱的板件宽厚比限值　　　　　　　　　　　　　表 9-1

板件名称		抗震等级				非抗震设计
		一级	二级	三级	四级	
柱	H 形截面翼缘外伸部分	10	11	12	13	13
	H 形截面腹板	43	45	48	52	52
	箱形截面壁板	33	36	38	40	40
梁	H 形截面和箱形截面翼缘外伸部分	9	9	10	11	11
	箱形截面翼缘在两腹板之间部分	30	30	32	36	36
	H 形截面和箱形截面腹板	$72-120\,N_b/$ $(Af)\leqslant 60$	$72-10N_b/$ $(Af)\leqslant 65$	$80-110N_b/$ $(Af)\leqslant 70$	$85-120\,N_b/$ $(Af)\leqslant 75$	$85-120N_b/$ $(Af)\leqslant 75$

当中心支撑斜杆的翼缘和腹板由矩形板组成时，在轴向压力作用下，有可能在斜杆丧失整体稳定或强度破坏前，翼缘或腹板先出现局部屈曲，导致斜杆丧失承载能力。为了保证在斜杆发生整体屈曲前，其板件不发生局部屈曲，应限制其宽厚比（表 9-2）。

钢结构中心支撑板件宽厚比限值　　　　　　　　　　　表 9-2

板件名称	抗震等级				非抗震设计
	一级	二级	三级	四级	
翼缘外伸部分	8	9	10	13	13
工字形截面腹板	25	26	27	33	33
箱形截面壁板	18	20	25	30	30

消能梁段是偏心支撑钢框架中屈服耗能的唯一构件，其钢材屈服强度不应大于 345MPa。为了防止消能梁段以及与消能梁段同一跨内非消能梁段的板件局部屈曲，充分发挥消能梁段的滞回耗能能力，其板件宽厚比的限制应严一些（表 9-3）。

偏心支撑框架梁的板件宽厚比限值　　　　　　　　　　表 9-3

板 件 名 称		宽厚比限值
翼缘外伸部分		8
腹板	当 $N/(Af) \leqslant 0.14$ 时	$90(1 - 1.65N/(Af))$
	当 $N/(Af) > 0.14$ 时	$33(2.3 - N/(Af))$

表 9-1～表 9-3 中的数值适用于 Q235 钢，采用其他牌号钢材时，应乘以 $\sqrt{235/f_{ay}}$；$N_b/(Af)$、$N/(Af)$ 分别为框架梁、偏心支撑框架梁的轴压比，N_b、N 分别为框架梁、偏心支撑框架梁的轴力设计值，A 为梁截面面积，f 为梁钢材抗压强度设计值。

9.6　连　接　设　计

民用建筑钢结构构件连接主要包括：梁与柱的连接，支撑与框架的连接，柱脚的连接以及构件的拼接。本节主要介绍抗震设计的连接和拼接。

连接破坏是钢结构常见地震震害之一。1994 年 1 月美国北岭地震后，调查了 1000 多栋钢结构房屋建筑，有 100 多栋建筑的梁柱连接破坏，其中 80% 以上破坏发生在梁的下翼缘与柱的连接。1995 年 1 月日本阪神地震后的调查发现，钢框架结构也出现了梁柱连接破坏的震害，破坏位置主要在扇形切角工艺孔端部。北岭地震及阪神地震后，美、日、欧洲国家等进行了大量的连接节点实验研究。我国《建筑抗震设计规范》吸取了震害教训和国内外的研究成果，结合我国国情，提出了抗震民用建筑钢结构的连接设计方法。

9.6.1　连接方法与连接设计的原则

构件连接的方法有焊接、高强度螺栓连接和栓焊混合连接。焊接的传力充分，不会滑移，延性好。为保证焊缝质量，要求对焊缝进行探伤检查，但焊接热应力对焊缝附近的钢板有不利影响。高强度螺栓施工较方便，但全部采用高强螺栓连接的接头尺寸较大，钢材消耗多，价格较高，大震时螺栓连接可能会滑移。民用建筑钢结构中，栓焊混合连接比较普遍，通常翼缘用焊接，腹板用螺栓连接，栓焊混合连接施工比较方便。

民用建筑钢结构的构件连接，应遵循强连接弱构件的原则，即构件破坏先于连接破坏。连接的承载力设计值，不应小于相连构件的承载力设计值；连接的极限承载力应大于相连构件的屈服承载力。

9.6.2　框架梁柱刚性连接

我国民用建筑钢框架一般采用柱贯通型，较少采用梁贯通型。抗震设计时，框架梁与柱的连接应为刚性连接，即梁端应能传递弯矩。工程中常用的连接方式有两种：①梁与柱在施工现场直接连接；②当梁高不大于700mm时，可采用柱带悬臂短梁与梁连接，梁与悬臂短梁拼接，柱带的悬臂短梁自柱中心线算起的外伸长度不大于1.6m（图9-4）。

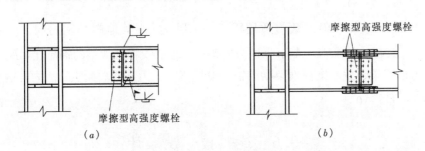

图9-4　梁柱采用柱带悬臂短梁的连接

(a) 腹板采用高强螺栓连接；(b) 翼缘和腹板均采用高强螺栓连接

1. 梁柱连接的极限承载力验算

抗震设防的民用建筑钢结构构件的连接验算，包括小震作用下按组合的内力设计值的弹性验算，以及为实现强连接弱构件的极限承载力验算。弹性验算方法可按有关规范、规程的规定执行。

梁与柱刚性连接时，按下列公式验算其极限承载力：

$$M_{\mathrm{u}}^{j} \geqslant \eta_{j} M_{\mathrm{p}} \tag{9-17a}$$

$$V_{\mathrm{u}}^{j} \geqslant 1.2(2M_{\mathrm{p}}/l_{\mathrm{n}}) + V_{\mathrm{Gb}} \tag{9-17b}$$

式中　M_{u}^{j}——梁端连接的极限受弯承载力；

V_{u}^{j}——梁端连接的极限受剪承载力，由腹板连接提供；

M_{p}——梁的全塑性受弯承载力（加强型连接按未扩大的原截面计算）；

V_{Gb}——梁在重力荷载代表值（9度时尚应包括竖向地震作用标准值）作用下，按简支梁分析的梁端截面剪力设计值；

l_{n}——梁的净跨；

η_{j}——连接系数，按表9-4的规定采用。

连 接 系 数　　　　　　　　　表 9-4

母材牌号	梁柱连接		支撑连接，构件拼接		柱　　脚	
	焊接	螺栓连接	焊接	螺栓连接		
Q235	1.40	1.45	1.25	1.30	埋入式	1.2
Q345	1.30	1.35	1.20	1.25	外包式	1.2
Q345GJ	1.25	1.30	1.15	1.20	外露式	1.1

注：1. 屈服强度高于 Q345 的钢材，按 Q345 的规定采用；

　　2. 屈服强度高于 Q345GJ 的 GJ 钢材，按 Q345GJ 的规定采用；

　　3. 翼缘焊接腹板螺栓连接时，连接系数分别按表中连接形式取用。

梁端连接的极限受弯承载力 M_{u}^j 为梁翼缘连接的极限受弯承载力和梁腹板连接的极限受弯承载力之和。按下式计算：

$$M_{\mathrm{u}}^j = M_{\mathrm{uf}}^j + M_{\mathrm{uw}}^j \tag{9-18a}$$

$$M_{\mathrm{uf}}^j = A_{\mathrm{f}}(h_{\mathrm{b}} - t_{\mathrm{fb}})f_{\mathrm{ub}} \tag{9-18b}$$

$$M_{\mathrm{uw}}^j = m W_{\mathrm{wpe}} f_{\mathrm{yw}} \tag{9-18c}$$

$$W_{\mathrm{wpe}} = \frac{1}{4}(h_{\mathrm{b}} - 2t_{\mathrm{fb}} - 2S_{\mathrm{r}})2t_{\mathrm{wb}} \tag{9-18d}$$

梁腹板连接的极限受弯承载力系数 m 按下式计算：

H 形截面柱（绕强轴）　　　　　$m = 1$ $\tag{9-18e}$

箱形截面柱　　　$m = \min\left\{1, 4\frac{t_{\mathrm{fc}}}{d_j}\sqrt{\frac{b_j f_{\mathrm{yc}}}{t_{\mathrm{wb}} f_{\mathrm{yw}}}}\right\}$ $\tag{9-18f}$

式中　M_{uf}^j、M_{uw}^j——分别为梁翼缘连接的极限受弯承载力和梁腹板连接的极限受弯承载力；

　　　W_{wpe}——梁腹板有效截面的塑性截面模量；

　　　t_{fb}、t_{wb}——分别为梁翼缘厚度和梁腹板厚度；

　　　t_{fc}——箱形截面柱壁板厚度；

　　　d_j——柱上下水平加劲肋内侧之间的距离；

　　　b_j——箱形截面柱壁板内侧的宽度；

　　　A_{f}——梁翼缘截面面积；

　　　h_{b}——梁截面高度；

　　　f_{yc}——柱钢材屈服强度；

　　　f_{yw}——梁腹板钢材屈服强度；

　　　f_{ub}——梁翼缘钢材抗拉强度最小值；

　　　S_{r}——梁腹板焊接孔高度，高强度螺栓连接时为剪力板与梁翼缘间间隙的距离。

2. 梁柱连接抗震构造

梁与 H 形柱的翼缘（绕强轴）或箱形截面柱直接连接时，应符合下列抗震构造要求（图 9-5）：梁翼缘与柱翼缘之间采用全熔透坡口焊缝，一、二级时，

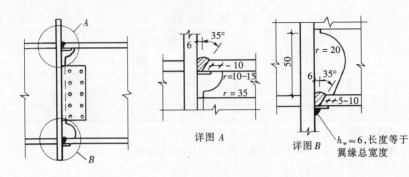

图 9-5　梁与柱直接连接的典型构造图

应检验焊缝 V 形切口的冲击韧性，其焊缝金属夏比冲击韧性在－20℃时不低于 27J；柱在梁翼缘对应位置设置横向加劲肋（隔板），加劲肋的厚度不小于梁翼缘的厚度，其钢材强度与梁翼缘钢材强度相同，其外侧与梁翼缘外侧对齐，加劲肋与柱翼缘采用坡口全熔透焊缝连接、与柱腹板可采用角焊缝连接；梁腹板采用摩擦型高强度螺栓与柱连接板连接，腹板角部设置焊接孔，孔形应使其端部与梁翼缘和柱翼缘间的全熔透坡口焊缝完全隔开；腹板连接板与柱的焊接，当板厚不大于 16mm 时采用双面角焊缝，焊缝有效厚度应满足等强度要求，且不小于 5mm，焊缝上下端应围焊；板厚大于 16mm 时，采用 K 形对接坡口焊缝。需要将梁端塑性铰外移时，可采用骨形连接、翼缘加盖板连接和翼缘扩大连接等（图 9-6）。

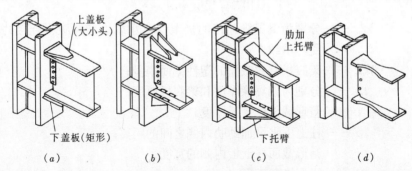

图 9-6　梁端塑性铰外移连接形式
(a) 加盖板；(b) 加竖肋；(c) 加托臂；(d) 骨形削弱

梁翼缘与柱翼缘连接的全熔透坡口焊缝，应设置衬板，翼缘坡口两侧设置引弧板；在梁腹板上下端开设焊接孔，其上端孔半径为 35mm，与梁上翼缘连接处，以半径为 10mm 的圆弧过渡；下端孔高度为 50mm，半径 35mm，圆弧端部至翼缘焊缝的距离为 10mm。衬板反面与柱翼缘相接处应采用焊脚尺寸 6mm 左右的角焊缝封闭。

梁与 H 形柱腹板（绕弱轴）直接刚性连接（图 9-7a）时，在梁翼缘的对应位置设置柱的横向加劲肋，在梁高范围内设置柱的竖向连接板；加劲肋伸出柱翼缘以外 100mm，并以变宽度形式伸至梁翼缘，梁翼缘与柱横向加劲肋采用全熔透坡口对接焊缝连接，以免地震作用下框架往复变形而破坏；在柱腹板两面都要设置加劲肋，加劲肋的厚度大于梁翼缘厚度，无梁外侧加劲肋厚度不小于梁翼缘厚度；梁腹板与柱连接板用高强度螺栓连接。当采用悬臂短梁与 H 形柱腹板（绕弱轴）刚性连接时，短梁与柱全部焊接（图 9-7b）。

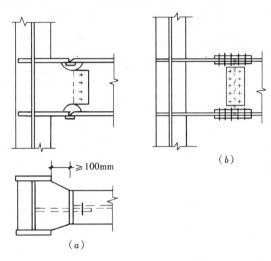

图 9-7　梁与 H 形柱腹板连接

9.6.3　框架梁、柱拼接

框架梁与柱带的悬臂短梁连接时，悬臂短梁与柱的连接在工厂完成，悬臂短梁翼缘与柱的连接采用全熔透坡口焊缝连接，腹板采用角焊缝连接。悬臂短梁与梁的拼接在工地完成。梁的拼接位置，应在弯矩较小的截面处，且在梁端塑性铰区段以外。翼缘采用全熔透坡口对接焊缝连接、腹板可采用摩擦型高强度螺栓连接（图 9-3a），或翼缘和腹板均采用摩擦型高强度螺栓连接（图 9-3b）。

框架梁的拼接采用摩擦型高强度螺栓连接时，应先进行螺栓连接的抗滑移承载力验算，然后再按以下公式验算梁的拼接极限承载力：

$$M^j_{ub,sp} \geqslant \eta_j M_p \tag{9-19}$$

式中　$M^j_{ub,sp}$ ——梁的拼接极限承载力；

　　　　η_j ——连接系数，可按表 9-4 采用；

　　　　M_p ——梁的全塑性受弯承载力。

框架柱需要在现场拼接接长，拼接的位置宜在框架梁面的上方 1.2～1.3m 附近或在柱净高的一半处，以方便现场施工。抗震等级为一～三级时，框架柱的拼接采用全熔透坡口焊缝。在非抗震区或抗震等级为四级的地区，框架柱的拼接也可采用部分熔透焊缝。

按以下公式验算柱的拼接极限承载力：

$$M_{uc,sp}^j \geqslant \eta_j M_{pc} \qquad (9\text{-}20)$$

式中　　$M_{uc,sp}^j$——柱的拼接极限承载力；

　　　　M_{pc}——考虑轴力影响时柱的全塑性受弯承载力。

9.6.4　中心支撑与框架连接

抗震设计的中心支撑框架，支撑杆件宜采用 H 形钢制作；采用焊接 H 形截面支撑时，支撑的翼缘与腹板采用全熔透坡口焊缝连接。

为安装方便，支撑两端用一段短杆件在工厂与框架焊接，支撑杆件的中间部分在工地与焊接在框架上的短杆件用摩擦型高强度螺栓拼接（图 9-8）。框架梁柱在与支撑翼缘的连接处，都要设置加劲肋，加劲肋应按承受支撑翼缘分担的轴向力对柱或梁的水平或竖向分力计算；H 形截面支撑翼缘与箱形柱连接时，在柱壁板的相应位置设置隔板。H 形截面支撑翼缘端部在与框架构件连接处，支撑杆端宜做成圆弧。

支撑和框架采用节点板连接时，节点板与连接杆件每侧的夹角不小于 30°。一、二级时，支撑端部至节点板最近嵌固点（节点板与框架构件连接焊缝的端

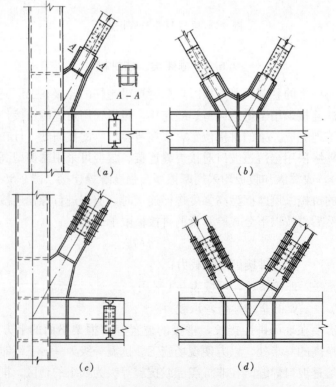

(a)　　　　　　　　(b)

(c)　　　　　　　　(d)

图 9-8　支撑杆件与框架连接示意图

部）在沿支撑杆件轴线方向，应留有不小于 2 倍节点板厚度的间隙（图 9-9），大震时节点板可产生平面外屈曲，从而减轻对支撑杆件的破坏。

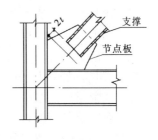

图 9-9 支撑杆件端部节点板的构造示意图

梁在其与 V 形支撑或人字形支撑相交处，应设置侧向支承；该支承点与梁端支承点间的侧向长细比以及支承力，应符合《钢结构规范》关于塑性设计的规定。

按以下公式验算支撑与框架连接以及支撑拼接的极限承载力：

$$N^j_{\mathrm{ubr}} \geqslant \eta_j A_{\mathrm{br}} f_{\mathrm{v}} \tag{9-21}$$

式中 N^j_{ubr} ——支撑连接或拼接的极限承载力；

A_{br} ——支撑杆件的净截面面积；

f_{v} ——钢材的抗剪强度设计值。

支撑与框架连接处的抗弯承载力应满足下式要求：

$$M_{\mathrm{c}} \geqslant \eta_j M_{\mathrm{pbr}} \tag{9-22}$$

式中 M_{c} ——连接绕支撑杆件控制长细比方向的受弯承载力标准值；

M_{pbr} ——支撑绕支撑杆件控制长细比方向的全塑性受弯承载力。

9.6.5 偏心支撑与梁柱连接

图 9-10 所示为偏心支撑框架的支撑与消能梁段连接的构造示意图。连接及消能梁段的构造要满足下列要求：

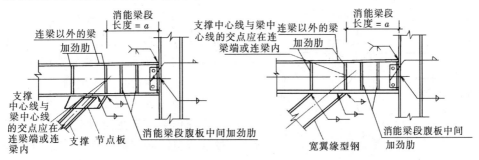

图 9-10 消能梁段构造示意图

（1）消能梁段与柱连接时，其长度不大于 $1.6M_{1p}/V_1$，以实现消能梁段腹板剪切破坏。

（2）偏心支撑杆件的轴线与梁轴线的交点，一般在消能梁段的端部，也可以在消能梁段内，但不应在消能梁段外。

（3）腹板不能贴焊补强板，因为补强板不能进入塑性变形。

（4）腹板开洞会影响梁段的塑性变形能力，因此，腹板不得开洞。

（5）消能梁段与支撑杆件连接处，应在梁段腹板两侧配置加劲肋，加劲肋的高度为梁段腹板高度。一侧加劲肋的宽度不小于 $(b_f/2-t_w)$，b_f 为梁段翼缘宽度，t_w 为腹板厚度，加劲肋的厚度不小于 $0.75t_w$ 和 10mm 的较大值。

（6）消能梁段的腹板应按梁段的长度设置加劲肋，短梁段的加劲肋间距小一些，以防止短梁段腹板过早的局部失稳，弯曲型长梁段腹板的加劲肋间距可大一些。根据这一原则，梁段腹板的中间加劲肋设置要求为：当 $a < 1.6M_{lp}/V_1$ 时，加劲肋间距不大于 $(30t_w - h/5)$，h 为梁段的截面高度；当 $2.6M_{lp}/V_1 < a < 5M_{lp}/V_1$ 时，在距消能梁段端部 $1.5b_f$ 处设置中间加劲肋，且中间加劲肋间距不大于 $(52t_w - h/5)$；当 $1.6M_{lp}/V_1 < a < 2.6M_{lp}/V_1$ 时，中间加劲肋的间距取上述二者的线性插值；当 $a > 5M_{lp}/V_1$ 时，可不配置中间加劲肋；中间加劲肋应与消能梁段的腹板等高，当梁段截面高度不大于 640mm 时，可设置单侧加劲肋，当梁段截面高度大于 640mm 时，应在两侧设置加劲肋，一侧加劲肋的宽度不小于 $(b_f/2-t_w)$，厚度不小于 t_w 和 10mm 的较大值。

（7）消能梁段翼缘与柱翼缘之间采用全熔透坡口焊缝连接，消能梁段腹板与柱之间采用角焊缝连接，角焊缝的承载力不得小于消能梁段腹板的轴力、剪力和弯矩同时作用时的承载力。

（8）消能梁段与柱的腹板连接时，消能梁段翼缘与连接板间应采用全熔透坡口对接焊缝，消能梁段腹板与柱之间应采用角焊缝，角焊缝的承载力不得小于消能梁段腹板的轴力、剪力和弯矩同时作用时的承载力。

9.6.6 侧 向 支 撑

为了使梁端形成塑性铰后梁翼缘保持稳定，在梁塑性铰端部截面处，其上下翼缘应设置侧向支撑（图 9-11），支撑构件的长细比，按《钢结构规范》关于塑性设计的有关规定确定。

采用 V 形支撑或人字形支撑的中心支撑框架，梁在其与支撑杆件相交处应设置侧向支撑。该支撑点与梁端支撑点的侧向长细比及支承力，应符合《钢结构规范》关于塑性设计的有关规定。

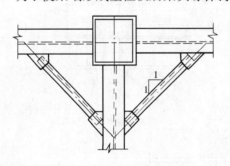

图 9-11 梁翼缘的侧向支撑

偏心支撑框架消能梁段两端上下翼缘应设置侧向支撑，支撑的轴力设计值不小于消能梁段翼缘轴向承载力设计值的 6%，即 $0.06fb_ft_f$；与消能梁段同一跨的框架梁的上下翼缘，应设置侧向支撑，支撑的轴力设计值不小于梁翼缘轴向承载力设计值的 2%，即 $0.02fb_ft_f$。

9.6.7 钢 柱 脚

钢柱柱脚主要有三种形式：埋入式柱脚、外包式柱脚和外露式柱脚（图9-12）。

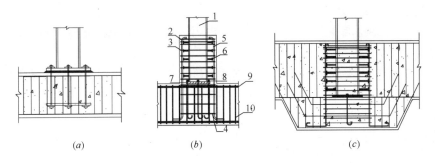

图 9-12　不同形式的钢柱柱脚示意图
(a) 外露式柱脚；(b) 外包式柱脚；(c) 埋入式柱脚

埋入式柱脚须将钢柱脚埋入基础混凝土内，H 形截面柱的埋入深度不小于钢柱截面高度的 2 倍，箱形截面柱的埋入深度不小于柱截面长边的 2.5 倍。钢柱埋入部分的四角设置竖向钢筋，并配置箍筋。外包式柱脚位于基础顶面上，钢柱无须埋入基础混凝土，在钢柱底部一定高度外包钢筋混凝土，外包混凝土的高度不小于钢柱截面高度的 2.5 倍。外包混凝土在钢柱安装就位后浇筑，施工安装方便，避免了埋入式钢柱脚施工二次灌浆的难题，施工质量易于保证。外露式柱脚通过钢底板、锚栓固定于混凝土基础上，安装灵活方便。抗震设防的民用建筑钢结构，无地下室时，采用埋入式柱脚，钢柱埋入基础混凝土内；有一层地下室、且地下室顶板为上部结构嵌固端时，可采用外包式柱脚，钢柱伸至基础顶面；有两层及以上地下室、且地下室顶板为上部结构嵌固端时，钢柱至少伸至地下一层，可采用外包式柱脚，地下二层及以下可采用钢筋混凝土柱，也可将钢柱伸至基础顶面，采用外包式柱脚或外露式柱脚。

各种形式的钢柱柱脚都要进行受压、受弯和受剪承载力验算，其轴力、弯矩和剪力的设计值取钢柱底部的相应设计值。

思 考 题

9.1　多遇地震作用下的内力和位移计算时，民用建筑钢结构阻尼比的取值为多少？其弹性层间位移角的限值为多大？

9.2　钢框架的屈服耗能机制与钢筋混凝土框架的屈服耗能机制有什么不同？钢框架如何实现强柱弱梁？可以采取哪些措施使钢框架梁塑性铰从梁与柱连接的部位外移？

9.3　小震作用下，框架—支撑结构框架部分的最小地震剪力是如何确定的？

9.4　钢框架梁柱节点域的抗震验算包括哪些内容？

9.5　为什么抗震设计的中心支撑钢框架不能采用 K 形支撑斜杆？

9.6　偏心支撑钢框架的哪个构件是耗能构件？偏心支撑钢框架的抗震设计概念是什么？在设计中是如何实现的？

9.7　什么情况下偏心支撑钢框架消能梁段的受剪承载力要考虑轴压力的影响？

9.8　为什么要规定抗震设计的钢结构的构件长细比限值和板件宽厚比限值？

9.9　工程中钢框架的梁与柱常用哪两种方法连接？

9.10　抗震钢结构构件连接的设计原则是什么？钢梁柱连接的抗震计算包括哪些内容？

第10章 高层建筑混合结构设计简介

10.1 概　述

高层建筑混合结构是指梁、板、柱、剪力墙和筒体或结构的一部分，采用钢、钢筋混凝土、钢骨（型钢）混凝土、钢管混凝土、钢-混凝土组合楼板等构件混合组成的高层建筑结构，其中钢骨混凝土、钢管混凝土、钢-混凝土组合楼盖是由钢与混凝土结合形成的组合结构构件。

本章简要介绍高层建筑混合结构形式、设计原则以及钢骨混凝土构件、钢管混凝土构件和钢-混凝土组合楼盖等组合构件的主要受力特点及设计方法。

10.1.1　组合结构构件类型

1. 钢骨混凝土构件

钢骨混凝土构件是指在钢骨周围配置钢筋并浇筑混凝土的结构构件，简称SRC（Steel Reinforced Concrete）构件。在高层建筑结构中，钢骨混凝土可用于梁、柱，称为钢骨混凝土梁和钢骨混凝土柱（图 10-1），用于柱的情况更多一些，图 10-2 所示为上海中心大厦钢骨混凝土巨柱截面；也可在混凝土剪力墙端部边缘构件设置钢骨，形成钢骨混凝土剪力墙或钢骨混凝土筒体（图 10-3）。

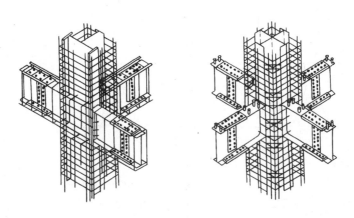

图 10-1　钢骨混凝土梁、柱

钢骨可直接采用型钢（此时也称为"型钢混凝土"），也可用钢板焊接拼制而成。根据钢骨的形式，钢骨分为实腹式和空腹式。空腹式钢骨混凝土构件的受力性能和计算方法与普通钢筋混凝土构件基本相同。与钢筋混凝土构件相比，实腹

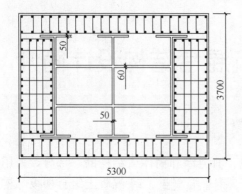

图 10-2　上海中心大厦钢
骨混凝土巨柱截面

式钢骨混凝土构件的承载力得到很大提高，抗震性能也得到很大改善，是目前钢骨混凝土构件的主要形式。

钢骨混凝土构件的外观与钢筋混凝土构件相同，其外包混凝土可以防止内部钢骨板材局部屈曲，使钢材的强度充分发挥，而且增加了结构的耐久性和耐火性。由于配置了钢骨，尤其是实腹式钢骨，其承载力和刚度比钢筋混凝土构件大大提高，故相比于钢筋混凝土构件，其截面尺寸小，不仅使建筑使用面积增大，还可减轻结构自重。钢骨混凝土构件的抗震性能也优于钢筋混凝土构件，可在高层建筑的重要部位采用，如框支柱和大跨度转换梁等。此外，钢骨架本身具有一定的承载力和刚度，可以承受施工阶段的荷载，有利于加快施工速度。

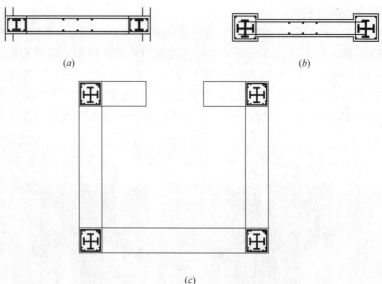

图 10-3　钢骨混凝土剪力墙和钢骨混凝土筒
(a) 无端柱钢骨混凝土剪力墙；(b) 有端柱钢骨混凝土剪力墙；(c) 钢骨混凝土筒

2. 钢管混凝土构件

钢管混凝土构件是指在钢管内填充混凝土的结构构件，简称 CFST (Concrete Filled Steel Tube)。截面不太大的钢管内一般不再配置钢筋。钢管截面以圆形、方形和矩形居多，见图 10-4。混凝土填充于圆钢管，受到钢管的约束作用，可显著提高混凝土的抗压强度和变形能力；方钢管、矩形钢管对混凝土的约束作用比较小，一般不考虑对混凝土抗压强度的提高作用。混凝土可增强钢管的稳定性，使钢材的强度能够充分发挥。因此，钢管混凝土是一种十分理想的组合受压构件，具有很好的变形能力。此外，钢管还可以直接作为模板，承受施工荷载，大大方便施工。钢管混凝土的受压性能十分优越，主要用于高层建筑中的柱。为增强钢管混凝土的防火性和耐久性，也可将钢管作为钢骨配置形成的钢管混凝土组合柱（图 10-4c）。

图 10-4 钢管混凝土截面

（a）圆钢管混凝土；（b）方钢管混凝土；（c）钢管混凝土组合柱

3. 钢板混凝土剪力墙

对于超高层建筑，如仍采用钢筋混凝土剪力墙，其厚度会很大。为进一步增强剪力墙抗侧能力，减小剪力墙厚度，可沿剪力墙设置钢板，形成钢板混凝土剪力墙（图 10-5）。

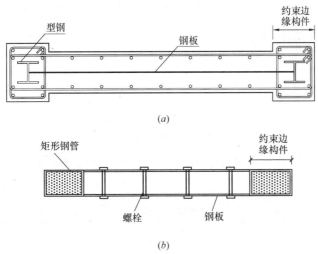

图 10-5 钢板混凝土剪力墙

（a）单钢板混凝土剪力墙；（b）双钢板混凝土剪力墙

4. 钢-混凝土组合楼盖

混合结构的楼盖通常采用钢-混凝土组合楼盖（图 10-6）。钢-混凝土组合楼盖分为：钢-混凝土组合楼盖和压型钢板-混凝土组合楼盖，两种组合构件也可复合使用。钢-混凝土组合楼盖是利用钢梁承受截面弯矩产生的拉应力,混凝土承受压应力,使钢材的抗拉强度和混凝土的抗压强度得到充分利用。钢-混凝土组合楼盖可减轻楼板结构重量,增大梁的跨度。钢梁可承担施工荷载,而压型钢板可作为楼板混凝土的模板,加快施工速度。

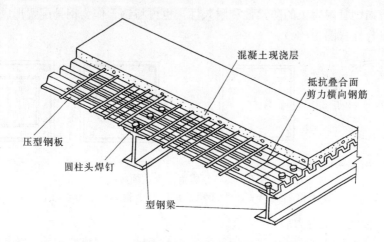

混凝土现浇层

抵抗叠合面
剪力横向钢筋

压型钢板

圆柱头焊钉

型钢梁

图 10-6 钢-混凝土组合楼盖

10.1.2 混合结构体系

混合结构的结构体系十分丰富,但其结构的抗侧力体系的基本结构单元仍是框架、剪力墙和筒体,所不同的是这些基本结构单元采用了前述各种组合结构构件。

按抗侧力体系来分,一般有:混合框架结构、混合框架-钢筋(或钢骨)混凝土剪力墙(筒体)结构、钢框架-钢筋(或钢骨)混凝土剪力墙(筒体)结构、混合筒中筒结构。表10-1列出了《高层建筑钢-混凝土混合结构设计规程 CECS 230:2008》(以下简称《混合结构规程》)中各类高层建筑混合结构类型及其最大适用高度。

高层建筑混合结构的类型及其最大适用高度(m) 表10-1

结构类型		非抗震设防	抗震设防烈度			
			6	7	8	9
混合框架结构	钢梁-钢骨(钢管)混凝土柱	60	55	45	35	25
	钢骨混凝土梁-钢骨混凝土柱					
	钢梁-钢筋混凝土柱	50	50	40	30	—
双重抗侧力体系	钢框架-钢筋混凝土剪力墙	160	150	130	110	50
	钢框架-钢骨混凝土剪力墙	180	170	150	120	50

续表

结 构 类 型		非抗震设防	抗震设防烈度			
			6	7	8	9
双重抗侧力体系	混合框架-钢筋混凝土剪力墙	180	170	150	120	50
	混合框架-钢骨混凝土剪力墙	200	190	160	130	60
	钢框架-钢筋混凝土核心筒	210	200	160	120	70
	钢框架-钢骨混凝土核心筒	230	220	180	130	70
	混合框架-钢筋混凝土核心筒	240	220	190	150	70
	混合框架-钢骨混凝土核心筒	260	240	210	160	80
	筒中筒 钢框筒-钢筋混凝土内筒 / 混合框筒-钢筋混凝土内筒	280	260	210	160	80
	钢框筒-钢骨混凝土内筒 / 混合框筒-钢骨混凝土内筒	300	280	230	170	90
非双重抗侧力体系	钢框架-钢筋（钢骨）混凝土核心筒 / 混合框架-钢筋（钢骨）混凝土核心筒	160	120	100	—	—

注：1. 当混合框架中的柱采用钢管混凝土或钢框架采用支撑框架时，高度限值在有可靠依据时可适当放宽；

2. 房屋高度指室外地面至主要屋面高度，不包括局部突出屋面的水箱、电梯机房、构架等高度；

3. 双重抗侧力体系和非双重抗侧力体系应符合有关规定；

4. 混合框架和钢骨混凝土剪力墙（核心筒）中的钢骨或钢管的延伸高度，不应小于结构总高度的60%；

5. 非双重抗侧力体系7度的最大适用高度仅适用于0.1g；

6. 平面和竖向均不规则的结构，最大适用高度应适当降低。

混合框架包括：钢梁-钢骨（钢管）混凝土柱框架、钢骨混凝土梁-钢骨混凝土柱框架、钢梁-钢筋混凝土柱框架。能否形成混合框架结构，关键是梁柱能否实现刚性连接。表10-2为混合框架梁柱连接的可能性。

混合框架梁柱连接的可能性　　　　　　　　　　　表10-2

柱 ＼ 梁	RC梁	SRC梁	S-C组合梁
RC柱	好	可	可
SRC柱	可	好	可
CFST柱	不易	可	可
S柱	不可	可	好

注：RC：钢筋混凝土，SRC：钢骨（型钢）混凝土，CFST：钢管混凝土，S：钢，S-C：钢-混凝土。

组合剪力墙或组合筒体包括：钢骨混凝土剪力墙、钢板混凝土剪力墙、钢骨混凝土筒体，见图 10-3 和图 10-5。

由混合框架（或钢框架）与组合剪力墙或筒体构成的高层建筑结构体系，统称为混合结构。图 10-7 为钢框架与钢筋混凝土核心筒组成的混合结构，图 10-8 为钢骨混凝土框筒与钢筋混凝土核心筒组成的混合结构。

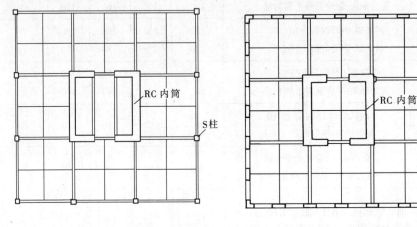

图 10-7　钢框架-混凝土核心筒结构　　　　图 10-8　钢骨混凝土框
筒-钢筋混凝土核心筒结构

高层建筑结构下部构件受力较大，采用承载力和刚度大的钢骨混凝土柱或钢管混凝土柱，上部结构采用钢筋混凝土柱，通过过渡层使上下层构件的受力平顺传递，并避免上下层刚度显著突变。一般宜控制各相邻层刚度相差不超过 30%，见图 10-9。表 10-3 为柱沿竖向变化的可能性。下部采用钢管混凝土柱时，上部钢柱宜采用钢管柱；当下部采用钢管混凝土外包混凝土的钢管混凝土组合柱时，上部可转换为钢管混凝土柱。

柱沿竖向变化的可能性　　　　　　　　　　　　表 10-3

上部柱 下部柱	钢筋混凝土柱	钢骨混凝土柱	钢　柱
钢筋混凝土柱	可	可	可
钢骨混凝土柱	可	可	可
钢管混凝土柱	可	不可	可
钢柱	不可	不宜	可

根据梁的类型，混合结构一般采用钢筋混凝土楼盖或钢-混凝土组合楼盖。当采用钢筋混凝土梁或钢骨混凝土梁时，可采用钢筋混凝土楼板；当采用钢梁或钢骨混凝土梁时，可采用钢筋混凝土楼板或压型钢板-混凝土楼板。

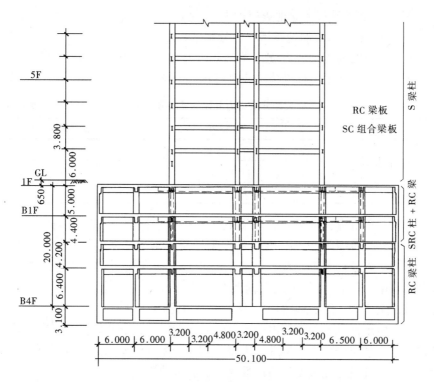

图 10-9 下部钢骨混凝土柱（或钢筋混凝土柱），上部钢柱混合结构

10.1.3 高层建筑混合结构的有关设计规定

在工程应用中，混合结构以沿竖向混合的形式居多，一般是在高层建筑结构底部采用钢骨混凝土柱（墙，筒）或钢管混凝土柱，上部采用钢筋混凝土结构或钢结构。B 级高度的钢筋混凝土结构，也常常采用钢骨混凝土或钢管混凝土柱（特一级抗震等级），从而形成竖向混合结构。这种混合结构的结构布置、概念设计等与各自结构形式的要求相同，但需注意上下构件形式变化时设置过渡层。

对于框架-核心筒混合结构，若框架的抗侧刚度比核心筒的抗侧刚度小很多，框架不能承担足够大的水平地震力，无法起到第二道抗震防线的作用，这种情况下，称为"非双重结构体系"，全部水平地震剪力由核心筒承担；当框架具有足够大刚度时，框架与核心筒共同承担水平地震剪力，称为"双重结构体系"。

《混合结构规程》规定：高层建筑混合结构框架部分的最小地震层剪力标准值应满足式（10-1）的要求，式中框架部分的地震层剪力分担率 β 的最小值按表 10-4 取值；框架部分的最小地震层剪力也不应小于按结构整体分析得到的框架部分的地震层剪力。

$$V_{\mathrm{fi}} \geqslant \beta \cdot V_i \qquad (10-1)$$

式中 V_{fi}——第 i 楼层框架部分的地震层剪力；

V_i——第 i 楼层的总地震层剪力；

β——框架部分的地震层剪力分担率。

当框架部分的地震层剪力按式（10-1）调整时，由地震作用产生的该楼层各构件的剪力、弯矩和轴力标准值均应进行相应调整。

框架部分层剪力分担率 β 的最小值　　　　　　　　表 10-4

结构体系类型	设防烈度	β 的最小值
双重抗侧力体系	8度，9度	18%
	7度	15%
非双重抗侧力体系	7度（0.1g）及以下	10%

对于非双重抗侧力体系，剪力墙或核心筒应承担 100% 的地震剪力。此外，抗震设计的框架-剪力墙结构，在基本振型地震作用下，框架部分底部承受的地震倾覆力矩大于结构地震倾覆力矩的 50% 时，其框架部分的抗震等级应按混合框架结构采用，与表 10-1 中混合框架结构相比，其最大适用高度可适当增加。高层建筑框架-核心筒混合结构中，核心筒高宽比不宜大于 12。

此外，由于钢框架与钢筋混凝土核心筒二者的徐变和收缩性能存在差别，在高度很大时，竖向变形差对构件受力也不利。如果外框架采用钢骨混凝土或钢管混凝土柱，其抗震性能及变形协调性能将有较大改善。

高层建筑混合结构的抗震等级按表 10-5 确定。

高层建筑混合结构的抗震等级　　　　　　　　表 10-5

结构类型		项目	6 度	7 度	8 度	9 度
混合框架结构		高度（m）	≤30 / >30	≤30 / >30	≤30 / >30	≤30
		框架	四 / 三	三 / 二	二 / 一	一
双重抗侧力体系	钢框架-钢筋混凝土剪力墙 钢框架-钢骨混凝土剪力墙	高度（m）	≤60 / 60~130 / >130	≤60 / 60~120 / >120	≤60 / 60~100 / >100	≤50
		剪力墙	四 / 三 / 二	三 / 二 / 一	二 / 一 / 特一	特一
	钢框架-混凝土核心筒 钢框架-钢骨混凝土核心筒	高度（m）	≤60 / 60~150 / >150	≤60 / 60~130 / >130	≤60 / 60~100 / >100	≤50 / >50
		核心筒	三 / 二 / 一	二 / 一 / 特一	二 / 一 / 特一	一 / 特一
	混合框架-混凝土墙 混合框架-钢骨混凝土墙	高度（m）	≤60 / >60≤130 / >130	≤60 / >60≤120 / >120	≤60 / >60≤100 / >100	≤50 / >50
		钢骨混凝土框架	四 / 三 / 三	三 / 二 / 二	二 / 一 / 一	一 / 特一
		墙	三 / 二 / 二	二 / 一 / 一	一 / 特一 / 特一	特一 / 特一

续表

	结构类型		烈度									
			6			7			8		9	
双重抗侧力体系	混合框架-混凝土筒 混合框架-钢骨混凝土筒	高度（m）	≤60	60~150	>150	≤60	60~130	>130	≤100	>100	≤70	>70
		钢骨混凝土框架	四	三	二	三	二	一	一		一	特一
		核心筒	三	二		二		一	特一		一	特一
	筒中筒	高度（m）	≤180		>180	≤150		>150	≤120	>120	≤80	>80
		钢骨混凝土外框筒	三		二	二		二		特一		特一
		内筒	三		二	二		二		特一		特一
非双重抗侧力体系	高度（m）		≤80		>80	≤60		>60	/		/	
	钢骨混凝土框架		三		二	二		一	/		/	
	核心筒		一			一			/		/	

注：1. 表中抗震等级不适用于混合框架中的钢梁；
    2. 建筑场地为Ⅰ类时，除6度外可按表内降低一度所对应的抗震等级采取抗震构造措施，但相应的计算要求不应降低；
    3. 接近或等于高度分界时，应允许结合房屋不规则程度及场地、地基条件确定抗震等级；
    4. "内筒"是指表10-1中所列各种筒中筒结构中的内筒。

混合结构的总体布置及规则性等抗震设计概念与其他结构相同，不再赘述。高层建筑混合结构的内力及位移计算的力学原理与单一材料结构相同，构件刚度应根据截面材料分布和性能确定。

多遇地震作用下混合结构的阻尼比，可根据抗侧力结构中钢筋混凝土（钢骨混凝土或钢管混凝土）构件和钢构件的多少，取 0.05 或 0.02，也可根据钢筋混凝土构件和钢构件的刚度比例在 0.05~0.02 之间插值。

高层建筑混合结构的位移限值应符合下列要求：

（1）在风荷载和多遇地震作用下，其结构最大弹性层间位移角不宜大于表 10-6 的限值。

弹性层间位移角限值   表 10-6

混合框架结构		其他混合结构	
钢梁	钢骨混凝土梁	$H \leqslant 150m$	$H \geqslant 250m$
1/400	1/500	1/800	1/500

注：房屋高度介于 150~250m 时，层间位移角限值可采用线性插值。

（2）罕遇地震作用下高层建筑混合结构的弹塑性层间位移角，混合框架结构不应大于 1/50，其余结构不应大于 1/100。

混合结构施工阶段考虑由钢骨架承担施工荷载时，应进行必要的施工验算，以保证钢骨架在施工荷载与可能出现的风荷载作用下的承载力、稳定及刚度，并根据验算结果确定浇筑混凝土的楼层与钢骨架安装的最高楼层间隔要求。

10.2　钢骨混凝土构件设计

本节主要根据《钢骨混凝土结构设计规程》（YB 9082—2006）（以下简称《钢骨规程》）编写，简要介绍钢骨混凝土（简称 SRC）构件的设计方法。

10.2.1　一般规定和要求

常用实腹式钢骨混凝土梁、柱的截面形式见图 10-10。试验研究表明，当在外包混凝土中配置一定量的构造钢筋时，钢骨与外包混凝土能较好地协调变形，共同承受荷载作用，《钢骨规程》规定的构造钢筋配置即是基于这一要求。

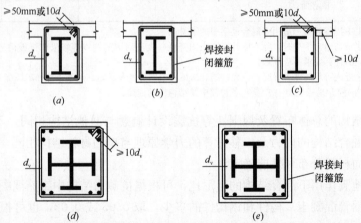

图 10-10　钢骨混凝土梁柱截面形式及其箍筋弯钩构造

（a）、（b）、（c）钢骨混凝土梁；（d）、（e）钢骨混凝土柱

d_v—箍筋直径

1. 截面构造及纵筋配置

钢骨混凝土梁、柱的构造要求见图 10-11。

钢筋的混凝土保护层厚度按《混凝土规范》采用，梁、柱钢骨的保护层厚度分别不小于 100mm 和 150mm。

钢骨混凝土梁受拉纵向钢筋配筋率不少于 0.2%，受压侧角部各配置一根直径不小于 16mm 的纵向钢筋。受拉侧和受压侧纵筋的配置均不宜超过两排，且

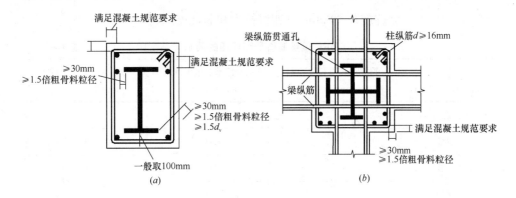

图 10-11 钢骨混凝土梁、柱截面构造要求

(a) 钢骨混凝土梁；(b) 钢骨混凝土柱

梁中纵向钢筋尽量避免穿过柱中钢骨翼缘。当梁的腹板高度大于 600mm 时，在梁的两个侧面沿高度配置纵向构造钢筋。纵向构造钢筋的间距不大于 300mm（图 10-12）。

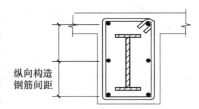

图 10-12 钢骨混凝土梁纵向构造钢筋间距

钢骨混凝土柱受压侧纵向钢筋的配筋率不应小于 0.2%，全部纵向钢筋的配筋率不应小于 0.6%，在四角各配置一根直径不小于 16mm 的纵向钢筋。

2. 箍筋配置

(1) 钢骨混凝土梁的箍筋配置

钢骨混凝土梁的最小面积配箍率不小于 0.3%（特一级）、0.25%（一、二级）和 0.2%（三、四级和非抗震），箍筋直径和间距应符合表 10-7 的要求，箍筋间距不应大于梁高的 1/2。

抗震设计的框架钢骨混凝土梁端部箍筋应加密，在距梁端 1.5 倍梁高的范围内，箍筋直径和间距应符合表 10-7 的要求；当梁净跨小于梁截面高度的 4 倍时，全跨箍筋按加密要求配置。

(2) 钢骨混凝土柱的箍筋配置

抗震设防的结构，钢骨混凝土柱两端 1.5 倍截面高度范围内箍筋应加密；当柱净高小于柱截面高度的 4 倍时，柱全高箍筋应加密。

柱箍筋加密区的最小体积配箍率应符合表 10-8 的要求，表中轴压力系数 $n = \dfrac{N}{f_c A_c + f_{ss} A_{ss}}$，其中，$N$ 为钢骨混凝土柱组合的轴压力设计值。非加密区的体积配箍率不应小于加密区体积配箍率的一半。

箍筋直径、间距应符合表 10-9 的要求。

箍筋无支长度（即纵筋间距，见图 10-13）不宜大于 200mm（一级抗震）、

250mm（二、三级抗震）、300mm（四级抗震和非抗震结构）。

SRC 梁箍筋直径和间距的要求   表 10-7

抗震等级	箍筋最小直径 （mm）	非加密区箍筋最大间距 （mm）	加密区箍筋最大间距 （取小值）
非抗震	8	250	200mm
三、四级	8	250	$h_b/4$，$6d$，150mm
一、二级	10	200	$h_b/4$，$6d$，100mm
特一级	12	200	$h_b/4$，$6d$，100mm

SRC 柱箍筋加密区的最小体积配箍率   表 10-8

抗震等级	轴压力系数 $n < 0.4$	轴压力系数 $n > 0.7$	$0.4 <$ 轴压力系数 $n < 0.7$
三级	0.4%	0.8%	线性插值
一、二级	0.5%	0.9%	
特一级	0.6%	1.0%	

SRC 柱箍筋直径和间距要求   表 10-9

抗震等级	箍筋最小直径 （mm）	箍筋最大间距 （mm）	加密区箍筋间距 （取小值）
非抗震、四级	8	200	—
三	10	200	$8d$，150mm
一、二级	10	150	$8d$，100mm
特一级	12	150	$8d$，100mm

（3）箍筋弯钩

抗震设防的结构，SRC 梁端、柱端箍筋加密区的箍筋末端应做成 135°弯钩，弯钩平直段长度不小于 10d（d 为箍筋直径）或 50mm（图 10-10a、b），也可采用焊接封闭箍筋（图 10-10c、d）。当梁两侧有现浇楼板且箍筋弯钩在楼板内时，箍筋的一端可采用 90°弯钩，弯钩平直段长度不应小于 10d（图 10-10c）。

3. 钢骨含钢率及钢骨板材

钢骨混凝土梁、柱及钢骨混凝土剪力墙（筒体）边缘构件范围内的钢骨含钢率宜符合下列要求：

（1）非抗震和三、四级抗震结构，不小于 2‰；

图 10-13   钢骨混凝土
柱箍筋构造

（2）一、二级抗震结构，不小于 4％；

（3）特一级抗震结构，不小于 6％；

（4）含钢率不宜大于 15％。

虽然钢骨板材受到混凝土的约束，其局部屈曲承载力得到提高，但考虑到破坏阶段钢骨塑性变形能力的发挥，钢骨板材的厚度不应小于 6mm，宽厚比应满足表 10-10 的要求。此外，钢骨制作时需要特别注意预留纵筋和箍筋贯通孔的位置。

钢骨板材的宽厚比限值　　　　　　　　　表 10-10

钢号	b/t_f	h_w/t_w（梁）	h_w/t_w（柱）	B/t（柱）	D/t（柱）
Q235	23	107	96	72	150
Q345	20	91	81	61	109

注：1. 当 h_w/t_w（梁）大于表中数值时，可按《钢结构规范》的规定设置横向加劲肋、纵向加劲肋，并满足局部稳定计算要求；

　　2. 表中符号见图 10-14。

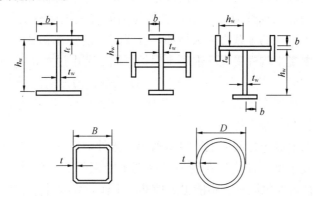

图 10-14　表 10-10 中符号的含义

钢骨混凝土构件的钢骨材料宜采用 Q235B、C、D 等级的碳素结构钢，或 Q345B～E 级的低合金结构钢。实腹钢骨可以采用轧制型钢，但多数情况下采用钢板焊接而成的各种截面形状的实腹钢。当采用厚度大于 36mm 的厚钢板时，应有特殊性能要求，避免钢板发生层状撕裂。

此外，钢筋混凝土部分的构造应符合《混凝土规范》及《混凝土高规》的有关规定。钢骨部分的构造尚应符合《高钢规程》的有关规定。

钢骨混凝土梁、柱的钢骨一般可不设抗剪连接件，但在过渡层、过渡段、钢骨与混凝土间传力较大部位以及计算需要在钢骨上设置抗剪连接件时，宜采用栓钉作为抗剪连接件（图 10-15）。栓钉的直径规格可选用 19、22mm，栓钉的直径不应大于与其焊接的母材钢板厚度的 2.5 倍，其长度不应小于 4

倍栓钉直径。栓钉的间距不小于 6 倍栓钉的直径，且不大于 300mm。栓钉中心至钢骨板材边缘的距离不小于 60mm，栓钉顶面的混凝土保护层厚度不小于 15mm。

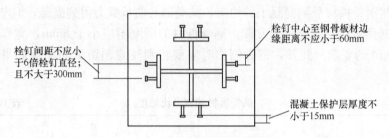

图 10-15　柱中钢骨栓钉设置要求

10.2.2　钢骨混凝土构件的受力性能和特点

对于满足《钢骨规程》配筋构造要求的钢骨混凝土梁、柱，正截面受弯或受压时，截面应变分布基本符合平截面假定，钢骨与外包钢筋混凝土能较好地协同工作，直至达到最大承载力。其受力过程与钢筋混凝土梁柱类似。由于配置钢骨，钢骨混凝土构件的承载力大大增加，抗弯刚度也显著增加。为避免达到最大承载力后钢骨混凝土构件受压区混凝土保护层剥落范围过大，需要配置一定的构造箍筋（见表 10-7～表 10-9）。由于钢骨，以及钢骨内侧的混凝土受到钢骨的约束，钢骨混凝土构件在最大承载力后仍有一定承载力，并表现出较好的变形能力，这是优于钢筋混凝土构件之处。

由于钢骨与混凝土之间一般不设置剪力连接件，且钢骨与混凝土的粘结强度很小，钢骨混凝土梁、柱构件在受剪时易产生沿钢骨翼缘的剪切粘结破坏（图 10-16），使钢骨与外包混凝土不能很好地共同工作，导致外包混凝土较大范围剥落、承载力下降，影响破坏后的变形能力。满足表 10-7～表 10-9 关于 SRC 梁、柱的配箍规定可以避免受剪粘结破坏。

对于实腹式 SRC 构件，在保证构造配箍的条件下，斜裂缝出现后，剪力主要由钢骨腹板承担，且钢骨对腹部混凝土有较强的约束作用，因此抗剪刚度降低并不显著。当斜裂缝充分发展，接近受剪承载力极限状态时，钢骨腹板达到屈服，变形发展程度增大。超过最大承载力后，由于钢骨腹板的延性，SRC 构件受剪承载力的衰减比钢筋混凝土构件缓慢得多，表现出较好的变形能力和耗能能力，这是优于一般钢筋混凝土构件受剪脆性破坏特征之处。图 10-17 为 SRC 框架柱与 RC 框架柱在反复荷载作用下受剪滞回性能的比较，SRC 框架柱的滞回曲线为略呈 S 形的纺锤形，滞回环较为饱满，而钢筋混凝土框架柱的滞回曲线则有明显的捏拢，且最大承载力后及荷载反复作用下，承载力衰减较快。

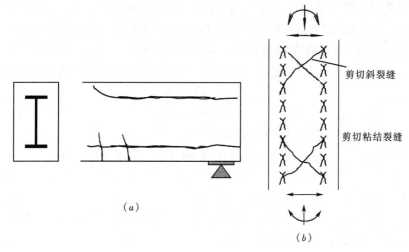

图 10-16 SRC 构件受剪粘结破坏

(*a*) SRC 梁；(*b*) SRC 柱

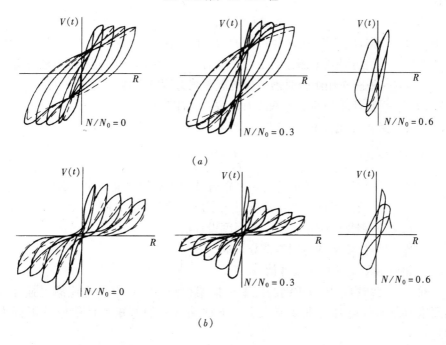

图 10-17 钢骨混凝土与钢筋混凝土框架柱受剪滞回性能对比

(*a*) 钢骨混凝土框架柱；(*b*) 钢筋混凝土框架柱

10.2.3 钢骨混凝土梁、柱正截面承载力计算

1. 承载力叠加法基本公式

如上所述，在配置一定构造钢筋的情况下，钢骨与混凝土可较好地共同工

作，因此可采用以平截面假定为基础的方法计算 SRC 梁、柱的正截面承载力。计算时，受压区混凝土仍然可采用等效矩形应力图形，但钢骨截面的应力分布情况与钢骨在截面中的配置位置有关，其计算较为复杂。对于钢骨基本对称配置的情况，可采用以下钢骨截面承载力与混凝土截面承载力叠加形式的计算公式：

$$N \leqslant N_y^{ss} + N_u^{rc} \qquad (10\text{-}2)$$

$$M \leqslant M_y^{ss} + M_u^{rc} \qquad (10\text{-}3)$$

式中　N、M——分别为轴力和弯矩设计值；

N_y^{ss}、M_y^{ss}——分别为钢骨部分承担的轴力及相应的受弯承载力；

N_u^{rc}、M_u^{rc}——分别为钢筋混凝土部分承担的轴力及相应的受弯承载力。

上式是基于塑性理论下限定理建立的，计算结果偏于安全。《钢骨规程》采用了近似考虑轴力－弯矩相关作用的叠加方法计算公式，具体介绍如下。

2. 钢骨混凝土梁正截面承载力计算

钢骨混凝土梁的轴力设计值 $N=0$，其受弯承载力可近似采用以下叠加公式：

$$M \leqslant M_u^{rc} + M_y^{ss} \qquad (10\text{-}4)$$

式中　M——钢骨混凝土梁计算截面的弯矩设计值；

M_u^{rc}——钢筋混凝土部分的受弯承载力，按《混凝土规范》的方法计算，有地震作用组合时需考虑抗震承载力调整系数 γ_{RE}；

M_y^{ss}——钢骨部分的受弯承载力，按下式计算：

持久、短暂设计状况　　　$M_{by}^{ss} = \gamma_s \cdot W_{ss} \cdot f_{ssy}$ 　　　(10-5a)

地震设计状况　　　$M_{by}^{ss} = \dfrac{1}{\gamma_{RE}}[W_{ss} \cdot f_{ssy}]$ 　　　(10-5b)

式中　W_{ss}——钢骨截面的抵抗矩，当钢骨截面有孔洞时应取净截面的抵抗矩；

γ_s——截面塑性发展系数，对工字形钢骨截面，γ_s 取 1.05；

f_{ssy}——钢骨的抗拉、压、弯强度设计值；

γ_{RE}——抗震承载力调整系数，取 0.8。

3. 钢骨混凝土柱弯矩设计值

对于抗震结构，与普通钢筋混凝土框架相同，SRC 框架也应满足强柱弱梁的要求，即钢骨混凝土框架节点上、下柱端截面的弯矩设计值应按下列方法确定：

(1) 除顶层和轴压比小于 0.15 者外，一、二、三级框架柱和中间层框支柱：

$$\Sigma M_c = \eta_c \Sigma M_b \qquad (10\text{-}6)$$

式中　ΣM_c——考虑地震作用组合的框架节点上、下柱截面弯矩设计值之和；柱端弯矩设计值，可根据弹性分析所得的、考虑地震作用组合的上、下柱端弯矩比例，将 ΣM_c 进行分配得到；

ΣM_b——同一节点左、右梁端截面按顺时针或逆时针方向计算的两端考虑地震作用组合的弯矩设计值之和的较大值；当为一级，且节点左、右梁端均为负弯矩时，绝对值较小的弯矩应取为零；

η_c——柱端弯矩增大系数，按《抗震规范》的规定取值。

（2）特一级和 9 度时的框架柱、框支柱，以及一级框架结构的框架柱：

$$\Sigma M_c = 1.2\Sigma M_{bua} \tag{10-7}$$

式中　ΣM_{bua}——同一节点左、右梁端截面按顺时针或逆时针方向采用实配钢骨截面和配筋面积，并取钢骨材料的屈服强度和钢筋及混凝土材料强度的标准值，且考虑承载力抗震调整系数计算的正截面抗震受弯承载力所对应弯矩值之和的较大值。

（3）特一、一、二、三级框架，以及框支柱的底层柱下端截面、和转换层相连的框支柱上端截面，其弯矩设计值应分别乘以《抗震规范》规定的增大系数。底层柱纵向钢筋宜按柱上、下端的不利情况配置。

（4）非抗震结构、不需进行抗震验算结构和四级抗震结构中框架柱上、下端截面的弯矩设计值取组合的弯矩值。

（5）对于角柱，其弯矩设计值应按以上各计算值再乘以不小于 1.1 的增大系数。

4. 钢骨混凝土柱正截面承载力计算

对于钢骨混凝土柱，近似考虑轴力-弯矩相关作用，钢骨部分承担的轴力 N_c^{ss} 可按下式确定：

$$\frac{N_c^{ss}}{N_{c0}^{ss}} = \frac{N - N_b}{N_0 - N_b} \tag{10-8}$$

式中　N_{c0}^{ss}——钢骨部分的轴心受压承载力，$N_{c0}^{ss} = f_{ss}A_{ss}$；

N_0——钢骨混凝土短柱轴心受压承载力，$N_0 = f_c A + f_y' A_s' + f_{ss}A_{ss}$；

N_b——界限破坏时的轴力，对矩形截面，取 $N_b = 0.5f_c bh$。

上式轴力分配的概念如下：当轴压力设计值 N 等于钢骨混凝土柱轴心受压承载力 N_0 时，钢骨部分承担的轴力 N_c^{ss} 等于其轴心受压承载力 N_{c0}^{ss}；当轴力设计值 N 等于界限破坏时的轴力 N_b，此时中和轴通过截面形心轴，钢骨轴力 N_c^{ss} 近似为零；当轴力设计值 N 为其他值，由上述两种情况线性插值即得上式。

按式（10-8）计算确定钢骨部分的轴力设计值 N_c^{ss} 后，截面钢筋混凝土部分承担的轴力为：

$$N_c^{rc} = N - N_c^{ss} \tag{10-9}$$

确定钢筋混凝土部分和钢骨部分分别承担的轴力后，则不难分别按钢筋混凝土截面和钢骨截面计算各自的受弯承载力，然后叠加得到钢骨混凝土截面的受弯承载力。

对于图 10-18 所示的钢骨和钢筋为对称配置的矩形截面钢骨混凝土柱，可先设定钢骨截面，按式（10-10a、b）确定钢骨部分承担的轴力和弯矩，再由式

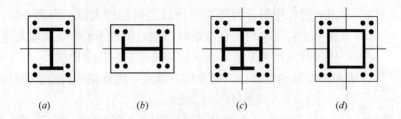

图 10-18 对称配筋 SRC 截面

(*a*) 绕强轴弯曲工字形钢骨；(*b*) 绕弱轴弯曲工字形钢骨；(*c*) 十字形钢骨；(*d*) 箱形钢骨

(10-11) 确定钢筋混凝土部分承担的轴力和弯矩的设计值，然后按《混凝土规范》计算钢筋混凝土部分截面的配筋。当有地震作用组合时，尚应考虑抗震承载力调整系数 γ_{RE}。

钢骨部分承担的轴力和弯矩设计值按下式确定：

钢骨轴力
$$N_{cy}^{ss} = \frac{N - N_b}{N_{u0} - N_b} \cdot N_{c0}^{ss} \tag{10-10a}$$

钢骨弯矩
$$M_{cy}^{ss} = \left(1 - \left| \frac{N_{cy}^{ss}}{N_{c0}^{ss}} \right|^m \right) M_{y0}^{ss} \tag{10-10b}$$

钢筋混凝土部分承担的轴力和弯矩设计值按下式确定：

$$\left. \begin{array}{l} N_c^{rc} = N - N_{cy}^{ss} \\ M_c^{rc} = M - M_c^{ss} \end{array} \right\} \tag{10-11}$$

式中　　N_{cy}^{ss}、M_{cy}^{ss}——分别为钢骨部分承担的轴力和弯矩设计值；

N_c^{rc}、M_c^{rc}——分别为钢筋混凝土部分的轴力和弯矩设计值；

N_{u0}——钢骨混凝土短柱轴心受压承载力，$N_{u0} = N_{c0}^{ss} + N_{c0}^{rc}$，其中，$N_{c0}^{ss} = f_{ssy} A_{ss}$ 为钢骨截面的轴心受压承载力，$N_{c0}^{rc} = f_c A_c + f'_y A_s$ 为钢筋混凝土截面的轴压承载力；

N_b——界限破坏时的轴力，取 $N_b = 0.5\alpha_1\beta_1 f_c bh$，其中参数 α_1 和 β_1 为混凝土等效矩形图形系数，按《混凝土规范》确定；

M_{y0}^{ss}——钢骨截面的受弯承载力，取 $\gamma_s \cdot W_{ss} \cdot f_{ssy}$，其中钢骨截面塑性发展系数 γ_s，绕强轴弯曲工字形钢骨截面取 1.05，绕弱轴弯曲工字形钢骨截面，取 1.1，十字形及箱形钢骨截面取 1.05；抗震设计时 γ_s 取 1.0。

m——$N_{cy}^{ss} - M_{cy}^{ss}$ 相关曲线形状系数，按表 10-11 取值。

$N_{cy}^{ss} - M_{cy}^{ss}$ 相关曲线形状系数 m　　　　　　表 10-11

钢骨形式	绕强轴弯曲 工字形钢骨	绕弱轴弯曲 工字形钢骨	十字形钢骨 箱形钢骨	单轴非对称 T 形钢骨
$N \geqslant N_b$	1.0	1.5	1.3	1.0
$N < N_b$	1.3	3.0	2.6	2.4

　　以上计算方法适用于钢骨混凝土柱的截面复核。对于钢骨混凝土柱的设计，一般要根据轴压比和钢骨含钢率的要求先确定钢骨的配置，然后按上述方法确定钢骨部分承担的轴力及相应的弯矩，再由式（10-2）、式（10-3）确定钢筋混凝土部分承担的轴力和弯矩设计值，然后进行钢筋混凝土部分的配筋设计。

10.2.4　钢骨混凝土梁柱及核心区斜截面受剪承载力计算

　　1. 最小截面尺寸

　　由于钢骨腹板在受力过程中直接承受剪力，因此，钢骨混凝土梁柱的总受剪承载力上限值比普通钢筋混凝土要高，受剪截面限制条件为：

　　持久、短暂设计状况 $\qquad V \leqslant 0.4 f_c b_b h_{b0}$ （10-12a）

　　地震设计状况 $\qquad V \leqslant \dfrac{1}{\gamma_{RE}} \left[0.32 f_c b_b h_{b0} \right]$ （10-12b）

混凝土部分的受剪承载力，仍应满足《混凝土规范》的截面限制条件要求，即：

　　持久、短暂设计状况 $\qquad V_u^{rc} \leqslant 0.25 f_c b_b h_{b0}$ （10-13a）

　　地震设计状况 $\qquad V_u^{rc} \leqslant \dfrac{1}{\gamma_{RE}} \left[0.20 f_c b_b h_{b0} \right]$ （10-13b）

　　2. 框架梁的剪力设计值

　　一级、二级、三级框架的梁端箍筋加密区的剪力设计值 V，按下式计算：

$$V_b = \eta_{vb} \frac{M_b^l + M_b^r}{l_n} + V_{Gb}$$ （10-14）

式中 $\quad \eta_{vb}$——梁端剪力增大系数，一、二、三级分别取 1.3、1.2、1.1；

　　M_b^l、M_b^r——分别为考虑地震作用组合时框架梁左、右端截面弯矩设计值，按顺时针和逆时针两个方向分别代入式（10-12）计算，取其较大值；

　　　　V_{Gb}——梁在重力荷载代表值（9 度时高层建筑还包括竖向地震作用标准值）作用下，按简支梁分析的梁端截面剪力设计值；

　　　　l_n——梁的净跨。

　　3. 框架柱的剪力设计值

　　一、二、三级框架柱和框支柱的柱端箍筋加密区的剪力设计值，按下式计算：

$$V_c = \eta_{vc} \frac{M_c^t + M_c^b}{H_n}$$ （10-15）

式中 $\quad \eta_{vc}$——框架柱端剪力增大系数，一、二、三、四级分别取 1.5、1.3、1.2、1.1。

　　一级和 9 度框架柱、框支柱柱端箍筋加密区，按下式计算：

$$V = 1.2 \frac{M_{cua}^t + M_{cua}^b}{H_n}$$ （10-16）

式中　M_c^t、M_c^b ——分别为框架柱上、下端截面弯矩设计值，分别按顺时针和逆时针方向计算 M_c^t 与 M_c^b 之和，并取较大值代入式（10-15）；

M_{cua}^t、M_{cua}^b ——分别为框架柱上、下端截面的受弯承载力，计算时应采用实配钢骨截面和配筋面积，并取钢骨材料的屈服强度以及混凝土和钢筋材料强度的标准值，且考虑承载力抗震调整系数，应分别按顺时针和逆时针方向计算 M_{cua}^t 与 M_{cua}^b 之和，并取较大值代入式（10-16）；

H_n ——框架柱净高。

非抗震结构、不需进行抗震验算的结构以及四级抗震结构，以及一、二、三级结构中框架柱的非箍筋加密区，取组合的最大剪力设计值。对于角柱，其剪力设计值应按以上计算值再乘以不小于 1.1 的增大系数。

4. 受剪承载力计算

《钢骨规程》规定，配置实腹式钢骨的钢骨混凝土梁、柱，可按以下叠加方法计算其斜截面受剪承载力：

$$V \leqslant V_u^{rc} + V_y^{ss} \qquad (10\text{-}17)$$

式中　V——剪力设计值；

V_u^{rc} ——钢筋混凝土部分的受剪承载力，按《混凝土规范》计算；

V_y^{ss} ——钢骨部分的受剪承载力，按下式计算：

$$V_y^{ss} = f_{ssv} t_w h_w \qquad (10\text{-}18)$$

其中，f_{ssv} 为钢骨的受剪强度设计值；t_w、h_w 为钢骨腹板的厚度和高度。

5. 梁柱节点核心区受剪计算

钢骨混凝土梁柱节点核心区的受剪性能与钢筋混凝土节点核心区类似，但由于有钢骨，抗剪能力显著增加。荷载较小时，节点核心区基本处于弹性阶段，钢骨腹板与混凝土的剪切变形基本一致。当主拉应力达到混凝土抗拉强度时，沿节点核心区对角方向产生斜裂缝。随着荷载的增加，核心区斜裂缝增多并加宽，剪切变形不断增大。当核心区形成一条主斜裂缝，沿对角线方向基本贯通，钢骨腹板开始达到屈服。钢骨腹板屈服后，由于箍筋和钢骨翼缘框的约束，核心区混凝土仍能继续承受一部分剪力，有较大的变形能力。

钢骨混凝土梁柱节点核心区受剪承载力的计算也同样采用叠加法，即由钢筋混凝土的受剪承载力和钢骨腹板的受剪承载力叠加，具体计算公式见《钢骨规程》。对于抗震设计，应根据强节点要求，参照钢筋混凝土梁柱核心区的抗震设计，将核心区剪力设计值乘以增大系数。

10.2.5　钢骨混凝土柱的轴压力限值

对于抗震结构，与钢筋混凝土柱需要控制轴压比的原理相同，钢骨混凝土柱也需要控制轴压力。图 10-19 为定值轴力下钢骨混凝土构件的弯矩-曲率关系试验结果。图中 N_0 表示轴心受压承载力。$N/N_0=0$ 时，即纯弯情况，钢骨混凝土构件的延性相当好。在 $N/N_0=0.2$ 时，最大受弯承载力比纯弯时有所增大，达到最大承载力后承载力略有降低，但仍表现出较好的延性。当 N/N_0 大于 0.4 后，最大受弯承载力随轴压力的增大而减小，而且超过最大承载力后的衰减幅度亦随之增大，延性降低。

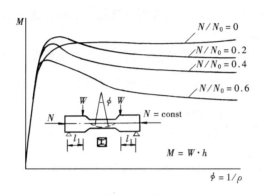

图 10-19 定值轴力下钢骨混凝土构件的弯矩-曲率关系

钢骨混凝土柱轴压力限值不仅影响结构的抗震性能，同时也是确定柱的截面尺寸、钢骨含量及配筋构造等的重要参数。试验表明，当 $N/N_0 > 0.4 \sim 0.5$ 时，钢骨混凝土柱的抗震性能显著降低。因此，为保证钢骨混凝土柱的抗震性能，必需限制柱的轴压力。钢骨混凝土柱的轴压力限值可表示为：

$$N \leqslant n(f_c A + f_{ss} A_{ss}) \tag{10-19}$$

式中　n——钢骨混凝土柱的轴压力限值系数，《钢骨规程》的规定见表 10-12。

钢骨混凝土柱轴压力限值系数 n 　　　　表 10-12

结构类型	抗 震 等 级			
	特一级	一级	二级	三级
框架结构	0.60	0.65	0.75	0.85
框架-剪力墙结构 框架-筒体结构	0.65	0.70	0.80	0.90
框支柱	0.55	0.60	0.70	0.80
地下结构中的框架柱	0.70	0.75	0.85	0.95

10.2.6　钢骨混凝土柱的二阶效应

钢骨混凝土柱正截面受压承载力计算时，应考虑结构侧移和构件挠曲引起的附加内力。高层建筑的钢骨混凝土柱，可按《混凝土高规》的有关规定确定二阶效应产生的弯矩增大系数，也可近似按下列公式考虑二阶效应对轴向压力偏心距影响的偏心距增大系数 η：

$$\eta = 1 + 1.25 \frac{(7 - 6\alpha)}{e_i/h_c} \zeta \left(\frac{l_0}{h_c}\right)^2 \times 10^{-4} \tag{10-20a}$$

$$\alpha = \frac{N - N_b}{N_0 - N_b} \tag{10-20b}$$

$$\zeta = 1.3 - 0.026 l_0/h \tag{10-20c}$$

式中 l_0——柱的计算长度，按《混凝土规范》的有关规定取值；

       h_c——柱截面高度；

       e_i——初始偏心距，取附加偏心距 e_a 与计算偏心距 e_0 之和；附加偏心距 e_a

           按《混凝土规范》的规定取值；计算偏心距取 $e_0 = \dfrac{M}{N}$；

       α——轴压力影响系数；

       ζ——长细比影响系数，当大于 1.0 时，取 1.0；当小于 0.7 时，取 0.7。

10.2.7 钢骨混凝土柱脚

钢骨混凝土柱脚分为非埋入式和埋入式两种，如图 10-20 所示。

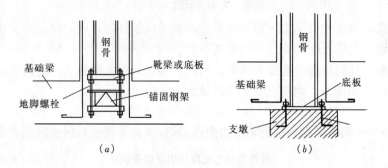

图 10-20   钢骨混凝土柱脚
(a) 非埋入式柱脚；(b) 埋入式柱脚

    非埋入式柱脚的钢骨在基础顶面终止，其内力依靠地脚螺栓和底板传递至基础，计算时可将柱脚处钢骨视为铰接，柱脚底部的截面内力全部由柱底部钢筋混凝土承担。非埋入式柱脚构造较为简单，施工方便，但抗震性能较差，一般用于地下室顶板为上部结构的嵌固位置、钢骨柱延伸至基础的情况。

    埋入式柱脚的钢骨一直深入到基础混凝土内，固定于底部支墩或桩基上。埋入式柱脚施工较为复杂，但地震时柱脚不易滑动，因此，抗震结构宜采用埋入式柱脚。

    埋入式柱脚中，钢筋混凝土部分的内力直接传递到钢筋混凝土基础中，而钢骨中的内力是依靠钢骨与混凝土间的侧压力传递（图 10-21），扣除侧压力传递后的内力由柱脚底板的螺栓承担。当钢骨埋入基础达到一定深度时，柱脚底板处的剪力和弯矩为零，此时柱脚底板可按构造设置固定螺栓。具体计算方法见《钢骨规程》。

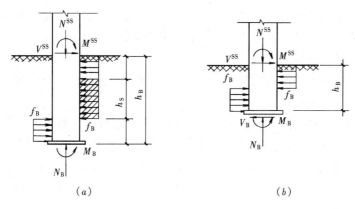

图 10-21 埋入式柱脚的内力传递

（a）埋深较大时；（b）埋深较浅时

钢骨混凝土柱与钢筋混凝土基础之间材料有显著变化，对内力传递要求较高，因此须设置构造剪力连接件以增强内力传递能力。一般在埋入式柱脚钢骨埋入部分的翼缘、非埋入式柱脚地面以上第一层柱钢骨翼缘上设置栓钉，如图 10-22 所示。栓钉的直径不小于 19mm，水平及竖向中心距不大于 200mm，且栓钉至钢骨板材边缘的距离不大于 100mm。

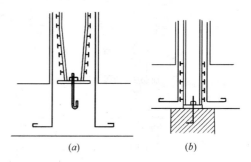

图 10-22 柱脚钢骨栓钉布置

（a）非埋入式；（b）埋入式

10.2.8 梁 柱 连 接

1. 钢骨混凝土梁柱连接

钢骨混凝土梁柱连接的关键是钢骨的连接构造。钢骨的连接应能保证梁端钢骨的内力可靠地传递到柱钢骨。为使内力传递平顺合理，一般使梁的钢骨承担的弯矩传递给柱的钢骨，梁的钢筋混凝土部分的弯矩传递给柱的钢筋混凝土。

梁柱连接部位钢骨和钢筋交错纵横，因此钢骨连接形式要注意易于浇筑混凝土，保证梁-柱核心区混凝土的密实性。梁的主筋不应穿过柱钢骨翼缘，也不得与柱钢骨直接焊接。因此，柱的钢骨和主筋的布置应为梁的主筋通过留出通道。钢骨腹板部分设置钢筋贯穿孔时，截面缺损率不应超过腹板面积的 20%。

梁柱钢骨的连接形式，分为柱翼缘贯通型（图 10-23a～e）和梁翼缘贯通型

（图 10-23 *f*）。采用柱翼缘贯通型，应在梁翼缘位置设置加劲肋。各种连接形式的特点如下：

（1）水平加劲肋形式（图 10-23*a*）：应力传递平顺合理，是常用的钢骨连接形式，但由于有水平加劲肋的存在，混凝土浇筑有一些困难。

（2）水平三角加劲肋形式（图 10-23*b*、*c*）：改善了图（*a*）形式的混凝土浇筑条件，但应力传递性能比图（*a*）差。三角加劲肋使柱腹板产生比较大的应力集中，应进行有关验算。

（3）垂直加劲肋形式（图 10-23*d*、*e*）：混凝土易于浇筑，但梁翼缘的应力通过柱翼缘和垂直加劲肋传递，应力传递不直接，性能不如前两种形式。

（4）梁翼缘贯通形式（图 10-23*f*）：将柱翼缘切断后焊在贯通的梁翼缘上，其传力性能和（图 10-23*a*）大致相同，应力传递没有什么问题，但混凝土浇筑

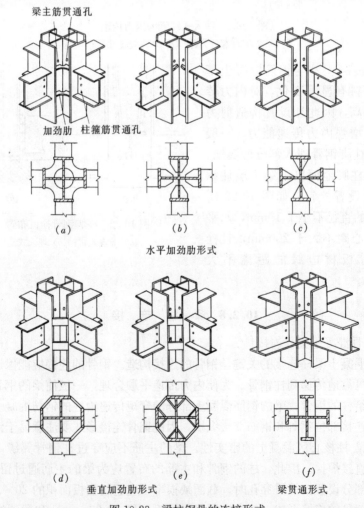

图 10-23　梁柱钢骨的连接形式

困难。

2. 钢筋混凝土梁-钢骨混凝土柱连接

钢筋混凝土梁-钢骨混凝土柱的连接，可采用以下两种方式：

（1）如图 10-24（a）所示，在与钢骨混凝土柱连接的梁端，设置一段钢梁与梁主筋搭接。钢梁长度应满足梁的主筋搭接长度要求，并在钢梁的上下翼缘上设置剪力连接件。梁内应有不少于 1/3 面积的主筋连续配置。梁端至钢梁端部以外 2 倍梁高范围内，应加密箍筋。

（2）如图 10-24（b）所示，梁的大部分主筋穿过钢骨混凝土柱连续配置，部分主筋可在柱两侧截断，与柱钢骨伸出的钢牛腿可靠焊接，钢牛腿的长度应满足焊接强度要求。从梁端至钢牛腿端部以外 2 倍梁高范围内，应加密箍筋。

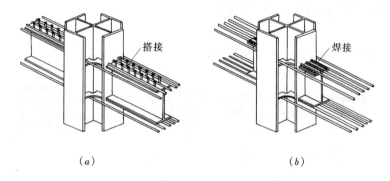

图 10-24 钢筋混凝土梁与钢骨混凝土柱连接

10.2.9 梁墙连接

钢骨或钢梁与剪力墙的连接，可采用铰接和刚接两种形式。铰接连接形式如图 10-25 所示，钢骨或钢梁的腹板通过螺栓与剪力墙中的预埋件或预埋钢骨上的连接板连接，此时梁的钢骨或钢梁的梁端按铰接计算，但剪力墙中的预埋件或预埋钢骨的设计计算应考虑梁端剪力和梁端部分嵌固弯矩的作用。预埋件容易损坏，预埋钢骨连接性能较好。

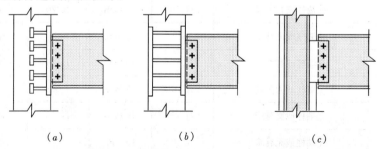

图 10-25 钢骨或钢梁与剪力墙铰接连接
（a）与栓钉预埋件连接；（b）与预埋件连接；（c）与预埋钢骨连接

当梁端按固结考虑时，剪力墙中必须设置钢骨，此时的连接构造形式与钢梁-钢骨混凝土柱连接类似。梁端固端弯矩使剪力墙产生平面外弯矩，剪力墙的设计应予以考虑。

10.2.10　钢骨混凝土剪力墙

1. 截面形式与最小墙厚

钢骨混凝土剪力墙分为无端柱剪力墙和有端柱剪力墙，见图 10-26。无端柱剪力墙是带翼缘或不带翼缘的、钢骨配置在暗柱或端柱中的现浇剪力墙；有端柱剪力墙是边缘有钢骨混凝土明柱、楼盖处有梁或暗梁、且与墙腹板整体现浇的墙。参与受力的竖向钢骨应沿高度连续贯通。无端柱剪力墙的厚度或有端柱剪力墙腹板部分的厚度应符合表 10-13 的要求。

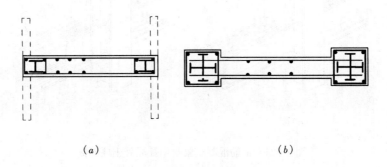

（a）　　　　　　　　　　　　　（b）

图 10-26　钢骨混凝土剪力墙的形式

（a）无端柱钢骨混凝土剪力墙；（b）有端柱钢骨混凝土剪力墙

钢骨混凝土剪力墙截面的最小厚度　　　　　　　　　　　表 10-13

抗震等级	剪力墙部位	最小厚度（取较大者）			
		底部加强部位		其他部位	
一、二级	有端柱或有翼墙	$H/16$	200mm	$H/20$	160mm
	无端柱或无翼墙	$h/12$	200mm	$h/15$	180mm
三、四级	有端柱或有翼墙	$H/20$	160mm	$H/25$	160mm
	无端柱或无翼墙	$h/16$	180mm	$h/20$	180mm
非抗震	有端柱或有翼墙	$H/25$	160mm	$H/25$	160mm
	无端柱或无翼墙	$h/20$	180mm	$h/20$	180mm

注：H 为层高及净宽（无支长度）二者之较小者；h 为层高。

2. 竖向及水平分布钢筋

无端柱剪力墙或有端柱剪力墙腹板部分的竖向及水平分布筋应符合下列要求：

（1）非抗震设防及四级抗震结构，面积配筋率不小于 0.2%，直径不小于 8mm，间距不大于 300mm。

（2）一、二、三级时，面积配筋率不小于 0.25%，直径不小于 8mm，间距不大于 200mm。

（3）特一级时，面积配筋率不小于 0.35%，直径不小于 10mm，间距不大于 200mm。

（4）与室外直接接触的剪力墙，或由于其他原因导致剪力墙混凝土产生较高温度应力的部位，靠近墙表面的两层钢筋面积配筋率不小于 0.25%，直径不小于 8mm，间距不大于 200mm。

对于抗震结构，钢骨混凝土剪力墙底部加强区水平分布筋应加密。加强区高度可取结构总高的 1/10，且不小于 1 层楼高（10 层及 10 层以下结构）或 2 层楼高（10 层以上结构）。加强区范围内水平分布筋的间距不大于 150mm（三、四级）、100mm（特一、一、二级），特一级剪力墙加密区面积配筋率尚不宜小于 0.4%。

3. 轴压力系数及边缘构件

钢骨混凝土剪力墙底部加强部位在重力荷载代表值作用下的轴压力系数 n 不宜超过表 10-14 的限值，n 按下式计算：

$$n = \frac{N}{f_c A_c + f_{ssy} A_{ss}} \tag{10-21}$$

式中　N——重力荷载代表值作用下剪力墙墙肢的轴压力设计值；

　A_c、f_c——分别为剪力墙墙肢的截面面积和混凝土轴心受压强度设计值；

　A_{ss}、f_{ssy}——分别为剪力墙内钢骨部分的截面面积和钢骨抗压强度设计值。

钢骨混凝土剪力墙底部加强部位的轴压力系数 n 的限值　　　　表 10-14

抗震等级	特一级、一级（9 度）	一级（7、8 度）	二级
有端柱剪力墙	0.45	0.55	0.65
无端柱剪力墙	0.40	0.50	0.60

无端柱钢骨混凝土剪力墙端部应设置边缘构件。边缘构件范围内应配置钢骨、纵向钢筋和钢箍，共同组成暗柱。暗柱尺寸及面积、纵筋及箍筋的最小要求宜符合《抗震规范》有关剪力墙边缘构件的构造规定。暗柱内钢骨面积可由截面承载力计算确定，尚应符合钢骨最小含钢率要求。端部钢骨宜采用工字钢或槽钢等截面形式，其惯性矩较大的形心轴（强轴）宜与墙面平行，宜放置在暗柱面积

内靠外边缘一侧，钢骨保护层不小于 50mm。

无端柱钢骨混凝土剪力墙在楼板标高处设置暗梁。暗梁可由钢骨、箍筋与纵向钢筋组成，或仅采用钢箍与纵向钢筋组成，暗梁不参加剪力墙受力计算。特一级和一级时，暗梁内应设置钢骨（图 10-27a）；二级时，暗梁内宜配置钢骨。暗梁钢骨应与暗柱内钢骨组成框架。其他情况可以按构造或施工要求设置暗梁。

腹板的水平钢筋应在钢骨外绕过，或与钢骨焊接，或水平钢筋伸入暗柱，其锚固长度应符合《混凝土规范》的规定，见图 10-27 (b)。

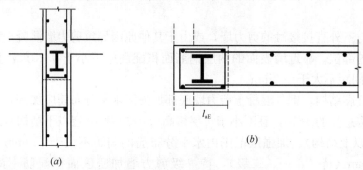

(a)   (b)

图 10-27　剪力墙暗梁暗柱构造

(a) 暗梁内配置钢骨；(b) 剪力墙水平钢筋在暗柱中锚固

有端柱钢骨混凝土剪力墙的端柱配置钢骨、纵筋与箍筋，形成剪力墙的边缘构件，其钢骨面积可按承载力计算确定，同时应符合《钢骨规程》最小含钢率的要求，钢骨配置和钢筋的构造要求与钢骨混凝土柱相同。剪力墙腹板内的水平钢筋应伸入边柱，且满足锚固长度要求。

有端柱钢骨混凝土剪力墙在楼层标高处应设置钢骨混凝土梁或暗梁，与钢骨混凝土端柱组成框架。非抗震设计时，也可采用钢筋混凝土暗梁。钢骨混凝土暗梁或钢筋混凝土暗梁不参与承载力计算，可按构造要求或施工阶段对钢骨的要求设置。

4. 正截面受弯承载力验算

无端柱和有端柱钢骨混凝土剪力墙在压弯作用下，在已知轴力设计值时，正截面受弯承载力应满足下式要求：

$$M \leqslant M_{wu} \tag{10-22}$$

式中　M_{wu}——正截面受弯承载力，其计算方法与普通钢筋混凝土矩形和工形截面剪力墙相同，端部钢骨面积计入剪力墙端部钢筋面积，按《混凝土规范》或《混凝土高规》的有关公式计算，计算公式中用 $A_s f_{sy} + A_{ss} f_{ssy}$ 代替 $A_s f_{sy}$；当有地震作用组合时，尚应考虑抗震承载力调整系数 γ_{RE}；在剪力墙墙肢中部的钢骨是否参加受力，可由平截面假定分析确定，也可近似考虑中和轴两边各 x 距离以内的钢骨不参加剪力墙受弯承载力计算，x 为压弯截面的受压区高度；

A_s、f_{sy}——分别为端部钢筋面积和钢筋的抗拉强度设计值；

A_{ss}、f_{ssy}——分别为端部钢骨面积和钢骨的抗拉强度设计值。

5. 斜截面受剪承载力验算

（1）钢骨混凝土剪力墙斜截面受剪承载力，应满足以下要求。

无端柱钢骨混凝土剪力墙：

$$V_w \leqslant V_{wu}^{rc} + V_{wu}^{ss} \tag{10-23}$$

有端柱钢骨混凝土剪力墙：

$$V_w \leqslant V_{wu}^{rc} + \frac{1}{2} \Sigma V_{cu} \tag{10-24}$$

式中　V_w——钢骨混凝土剪力墙的剪力设计值；

V_{wu}^{rc}——剪力墙中钢筋混凝土腹板部分的受剪承载力；

V_{wu}^{ss}——无端柱剪力墙中钢骨部分的受剪承载力；

V_{cu}——有端柱剪力墙中每根钢骨混凝土端柱的受剪承载力。

（2）钢骨混凝土剪力墙的剪力设计值 V_w 按以下方法计算。

① 非抗震结构以及四级抗震剪力墙，以及其他抗震等级剪力墙的非加强区：

$$V_w = V_{max} \tag{10-25a}$$

② 一、二、三级剪力墙的加强区：

$$V_w = \eta_{vw} V_{max} \tag{10-25b}$$

③ 设防烈度为 9 度和抗震特一级的剪力墙：

$$V_w = 1.2 \frac{M_{wu}}{M} V_{max} \tag{10-25c}$$

式中　V_{max}、M——分别为剪力墙计算截面组合的剪力设计值和组合的弯矩设计值；

η_{vw}——剪力增大系数，抗震等级为一、二、三级分别取 1.6、1.4、1.2；

M_{wu}——考虑承载力抗震调整系数的剪力墙受弯承载力，其计算方法与普通钢筋混凝土矩形和工形截面剪力墙相同，端部钢骨面积计入剪力墙端部钢筋面积，按《混凝土规范》或《混凝土高规》的有关公式计算，计算中用 $A_s f_{sy} + A_{ss} f_{ssy}$ 代替 $A_s f_{sy}$；当有地震作用组合时，尚应考虑抗震承载力调整系数 γ_{RE}。

计算时应采用剪力墙钢筋实际面积、钢骨实际面积及钢筋、混凝土材料的强度标准值和钢骨材料的屈服强度。

(3) 钢骨混凝土剪力墙中钢筋混凝土腹板部分的受剪承载力，按以下方法计算。

持久、短暂设计状况：

$$V_{wu}^{rc} = \frac{1}{\lambda - 0.5} \left(0.5 f_t b_w h_{w0} + 0.13 N \frac{A_w}{A} \right) + f_{yh} \frac{A_{sh}}{s} h_{w0} \qquad (10\text{-}26a)$$

地震设计状况：

$$V_{wu}^{rc} = \frac{1}{\gamma_{RE}} \left[\frac{1}{\lambda - 0.5} \left(0.4 f_t b_w h_{w0} + 0.1 N \frac{A_w}{A} \right) + 0.8 f_{yh} \frac{A_{sh}}{s} h_{w0} \right]$$

$$(10\text{-}26b)$$

式中　N——剪力墙轴压力设计值，应取荷载组合得到的较小轴压力设计值，抗震设计时，应取地震作用组合；当 N 大于 $0.2 f_c b_w h_{w0}$ 时，取 N 等于 $0.2 f_c b_w h_{w0}$；

A、A_w——分别为剪力墙计算截面的全面积及钢筋混凝土腹板的面积；对无端柱剪力墙，A 可适当考虑部分翼缘作用，或近似取 $A = A_w$；

A_{sh}——剪力墙同一水平截面内水平钢筋各肢面积之和；

λ——计算截面处的剪跨比，$\lambda = M/V h_{w0}$，λ 小于 1.5 时，取 $\lambda = 1.5$，λ 大于 2.2 时，取 $\lambda = 2.2$；

h_{w0}——剪力墙截面计算有效高度，$h_{w0} = h_w - a$，a 为钢骨重心到较近边的距离。

钢筋混凝土腹板部分的受剪承载力 V_{wu}^{rc}，在无地震作用组合时，尚不应大于 $0.25 \beta_c f_c b_w h_{w0}$；在有地震作用组合时，尚不应大于 $\frac{1}{\gamma_{RE}} [0.20 \beta_c f_c b_w h_{w0}]$。

(4) 无端柱钢骨混凝土剪力墙中钢骨部分的受剪承载力，按以下方法计算。

持久、短暂设计状况：

$$V_{wu}^{ss} = 0.15 f_{ssy} \Sigma A_{ss} \qquad (10\text{-}27a)$$

地震设计状况：

$$V_{wu}^{ss} = \frac{1}{\gamma_{RE}} [0.12 f_{ssy} \Sigma A_{ss}] \qquad (10\text{-}27b)$$

V_{wu}^{ss} 的取值不大于 $0.25 V_{wu}^{rc}$。

式中　A_{ss}——无端柱钢骨混凝土剪力墙端部暗柱中钢骨的面积。

(5) 有端柱剪力墙中钢骨混凝土端柱的受剪承载力，按以下方法计算。

持久、短暂设计状况：

$$V_{cu} = \frac{1.75}{\lambda+1}f_t b_c h_{c0} + f_{yv}\frac{A_{sv}}{s}h_{c0} + f_{ssv}t_w h_w \tag{10-28a}$$

地震设计状况：

$$V_{cu} = \frac{1}{\gamma_{RE}}\left[\frac{1.05}{\lambda+1}f_t b_c h_{c0} + f_{yv}\frac{A_{sv}}{s}h_{c0} + 0.8f_{ssv}t_w h_w\right] \tag{10-28b}$$

式中 h_{c0}——钢骨混凝土端柱的截面有效高度；

b_c——钢骨混凝土端柱的截面宽度；

$t_w h_w$——钢骨混凝土端柱中与剪力墙墙板平行的所有钢骨板材面积之和，当有孔洞时，应扣除孔洞面积。

10.2.11 钢板混凝土连梁

高层建筑混合结构核心筒或剪力墙中的连梁，除钢筋混凝土连梁、钢筋混凝土交叉暗撑连梁外，还有钢骨混凝土连梁、钢板混凝土连梁和钢连梁。当连梁截面厚度较大时，且剪力墙边缘采用钢骨混凝土柱或钢骨混凝土暗柱时，可采用钢骨混凝土连梁；当连梁截面厚度较小时，可采用钢板混凝土连梁或钢连梁。钢筋混凝土连梁和钢筋混凝土交叉暗撑连梁可按《混凝土高规》设计，钢骨混凝土连梁可根据《混凝土高规》连梁抗震设计的规定执行，按钢骨混凝土梁的受弯与受剪承载力进行计算。本节介绍钢板混凝土连梁的设计方法。

1. 受弯承载力

钢板混凝土连梁的受弯承载力按下列公式计算：

持久、短暂设计状况 $M_b \leqslant A_s \cdot f_{sy} \cdot \gamma h_{b0} + 0.1t_w h_w^2 f_{ssy} \tag{10-29a}$

地震设计状况 $M_b \leqslant \frac{1}{\gamma_{RE}}\left[A_s \cdot f_{sy} \cdot \gamma h_{b0} + 0.1t_w h_w^2 f_{ssy}\right] \tag{10-29b}$

式中 A_s——连梁抗弯纵筋的截面面积；

γh_{b0}——连梁截面的抗弯内力臂高度；

M_b——连梁的弯矩设计值；

t_w——钢板的厚度；

h_w——钢板的净高；

f_{ssy}——钢板的抗拉、压、弯强度设计值，按《钢结构规范》的有关规定采用；

γ_{RE}——钢板混凝土连梁的承载力抗震调整系数，取 0.75。

2. 剪力设计值

钢板混凝土连梁的剪力设计值，按下列规定计算：

无地震作用组合和四级时，取组合的剪力设计值。

一、二、三级时，按下式计算：

$$V_{\text{b}} = \eta_{\text{vb}} \frac{M_{\text{b}}^{\text{l}} + M_{\text{b}}^{\text{r}}}{l_{\text{n}}} + V_{\text{Gb}} \tag{10-30a}$$

9 度及特一级时，按下式计算：

$$V_{\text{b}} = 1.1 \frac{M_{\text{bua}}^{\text{l}} + M_{\text{bua}}^{\text{r}}}{l_{\text{n}}} + V_{\text{Gb}} \tag{10-30b}$$

式中　M_{b}^{l}、M_{b}^{r}——分别为梁左、右端顺时针或反时针方向考虑地震作用组合的弯矩设计值；对一级且两端均为负弯矩时，绝对值较小一端的弯矩应取零；

$M_{\text{bua}}^{\text{l}}$、$M_{\text{bua}}^{\text{r}}$——分别为梁左、右端顺时针或反时针方向按实际截面计算的受弯承载力，计算时应采用实配钢板和钢筋面积、并取钢材的屈服强度和钢筋及混凝土材料强度标准值，并考虑承载力抗震调整系数；

l_{n}——连梁的净跨；

V_{Gb}——在重力荷载代表值作用下，按简支梁计算的梁端截面剪力设计值；

η_{vb}——连梁剪力增大系数，一级取 1.3，二级取 1.2，三级取 1.1。

3. 斜截面受剪承载力

钢板混凝土连梁的斜截面受剪承载力，按下列公式计算：

持久、短暂设计状况

$$V_{\text{b}} \leqslant 0.7 f_{\text{t}} b h_{\text{b0}} + f_{\text{yv}} \frac{A_{\text{sv}}}{s} h_{\text{b0}} + 0.35 f_{\text{ssv}} t_{\text{w}} h_{\text{w}} \tag{10-31a}$$

同时要求

$$V_{\text{b}} \leqslant f_{\text{yv}} \frac{A_{\text{sv}}}{s} h_{\text{b0}} + f_{\text{ssv}} t_{\text{w}} h_{\text{w}} \tag{10-31b}$$

地震设计状况

$$V_{\text{b}} \leqslant \frac{1}{\gamma_{\text{RE}}} \left[0.42 f_{\text{t}} b h_{\text{b0}} + f_{\text{yv}} \frac{A_{\text{sv}}}{s} h_{\text{b0}} + 0.35 f_{\text{ssv}} t_{\text{w}} h_{\text{w}} \right] \tag{10-32}$$

式中　V_{b}——连梁剪力设计值；

f_{t}——混凝土轴心抗拉强度设计值，按《混凝土规范》的规定采用；

f_{yv}——箍筋的抗拉强度设计值，按《混凝土规范》的规定采用；

b——连梁截面的宽度；

h_{b0}——连梁截面的有效高度；

A_{sv}——配置在同一截面内各肢箍筋的全部截面面积；

s——沿构件长度方向的箍筋间距；

t_{w}——钢板的厚度；

h_{w}——钢板的高度。

4. 最小截面尺寸

钢板混凝土连梁的截面尺寸应符合下列要求：

持久、短暂设计状况

$$V_b \leqslant 0.30\beta_c f_c bh_{b0} \tag{10-33a}$$

地震设计状况

$$V_b \leqslant \frac{1}{\gamma_{RE}}(0.2\beta_c f_c bh_{b0}) \tag{10-33b}$$

式中　V_b——连梁的剪力设计值；

　　　β_c——混凝土强度影响系数；当混凝土强度等级不超过 C50 时，取 $\beta_c = 1.0$；当混凝土强度等级为 C80 时，取 $\beta_c = 0.8$；其间按线性内插法确定。

5. 构造要求

钢板混凝土连梁应符合下列构造要求：

① 纵向受力钢筋、腰筋和箍筋的构造应符合《混凝土高规》的要求；

② 钢板混凝土连梁内钢板的厚度不应小于 6mm，高度不宜超过梁高的 0.7 倍，钢板宜采用 Q235B 级钢材；

③ 钢板的表面应设置焊接栓钉（图 10-28a），也可在钢板每侧焊接两根直径不小于 12mm 的通长钢筋（图 10-28b）。

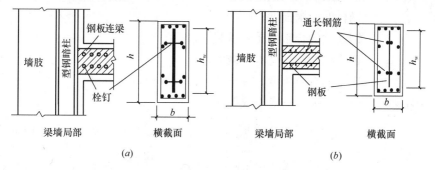

图 10-28　钢板混凝土连梁以及钢板与两端钢骨暗柱的连接
(a) 采用栓钉的钢板连梁；(b) 钢板表面焊接带肋钢筋的钢板连梁

④ 钢板在墙肢内应可靠锚固。如果在墙肢内设置钢骨暗柱，连梁钢板的两端与钢骨暗柱可采用焊接或螺栓连接。如果墙肢内无钢骨暗柱，钢板在墙肢中的埋置长度不应小于 500mm 与钢板高度二者中的较大值，在距离墙肢表面 75mm 处以及钢板端部焊接加劲钢板，其厚度不小于 16mm，宽度不小于 100mm，见图 10-29。

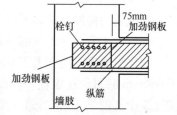

图 10-29　钢板在墙肢中的锚固

10.2.12 钢 连 梁

1. 破坏形态

当连梁的有效跨度 $l_{eff} \geqslant 2.6M_p/V_p$，为弯曲屈服。此时应确保连梁首先弯曲屈服，连梁应在墙肢中有足够的锚固长度，确保钢连梁锚固段不发生滑移；且连梁上应设置足够的加劲肋，确保连梁弯曲屈服后的延性。

当连梁的有效跨度 $l_{eff} < 2.6M_p/V_p$，连梁可能首先发生剪切屈服，连梁在墙肢中应有足够的锚固长度，以确保连梁抗剪承载力的充分发挥；连梁上应设置足够的加劲肋，以确保其剪切屈服后的延性。

2. 剪力设计值及受剪承载力

钢连梁的剪力设计值按下列规定计算：

(1) 持久、短暂设计状况，取组合的剪力设计值；

(2) 地震设计状况：

$$l_{eff} \geqslant 2.6M_p/V_p \text{ 时} \quad V_b = 2W_p^{ss}f_{ssy}/l_{eff} + V_{Gb} \tag{10-34a}$$

$$l_{eff} < 2.6M_p/V_p \text{ 时} \quad V_b = 0.58f_{ssy}h_w t_w \tag{10-34b}$$

式中　W_p^{ss}——钢连梁的塑性截面模量；

f_{ssy}——钢材的屈服强度；

M_p——钢连梁的全塑性受弯承载力；

V_p——钢连梁的塑性受剪承载力；

l_{eff}——连梁的有效跨度，$l_{eff} = l_n + 2a$，a 可取 30mm。

钢连梁的受剪承载力应满足下式要求：

$$l_{eff} \geqslant 2.6M_p/V_p \text{ 时}, V_b \leqslant 0.58\phi f_{ssy}h_w t_w/\gamma_{RE} \tag{10-35a}$$

$$l_{eff} < 2.6M_p/V_p \text{ 时}, V_b \leqslant \frac{1}{\gamma_{RE}}\left(\frac{2W_p^{ss} \cdot f_{ssy}}{l_{eff}}\right) \tag{10-35b}$$

式中　ϕ——系数，取 0.9；

γ_{RE}——承载力抗震调整系数，取 0.85，无地震组合时取 1.0。

3. 构造要求

钢连梁的构造要求如下：

(1) 钢连梁板件的局部稳定与整体稳定应符合《钢结构规范》的要求。

(2) 当钢连梁高度大于 650mm 时，钢腹板两侧均应设置加劲肋；高度不大于 650mm 时可仅在腹板一侧设置。加劲肋的厚度不应小于 10mm，也不应小于腹板厚度 t_w 的 0.75 倍。第一块加劲肋至墙表面的距离和加劲肋间距的要求见表 10-15。

跨度内钢连梁加劲肋的设置要求   表 10-15

钢连梁有效跨度	第一块加劲肋距墙肢边缘的距离	加劲肋间距
$l_{eff} \leqslant 1.6M_p/V_p$	$\leqslant 1.5b_f$	不大于 $(52t_w - 0.2d)$
$1.6M_p/V_p < l_{eff} \leqslant 2.6M_p/V_p$	$\leqslant 1.5b_f$	两端和中间均应设置
$2.6M_p/V_p < l_{eff} \leqslant 5M_p/V_p$	$\leqslant 1.5b_f$	只在两端设置
$l_{eff} > 5M_p/V_p$	不需设置	

注：t_w 为腹板厚度，d 为钢梁截面高度，b_f 为钢梁翼缘宽度。

(3) 当墙肢中有钢骨暗柱，且钢骨暗柱表面距墙边缘的距离不大于 1.5 倍连梁截面高度时，钢连梁端部应与钢骨暗柱刚性连接。在暗柱内钢连梁上、下翼缘位置应设置水平加劲肋（图 10-30），加劲肋厚度不应小于钢连梁翼缘厚度。

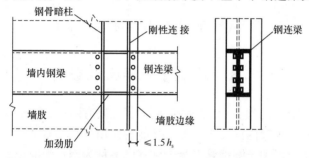

图 10-30　钢连梁与钢骨暗柱刚性连接

(4) 当墙肢中无钢骨暗柱或钢骨暗柱表面距墙边缘的距离大于 1.5 倍连梁截面高度时，钢连梁在墙肢中应具有足够的埋置长度。

(5) 钢连梁在墙肢中的埋置方法可以采用图 10-31 所示的形式。在钢连梁的端部及梁墙交界面应设置加劲板（图 10-31a），其厚度不应小于 16mm，也不应小于腹板厚度 t_w 的 1.5 倍。在锚固段内宜在上、下翼缘焊接栓钉（图 10-31b）。

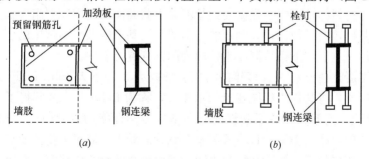

(a)　　　　　　　　　　　(b)

图 10-31　钢连梁在墙肢中的埋置方式

(6) 钢连梁翼缘两侧的混凝土内应配置钢筋，钢筋面积 A_{sc} 可按式（10-36）计算，钢筋的布置见图 10-32，其中 2/3 的 A_{sc} 钢筋需布置在墙体边缘部分，可与剪力墙边缘构件中的钢筋结合共用。

$$A_{sc} \geqslant 1.8V_b/f_{ssy} \qquad\qquad (10\text{-}36)$$

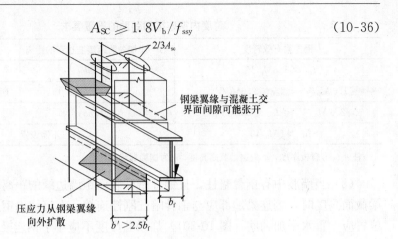

图 10-32　钢连梁翼缘两侧附加钢筋布置

10.3　圆钢管混凝土柱设计

用于房屋建筑的钢管混凝土柱的截面形状主要有圆形、方形和矩形，方形和矩形截面钢管对改变管内混凝土的力学性能的作用较小。本节介绍圆钢管混凝土柱的设计方法。我国关于圆钢管混凝土柱（以下称为钢管混凝土柱）的设计理论主要有极限平衡理论和统一理论两种。极限平衡理论也称极限分析法，其基本假定为：（1）钢管混凝土由钢管和管内混凝土两种元件组成；（2）钢管混凝土柱达到其轴心受压承载力时，对于直径与壁厚之比不小于 20 的钢管，其径向应力远小于环向应力，可忽略不计，钢管的应力状态简化为纵向受压、环向受拉，且沿管壁均匀分布；（3）钢管采用 Von Mises 屈服准则。钢管混凝土统一理论是将钢管和管内混凝土视为一种组合材料，钢管混凝土短柱的轴心受压承载力为钢管混凝土组合材料的轴压组合强度与钢管混凝土截面面积的乘积。组合强度是以试验研究为基础，通过数值计算确定的。本节介绍基于极限平衡理论的圆钢管混凝土柱的设计，本节以下钢管混凝土柱即为圆钢管混凝土柱。

钢管混凝土柱已有一百多年的历史。1897 年，美国人 John Lally 在圆钢管内填充混凝土，将其作为房屋建筑的承重柱，称为 Lally 柱，并获得了专利。20 世纪 30 年代，前苏联开展了钢管混凝土基本力学性能的试验研究。20 世纪 60 年代前后，前苏联、美国、日本等国家对钢管混凝土开展了大量的研究工作，并用于厂房、多层建筑、桥梁和特种工程，但由于浇筑钢管内混凝土有困难而应用并不广泛。20 世纪 80 年代后期，高强混凝土技术和泵送混凝土技术的迅速发展，使钢管混凝土柱及其应用得到迅速发展。至今，美国、日本、澳大利亚等国家建成的采用钢管混凝土柱的高层建筑已有 40 多幢。

我国于 20 世纪 60 年代将钢管混凝土柱用于地铁站台和单层工业厂房；20

世纪 70 年代，将钢管混凝土柱用于冶金、造船、电力等行业的厂房和重型构架；20 世纪 80 年代开始，对钢管混凝土构件和连接开展了系统、深入的研究，编制了设计与施工规程。至今，全国已有几十幢采用钢管混凝土柱的高层建筑和 100 多座钢管混凝土拱桥。

高层建筑采用钢管混凝土柱有许多优越性。与钢柱比：焊接量少；刚度大；耐火性能好；不存在钢柱受压翼缘屈曲失稳的问题；在承载力相同的条件下，用钢量减少约 50％。与钢筋混凝土柱比：在用钢量相近、承载力相同的条件下，截面面积减少一半，减轻了结构的重量，同时降低了基础造价；工厂预制钢管在现场安装就位，施工方便，还可以用钢管搭建施工平台，省去支模、拆模的工和料；直径不是很大的钢管内不需配置钢筋骨架，适宜于泵送混凝土；在高轴压力作用下，不存在受压区混凝土压碎而破坏的问题，钢管混凝土柱的抗震性能优于钢柱和钢筋混凝土柱。钢管内填充高强混凝土，是完美的抗压组合：钢管约束能有效克服高强混凝土的脆性，充分发挥高强混凝土的强度，减小柱的截面尺寸；钢管内使用高强混凝土，梁板使用普通混凝土，浇筑混凝土时互不干扰。钢管混凝土柱可以用作基础开挖时地下室的支柱，适合逆作法施工，可缩短施工工期。房屋建筑钢管混凝土柱的钢管外需要采取防火、防锈措施。

10.3.1 一 般 要 求

钢管混凝土柱的弹性变形包括轴向变形、弯曲变形和剪切变形。钢管混凝土柱由钢管和混凝土两部分组合而成，因此，其刚度应当计入钢管和混凝土两部分的贡献。在正常使用情况下，钢管混凝土柱处于弹性状态，钢管对混凝土的约束作用不大，钢管和核心混凝土基本处于单向受力状态。因此，钢管混凝土柱的轴向压缩刚度 EA、弯曲刚度 EI 和剪切刚度 GA 可分别按下式计算：

$$EA = E_a A_a + E_c A_c \tag{10-37a}$$

$$EI = E_a I_a + E_c I_c \tag{10-37b}$$

$$GA = G_a A_a + G_c A_c \tag{10-37c}$$

式中　E_a、E_c——分别为钢材和混凝土的弹性模量；

$\quad\quad$ G_a、G_c——分别为钢材和混凝土的剪变模量；

$\quad\quad$ A_a、A_c——分别为钢管截面面积和钢管内混凝土截面面积；

$\quad\quad$ I_a、I_c——分别为钢管截面和钢管内混凝土截面对其重心轴的惯性矩。

钢管可采用 Q235、Q345、Q390 和 Q420 钢材，对于房屋建筑，一般可选用 B 级钢。

钢管采用直缝焊接管、螺旋焊接管和无缝钢管，高层建筑一般采用直缝焊接管和螺旋焊接管。焊接管必须采用对接熔透焊缝，焊缝强度不低于管材的强度。

为了充分发挥钢管混凝土柱的优势，钢管内的混凝土强度等级不低于 C50。

钢管混凝土柱的防火，可以采用在柱的外表面固定钢丝网、包覆厚度为

50 mm 的水泥砂浆或混凝土保护层的方法。

房屋建筑钢管混凝土柱的构造应满足以下要求：

（1）钢管直径不小于 300mm，壁厚不小于 6mm。

（2）为了防止钢管壁局部失稳，钢管的外径与壁厚的比值 D/t 不大于 $100\sqrt{235/f_{ay}}$，f_{ay} 为钢管钢材的屈服强度。

（3）为了保证钢管混凝土柱有足够大的轴向承载力和延性，应保证钢管对管内混凝土的约束作用。用套箍指标 θ 作为度量约束程度的参数，抗震设计时，θ 不小于 0.5，也不大于 2.5。

（4）钢管混凝土柱的优势是轴向受压承载力高，一般用于小偏心受压构件，因此，柱的长径比（或长细比）和轴压力的偏心距应有限制。长径比 L_e/D 不大于 20，或长细比 $\lambda = l/r_i$ 不大于 80，L_e 为柱的无支长度或等效计算长度，D 为钢管外直径，l 和 r_i 分别为钢管混凝土构件的净长和回转半径；轴压力的偏心距 e_0 与钢管内混凝土半径 r_c 之比 e_0/r_c 不大于 1.0。

10.3.2　钢管混凝土柱承压工作机理

钢管混凝土柱也可以称为钢管约束混凝土柱，钢管对混凝土的约束作用优于箍筋对混凝土的约束。钢管混凝土的工作机理可以通过短柱的轴心受压试验获得。长径比 $L_e/D \leqslant 4$ 的钢管混凝土柱为短柱。

在加载初始阶段，混凝土的泊松比小于钢的泊松比，钢管内混凝土的侧向膨胀小于钢管的侧向膨胀，钢管与混凝土之间没有挤压力，两者共同承担轴向压力。随着轴压力加大，混凝土内水泥与骨料结合面原有的微细裂缝发展，并出现新的微裂缝，微裂缝发展使混凝土体积膨胀，其侧向变形超过钢管的侧向变形后，在混凝土与钢管之间产生径向压力，钢管壁受到环向拉力，钢管主要处于纵向受压、环向受拉的双向应力状态。钢管壁内的径向压应力很小，可以忽略。核心混凝土受到钢管径向紧箍力的作用，处于三向受压应力状态。图 10-33 为钢管和核心混凝土的受力简图。

钢管处于弹性阶段时，钢管混凝土短柱的外观变化不大；钢管屈服而开始塑性流动后，钢管表面可以观察到滑移斜线，外观体积也因混凝土微裂缝发展而增大。随着轴压力的增大，钢管的环向拉应力不断增大；根据 Von Mises 屈服条件，钢管承受的纵向压应力相应减小，轴向压力在钢管与管内混凝土之间重分布，钢管承受的压力减小，由主要承受轴向压应力转变为主要承受环向拉应力，而三向受压的混凝土因受到较大的约束紧箍力而具有更高的抗压强度和更大的塑性变形能力。钢管和管内混凝土所能承担的轴向压力之和达到最大时，即为钢管混凝土短柱的最大轴心受压承载力。超过最大承载力后，钢管混凝土柱的纵向变形继续增大，钢管表面局部凸曲皱折，不过，即使纵向变形很大，也不会出现管内混凝土压碎现象。

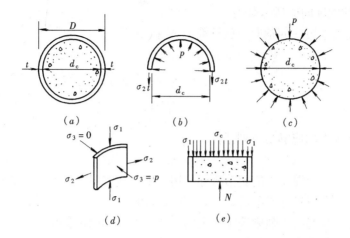

图10-33　轴心受压钢管混凝土短柱的钢管和管内混凝土的受力简图

长径比 $L_e/D \leqslant 4$ 的钢管混凝土短柱基本没有侧向弯曲，其破坏为材料强度受压破坏；$4 < L_e/D \leqslant 20$ 的中长柱的破坏为纵向压弯破坏，其轴向受压承载力随长径比的增加而减小，达到最大轴压力时，钢管表面平均纵向应变超过屈服应变，其破坏为非弹性失稳破坏；$L_e/D > 20$ 的柱，达到最大轴压力时，钢管表面平均纵向应变在弹性范围内，为弹性失稳破坏。因此，钢管混凝土柱的长径比不宜大于20。

10.3.3　钢管混凝土柱的轴向受压承载力验算

在高层建筑中，钢管混凝土柱承受轴压力及弯矩，其承载力验算主要为轴向受压承载力验算。钢管混凝土柱的轴向受压承载力应满足下式要求：

持久、短暂设计状况

$$N \leqslant N_u \tag{10-38a}$$

地震设计状况

$$N \leqslant N_u/\gamma_{RE} \tag{10-38b}$$

式中　N——轴向压力设计值；

　　　N_u——钢管混凝土柱的轴向受压承载力；

　　　γ_{RE}——钢管混凝土柱轴向受压承载力抗震调整系数。

钢管混凝土柱的轴向受压承载力 N_u，要计及其长细比的影响，对于同时承受轴力和弯矩作用的钢管混凝土柱，还要考虑弯矩的影响。N_u 用下式计算：

$$N_u = \phi_l \phi_e N_0 \tag{10-39}$$

式中　N_0——钢管混凝土短柱的轴向受压承载力；

　　　ϕ_l——考虑长细比影响的承载力折减系数；

　　　ϕ_e——考虑弯矩作用下偏心影响的承载力折减系数。

1. 短柱的轴向受压承载力

钢管混凝土短柱的轴向受压承载力 N_0 按下式计算：

$$\theta \leqslant [\theta] \text{ 时}, N_0 = 0.9 A_c f_c (1 + \alpha\theta) \tag{10-40a}$$

$$\theta > [\theta] \text{ 时}, N_0 = 0.9 A_c f_c (1 + \sqrt{\theta} + \theta) \tag{10-40b}$$

$$\theta = \frac{A_a f_a}{A_c f_c} \tag{10-40c}$$

且在任何情况下均应满足下列条件：

$$\varphi_l \varphi_e \leqslant \varphi_0 \tag{10-40d}$$

式中　θ——钢管混凝土的套箍指标，用以度量钢管对管内混凝土的约束程度；

　　$[\theta]$——套箍指标界限值，按表 10-16 取值，$[\theta] = 1/(\alpha-1)^2$；

　　α——与混凝土强度等级有关的系数，按表 10-16 取值；

A_a、f_a——分别为钢管的横截面面积和抗拉、抗压强度设计值；

A_c、f_c——分别为钢管内混凝土的横截面面积和轴心抗压强度设计值；

　　φ_l——考虑长细比影响的承载力折减系数；

　　φ_e——考虑偏心率影响的承载力折减系数；

　　φ_0——按轴心受压柱考虑的 φ_l 值。

系数 α、$[\theta]$ 取值表   表 10-16

混凝土强度等级	$\leqslant$C50	C55~C80
α	2.00	1.8
$[\theta]$	1.00	1.56

2. 偏心影响的承载力折减系数

钢管混凝土柱考虑柱端弯矩作用偏心影响的承载力折减系数 φ_e，按下式计算：

$$e_0/r_c \leqslant 1.55 \text{ 时}, \qquad \phi_e = \frac{1}{1 + 1.85 \dfrac{e_0}{r_c}} \tag{10-41a}$$

$$e_0 = \frac{M_2}{N} \tag{10-41b}$$

$$e_0/r_c > 1.55 \text{ 时}, \varphi_e = \frac{0.4}{\dfrac{e_0}{r_c}} \tag{10-41c}$$

式中　e_0——柱端轴向压力偏心距之较大者；

　　r_c——管内混凝土横截面的半径；

　　M_2——柱两端弯矩设计值的较大者；

　　N——轴向压力设计值。

3. 长细比影响的承载力折减系数

钢管混凝土柱考虑长细比影响的承载力折减系数 ϕ_l 按下式计算：

$$L_e/D \leqslant 4 \text{ 时} \qquad \phi_l = 1 \tag{10-42a}$$

$$L_e/D > 4 \text{ 时} \quad \phi_l = 1 - 0.115\sqrt{L_e/D - 4} \tag{10-42b}$$

式中　L_e、D——分别为钢管混凝土柱的等效计算长度和钢管外径。

柱的等效计算长度 L_e 按下式计算：

$$L_e = \mu k L \tag{10-43}$$

式中　L——柱的实际长度；

μ——考虑柱端约束条件的计算长度系数，根据梁柱的刚度比值按有关规范的规定执行；

k——考虑沿柱高度弯矩分布梯度影响的等效长度系数。

钢管混凝土柱的等效长度系数 k 按下列公式计算：

轴心受压柱和杆件（图 10-34a），$k=1$

$$\tag{10-44a}$$

无侧移框架柱（图 10-34b、c），$k = 0.5 + 0.3\beta + 0.2\beta^2$

$$\tag{10-44b}$$

有侧移框架柱（图 10-34d）和悬臂柱（图 10-34e、f）

$e_0/r_c \leqslant 0.8$ 时，

$$k = 1 - 0.625e_0/r_c \tag{10-44c}$$

$e_0/r_c > 0.8$ 时，

$$k = 0.5 \tag{10-44d}$$

当悬臂柱自由端有弯矩 M_1 作用时（图 10-34f），取式（10-44c）与式（10-44e）计算的较大值：

$$k = (1 + \beta_1)/2 \tag{10-44e}$$

式中　β——柱两端弯矩设计值的绝对值较小者 M_1 与较大者 M_2 的比值，$\beta = M_1/M_2$，其中 $|M_1| \leqslant |M_2|$，单曲压弯时 β 取正值，双曲压弯时 β 取负值；

β_1——悬臂柱自由端弯矩设计值 M_1 与嵌固端弯矩设计值 M_2 的比值，当 β_1 为负值（双曲压弯）时，则按反弯点分割的高度为 l_2 的悬臂柱计算。嵌固端是指，与柱相交横梁的线刚度不小于柱的线刚度的 4 倍者，或柱基础的长和宽均不小于柱直径的 4 倍者。

无侧移框架指结构中有支撑框架、剪力墙、井筒等结构单元，且其抗侧刚度不小于框架抗侧刚度的 5 倍者；有侧移框架指框架结构的框架，或上述剪力墙等结构单元的抗侧刚度小于框架抗侧刚度的 5 倍者。

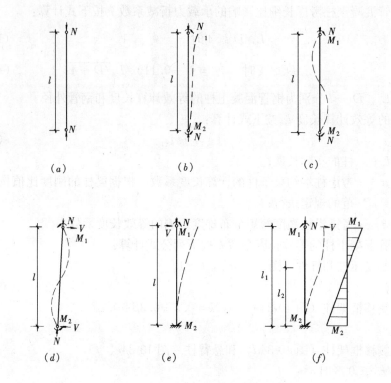

图 10-34　柱的计算简图

（a）轴心受压；（b）无侧移单曲压弯；（c）无侧移双曲压弯；（d）有侧移双曲压弯；

（e）悬臂柱单曲压弯；（f）悬臂柱双曲压弯

10.3.4　局　部　受　压

局部受压是钢管混凝土结构常见的一种受力形式。钢管混凝土柱有两种局部受压：中央部位局部受压（图 10-35），钢管与混凝土界面附近局部受压（图 10-36）。工业厂房的钢管混凝土柱、桥梁的钢管混凝土桥墩，上部结构的竖向荷载作用在柱的中央部位，形成中央部位局部受压；房屋建筑中常在钢管混凝土柱内设置钢加强环或环形隔板，使竖向力沿钢管与混凝土的界面呈环状分布，形成界面附近局部受压。两种局部受压都应进行局部受压承载力验算。当界面附近局部

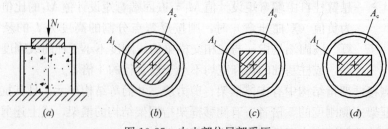

图 10-35　中央部位局部受压

受压承载力不足时，可将局压区段（等于钢管直径的 1.5 倍）管壁加厚，予以补强。

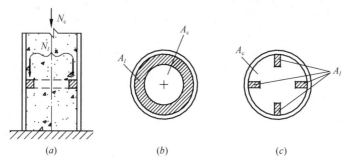

图 10-36　钢管与混凝土界面附近局部受压

10.3.5　楼盖梁/板与钢管混凝土柱连接

在房屋建筑中，钢管混凝土柱与其他构件的连接有以下几种类型：与楼盖梁/板连接，与基础连接（即柱脚），钢管接长的拼接连接以及变换为钢筋混凝土柱的连接等。连接应做到构造简单，整体性好，传力明确，安全可靠，节约材料和施工方便。连接破坏不应先于被连接构件破坏。

由于楼盖类型不同，楼盖梁/板与钢管混凝土柱连接有：钢梁与钢管混凝土柱连接，钢筋混凝土梁/板与钢管混凝土柱连接。楼盖梁/板与钢管混凝土柱连接，需要解决弯矩传递和剪力传递。剪力传递包括在钢管外剪力传递，即将梁端剪力传递至钢管；在钢管内剪力传递，即将钢管壁承受的剪力传递至管内混凝土。因此，要验算连接的受剪承载力和受弯承载力，抗震设计时，还要验算钢梁与钢管混凝土柱连接的极限承载力。

1. 混凝土梁/板与钢管柱的管外连接

现浇混凝土梁/板与钢管混凝土柱连接的钢管外剪力传递，可以采用环形牛腿、抗剪环和承重销（穿心牛腿），承重销的加工费用比较高。

环形牛腿由呈放射状均匀分布的腹板和上下加强环组成（图 10-37a）。腹板与钢管壁外表面焊接，传递剪力；上下加强环分别与腹板的上下端焊接成整体，承受梁/板端剪力偏心引起的弯矩。在无梁楼板和双向井式密肋楼盖中，为增强楼板抗冲切能力和方便施工，将下加强环面积扩大、腹板加高，形成与楼板厚度相近的台锥式深牛腿（图 10-37b）。

采用环形牛腿及台锥式环形深牛腿传递钢管外的剪力时，需验算其受剪承载力。由 5 个方面提供受剪承载力：由环形牛腿支承面上的混凝土局部承压强度决定的受剪承载力，由肋板抗剪强度决定的受剪承载力，由肋板与管壁的焊接强度决定的受剪承载力，由环形牛腿上部混凝土的直剪（或冲切）强度决定的受剪承载力，由环形牛腿上、下环板决定的受剪承载力。取上述 5 个受剪承载力的最小

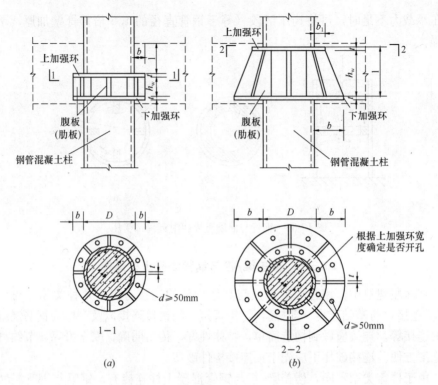

图 10-37　环形浅牛腿构造示意图

(a) 环形牛腿；(b) 台锥式深牛腿

值作为环形牛腿及台锥式环形深牛腿的受剪承载力。受剪承载力须不小于连接的组合的剪力设计值。

抗剪环为焊接于钢管外壁的闭合钢筋环或闭合带钢环（图 10-38），抗剪环通过环筋或环带与钢管间的连续双面角焊缝传递剪力。钢筋直径或带钢厚度不小

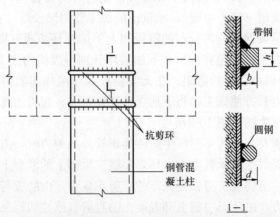

图 10-38　抗剪环构造示意图

于 20mm，一般为 25～30mm。带钢高度不小于其厚度。每个连接节点的抗剪环不少于两道。设置两道抗剪环时，一道可在距框架梁底 50mm 的位置且宜尽可能接近框架梁底，另一道可在距框架梁底 1/2 梁高的位置。

采用抗剪环连接传递剪力时，也需验算其受剪能力。抗剪环的受剪承载力取下述四个受剪承载力计算结果的最小值：抗剪环支承面上的混凝土局部承压强度决定的受剪承载力，抗剪环与钢管壁之间的焊缝强度决定的受剪承载力，抗剪环上部混凝土的直剪（或冲切）强度决定的受剪承载力，抗剪环的受弯承载力决定的受剪承载力。

钢管混凝土柱的外径不小于 600mm 时可采用承重销传递剪力。承重销是由穿心腹板和上下翼缘板组成的（图 10-39），其截面高度宜取框架梁截面高度的 0.5 倍，翼缘板在穿过钢管壁不少于 50mm 后可逐渐减窄。钢管与翼缘板之间、钢管与穿心腹板之间应采用全熔透坡口焊缝焊接，穿心腹板与对面的钢管壁之间或与另一方向的穿心腹板之间可采用角焊缝焊接。

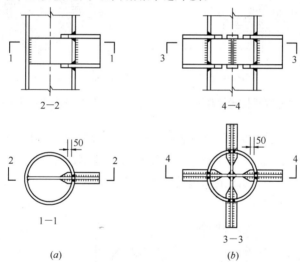

图 10-39　承重销构造示意图
（a）一面有梁；（b）四面有梁

承重销的受剪承载力取下述三个受剪承载力的最小值：承重销伸出柱外的翼缘顶面混凝土的局部受压承载力决定的受剪承载力、承重销腹板决定的受剪承载力以及承重销翼缘受弯承载力决定的受剪承载力。

现浇混凝土梁与钢管混凝土柱连接节点的弯矩传递，可以采用井式双梁、环梁和穿筋单梁等方式实现。钢筋混凝土井式双梁和环梁的弯矩传递是转化为以压力方式作用于钢管柱上的力偶来实现。只要合理布置梁的纵筋、达到与钢管柱紧密箍抱，即可实现弯矩传递。

图 10-40 为井式双梁构造图，梁的纵向钢筋从钢管侧面分组平行通过，形成

闭合的井式梁，井心用混凝土填实，与钢管柱紧密箍抱。

图 10-41 为环梁构造图，钢筋混凝土环梁的高度应比框架梁加高 50mm，宽度不小于框架梁宽。框架梁纵筋锚固于环梁内，环梁内配置环向钢筋和箍筋，环筋将框架梁纵筋的拉力绕过钢管混凝土柱与邻跨框架梁的纵筋相连接，与钢管混凝土柱箍抱。环梁的上下环筋及箍筋，应根据梁端最不利组合弯矩设计值和剪力设计值，按强环梁弱框架梁的原则，通过计算确定。构造方面：环梁上下环筋的截面积，应分别不小于框架梁上、下纵筋截面面积的 0.7 倍；环梁内、外侧应设置环向腰筋，腰筋直径不宜小于 16mm，间距不宜大于 150 mm；环梁按构造设置的箍筋直径不宜小于 10mm，外侧间距不宜大于 150 mm。

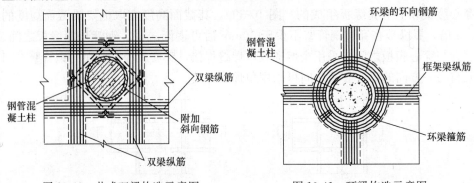

图 10-40   井式双梁构造示意图   图 10-41   环梁构造示意图

穿筋单梁（图 10-42）需在钢管上开孔，用内衬管段和外套管段与钢管紧贴焊牢予以补强，衬（套）管的壁厚不小于钢管的壁厚，穿筋孔的环向净矩不小于孔的长径，衬（套）管端面至孔边的净距不小于孔长径 b 的 2.5 倍。宜采用双筋并股穿孔。

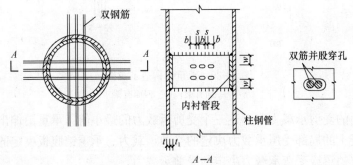

图 10-42   穿筋单梁连接示意图

钢管直径较小或梁宽较大时可采用梁端加宽的变宽度梁传递管外弯矩。一个方向梁的 2 根纵向钢筋可穿过钢管，梁的其余纵向钢筋应绕过钢管，绕筋的斜度不应大于 1/6，应在梁变宽度处设置附加箍筋。

综上所述,现浇钢筋混凝土楼盖结构与钢管柱的管外连接可以采用以下组合:当柱的直径较大时,宜采用双梁/抗剪环或环梁/抗剪环连接;当柱的直径较小时,宜采用双梁/环形牛腿或环梁/环形牛腿连接;无梁楼板或双向密肋楼板,宜采用双梁/台锥式环形牛腿连接。

2. 钢梁与钢管柱的管外连接

钢梁与钢管混凝土柱的管外连接,可采用外加强环连接,内加强环连接和穿心连接。图 10-43 为钢管混凝土柱设置外加强环的连接构造。在钢管外焊接环绕柱的加强环及腹板,加强环与钢管采用全熔透坡口焊,腹板与钢管采用角焊缝;钢梁上下翼缘板与上下加强环板采用全熔透坡口对接焊缝连接,传递梁端弯矩,钢梁腹板与腹板采用高强螺栓连接,传递梁端剪力。加强环应为全封闭的满环(图 10-44)。外加强环的厚度不小于钢梁翼缘的厚度,加强环板的宽度不小于梁翼缘宽度的 0.7 倍。

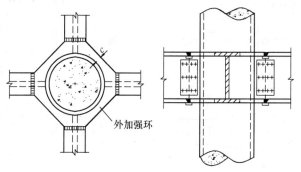

图 10-43　钢梁与钢管混凝土柱外加强环连接构造示意图

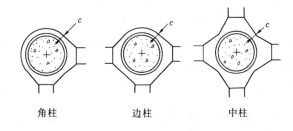

角柱　　　　　　　边柱　　　　　　　中柱

图 10-44　外加强构造示意图

当钢管柱直径较大时,加强环可设在钢管内侧,钢梁与钢管混凝土柱之间采用内加强环连接。内加强环的钢板壁厚不小于钢梁翼缘的厚度,环板上预留直径不小于 50mm 排气孔及直径不小于 200mm 的混凝土浇灌孔。内加强环与钢管内壁采用全熔透坡口焊缝连接。梁与柱可采用现场直接连接,也可与带有悬臂梁段的柱在现场与梁拼接,可为等截面悬臂梁段(图 10-45),也可采用将塑性铰由梁根部外移的悬臂梁段,如梁端翼缘加宽(图 10-46a)、梁端翼缘加宽、同时腹板加腋(图 10-46b)、梁端翼缘加盖板型或梁端翼缘削弱型。

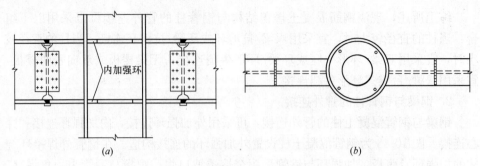

图 10-45　等截面悬臂钢梁与钢管混凝土柱采用内加强环连接构造示意图

(a) 立面图；(b) 平面图

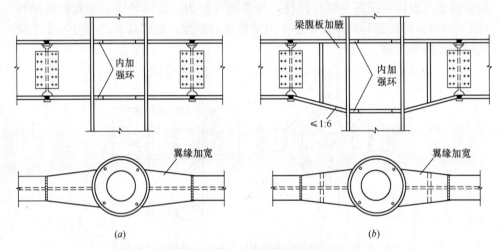

图 10-46　翼缘加宽的悬臂钢梁与钢管混凝土柱采用内加强环连接构造示意图

(a) 梁端翼缘加宽；(b) 梁端翼缘加宽、腹板加腋

图 10-47 为钢梁与钢管混凝土柱穿心式连接构造示意图。在钢管壁上开工字形洞，钢梁穿过钢管混凝土柱，钢管壁与钢梁翼缘采用全熔透坡口焊缝，钢管壁与钢梁腹板采用角焊缝。

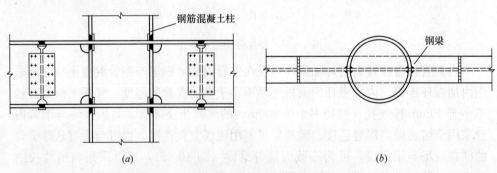

图 10-47　钢梁-钢管混凝土柱穿心式连接示意图

(a) 立面图；(b) 平面图

3. 钢管内的剪力传递

可以通过两个途径将钢管内壁的剪力传递至管内混凝土:钢管与混凝土界面的粘结力,钢管内壁焊接的抗剪连接件。

图 10-48 所示为通过钢管与混凝土界面的粘结力传递剪力的示意图。粘结力与钢管的直径 D(忽略壁厚)、界面的粘结强度和剪力传递区的长度有关。

若钢管-混凝土界面的粘结力不足,需在剪力传递区内增设抗剪连接件,以传递剪力。可以采用内加强环(环形隔板)、内钢筋环、内衬管段以及焊钉等作为抗剪连接件,抗剪连接件与钢管内壁焊

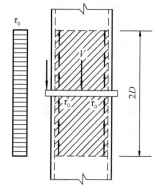

图 10-48　钢管与混凝土界面剪力传递粘结力示意图

接,焊缝强度应验算。抗剪连接件传给混凝土的剪力,应对混凝土进行局部受压验算。

10.3.6　其　他　连　接

1. 柱脚

钢管混凝土柱与钢筋混凝土基础的连接方式可以采用端承式(也称非埋入式)或埋入式(图 10-49),埋入式柱脚的埋入深度,对于房屋建筑不小于 2 倍钢管直径。采用埋入式时,需在钢管表面焊接栓钉或贴焊钢筋环等,加强钢管在混凝土中的锚固。钢管底部必须设置柱脚板,以减弱对基础的压强,柱脚板的厚度可取为钢管壁厚加 2mm。在柱脚板下的基础混凝土内应配置方格钢筋网或螺旋式箍筋,验算施工阶段和竣工后柱脚板下基础混凝土的局部受压承载力。

当没有地下室或只有一层地下室时,钢管混凝土柱的柱脚采用埋入式。当有 2 层或 2 层以上地下室、且地下室顶板为上部结构的嵌固端时,钢管混凝土柱延伸至基础混凝土板的顶面,可采用端承式柱脚。

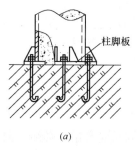
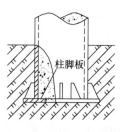
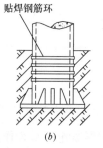
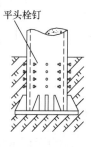

(a)　　　　　　　　　　　　　　　*(b)*

图 10-49　柱脚构造示意图

(a) 端承式柱脚;*(b)* 埋入式柱脚

2. 钢管柱对接

钢管柱分段的长度一般不超过 12m 或三个楼层，钢管对接位置距楼面高度宜为 1~1.3m，以方便施焊。

直径相同的钢管柱对接时，在离柱顶端 50mm 处设置一块环形隔板加强对接处管壁，钢管壁厚度不大于 30mm 时，隔板厚度可取 12mm；大于 30mm 时，取 16mm。也可以用内衬管段代替环形隔板加强对接处管壁。

变直径柱对接时可采用喇叭管形的过渡段（图 10-50）。过渡段两端均设置环形隔板；过渡段的斜度不宜超过 1:4，通常为 1:6；过渡段设置在楼盖的结构高度范围内。

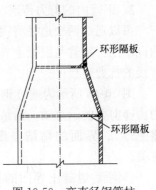

图 10-50　变直径钢管柱
对接构造示意图

10.4　钢-混凝土组合梁板设计

10.4.1　钢-混凝土组合梁板的基本概念

钢-混凝土组合梁板是利用钢材（钢梁和压型钢板）承受截面弯矩产生的拉应力，混凝土承受截面上的压应力（图 10-51），使得钢材的抗拉强度和混凝土的抗压强度得到充分发挥，显著提高了材料的利用效率，增强受弯承载力和刚度，并可减轻梁板结构自重，而且混凝土板又增强了钢梁的侧向刚度，防止侧向失稳。此外，利用钢梁的刚度和承载力来承担悬挂模板、混凝土板及施工荷载，无须设置满堂红脚手架，而压型钢板也可直接作为楼板混凝土的模板，加快施工速度。混合结构（框架－核心筒）中的楼板多数采用组合楼板。

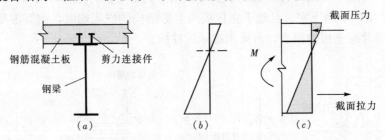

图 10-51　钢-混凝土组合梁
(a) 截面；(b) 截面应变分布；(c) 截面应力分布

为保证钢材和混凝土的组合作用和整体工作性能，共同承受弯矩，必须在钢梁（或压型钢板）与混凝土之间设置剪力连接件（图 10-52），阻止钢梁（或压型钢板）与混凝土之间的相对滑移。对于钢-混凝土组合梁，一般采用栓钉作为剪力连接件（图 10-52a），也可以采用槽钢和弯筋等其他连接件；而压型钢板-混凝土组合板侧主要通过在压型钢板上轧制出的凹凸抗剪齿槽或压型钢板的波纹形状来增强钢板与混凝土剪力传递作用（图 10-53）。

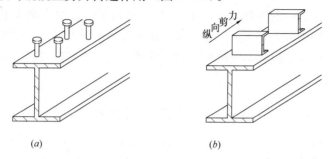

(a) *(b)*

图 10-52 组合梁连接件

（a）栓钉连接件；（b）槽钢连接件

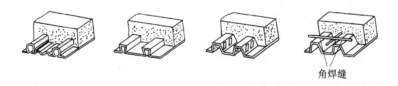

图 10-53 压型钢板-混凝土组合板

10.4.2 钢-混凝土组合梁的形式

高层建筑中，组合梁的钢梁可采用工字钢、箱形钢梁和蜂窝式梁几种截面形式。工字钢梁适用于跨度小、荷载轻的组合梁（图 10-54a）；当荷载较大时，可在工字钢下翼缘加焊一块钢板条，形成不对称工字形截面（图 10-54b），或采用焊接拼制的不对称工字钢。箱形钢梁具有较大的抗扭刚度。蜂窝式梁是将工字钢

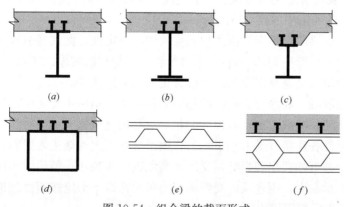

(a) *(b)* *(c)*

(d) *(e)* *(f)*

图 10-54 组合梁的截面形式

沿腹板纵向割成锯齿形的两半（图 10-54e、f），然后将凸出部分对齐焊接，形成腹部有六角形开孔的蜂窝式梁。蜂窝式梁不仅节省钢材，且使梁的承载力和刚度得到增加，同时也便于布置设备管线。

带有混凝土托座的组合梁（图 10-54c），增加了组合梁中混凝土板与钢梁间的中心距，使钢梁截面基本处于受拉区，使组合梁的抗弯能力和刚度增强，同时混凝土托座也增强了组合梁的抗剪能力。此外，混凝土托座可减少相邻组合梁间混凝土板的跨度。

10.4.3　组合梁板的设计要点

组合梁的高跨比可取（$1/18 \sim 1/12$），一般取 $1/15$。高层建筑中混凝土板厚通常取截面高度的 $1/3$ 左右，一般采用 100、120、140、160mm。压型钢板－混凝土组合楼板中压型钢板的凸肋顶面至混凝土板顶面的距离不小于 50mm。

组合梁受弯时，混凝土板内的压应力是通过剪切连接件传递的。因此，板内的压应力分布并不均匀，而主要集中于钢梁附近（图 10-55）。为计算简便起见，在设计中引入有效宽度 b_e，假设在有效宽度 b_e 范围内压应力均匀分布。有效宽度 b_e 与梁

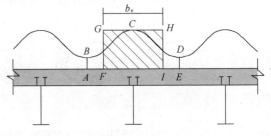

图 10-55　板的有效宽度

的高跨比、荷载作用形式、翼缘厚度与梁高比、钢梁间距等因素有关。我国《钢-混凝土组合结构设计规程》（以下简称《组合规程》）规定组合梁翼缘板的计算宽度如下：

$$b_e = b_0 + 2b_1 \tag{10-45}$$

式中　b_0——钢梁上翼缘宽度；

　　　b_1——梁边算起的翼缘板的计算宽度，每侧取梁跨度的 $1/6$ 和翼缘板厚 h_c 的 6 倍中的较小值。

为保证组合梁的塑性变形能力和钢梁的侧向稳定性，尤其当组合梁承受负弯矩时，为避免板材产生局部压屈，《组合规程》对板材的宽厚比还做了规定。

当钢梁板材满足宽厚比要求，并设置足够剪力连接件时，在使用荷载下，组合梁中钢梁与混凝土翼缘板界面间的相对滑移很小，钢梁主要受拉，混凝土翼缘板主要受压。随着荷载增加，界面间的相对滑移也有所增大，但对受弯承载力影响很小，且可使各连接件受力趋于均匀，钢梁自下而上逐渐进入屈服，混凝土板底可能受拉，并可能会出现裂缝，受压区高度进一步减小，最后因压区混凝土压碎而达到极限承载力。组合梁的受弯承载力可根据以下假定按塑性理论计算：

（1）混凝土板与钢梁为完全剪力连接组合；

（2）塑性中和轴以上的混凝土达到抗压设计强度 f_c；

（3）忽略塑性中和轴以下混凝土的抗拉强度；

（4）塑性中和轴以下钢截面的拉应力和塑性中和轴以上钢截面的压应力分别达到钢材的抗拉和抗压强度的塑性设计值 f_p。考虑按塑性计算时剪力作用对塑性抗弯承载力的影响，以及考虑在极限状态时，靠近中和轴的部分钢截面可能未达到屈服强度的影响，f_p 取钢材相应强度乘以折减系数 0.9。

根据塑性中和轴的位置，组合梁的受弯承载力分以下两种情况计算。在计算中，有混凝土板托时，忽略混凝土板托部分混凝土的作用。

（1）塑性中和轴在混凝土板内时，即 $f_p A_s < f_c b_e h_c$ 时（图 10-56）：

$$x = \frac{A_s f_p}{b_e f_c} \tag{10-46a}$$

$$M \leqslant b_e x f_c y \tag{10-46b}$$

式中　M——弯矩设计值；

　　　A_s——钢梁截面面积；

　　　x——塑性中和轴至混凝土板顶面的距离；

　　　y——钢梁截面应力的合力点至混凝土受压区截面应力合力点间的距离。

（2）塑性中和轴在钢梁腹板内时，即 $f_p A_s > f_c b_e h_c$ 时（图 10-57）：

$$A'_s = 0.5\left(A_s - \frac{f_c}{f_p} b_e h_c\right) \tag{10-47a}$$

$$M \leqslant f_c b_e h_c y_1 + 0.9 f_p A'_c y_2 \tag{10-47b}$$

式中　A'_c——钢梁受压区截面面积；

　　　y_1——钢梁受拉区截面应力合力点至混凝土板截面应力合力点间的距离；

　　　y_2——钢梁受拉区截面应力合力点至钢梁受压区截面应力合力点间的距离。

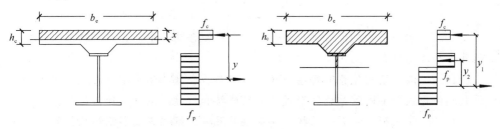

图 10-56　塑性中和轴在混凝土板内时　　　图 10-57　塑性中和轴在钢梁腹板内时

组合梁剪力可按全部由钢梁腹板承担计算，即：

$$V \leqslant t_w h_w f_{vp} \tag{10-48}$$

式中　t_w、h_w——分别为钢梁腹板厚度和高度；

　　　f_{vp}——钢材抗剪强度塑性设计值，取钢材抗剪强度设计值乘以折减系数 0.9。

　　钢梁与混凝土翼缘板之间连接件的布置和
数量需要设计。在达到组合梁受弯承载力之前，
连接件不能产生剪切破坏。

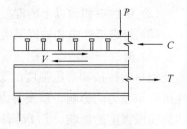

　　如图 10-58 所示，设最大弯矩截面达到塑
性抗弯承载力，由剪跨区段（最大弯矩截面和
零弯矩截面之间的区段）隔离体的平衡条件，
求得界面的总剪力 V，除以单个连接件的抗剪
承载力 N_V 即可得到剪跨区段所需的连接件数

图 10-58　剪力连接件的受力分析

量。一般连接件在剪跨区段可按均布设置，但当剪跨区段内有较大集中荷载作用
时，则应将连接件的数量按剪力图的面积比例分配后再均匀布置。

　　对于栓钉连接件，单个连接件的抗剪承载力 N_V 按下式确定，

$$N_V = 0.43 A_s \sqrt{E_c f_c} \leqslant 0.7 A_s f_u \tag{10-49}$$

式中　A_s——栓钉杆身的截面面积；

　　E_c、f_c——分别为混凝土的弹性模量和轴心抗压强度；

　　f_u——栓钉杆的极限抗拉强度，当 $f_u > 520\text{MPa}$ 时，取 $f_u = 520\text{MPa}$。

　　其他连接件的抗剪承载力的计算可参见《组合规程》。

　　满足上述连接件数量要求的组合梁称为完全组合梁，当连接件的数量少于上
述计算要求时，称为部分组合梁。此时，在荷载作用下钢梁与混凝土翼缘板界面
有一定的滑移，会影响梁的变形和承载力。但连接件数量减少，有利于施工，并
有一定综合经济效益。因此在实际工程中，当按完全组合梁计算连接件数量太多
时，也常采用部分组合梁。有关部分组合梁的计算请参考《组合规程》。

思　考　题

　　10.1　组合结构构件有哪几种形式？各种组合构件中，钢与混凝土组合工作
的基本原理是什么？

　　10.2　混合结构体系有哪些形式？如何在混合结构体系中合理地采用不同的
结构构件形式？不同结构构件形式之间的连接和转换时应注意什么问题？

　　10.3　试比较高层混合结构与高层钢筋混凝土结构或高层钢结构抗震设计原
则相同和不同之处。

　　10.4　与钢筋混凝土构件相比，钢骨混凝土构件和钢管混凝土构件有什么
优点？

　　10.5　钢骨混凝土构件中，钢骨与混凝土共同工作的条件是什么？

　　10.6　钢骨混凝土构件承载力计算的特点是什么？

　　10.7　混合结构中，节点连接有哪些形式？

　　10.8　钢骨混凝土构件的构造应注意哪些问题？钢骨混凝土构件节点连接需

要注意哪些问题?

10.9　简述钢管混凝土短柱在轴压力作用下的受力机理。

10.10　影响钢管混凝土柱的轴心受压承载力的主要因素有哪些?

10.11　钢管混凝土柱有哪几种局部承压?

10.12　钢管混凝土柱与混凝土梁/板的管外连接方式有哪几种? 梁端剪力是通过什么方式传递到核心混凝土的?

10.13　简述钢-混凝土组合梁的工作原理,说明组合工作的关键是什么?

10.14　试比较组合梁受弯承载力与钢筋混凝土梁受弯承载力的计算方法,说明异同之处?

第11章 消能减震结构设计简介

11.1 概　述

11.1.1 基 本 原 理

抗震结构是利用结构自身的承载能力和塑性变形能力来抵御地震作用。当地震作用超过结构的承载能力极限时，结构抗震能力将主要取决于其塑性变形能力和在往复地震作用下的滞回耗能能力，用振动能量方法分析，即是利用结构的塑性变形耗能和累积滞回耗能来耗散地震输入到结构中的能量。然而这一能量耗散过程势必会导致结构损伤，以致产生破坏。

消能减震结构是通过在结构（称为主体结构）中设置的消能装置（称为阻尼器）来耗散地震输入能量，从而减小主体结构的地震反应，实现抗震设防目标。消能减震结构将结构的承载能力和耗能能力的功能区分开来，地震输入能量主要由专门设置的消能装置耗散，从而减轻主体结构的损伤和破坏程度，是一种积极主动的结构抗震设计理念。

由于结构的自身阻尼也会耗散地震输入能量，在结构中设置的消能装置相当于在主体结构中增加了附加阻尼，因此消能装置通常也称为阻尼器。

以单自由度体系为例，进一步从振动能量方程说明消能减震结构的基本原理。图 11-1 为抗震结构的单自由度体系分析模型，其在地震作用下的振动方程为：

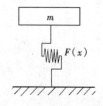

图 11-1　抗震结构分析模型

$$m\ddot{x} + c\dot{x} + F(x) = -m\ddot{x}_0 \tag{11-1}$$

式中　m——质点的质量；

x、$\dot{x}$、$\ddot{x}$——分别为质点相对于地面的位移、速度和加速度；

　$F(x)$——结构的恢复力。

将上式左右两边乘以 $\dot{x}\mathrm{d}t$，并从 $0\sim t$ 积分，得：

$$\int_0^t m\ddot{x}\,\dot{x}\mathrm{d}t + \int_0^t c\dot{x}^2\,\mathrm{d}t + \int_0^t F(x)\,\dot{x}\mathrm{d}t = \int_0^t (-m\ddot{x}_0)\,\dot{x}\mathrm{d}t \tag{11-2a}$$

$$E_\mathrm{K} + E_\mathrm{D} + E_\mathrm{S} = E_\mathrm{EQ} \tag{11-2b}$$

式中　$E_\mathrm{K} = \int_0^t m\ddot{x}\,\dot{x}\mathrm{d}t = \dfrac{1}{2}m\dot{x}^2$——结构的动能；

$$E_D = \int_0^t c\,\dot{x}^2\,\mathrm{d}t \qquad\text{——结构的阻尼耗能；}$$

$$E_S = \int_0^t F(x)\,\dot{x}\,\mathrm{d}t \qquad\text{——结构的变形能，}E_S\text{ 由结构的弹性变形能}$$

$$E_E\text{、塑性变形能 }E_P\text{ 和滞回耗能 }E_H\text{ 三部分}$$
$$\text{组成，即 }E_S = E_E + E_P + E_H;$$

$$E_{EQ} = \int_0^t (-m\,\ddot{x})\,\dot{x}\,\mathrm{d}t \qquad\text{——地震作用输入到结构的能量。}$$

式 (11-2) 即为地震作用下的结构振动能量方程。地震结束后，质点的速度为 0，结构的弹性变形恢复，故动能 E_K 和弹性应变能 E_E 等于 0，能量方程式 (11-2b) 成为：

$$E_D + E_P + E_H = E_{EQ} \tag{11-3}$$

上式表明，地震作用输入到结构中的能量 E_{EQ} 最终由结构的阻尼耗能 E_D、塑性变形能 E_P 和滞回耗能 E_H 所耗散。从能量观点，只要结构在地震作用下振动过程中的阻尼耗能、塑性变形耗能和滞回耗能的总和大于地震输入能量 E_{EQ}，结构即可有效抵抗地震作用，不会发生倒塌。但一般抗震结构的阻尼耗能能力不大，当地震作用超过结构的承载力时，主要依靠结构自身的塑性变形耗能和滞回耗能类耗散地震输入能量，导致结构的损伤和破坏，当破坏过大时结构倒塌。

单自由度体系的消能减震结构分析模型如图 11-2 所示，结构中设置了消能减震阻尼器，其所提供的恢复力为 $F_S(\dot{x},x)$，在地震作用下的振动方程为：

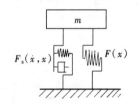

图 11-2 消能减震结构分析模型

$$m\ddot{x} + c\dot{x} + F(x) + F_S(\dot{x},x) = -m\ddot{x}_0 \tag{11-4}$$

采用上述同样的方法，地震结束时的能量平衡方程如下：

$$E_D + E_P + E_H + E_S = E_{EQ} \tag{11-5}$$

式中 E_S——消能减震装置的耗能。

根据分析，在同样地震作用下，附加阻尼器对结构的地震输入能量 E_{EQ} 基本没有影响。与式(11-3)相比，上式结构的耗能能力增加了 E_S，从而使得原主体结构的塑性变形耗能和滞回耗能的需求减少，减轻了其损伤程度，甚至无损伤。

11.1.2 消能减震结构的发展与应用

实际上，我国许多能够保留至今的古建筑就是消能减震结构，如木结构中大量采用的"斗拱"就是一种具有耗能能力的节点。"斗拱"的多道"榫接"在承受很大的节点变形过程中反复摩擦可以消耗大量的地震输入能量，大大减小了结构的地震响应，使结构免予严重破坏。最典型的是山西应县木塔，历经近千年，遭遇多次强烈地震，迄今巍然屹立，成为我国古建筑史上的奇迹。

现代消能减震技术的发展是从 20 世纪 70 年代开始，经过多年的研究，目前已有多种技术成熟的阻尼器可供实际工程应用，设计计算方法也基本完善，在国内外已有很多应用。图 11-3 为某 21 层采用消能支撑的钢结构框架高层建筑，在 El Centro 1940 NS 地震作用下时程分析得到的层间侧移分布。可见采用消能减震后，层间侧移显著减小。与抗震结构相比，消能减震结构的地震反应一般可减小 20%～40%，有的甚至可达到 70%。

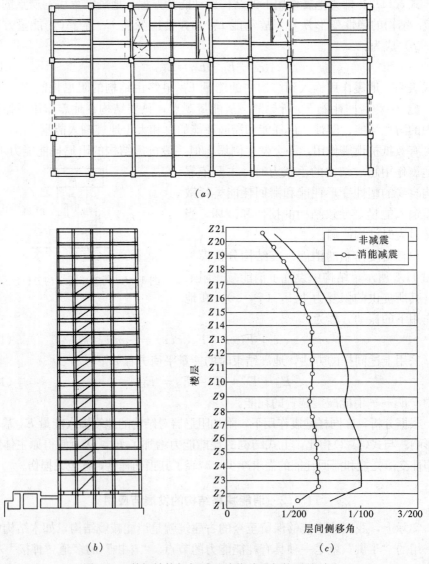

图 11-3   某钢结构框架采用消能减震与抗震的对比
(a) 结构平面；(b) 结构剖面；(c) 层间侧移对比

我国 2001 版《建筑抗震设计规范》增加了消能减震结构的设计内容，并编制了《建筑消能减震技术规程》。此外，还发行了建筑工业行业标准《建筑消能阻尼器》以及国家建筑标准设计图集《建筑结构消能减震（振）设计》。

11.2 阻 尼 器

消能减震结构中的附加耗能减震元件或装置一般统称为阻尼器。根据阻尼器耗能机理的不同，可分为速度相关型阻尼器和位移相关型阻尼器两大类。速度相关型阻尼器通常由黏滞材料制成，故也称为黏滞型阻尼器；位移相关型阻尼器通常用塑性变形性能好的材料制成，利用其在地震往复作用下良好的塑性滞回耗能能力耗散地震能量，故也称为滞迟型阻尼器。

根据阻尼器的类型，式(11-4)中的阻尼器恢复力模型 $F_S(\dot{x}, x)$ 有以下几种形式：

黏滞型： $$F_S(\dot{x}, x) = c\,\dot{x}^\alpha \tag{11-6}$$

滞迟型： $$F_S(\dot{x}, x) = f_S(x) \tag{11-7}$$

复合型： $$F_S(\dot{x}, x) = c\,\dot{x}^\alpha + f(x) \tag{11-8}$$

式中　c——黏滞型阻尼器的阻尼系数；

　　　α——黏滞型阻尼器系数，当 $\alpha = 1$ 时称为线性阻尼器，当 $\alpha \neq 1$ 时称为非线性阻尼器。

对于非线性阻尼，为便于分析计算，可根据耗能等价原则将其等效为线性阻尼模型。

图 11-4 为各类阻尼器的恢复力-位移关系曲线，图 11-4（a）为黏滞型阻尼

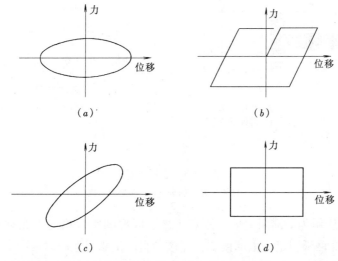

图 11-4　阻尼器的恢复力-位移关系曲线

（a）黏滞型阻尼器；（b）滞迟型阻尼器；（c）黏弹性阻尼器；（d）摩擦型阻尼器

器，图 11-4（b）为滞迟型阻尼器，图 11-4（c）
为黏弹性阻尼器，是由黏滞型阻尼器与线弹性弹
簧（线性力-位移关系）组合而成，图 11-4（d）
为摩擦型阻尼器，可认为是弹塑性滞迟型阻尼器
的弹性刚度趋于无穷时的情况。根据所选用的材
料，阻尼器又可按图 11-5 细分。下面介绍几种
典型的阻尼器及其主要性能。

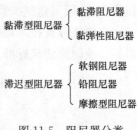

$$
\text{黏滞型阻尼器}
\begin{cases}
\text{黏滞阻尼器} \\
\text{黏弹性阻尼器}
\end{cases}
$$

$$
\text{滞迟型阻尼器}
\begin{cases}
\text{软钢阻尼器} \\
\text{铅阻尼器} \\
\text{摩擦型阻尼器}
\end{cases}
$$

图 11-5　阻尼器分类

11.2.1　速度相关型阻尼器

速度相关型阻尼器包括黏滞型阻尼器和黏弹性阻尼器，这类阻尼器的优点
是：阻尼器从小振幅到大振幅都可以产生阻尼耗能作用。但这种阻尼器一般采用
黏性或黏弹性材料制作，阻尼力往往与温度有关。此外，这种阻尼器的制作要求
高，使用时需要进行必要的维护，且一般价格较高。

1. 黏滞阻尼器

黏滞阻尼器是通过高黏性的液体（如硅油）中活塞或者平板的运动耗能。这
种阻尼器在较大的频率范围内都呈现比较稳定的阻尼特性，但黏性流体的动力黏
度与环境温度有关，使得黏滞阻尼系数随温度变化。已经研制的黏滞型阻尼器主
要有筒式流体阻尼器、黏性阻尼墙、油动式阻尼器等。

图 11-6（a）所示为油阻尼器原理，它是利用活塞前后压力差使油流过阻尼
孔产生阻尼力，其恢复力特性如图 11-6（b）所示，形状近似椭圆。

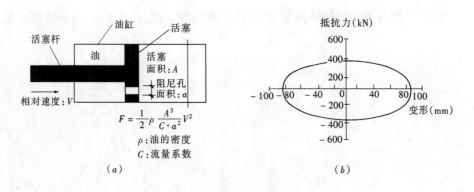

图 11-6　油阻尼器
(a) 油阻尼器的原理；(b) 恢复力特性

图 11-7 所示为黏滞阻尼墙，固定于楼层底部的钢板槽内填充黏滞液体，插
入槽内的内部钢板固定于上部楼层，当楼层间产生相对运动时，内部钢板在槽内
黏滞液体中来回运动，产生阻尼力。这种阻尼墙板提供的阻尼作用很大，目前日
本已在 30 多栋高层建筑中采用，我国也有少量应用，但价格较贵。

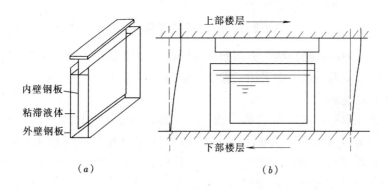

图 11-7 黏滞阻尼墙示意图

2. 黏弹性阻尼器

黏弹性阻尼器是利用异分子共聚物或玻璃质物质等黏弹性材料的剪切滞回耗能特性制成，见图 11-8。黏弹性阻尼器构造简单、性能优越、造价低廉、耐久性好，在低水平激励下就可以工作，在多种地震水平下都显示出良好的耗能性能，但它提供的阻尼力有限。美国纽约世贸中心在楼盖系统中安装了类似的黏弹性阻尼器以控制其风振响应。

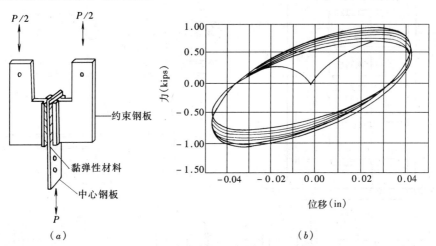

图 11-8 黏弹性阻尼器
(a) 构造；(b) 滞回特性

黏弹性阻尼器在结构抗震工程中应用较晚，其原因主要有以下两个方面：一是黏弹性材料性能随温度和荷载频率的变化较大，而地震波的频段较宽，结构所处的环境温度差异大，导致黏弹性阻尼器的设计参数难以确定；二是黏弹性阻尼器的黏弹性材料多为薄层状，剪切变形能力有限，不适合用于大变形的抗震工程中。开发适用于大变形、力学性能稳定的黏弹性阻尼器，是其能够应用于工程抗震的关键。

11.2.2　位移相关型阻尼器

位移相关型阻尼器包括金属屈服型阻尼器和摩擦型阻尼器，属于滞迟型阻尼器。金属屈服型阻尼器一般采用低碳钢、铅等材料制成。

1. 软钢阻尼器

低碳钢屈服强度低，故也称为软钢阻尼器，与主体结构相比，一般软钢阻尼器可较早地进入屈服，并利用屈服后的塑性变形和滞回耗能来耗散地震能量，且耗能性能受外界环境影响小，长期性能稳定，更换方便，价格便宜。常见的软钢阻尼器主要有钢棒阻尼器、低屈服点钢阻尼器、加劲阻尼器、锥形钢阻尼器等。图 11-9 所示为几种典型的软钢阻尼器及设置形式，其中图 11-9（d）所示的蜂窝型钢阻尼器，其几何形状是根据阻尼器中钢板上下端产生相对位移时的弯矩图而变化，这可使得有更多体积的钢材进入屈服，增大阻尼器的耗能能力。

由于是利用钢材屈服后的塑性变形和滞回耗能发挥耗能作用，因此在屈服以前，软钢阻尼器只给结构增加附加刚度，不能发挥耗能作用。软钢阻尼器的刚度

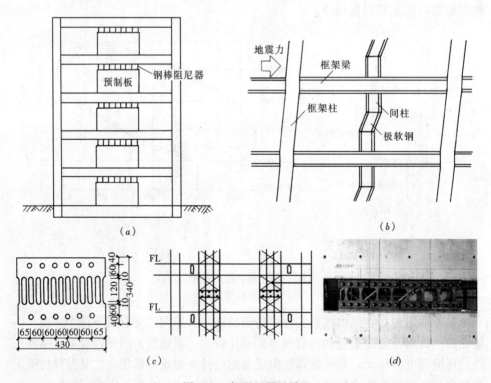

图 11-9　钢阻尼器及设置

(a) 钢棒阻尼器及设置；(b) 软钢阻尼器及在钢结构中的设置；(c) 钢栅阻尼器及设置；
(d) 蜂窝型钢阻尼器及设置

和屈服荷载是设计中需要确定的主要性能指标。

2. 铅阻尼器

铅具有较高的延展性能，储藏变形能的能力大，同时有较强的变形跟踪能力，能通过动态回复和再结晶过程恢复到变形前的性态，适用于大变形。此外，铅比钢材屈服早，在小变形时就能发挥耗能作用。铅阻尼器主要有挤压铅阻尼器、剪切铅阻尼器、铅节点阻尼器、异型铅阻尼器等。典型的铅阻尼器及其滞回特性如图 11-10 所示，铅阻尼器的滞回曲线近似矩形，有很好的耗能性能。

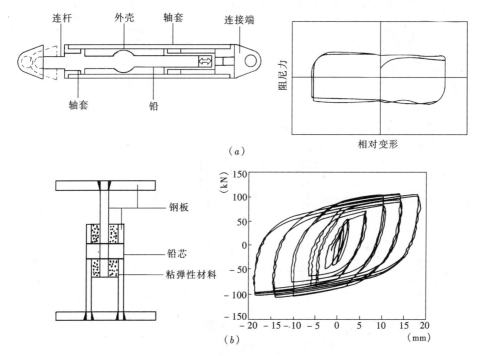

图 11-10　铅阻尼器

(a) 挤压铅阻尼器及其滞回特性；(b) 剪切铅阻尼器及滞回曲线

3. 摩擦阻尼器

摩擦阻尼器通过有预紧力的金属部件之间的相对滑动摩擦耗能，界面金属一般用钢与钢、黄铜与钢等。这种阻尼器耗能明显，可提供较大的附加阻尼，而且构造简单、取材方便、制作容易。

摩擦耗能作用需在摩擦面间产生相对滑动后才能发挥，且摩擦力与振幅大小和振动频率无关，在多次反复荷载下可以发挥稳定的耗能性能。通过调整摩擦面上的面压，可以调整起摩力。不过，与软钢阻尼器相同，在滑动发生以前，摩擦阻尼器不能发挥作用。

图 11-11 所示为加拿大学者 A. S. Pall 发明的 Pall 型摩擦阻尼器。该摩擦耗

能装置为一正方形连杆机构，与 X 形支撑相连（图 11-11c），当一个方向的支撑受拉时，通过连杆机构自动使另一个方向的摩擦装置也发挥作用，一方面增强了摩擦耗能能力，另一方面也避免了另一个方向支撑受压而产生压曲问题。

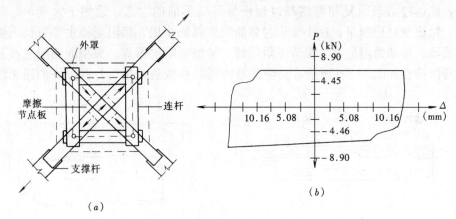

(a) (b)

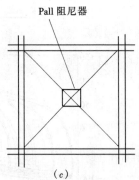

(c)

图 11-11   Pall 型摩擦阻尼器
(a) 构造；(b) 滞回特性；(c) 设置形式

11.3   消能减震结构设计要点

11.3.1   消能减震结构的设防水准

消能减震结构设计时，应根据多遇地震下的预期减震要求及罕遇地震下的预期结构位移控制要求，设置适当的消能部件。一般情况下可参照以下目标确定结构的抗震性能目标：

（1）小震作用下，主体结构处于弹性工作状态，阻尼器工作性能良好，无损坏；震后主体结构和阻尼器均无需检修，结构可继续使用。

（2）中震作用下，主体结构处于弹性工作状态，位移型阻尼器进入塑性阶段，但损伤不严重；黏滞型阻尼器基本完好，震后需对阻尼器进行必要检查，经检修或必要时进行更换，经确认后可继续使用。

（3）大震作用下，主体结构中的部分次要构件进入弹塑性阶段，产生有限程度的损伤，结构整体性能保持完好，经过基本维修和检查阻尼器的可靠性后可使用；若位移型阻尼器塑性变形较大，产生较大程度损伤，则需更换；黏滞型阻尼器应基本完好，但震后需进行必要的检修或必要时更换后才可继续使用。

11.3.2 消能减震结构方案

消能减震结构体系分为主体结构部分和阻尼器部分。主体结构是结构的主要承重骨架，按一般结构要求进行结构方案设计，应具有足够的承载力、适当的刚度和延性能力，能够独立可靠地承受结构的主要使用荷载，在消能减震部件失效后主体结构的稳定性不受影响。阻尼器是对主体结构抗震能力的补充，并控制结构在地震作用下的变形。在主体结构方案确定后，消能减震结构的设计工作主要是确定消能减震器的选型以及在结构中的分布，包括设置位置和设置数量。消能减震器布置的位置还应考虑易于修复和更换。

为充分发挥阻尼器的耗能效率，阻尼器一般应设置在结构相对位移或相对速度较大的部位，比如层间变形较大位置、节点和连接缝等部位。一般可沿结构的两个主轴方向分别设置。因为在设置阻尼器的抗侧结构平面内将产生附加阻尼力和附加侧向刚度（位移型阻尼器），因此要求在结构平面中对称布置阻尼器，并使结构平面保持刚度均衡，避免结构产生扭转。此外，布置阻尼器尽量不要影响建筑使用空间。

阻尼器沿结构竖向的设置和分布，一般可根据各层层间变形的比例先初步设定各层阻尼器参数的比例，再根据分析结果进行适当调整，以使得各楼层的减震效果基本一致。

阻尼器的设置数量应根据罕遇地震下的预期位移控制目标确定，这是消能减震结构设计的主要内容。位移控制目标可由设计人员与业主共同商议后确定，也可参照《建筑抗震设计规范》对非消能减震结构"大震不倒"的位移限值，或采用更严的控制要求。

此外，为保证消能减震结构设计计算的可靠性，对所采用阻尼器的性能应有充分了解和掌握所需的性能数据。阻尼器的性能主要用恢复力模型表示，一般需要通过试验确定。

11.3.3 消能减震结构的计算方法

由于消能减震结构附加了阻尼器，而且阻尼器的种类繁多，并具有非线性受力特征，其结构计算分析方法比一般抗震结构复杂，精确分析需要根据阻尼器的设置和恢复力模型建立相应的结构模型，采用非线性时程分析方法进行。但由于阻尼器在整体结构中为附属部件，当主体结构基本处于弹性工作阶段时，其对主体结构的整体变形特征影响不大，因此可根据能量等效原则，将阻尼器的耗能近似等效为一般线性阻尼耗能来考虑，确定相应的附加阻尼比，并与原结构阻尼比叠加后得到总阻尼比，然后根据 3.2.4 节给出的设计反应谱，取高阻尼比的地震影响系数，采用底部剪力法或振型分解反应谱法计算地震作用。在计算中，应考虑阻尼器的附加刚度，即整体结构的总刚度等于主体结构刚度与阻尼器的有效刚度之和。

1. 底部剪力法

根据动力学原理，有阻尼单自由度体系在往复振动一个循环中的阻尼耗能 W_c 与体系最大变形能 W_s 之比有如下关系：

$$4\pi\zeta = \frac{W_c}{W_s} \tag{11-9}$$

式中 ζ——体系的阻尼比。

根据以上关系式，消能减震结构的附加阻尼比可按下式确定：

$$\zeta_a = \frac{1}{4\pi} \cdot \frac{W_c}{W_s} \tag{11-10}$$

式中 W_c——所有阻尼器在结构预期位移下往复一周所消耗的能量；

W_s——主体结构在预期位移下的总变形能。

主体结构的总变形能 W_s 按下式计算：

$$W_s = \frac{1}{2}\Sigma F_i u_i \tag{11-11}$$

式中 F_i——在设防目标地震下（注意此时主体结构基本处于弹性）质点 i 的水平地震作用；

u_i——在相应设防目标地震下质点 i 的预期位移。

对于速度线性相关型阻尼器，其在结构预期位移下往复一周所消耗的能量 W_c 可按下式计算：

$$W_c = \frac{2\pi^2}{T_1}\Sigma C_j \cos^2 \theta_j \Delta u_j^2 \tag{11-12}$$

式中 T_1——消能减震结构的基本周期；

C_j——第 j 个阻尼器的线性阻尼系数，一般通过试验确定；

θ_j——第 j 个阻尼器的消能方向与水平面的夹角；

Δu_j——第 j 个阻尼器两端的相对水平位移。

对于位移相关型、速度非线性相关型和其他类型阻尼器，其在结构预期位移下往复一周所消耗的能量 W_c，可按下式计算：

$$W_c = \Sigma A_j \tag{11-13}$$

式中 A_j——第 j 个阻尼器的恢复力滞回环在相对水平位移 Δu_j 时的面积。此时，阻尼器的刚度可取恢复力滞回环在相对水平位移 Δu_j 时的割线刚度。

整体结构的总阻尼比 ζ 为由（11-10）计算的附加阻尼比 ζ_a 与主体结构自身阻尼比 ζ_s 之和，根据总阻尼比 ζ 按 3.2.4 节计算地震影响系数，并按 3.2.5 节底部剪力法确定结构的地震作用，然后进行主体结构的受力分析，再与其他荷载效应组合后进行抗震设计。

2. 振型分解反应谱法

对于采用速度线性相关型阻尼器的消能减震结构，根据其布置和各阻尼器的阻尼系数，可以直接给出消能减震器的附加阻尼矩阵 $[C_c]$。因此，整体结构的阻尼矩阵等于主体结构自身阻尼矩阵 $[C_s]$ 与消能减震器的附加阻尼矩阵 $[C_c]$ 之和，即：

$$[C] = [C_s] + [C_c] \tag{11-14}$$

通常上述阻尼矩阵不满足振型分解的正交条件，因此无法直接采用振型分解反应谱法来计算地震作用。但研究分析表明，当阻尼器设置合理，附加阻尼矩阵 $[C_c]$ 的元素基本集中于矩阵主对角附近，此时可采用强行解耦方法，即忽略附加阻尼矩阵 $[C_c]$ 的非正交项，由此得到以下对应各振型的阻尼比：

$$\zeta_j = \zeta_{sj} + \zeta_{cj} \tag{11-15}$$

$$\zeta_{cj} = \frac{T_j}{4\pi M_j} \Phi_j^{\mathrm{T}} [C_c] \Phi_j \tag{11-16}$$

式中 ζ_j、ζ_{sj}、ζ_{cj}——分别为消能减震结构的 j 振型阻尼比、主体结构的 j 振型阻尼比和阻尼器附加的 j 振型阻尼比；

T_j、Φ_j、M_j——分别为消能减震结构的第 j 自振周期、振型和广义质量。

按上述方法确定各振型阻尼比后，即可按 3.2.4 节根据各振型的总阻尼比 ζ_j 计算各振型的地震影响系数，并按 3.2.5 节振型组合方法确定结构的地震作用效应，再与其他荷载效应组合后进行抗震设计。

3. 能量法

由前述结构振动能量方程知，消能减震结构是通过设置附加阻尼器来耗散地震输入给结构的能量，从而减小原主体结构地震响应。设主体结构设置阻尼器前在地震作用下的最大位移反应为 u，设置阻尼器后最大位移反应的减震目标为 u'，由此可知设置阻尼器后原主体的变形能减小：

$$\Delta E = \frac{1}{2} \{ u^{\mathrm{T}} [K] u - u'^{\mathrm{T}} [K] u' \} \tag{11-17}$$

式中 $[K]$——主体结构的刚度矩阵。

根据能量方程，主体结构这部分变形能的减少，将由阻尼器吸收和耗散，即有：

$$W_c = \Delta E \tag{11-18}$$

式中　W_c——在结构预期位移下往复一周所消耗的能量。

能量法概念清楚，计算简便，对于一般多、高层建筑结构具有足够的正确性。计算中，主体结构在地震作用下的最大位移响应 u 可根据主体结构位移模态的前 n 阶振型组合确定；设置阻尼器后最大位移响应减震目标 u'，可根据减震目标需要取 $u' = (1-\alpha) u$，α 为减震率，如需将位移响应减小 20%，则 $\alpha = 0.2$。因此，式（11-17）和式（11-18）成为：

$$W_c = \frac{1}{2} \left[1 - (1-\alpha)^2 \right] u^{\mathrm{T}} \left[K \right] u \tag{11-19}$$

将通过式（11-12）或式（11-13）计算得到的 W_c 与上式进行比较，即可判断阻尼器的布置方案能否满足既定的减震目标。

11.4　消能减震结构设计实例

11.4.1　工　程　背　景

汶川地震后，四川省大部分地区设防烈度均有不同程度的提高。一些在震后虽无明显损伤的建筑，仍有可能不满足设防烈度调整后的抗震要求。对于钢筋混凝土框架结构，常规的加固方案一般采用加大梁柱截面，或增设剪力墙等方法提高结构的抗震能力。这种方法在很多情况下是有效的，但也存在以下主要问题：（1）建筑内部空间减小；（2）结构刚度增加，导致地震作用增大，经济性欠佳；（3）结构损伤模式仍然难以控制；（4）加固施工复杂，抗震构造措施有时难以满足要求。采用消能减震加固方案，除可保证结构在地震作用下获得更高可靠度，比传统加固方案还有以下优点：（1）仅需对部分竖向构件（柱）进行加固，无需增设抗震墙，有效减少加固工程量；（2）湿作业工作量少，施工时间短，降低施工成本，对原结构影响小；（3）阻尼器占用空间少，布置灵活，对建筑的使用功能限制少，今后还可根据需要改变布置位置；（4）在地震作用下，结构加速度及速度响应较常规结构小，可保护内部设备。本节以绵阳市某钢筋混凝土框架结构为例，介绍了以使用黏滞阻尼器为主的消能减震加固实用分析方法和设计方法。

11.4.2　结　构　概　况

该钢筋混凝土框架结构建于 1988 年，13 层，高 45.3m，标准层高 3.1m，无地下室，顶部有一层小塔楼，标准层建筑平面见图 11-12。该工程原设计抗震设防烈度为6度第2组，设计基本地震加速度值为0.05g，多遇地震下，$\alpha_{max}=$ 0.04。汶川地震后，绵阳市的抗震设防烈度调整为7度第2组，设计基本地震加速度值为0.10g，多遇地震下$\alpha_{max}=0.08$；罕遇地震下$\alpha_{max}=0.50$。抗震设计按乙类建筑设防。

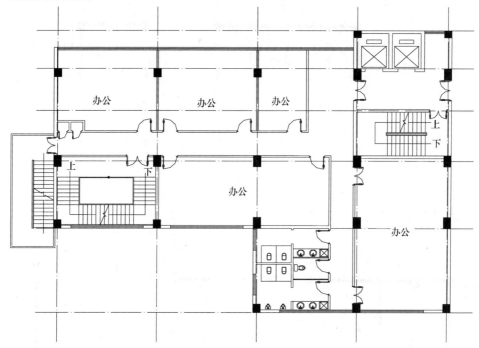

图 11-12 结构标准层平面图

根据该建筑的结构布置和建筑使用功能，在结构中布置76个黏滞型阻尼器，各层阻尼器布置位置见图11-13。本例中采用的阻尼器的阻尼指数均为0.4，阻尼系数的取值从200~800kN·s/m不等，均属于速度非线性相关型阻尼器。

11.4.3 结 构 分 析 模 型

为了考察该结构采用增设阻尼器加固前后的抗震性能，并进行相应的消能减震分析和设计，建立了以下两个分析模型（图11-14）：

（1）对于加固前的结构，用ETABS/SAP2000建立的无阻尼器三维有限元结构分析模型，称为"无阻尼器模型"；

（2）在ETABS/SAP2000无阻尼器模型的基础上增设阻尼器，模拟消能减震加固后的结构，称为"有阻尼器模型"。

两个模型的结构各阶振型阻尼比均取5%。此外，还用PKPM软件建立了5%振型阻尼比及20%振型阻尼比的结构模型，分别用来与ETABS/SAP2000建立的"无阻尼器模型"（原结构）和"有阻尼器模型"（消能减震结构）进行对比

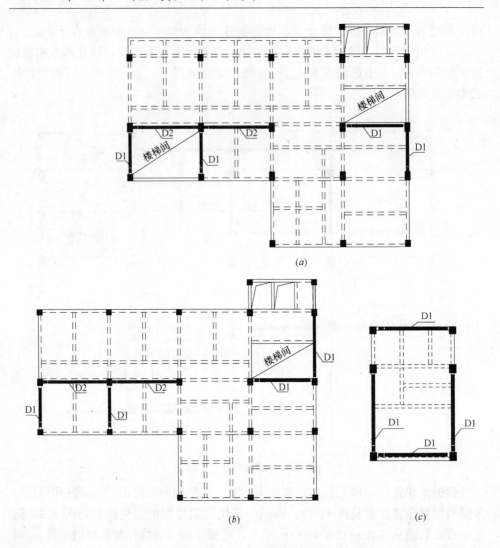

图 11-13 各层阻尼器布置图

(a) 第 1～3 层阻尼器布置图；(b) 第 4～12 层阻尼器布置图；(c) 第 13 层阻尼器布置图

并进行结构设计。

"无阻尼器模型"的结构，梁柱均采用程序内置的 Frame 单元，梁柱两端均设置美国 ATC40 默认的塑性铰。模型中的塑性铰仅在进行大震下动力时程分析时才发挥作用。"有阻尼器模型"是在"无阻尼器模型"的基础上，按照阻尼器的实际布置情况附加了非线性 LINK（Damper）单元。非线性 LINK（Damper）包括三个属性，分别是刚度 K，阻尼系数 C 和阻尼指数，用以模拟阻尼器的力学行为。在设计中忽略黏滞阻尼器的附加质量和对结构静刚度的贡献，因此有阻尼器模型的振型及质量参与系数和无阻尼器的模型完全相同。

用 PKPM 建立的 5% 振型阻尼模型用来与 ETABS/SAP2000 无阻尼器模型

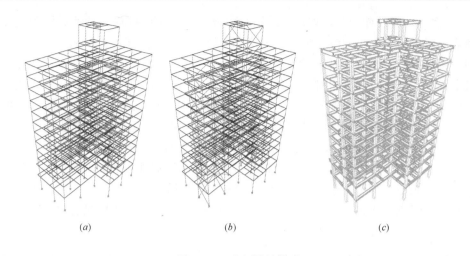

(a) (b) (c)

图 11-14 分析计算模型

(a) ETABS/SAP2000 无阻尼器模型；(b) ETABS/SAP2000 有阻尼器模型；(c) PKPM 模型

进行比较，以检验 PKPM 模型和 ETABS/SAP2000 模型的一致性。用 PKPM 建立的 20％振型阻尼模型用来考虑采用消能减震加固后的结构，将其地震响应与 ETABS/SAP2000 有阻尼器模型进行比较，以确定黏滞阻尼器带给结构的附加阻尼比。PKPM 的 20％阻尼模型还最终用来进行框架梁柱配筋设计和验算。

　　PKPM 系列软件和 ETBAS/SAP2000 系列软件均可采用反应谱法进行弹性地震力计算。为验证 PKPM 模型和 ETBAS/SAP2000 模型的一致性，从而确保计算结果的准确性，对两个软件计算得到的层剪力进行了比较，结果如表 11-1 所示。由表可见，除顶层外，各层剪力比值差异均小于 2％，顶层剪力差异也小于 5％，此外，两个软件计算得到的前 20 阶周期相差不超过 5％，振型基本相同。因此，PKPM 模型和 ETBAS/SAP2000 模型具有很好的一致性。最终设计的层剪力取 ETABS/SAP2000 软件的分析结果。

PKPM 模型和 ETBAS/SAP2000 模型的层剪力比较　　　　　　表 11-1

楼层	13	12	11	10	9	8	7
SAP/PKPM	0.95	0.98	0.99	0.99	0.99	0.99	0.99
楼层	6	5	4	3	2	1	
SAP/PKPM	0.98	0.98	0.98	0.98	0.98	0.98	

11.4.4　输入地震动评价

　　根据 11.3.1 小节所述，设置阻尼器后的结构在大震作用下可控制在准弹性范围内，因此可近似采用弹性时程分析方法来分析采用设置阻尼器加固后结构的地震响应。

　　《建筑抗震设计规范》规定：采用时程分析法时，应按建筑场地类别和设计地震分组选用不少于二组实际强震记录和一组人工模拟加速度时程曲线，其平均地震影响系数曲线应与《建筑抗震设计规范》规定的地震影响系数曲线在统计意义上相符。弹性时程分析时，每条时程曲线计算所得结构底部剪力不应小于振型分解反应谱法计算结果的 65%，多条时程曲线计算所得结构底部剪力的平均值不应小于振型分解反应谱法计算结果的 80%。采用三条适用于二类场地的地震波：1940 年 Imperial Valley 地震时 El Centro 记录的 NS 分量、1994 年洛杉矶地震波和一条人工地震波进行时程分析。多遇地震及罕遇地震加速度峰值按《建筑抗震设计规范》7 度（0.1g）设防要求分别调至 35gal 及 220gal。三条地震波大震加速度时程曲线如图 11-15（a）～（c）所示，大震反应谱与规范谱的比较如图 11-15（d）所示。

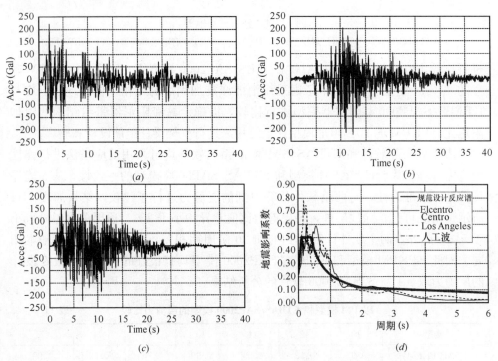

图 11-15　三条地震波大震加速度时程曲线及反应谱
(a) El Centro 波；(b) Los Angeles 波；(c) 人工波；(d) 加速度反应谱及比较

　　弹性时程分析得到的小震下"无阻尼器模型"基底剪力及 PKPM 的 5% 阻尼模型振型分解反应谱法计算的基底剪力如表 11-2 所示。可见，每条地震波输入下弹性时程分析得到的结构底部剪力不小于振型分解反应谱法计算结果的 65%，三条地震波输入下时程分析所得结构底部剪力的平均值不小于振型分解反应谱法计算结果的 80%，满足《建筑抗震设计规范》的有关要求。

时程分析与振型分解反应谱法小震基底剪力表（单位：kN）　**表 11-2**

X 向地震输入				Y 向地震输入			
地震波	时程分析法	反应谱法	比值	地震波	时程分析法	反应谱法	比值
El Centro	1463		0.900	El Centro	1274		0.737
Los Angeles	1454	1625	0.895	Los Angeles	1628	1729	0.942
人工波	1374		0.846	人工波	1420		0.821
平均值	1430		0.880	平均值	1441		0.833

11.4.5　分 析 流 程 概 述

消能减震结构的分析流程如图 11-16 所示。

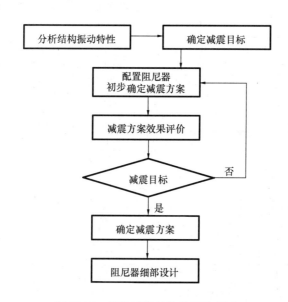

图 11-16　消能减震结构分析流程图

上述流程中，减震方案效果评价通常基于非线性时程分析的结果。但由于时程分析法比较复杂，耗时较多，对于一般体型规则、层数不多的多高层建筑结构，也可采用能量法评价阻尼器布置方案的减震效果。本例中首先采用能量法，然后采用时程分析法评价阻尼器方案的减震效果。

11.4.6　基于能量法的减震效果评价

能量法首先要确定结构的地震反应，主要是结构的位移反应。然后根据结构的地震反应评价消能减震方案的效果。

1. 消能减震结构的地震反应

确定结构位移时可以采用底部剪力法或振型分解反应谱法。具体计算时可以手算，也可通过程序进行计算，本例采用 PKPM 程序进行计算。计算过程中，无论采用底部剪力法还是振型反应谱法，都需要确定结构的总阻尼比。不同于常规结构，消能减震结构的阻尼比应包括主体结构的阻尼比和设置阻尼器后的附加阻尼比。由于本例采用了速度非线性相关型阻尼器，速度非线性相关型阻尼器给结构附加的阻尼比与结构的反应相关，因此需要迭代。具体迭代过程如下：

首先根据式（11-13）计算 W_c，然后再根据式（11-10）可以计算附加的等效阻尼比，得到结构的总阻尼比。根据此阻尼比，可以重新计算结构的位移以及在此位移下附加阻尼比及结构的总阻尼比。当两次计算得到的位移非常接近时迭代收敛。本例的迭代计算结果如表 11-3 所示。

附加阻尼比计算表　　　　　　　　　　　　　表 11-3

方向	楼层	剪力 (kN)	位移 (mm)	总弹性能 (kN·mm)	阻尼器总耗能 (kN·mm)	附加阻尼比 (%)
X 向	13	56.5	23.9	675.2	6362.5	16.1
	12	205.3	22.7	2330.2	11839.6	
	11	353	22	3883.0	14164.6	
	10	481.2	21	5052.6	13271.5	
	9	591.9	19.7	5830.2	12135.7	
	8	685.7	18.1	6205.6	10778.6	
	7	770.1	16.3	6276.3	11170.1	
	6	849.6	14.4	6117.1	10955.9	
	5	925.1	12.5	5781.9	8987.0	
	4	997.3	10.4	5186.0	6946.8	
	3	1067.6	8.5	4537.3	5237.5	
	2	1147.5	6.4	3672.0	3017.5	
	1	1223.1	2.9	1773.5	1328.3	
Y 向	13	57.3	22.3	639.8	5785.2	15.1
	12	217.8	21.9	2383.8	11252.4	
	11	374.8	21.3	3999.1	13573.3	
	10	510.2	20.5	5219.3	12796.2	
	9	625.6	19.3	6021.4	11749.4	
	8	724.6	17.8	6456.2	10545.9	
	7	812.6	16.1	6525.2	10940.5	
	6	896.1	14.4	6456.4	10966.6	
	5	976.2	12.5	6120.8	9027.3	
	4	1053.9	10.7	5622.6	7200.6	
	3	1129.6	8.6	4846.0	5306.7	
	2	1221.1	6.2	3761.0	2860.3	
	1	1281.5	2.5	1621.1	1097.2	

2. 消能减震方案的效果评价

根据本例的实际情况，将减震目标设置为主体结构的位移反应减小 40%。根据上一步确定的结构位移反应，按式（11-19）可以计算结构对 X 向阻尼器总耗能的需求 $W_{c\_DemandX}=74776kN \cdot mm$，$Y$ 向 $W_{c\_DemandY}=72567kN \cdot mm$。注意此时应用无阻尼器的结构反应进行计算。

根据阻尼器布置方案，根据式（11-13）重新计算或者直接从表 11-3 中得到阻尼器的实际耗能能力 $W_{c\_CapacityX}=116195kN \cdot mm$，$W_{c\_CapacityY}=113101kN \cdot mm$。

根据上述计算结果，阻尼器实际耗能能力 $W_{c\_CapacityX}$ 和 $W_{c\_CapacityY}$，均远大于对应的阻尼器耗能的需求 $W_{c\_DemandX}$ 和 $W_{c\_CapacityY}$，可以实现减震目标。

11.4.7 基于时程分析法的减震效果评价

为进一步确认设置阻尼器后结构的减震效果，以下利用快速非线性分析方法（FNA）对设置阻尼器的消能减震结构进行 7 度多遇地震（35gal）作用下的地震响应分析。快速非线性分析方法是 Edward L. Wilson 博士提出的，这种方法根据结构中非线性单元的刚度构造等效弹性刚度矩阵，以减少迭代步数从而加速方程收敛，适合对配置有限数量非线性单元的结构进行非线性动力时程分析。结构配置消能部件，其实质是结构附加阻尼，使结构的等效阻尼比增加，而结构等效阻尼比的增加会使结构的地震响应降低，非线性时程分析法可以直接考虑此效果。以下分别对比设置阻尼器前后的层剪力、层间位移角和楼层加速度，并给出结构耗能时程，对上述消能减震结构的抗震性能进行评价。

1. 设置阻尼器前后层剪力对比

设置阻尼器后，结构主体楼层剪力约减少 35%，顶层小塔楼层剪力减小 70%。设置阻尼器前后层剪力比较见图 11-17。

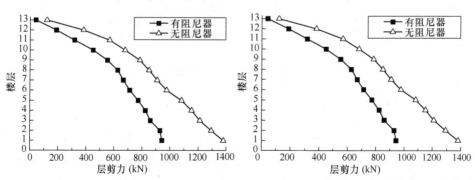

图 11-17 设置阻尼器前后层剪力比较

2. 设置阻尼器前后层间位移角对比

与层剪力类似，设置阻尼器后，结构主体层间位移角约减少 35%，顶层小塔楼层间位移角减小 60%。设置阻尼器前后层间位移角比较见图 11-18。

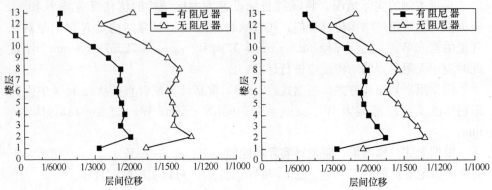

图 11-18　设置阻尼器前后层间位移角比较

3. 设置阻尼器前后楼层加速度对比

设置阻尼器前后楼层加速度比较见图 11-19。设置阻尼器后，结构主体楼层加速度均有不同程度削减，幅度在 15%～40% 之间。并且设置阻尼器后，结构顶层鞭梢效应得到有效控制，结构顶层加速度降至为加阻尼器的 50% 以下。

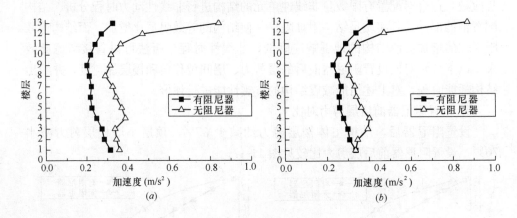

图 11-19　设置阻尼器前后楼层加速度比较
(a) X 向；(b) Y 向

4. 结构能量时程

图 11-20 给出了 El Centro 波作用下结构能量时程，从图中可以看出，阻尼器耗能占输入总能量的很大一部分。其他两条地震波作用下结构能量时程与 El Centro 波类似，不再赘述。

5. 减震结构附加阻尼比分析

在结构中设置阻尼器能够增加结构的阻尼，从而减小结构的地震响应，在实际设计中通常用附加阻尼比来考虑减震效果。表 11-4 给出了结构在 7 度多遇地

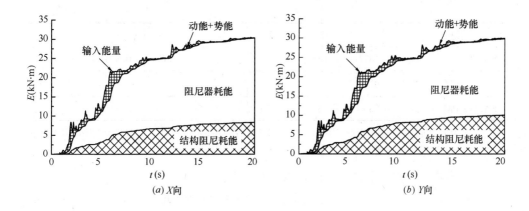

图 11-20 El Centro 波输入下的结构能量时程

震作用下,"有阻尼器模型"和 PKPM 的 20%阻尼模型在 X 向和 Y 向的最大地震剪力对比。图 11-21 给出了具体剪力值。在 7 度多遇地震作用下,设置阻尼器的消能结构楼层最大地震剪力均小于原结构 20%阻尼比时楼层最大地震剪力。所以,在实际设计中可认为按照所配置的阻尼器方案,能够给原结构附加 15%的阻尼比,此结果和能量法计算得到的结果基本一致。

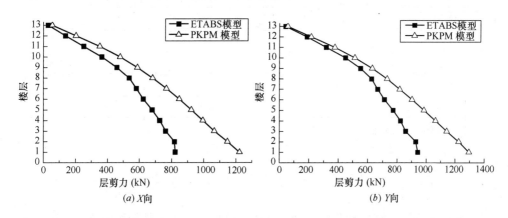

图 11-21 多遇地震下楼层最大地震剪力对比

ETBAS/SAP2000 有阻尼器模型和 PKPM20%模型的楼层地震剪力比较　表 11-4

楼　层	13	12	11	10	9	8	7
SAP/PKPM (X 向)	0.554	0.679	0.712	0.761	0.779	0.784	0.757
楼　层	6	5	4	3	2	1	
SAP/PKPM (X 向)	0.736	0.736	0.729	0.716	0.713	0.672	

续表

楼层	13	12	11	10	9	8	7
SAP/PKPM (Y向)	0.733	0.864	0.844	0.873	0.877	0.856	0.814

楼层	6	5	4	3	2	1
SAP/PKPM (Y向)	0.788	0.784	0.775	0.754	0.758	0.727

注："有阻尼器模型"层剪力取三条地震波时程分析的平均值；PKPM 的 20％阻尼模型层剪力为振型分解反应谱法计算结果。

6. 罕遇地震作用下减震结构的弹塑性时程分析

"有阻尼器模型"在罕遇地震下楼层最大层间位移角列于表 11-5。由表可见，"有阻尼器模型"在 7 度罕遇地震作用下两个方向的最大层间位移角均小于 1/150，满足我国《抗震规范》罕遇地震弹塑性层间位移角不大于 1/50 的要求，减震结构具有较好的抗震性能。此外，罕遇地震下阻尼器最大行程为 20.9mm。

ETABS/SAP2000 有阻尼器模型罕遇地震下楼层最大层间位移角　　表 11-5

楼层	13	12	11	10	9	8	7
X向	1/810	1/873	1/587	1/441	1/364	1/314	1/291
楼层	6	5	4	3	2	1	
X向	1/273	1/241	1/219	1/209	1/205	1/355	
楼层	13	12	11	10	9	8	7
Y向	1/965	1/1029	1/734	1/571	1/482	1/433	1/425
楼层	6	5	4	3	2	1	
Y向	1/422	1/390	1/341	1/273	1/206	1/197	

注：表中结果为三条地震波的平均值。

11.5　其他减振（震）方法

消能减震结构是一种积极主动的结构设计理念，属于结构控制范畴。除消能减震结构外，结构控制方法还有隔震减震、质量调谐减振（震）、主动控制减振（震）以及混合控制减振（震）。

隔震减震是通过设置某种隔离装置，使结构自振周期增大，使其远离地面运动的卓越周期，从而降低地震对结构的激励作用。按隔离装置设置原理分为基底隔震、悬挂隔震两大类型。目前基底隔震技术方法比较成熟，已经大范围应用于实际工程，我国也已有专门的设计规程。由于要求基底隔震器承受上部建筑物重量，一般基底隔震结构适用于水平刚度较大、高度不大的多层结构。

质量调谐减振（震）是在原结构上附加一个具有质量、刚度和阻尼的子结构，并使该子结构系统的自振频率与主结构的基本频率和激振频率接近，使得在结构系统受激振动时子结构产生的惯性力与主结构振动方向相反，从而减小主结构的振动响应。质量调谐减振适用于主振型比较明显和稳定的多高层和超高层建筑的风振控制。

消能减震、隔震减震和质量调谐减振（震）控制技术，均无需外部能源输入，统称为被动减振（震）控制。被动控制减振（震）技术较为简单、实用、可靠，且较为经济易行，但其减振（震）效果有限。

主动控制减振（震）是在结构受激振动时，通过检测到的结构振动信号或地震动信号，快速计算分析并反馈给附加在结构上的作动装置，使其对结构施加一个与振动方向相反的作用力来减小结构的振动响应。作动装置提供的作动力需要外界能源。主动控制减振（震）是一种具有智能功能的减振（震）控制技术，理论上可以获得十分显著的减振（震）效果，但由于其控制系统较为复杂，并要求具备很高的可靠性，且提供的作动力要足够大，因此在具体工程实践上尚存在一定困难。近年来，采用智能材料（如磁流变体材料）的半主动控制技术发展受到关注，该项技术只需利用很小的能源，根据结构的动力响应和地震激励信号反馈，迅速调整阻尼器的阻尼力，使阻尼耗能作用得到更有效的发挥。

混合控制减振（震）是在一个结构上同时采用被动减振（震）与主动减振（震）控制系统，它结合了两种控制技术的优点，以达到更加合理、可靠和经济的减振（震）目的。

结构减振（震）控制技术是近年来发展起来并逐渐成熟的新技术，随着技术的不断进步和造价的不断降低，今后将在工程实践中得到越来越多的应用。

思 考 题

11.1 消能减震结构与抗震结构有什么差别？简述消能减震的基本原理。

11.2 消能减震阻尼器有哪些类型？各种阻尼器的耗能原理是什么？

11.3 在进行消能减震结构的方案设计时，阻尼器布置的原则是什么？

11.4 消能减震结构的地震作用计算与抗震结构有何异同之处？

参 考 文 献

[1] 混凝土结构设计规范(GB 50010—2010). 北京：中国建筑工业出版社，2010.

[2] 建筑结构荷载规范(GB 50009—2001). 北京：中国建筑工业出版社，2002.

[3] 建筑抗震设计规范(GB 50011—2010). 北京：中国建筑工业出版社，2010.

[4] 高层建筑混凝土结构技术规程(JGJ 3—2010). 北京：中国建筑工业出版社，2010.

[5] 高层民用建筑钢结构技术规程(JGJ 99—2012). 北京：中国建筑工业出版社，2012.

[6] 钢骨混凝土结构设计技术规程(YB 9082—97). 北京：冶金工业出版社，1998.

[7] 型钢混凝土组合结构技术规程(JGJ 138—2001). 北京：中国建筑工业出版社，2001.

[8] 高强混凝土结构技术规程(CECS 104：99). 中国工程建设标准化协会，1999.

[9] 高层建筑钢-混凝土混合结构设计规程(CECS230：2008). 中国工程建设标准化协会，2008.

[10] 本格尼·S·塔拉纳特著. 高层建筑钢、混凝土组合结构设计(第二版). 北京：中国建筑工业出版社，1999 年 11 月.

[11] 林同炎，S·D斯多台斯伯利著. 结构概念和体系(第二版). 北京：中国建筑工业出版社，1999 年 2 月.

[12] 包世华，方鄂华编著. 高层建筑结构设计(第二版). 北京：清华大学出版社，1990 年 10 月.

[13] 方鄂华编著. 多层及高层建筑结构设计. 北京：地震出版社，1992 年 12 月.

[14] 梁启智编著. 高层建筑结构分析与设计. 广州：华南理工大学出版社，1992 年 8 月.

[15] 蔡绍怀著. 现代钢管混凝土结构. 北京：人民交通出版社，2003 年 4 月.

[16] 傅学怡著. 实用高层建筑结构设计. 北京：中国建筑工业出版社，1999 年 2 月.

[17] 徐永基，刘大海，钟锡根，杨翠如编著. 高层建筑钢结构设计. 西安：陕西科学技术出版社，1993 年 12 月.

[18] 刘大海，杨翠如编著. 高层建筑结构方案优选. 北京：中国建筑工业出版社，1996 年 6 月.

[19] Tom F. Peters. The Development of the Tall Building. Structural Engineering International，1992，12(3).

[20] Morden S. Yolles. New Developments in Tall Buildings. Structural Engineering International，1992，12(3).

[21] 徐培福，王亚勇，戴国莹. 关于超限高层建筑抗震设防审查的若干讨论. 土木工程学报，2004，37(1)：1-7.

[22] 杨先桥，傅学怡，黄用军. 深圳平安金融中心塔楼动力弹塑性分析. 建筑结构学报，2011，32(7)：40-49.

[23] 蒋欢军，和留生，吕西林，丁洁民，赵昕. 上海中心大厦抗震性能分析和振动台试验

研究. 建筑结构学报，2011，32(11)：55-63.

[24] 陈肇元，钱稼茹主编. 汶川地震建筑震害调查与灾后重建分析报告. 北京：中国建筑工业出版社，2008 年 10 月.

[25] 庄茁. 基于 ABAQUS 的有限元分析和应用. 北京：清华大学出版社，2009.

[26] 中国建筑科学研究院建筑工程软件研究所. 高层建筑结构空间有限元分析软件 SAT-WE，2012（http：//www. pkpm. cn/）.

[27] 北京金土木软件技术有限公司. 通用结构分析与设计软件 SAP2000 与 ETABS 软件. （http：//www. bjcks. com/）.

[28] 北京迈达斯技术有限公司. Midas Building 软件用户手册. 2012.（http：//www. midasbuilding. com. cn/support/）.

[29] 达索 SIMULIA 公司（原 ABAQUS 公司）. Abaqus V6. 10 软件介绍. 2010.（http：//www. simulia. com/products/abaqus＿fea. html）.

高校土木工程专业指导委员会规划推荐教材（经典精品系列教材）

征订号	书 名	定价	作 者	备 注
V16537	土木工程施工（上册）（第二版）	46.00	重庆大学、同济大学、哈尔滨工业大学	21世纪课程教材、"十二五"国家规划教材、教育部2009年度普通高等教育精品教材
V16538	土木工程施工（下册）（第二版）	47.00	重庆大学、同济大学、哈尔滨工业大学	21世纪课程教材、"十二五"国家规划教材、教育部2009年度普通高等教育精品教材
V16543	岩土工程测试与监测技术	29.00	宰金珉	"十二五"国家规划教材
V18218	建筑结构抗震设计（第三版）（附精品课程网址）	32.00	李国强 等	"十二五"国家规划教材、土建学科"十二五"规划教材
V22301	土木工程制图（第四版）（含教学资源光盘）	58.00	卢传贤 等	21世纪课程教材、"十二五"国家规划教材、土建学科"十二五"规划教材
V22302	土木工程制图习题集（第四版）	20.00	卢传贤 等	21世纪课程教材、"十二五"国家规划教材、土建学科"十二五"规划教材
V21718	岩石力学（第二版）	29.00	张永兴	"十二五"国家规划教材、土建学科"十二五"规划教材
V20960	钢结构基本原理（第二版）	39.00	沈祖炎 等	21世纪课程教材、"十二五"国家规划教材、土建学科"十二五"规划教材
V16338	房屋钢结构设计	55.00	沈祖炎、陈以一、陈扬骥	"十二五"国家规划教材、土建学科"十二五"规划教材、教育部2008年度普通高等教育精品教材
V15233	路基工程	27.00	刘建坤、曾巧玲 等	"十二五"国家规划教材
V20313	建筑工程事故分析与处理（第三版）	44.00	江见鲸 等	"十二五"国家规划教材、土建学科"十二五"规划教材、教育部2007年度普通高等教育精品教材
V13522	特种基础工程	19.00	谢新宇、俞建霖	"十二五"国家规划教材
V20935	工程结构荷载与可靠度设计原理（第三版）	27.00	李国强 等	面向21世纪课程教材、"十二五"国家规划教材
V19939	地下建筑结构（第二版）（赠送课件）	45.00	朱合华 等	"十二五"国家规划教材、土建学科"十二五"规划教材、教育部2011年度普通高等教育精品教材
V13494	房屋建筑学（第四版）（含光盘）	49.00	同济大学、西安建筑科技大学、东南大学、重庆大学	"十二五"国家规划教材、教育部2007年度普通高等教育精品教材

征订号	书　名	定价	作　者	备　注
V20319	流体力学（第二版）	30.00	刘鹤年	21 世纪课程教材、"十二五"国家规划教材、土建学科"十二五"规划教材
V12972	桥梁施工（含光盘）	37.00	许克宾	"十二五"国家规划教材
V19477	工程结构抗震设计（第二版）	28.00	李爱群 等	"十二五"国家规划教材、土建学科"十二五"规划教材
V20317	建筑结构试验	27.00	易伟建、张望喜	"十二五"国家规划教材、土建学科"十二五"规划教材
V21003	地基处理	22.00	龚晓南	"十二五"国家规划教材
V20915	轨道工程	36.00	陈秀方	"十二五"国家规划教材
V21757	爆破工程	26.00	东兆星 等	"十二五"国家规划教材
V20961	岩土工程勘察	34.00	王奎华	"十二五"国家规划教材
V20764	钢-混凝土组合结构	33.00	聂建国 等	"十二五"国家规划教材
V19566	土力学（第三版）	36.00	东南大学、浙江大学、湖南大学 苏州科技学院	21 世纪课程教材、"十二五"国家规划教材、土建学科"十二五"规划教材
V20984	基础工程（第二版）（附课件）	43.00	华南理工大学	21 世纪课程教材、"十二五"国家规划教材、土建学科"十二五"规划教材
V21506	混凝土结构（上册）——混凝土结构设计原理（第五版）（含光盘）	48.00	东南大学、天津大学、同济大学	21 世纪课程教材、"十二五"国家规划教材、土建学科"十二五"规划教材、教育部 2009 年度普通高等教育精品教材
V22466	混凝土结构（中册）——混凝土结构与砌体结构设计（第五版）	56.00	东南大学 同济大学 天津大学	21 世纪课程教材、"十二五"国家规划教材、土建学科"十二五"规划教材、教育部 2009 年度普通高等教育精品教材
V22023	混凝土结构（下册）——混凝土桥梁设计（第五版）	49.00	东南大学 同济大学 天津大学	21 世纪课程教材、"十二五"国家规划教材、土建学科"十二五"规划教材、教育部 2009 年度普通高等教育精品教材
V11404	混凝土结构及砌体结构（上）	42.00	滕智明 等	"十二五"国家规划教材
V11439	混凝土结构及砌体结构（下）	39.00	罗福午 等	"十二五"国家规划教材

征订号	书 名	定价	作 者	备 注
V21630	钢结构（上册）——钢结构基础（第二版）	38.00	陈绍蕃	"十二五"国家规划教材、土建学科"十二五"规划教材
V21004	钢结构（下册）——房屋建筑钢结构设计（第二版）	27.00	陈绍蕃	"十二五"国家规划教材、土建学科"十二五"规划教材
V22020	混凝土结构基本原理（第二版）	48.00	张誉 等	21世纪课程教材、"十二五"国家规划教材
V21673	混凝土及砌体结构（上册）	37.00	哈尔滨工业大学、大连理工大学等	"十二五"国家规划教材
V10132	混凝土及砌体结构（下册）	19.00	哈尔滨工业大学、大连理工大学等	"十二五"国家规划教材
V20495	土木工程材料（第二版）	38.00	湖南大学、天津大学、同济大学、东南大学	21世纪课程教材、"十二五"国家规划教材、土建学科"十二五"规划教材
V18285	土木工程概论	18.00	沈祖炎	"十二五"国家规划教材
V19590	土木工程概论（第二版）	42.00	丁大钧 等	21世纪课程教材、"十二五"国家规划教材、教育部2011年度普通高等教育精品教材
V20095	工程地质学（第二版）	33.00	石振明 等	21世纪课程教材、"十二五"国家规划教材、土建学科"十二五"规划教材
V20916	水文学	25.00	雒文生	21世纪课程教材、"十二五"国家规划教材
V22601	高层建筑结构设计（第二版）	45.00	钱稼茹	"十二五"国家规划教材、土建学科"十二五"规划教材
V19359	桥梁工程（第二版）	39.00	房贞政	"十二五"国家规划教材
V19938	砌体结构（第二版）	28.00	丁大钧 等	21世纪课程教材、"十二五"国家规划教材、教育部2011年度普通高等教育精品教材